“十四五”高等职业教育智能制造系列教材

Solidworks 辅助造型设计

李兆坤◎主　编

郭　勇　卞化梅　陈金英　王继群◎副主编

中国铁道出版社有限公司
CHINA RAILWAY PUBLISHING HOUSE CO., LTD.

内 容 简 介

本书以培养学生的职业技能为目标，坚持项目引领、任务驱动的教学方式，将计算机辅助造型设计中的草图绘制、拉伸等零件建模特征与装配体建模特征等知识以“管用、够用、适用”为原则进行融合，创新设计了走进 Solidworks 辅助造型设计、铰链装配体零件的设计、千斤顶装配体零件的设计、万向节装配体零件的设计四个项目，每个项目分为若干任务，对学生进行计算机辅助造型基本技能和核心技能训练。

本书内容丰富，操作性强，适合作为高等职业院校机械设计制造类及相关专业的教材，也可作为相关从业人员的参考书。

图书在版编目（CIP）数据

Solidworks 辅助造型设计 / 李兆坤主编 .—北京：中国铁道出版社有限公司，2024.3

“十四五”高等职业教育智能制造系列教材

ISBN 978-7-113-30832-2

Ⅰ. ① S… Ⅱ. ①李… Ⅲ. ①机械设计 - 计算机辅助设计 - 应用软件 - 高等职业教育 - 教材 Ⅳ. ① TH122

中国国家版本馆 CIP 数据核字 (2024) 第 001960 号

书　　名：Solidworks 辅助造型设计

作　　者：李兆坤

策　　划：王春霞　杨万里　　　**编辑部电话：**（010）63551926

责任编辑：何红艳　杨万里

封面设计：刘　颖

责任校对：苗　丹

责任印制：樊启鹏

出版发行：中国铁道出版社有限公司（100054，北京市西城区右安门西街 8 号）

网　　址：http://www.tdpress.com/51eds/

印　　刷：番茄云印刷（沧州）有限公司

版　　次：2024 年 3 月第 1 版　2024 年 3 月第 1 次印刷

开　　本：787 mm × 1 092 mm　1/16　**印张：**19　**字数：**499 千

书　　号：ISBN 978-7-113-30832-2

定　　价：68.00 元

前　言

“Solidworks 辅助造型设计”课程是机械设计制造类相关专业的核心课程之一，也是一门实践性较强的技术课，是机械高素质技术技能型人才综合职业能力培养和职业素养养成的重要课程。本书遵循“管用、够用、适用”的原则，突出职业教育特色，将教学内容项目化，通过任务活动引导，实现理论与实践一体化教学，加强基础知识与专业技术的有机结合。

本书在编写过程中，充分考虑高等职业教育的教学目标和教学特点，以强化应用、培养技能为重点，形成了以具体工程项目为引领，以工作任务为驱动，通过工作任务完成理论知识学习与实践、考核及评价的全新的教学模式。依据高等职业教育人才培养目标及机械设计、制造、装配、维修岗位要求，本书采用校企合作的方式编写，校企双方共同开发了基于机械设计、制造、装配、维修企业真实工作过程的教学工作任务。

全书共分四个项目十个任务，每个项目以工作任务驱动的方式进行讲解，每个工作任务都以机械典型机构或装置以及相关职业能力培养为重点，将 Solidworks 中的二维草图创建、三维建模及零件装配等功能和知识点融入任务中，尤其增加了机械工程结构典型零件案例导入的重要环节。

为了突出职业教育特色，顺应职业教育教学新模式，本书根据机械基本结构典型的真实情境，为每个工作任务确定了一个落脚点，引导学生学习与训练计算机辅助造型设计的基本技能，重视培养学生的形象思维能力、空间想象能力以及创新设计能力，并配有大量例题，方便学练结合，为学生今后解决生产实际问题和承担技术改造工作打下良好的基础。

本书适合作为高等职业院校机械设计制造类及相关专业的教材，也可作为相关从业人员及三维设计爱好者学习 Solidworks 的参考书。

本书以 Solidworks 2020 版本为背景，由李兆坤担任主编，郭勇、卞化梅、陈金英和王继群担任副主编。编写分工如下：李兆坤编写项目一和项目四；郭勇、卞化梅、陈金英和王继群编写项目二和项目三；全书由李兆坤统稿。书中所有实例均在 Solidworks 2020 版本上验证通过。

随书赠送全书所有实例模型文件和 PPT 电子讲稿，读者可登录中国铁道出版社教育资源平台 www.tdpress.com/51eds/ 下载。

由于编者水平有限，本书难免存在不足和疏漏之处，恳请读者批评指正。若有疑问，可发邮件至 lizhaokun2008@163.com 进行交流。

编　者

2024 年 1 月

目　录

项目一　走进 Solidworks 辅助造型设计

学习目标

- 了解Solidworks软件基本功能及用途。
- 了解Solidworks软件工作界面和特点，理解概念、建模的特点。
- 新建、打开一个Solidworks零件文件。
- 能够设置常用绘图环境（选项、自定义菜单）。
- 学会创建草图，绘制草图，在几何之间创建草图关系，理解草图状态并初步了解拉伸特征。
- 养成良好的学习习惯，培养高效的绘图思路。

项目描述

随着计算机辅助设计技术的飞速发展，越来越多的工程设计人员开始利用计算机进行产品设计与开发，其内容涵盖了产品从概念设计（见图1.0.1）、工业造型设计（见图1.0.2）、三维模型设计（见图1.0.3）、模态分析（见图1.0.4）、计算分析与仿真（见图1.0.5）、三维仿真（见图1.0.6）、工程图输出（见图1.0.7）到加工成产品的全过程，应用范围涉及航空、汽车、机械、数控加工以及电子等诸多领域。

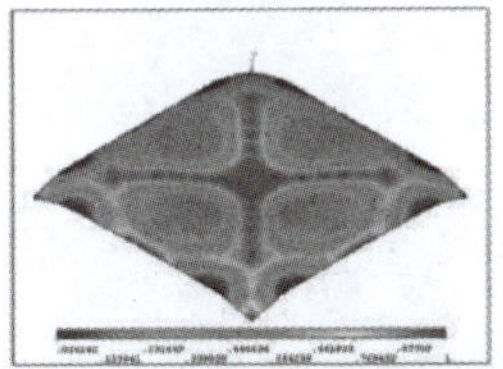
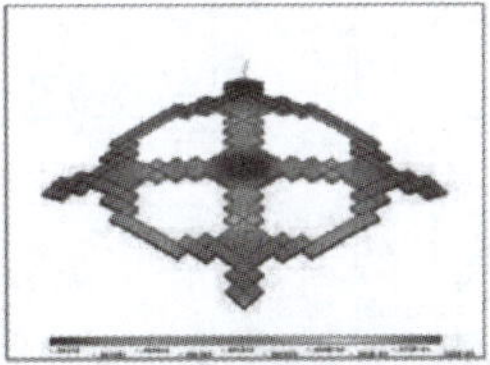
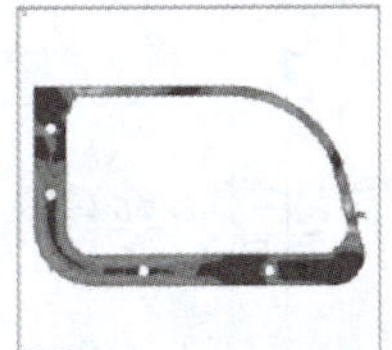
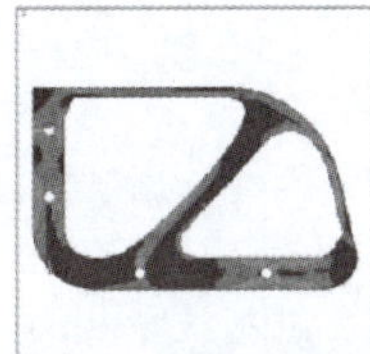
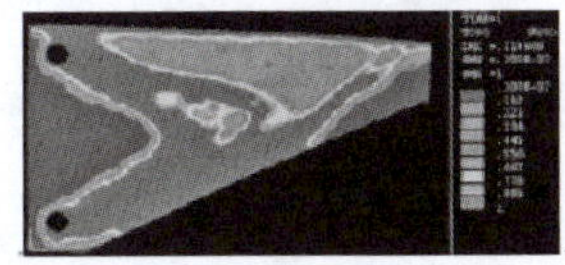

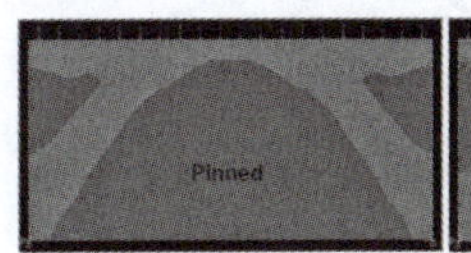

图 1.0.1　概念设计

图 1.0.2　工业造型设计

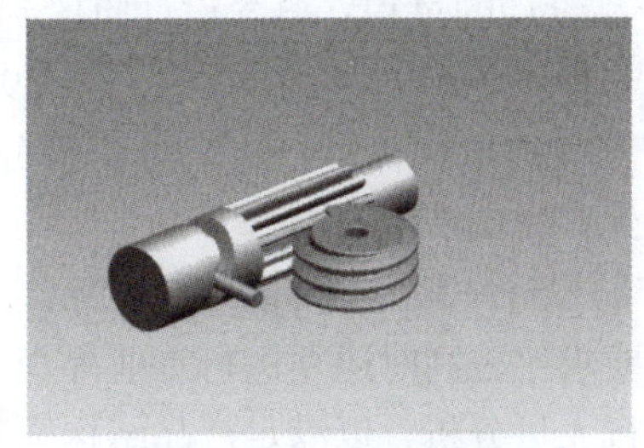

图 1.0.3　三维模型设计

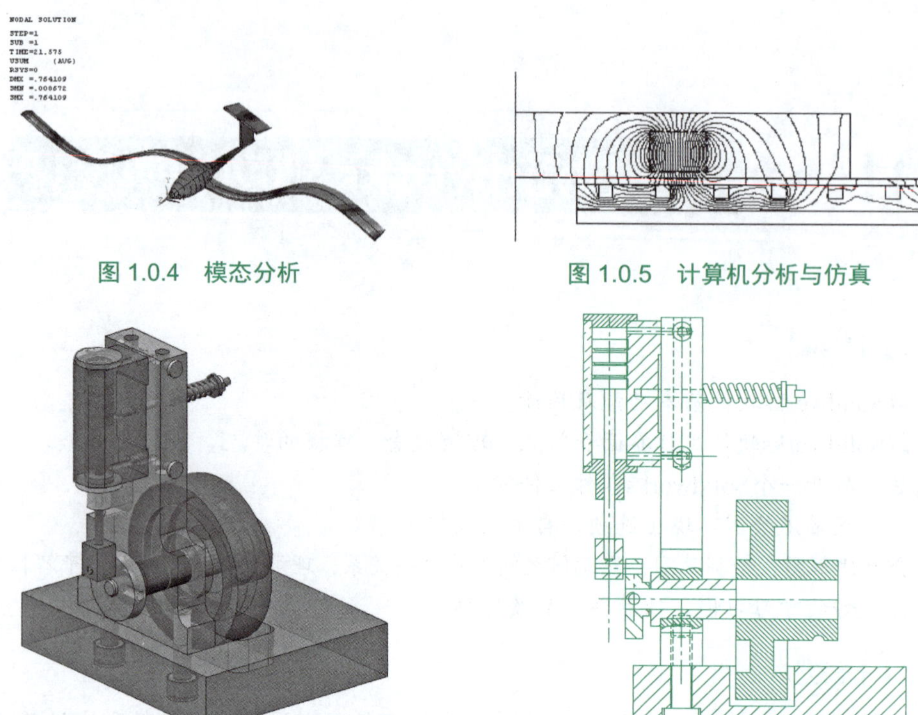

图 1.0.4　模态分析

图 1.0.5　计算机分析与仿真

图 1.0.6　三维仿真

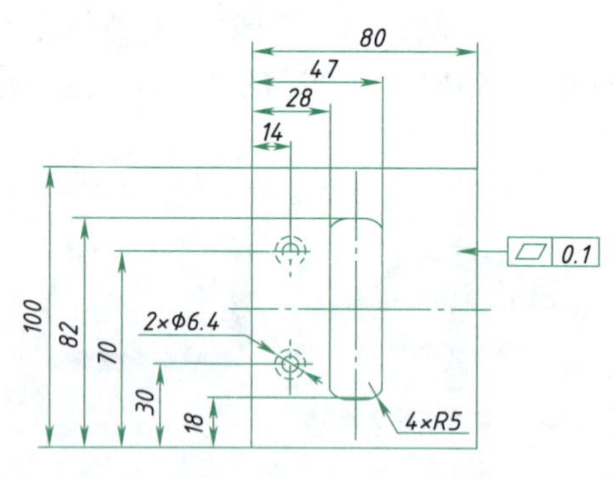

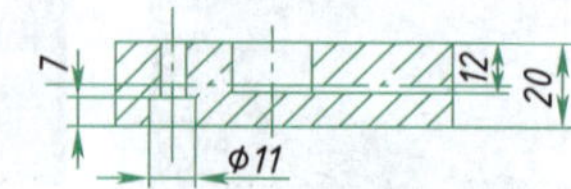

图 1.0.7　工程图输出

CAD产品设计的过程：概念设计阶段到基本设计阶段，最后到详细设计阶段（见图1.0.8）。

以飞机机肋的设计过程为例（见图1.0.9），首先给出设计域；再进行材料分布拓扑优化；然后进行几何尺寸提取；再进行应力分析等分析计算；之后是形状优化的过程；最后提取几何形状，从而得到三维CAD实体模型。

CAD产品设计一般流程如图1.0.10所示，是从概念设计、零部件三维建模到二维工程图，当产品对外观要求比较高时还须进行工业外观造型设计。在零件三维建模完成后，根据产品特点和要求，要进行大量分析，以满足产品结构强度、运动、生产制造和装配要求。这些分析工作包括应力、强度、疲劳、流体、热分析及公差分析与优化、NC仿真与优化及动态仿真等。

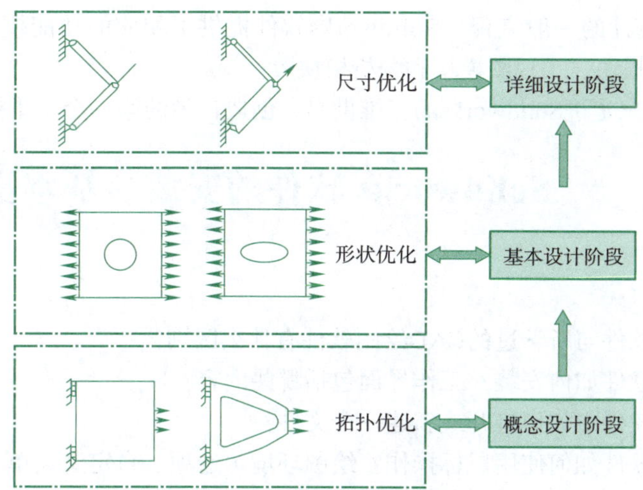

图 1.0.8　CAD 产品的设计过程

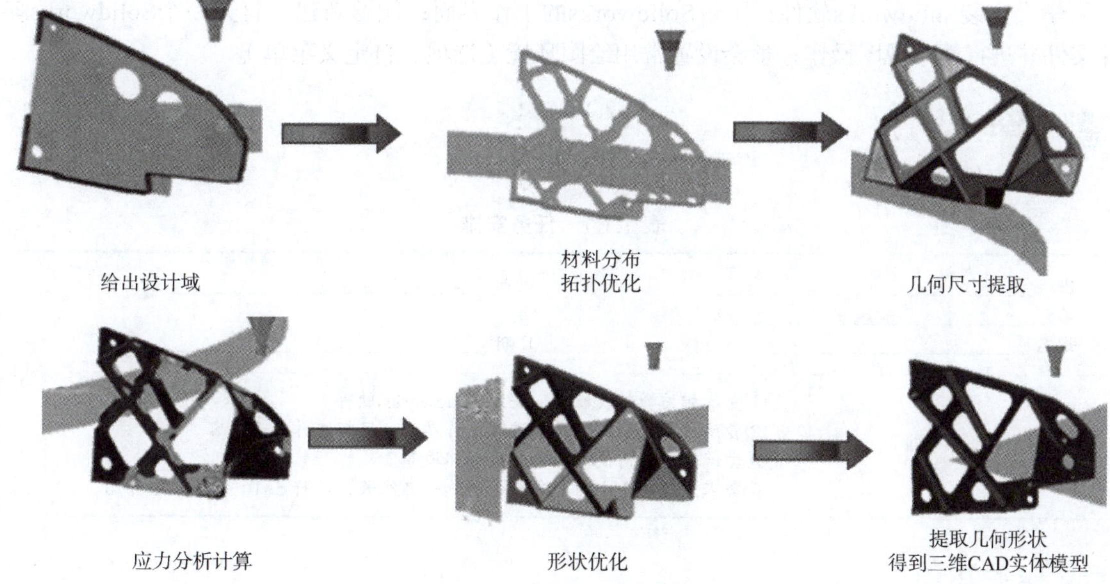

图 1.0.9　飞机机肋的设计过程

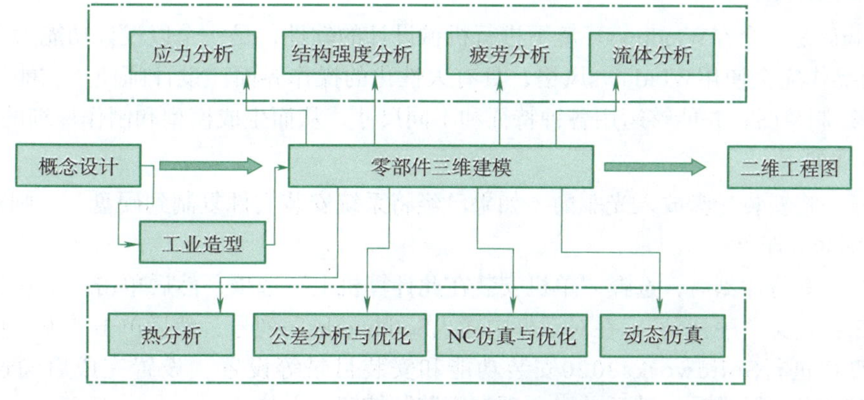

图 1.0.10　CAD 产品设计一般流程

对应CAD产品设计的一般流程，Solidworks软件提供了相应的功能模块，包括零件模块、装配模块、运动仿真模块、工程图模块和分析模块等。

本项目主要带大家走进Solidworks的三维世界，创造自己的第一个三维模型。

任务一　Solidworks 软件的安装与基本操作

观察与思考

（1）Solidworks软件与所学过的CAD绘图软件有什么区别？

（2）Solidworks软件如何安装？工作界面包括哪些内容？

（3）Solidworks软件中如何打开或新建一个文件？

（4）Solidworks软件如何使用鼠标操作？绘图环境（选项、自定义菜单）如何设置？

任务要点

学会安装Solidworks软件；了解Solidworks的工作界面；能够新建、打开一个Solidworks零件文件并进行简单视图操作；学会设置常用绘图环境（选项、自定义菜单）。

任务安排

任务安排见表1.1.1。

表 1.1.1　任务安排

班级________________ 第________________组 姓名________________	地点________________ 日期________________
任务具体安排	①查找相关资料或教材，安装 Solidworks 软件。 ②尝试打开并新建零件，进入工作界面，了解工作界面内容。 ③尝试软件如何使用鼠标、设置环境等。 ④全班分成四个小组，每个小组选一名组长，进行 5~10 分钟 PPT 介绍

相关知识

一、Solidworks 的安装

Solidworks是一个在Windows环境下进行机械设计的软件，是一个以设计功能为主的CAD软件，其界面操作完全使用Windows风格，具有人性化的操作界面。设计师使用它能快速地按照其设计思想绘制草图，并能够运用各种特征和不同尺寸，从而生成模型和制作详细的工程图。

安装步骤如下：

步骤一：将安装光盘放入光驱内（如果已经将系统安装文件复制到硬盘上，则双击安装目录下的setup.exe文件）；

步骤二：等待片刻后，选择“单机安装在此计算机上”选项，然后单击“下一步”按钮；

步骤三：定义“序列号”，在对话框中输入Solidworks序列号，然后单击“下一步”按钮；

步骤四：进行Solidworks2020安装功能和安装目录等设置，设置完成后勾选“我接受SOLIDWORKS条款”选项，然后单击“现在安装”按钮；

步骤五：系统显示软件正在安装中，等待片刻后，在对话框中勾选“以后提醒我”选项，其他参数使用系统默认值，然后单击“完成”按钮，完成Solidworks的安装。

课堂练习

查看相关资料，按照安装步骤安装Solidworks软件。

二、Solidworks 的工作界面

Solidworks中包含了三大模块，分别为零件模块、装配模块和工程图模块。

双击安装好的软件图标，打开软件进入Solidworks软件界面，通过新建零件（见图1.1.1）或打开已有零件的方式，进入Solidworks的工作界面，其中主要包括菜单栏、标准工具栏、绘图区和状态栏等，如图1.1.2所示。

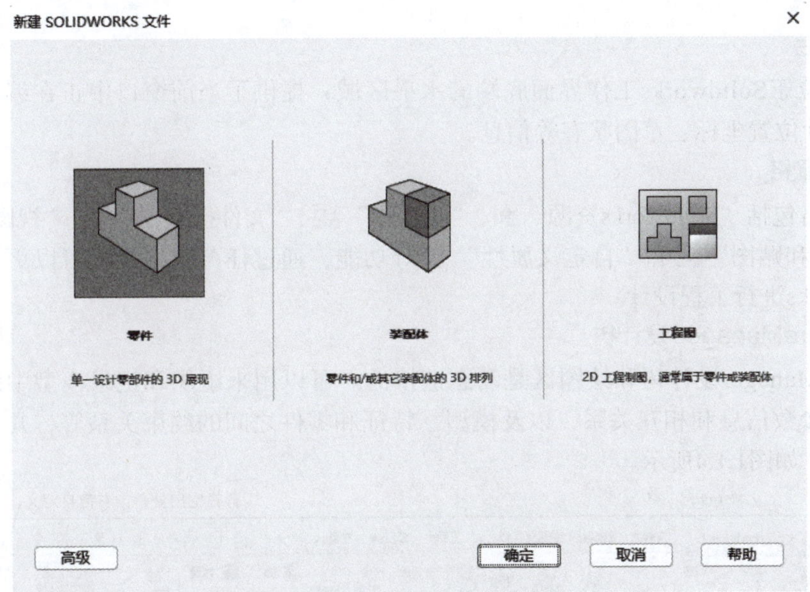

图 1.1.1　新建零件

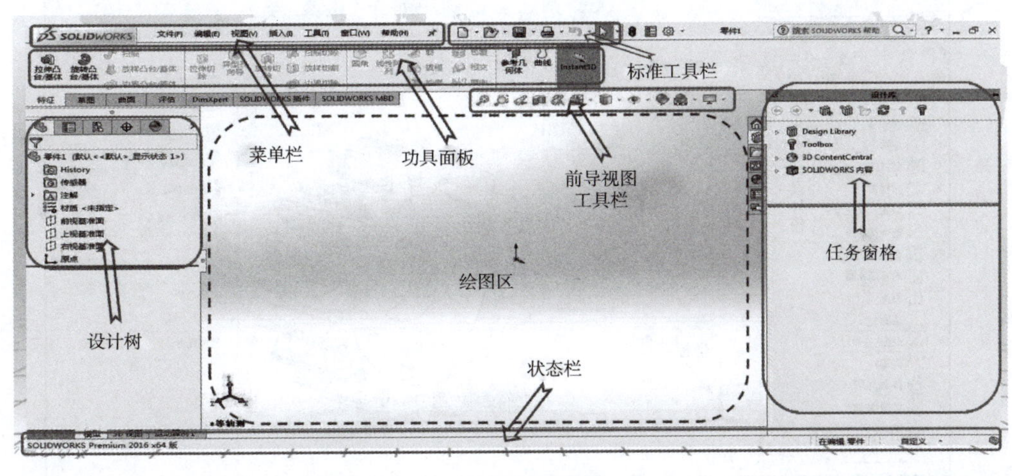

图 1.1.2　Solidworks 的工作界面

1. 菜单栏

系统默认的菜单栏是隐藏的，单击菜单栏中的📌图标，菜单栏就可以保持可见，如图1.1.3所示。Solidworks菜单栏包括“文件”、“编辑”、“视图”、“插入”、“工具”、“窗口”、“帮助”等菜单项。

图 1.1.3　菜单栏

2. 标准工具栏

标准工具栏中的工具按钮用于对文件执行最基本的操作，如“新建”、“打开”、“保存”、“打印”等。其中（重建模型工具）按钮为Solidworks所特有的，单击该按钮可以根据所进行的更改重构模型。

3. 状态栏

状态栏位于Solidworks工作界面底端的水平区域，提供了当前窗口中正在编辑的内容的状态，以及指针位置坐标、草图状态等信息。

4. 任务窗格

任务窗格包括“Solidworks资源”、“设计库”、“文件探索器”、“视图调色板”、“外观、布景和贴图”和“自定义属性”等功能，通过任务窗格我们可以更方便和快捷地利用Solidworks进行工程设计。

5. FeatureManager 设计树

FeatureManager设计树和绘图区是动态链接的。可以用来组织和记录模型中的各个要素及要素之间的参数信息和相互关系，以及模型、特征和零件之间的约束关系等，几乎包含了所有的设计信息，如图1.1.4所示。

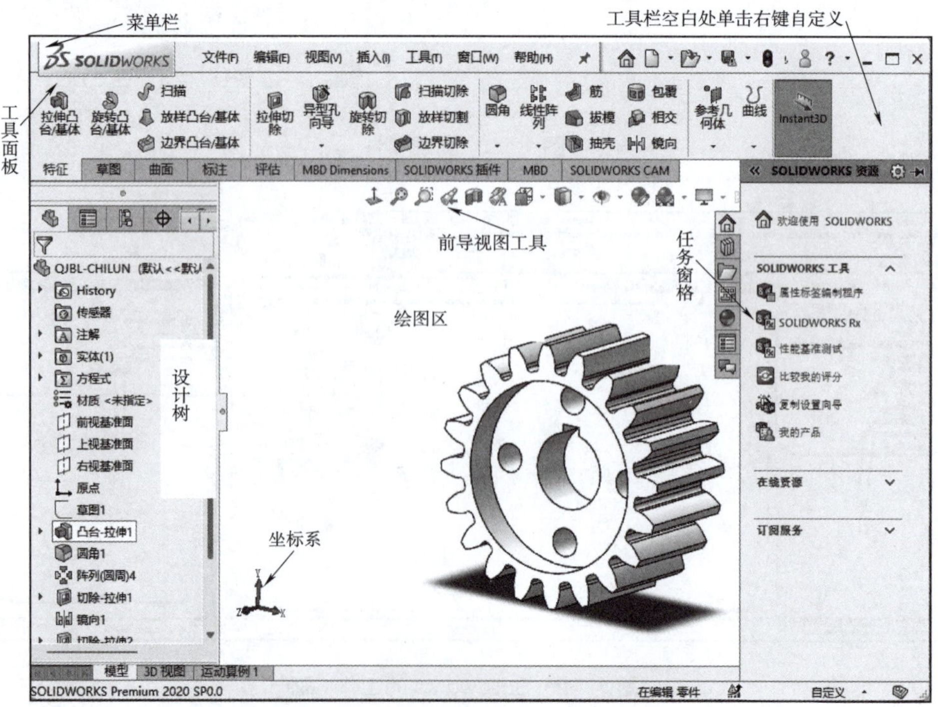

图 1.1.4　FeatureManager 设计树

边学边练：

班级		姓名		成绩	
Solidworks工作界面					

①尝试打开软件并新建。打开界面如图（a）所示，新建零件如图（b）所示。

图（a）

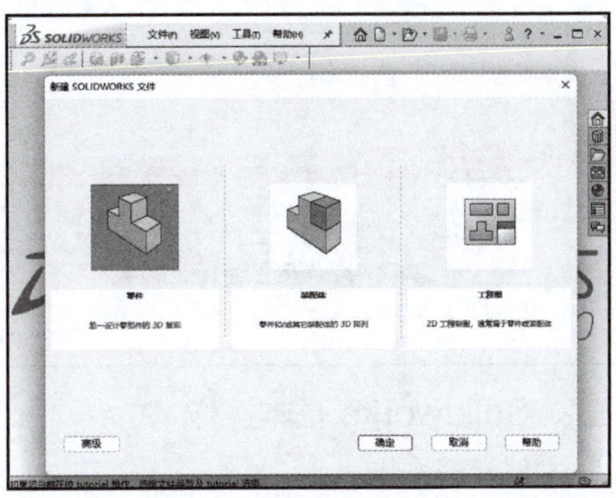

图（b）

②新建零件，详细了解零件界面。零件界面如图（c）和图（d）所示。

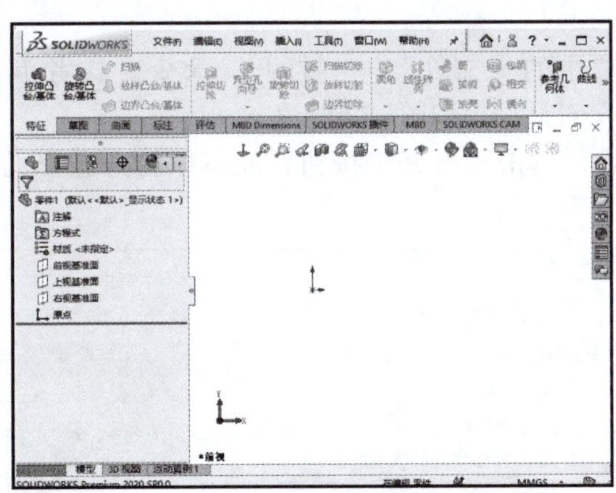

图（c）

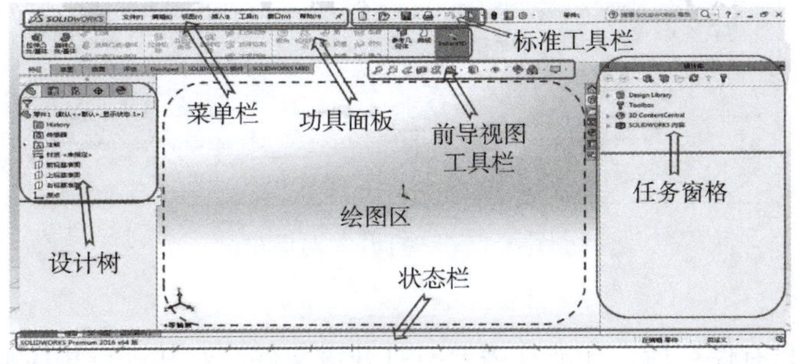

图（d）

③尝试打开或关闭图（e）选项卡中的工具面板

续上表

Solidworks工作界面
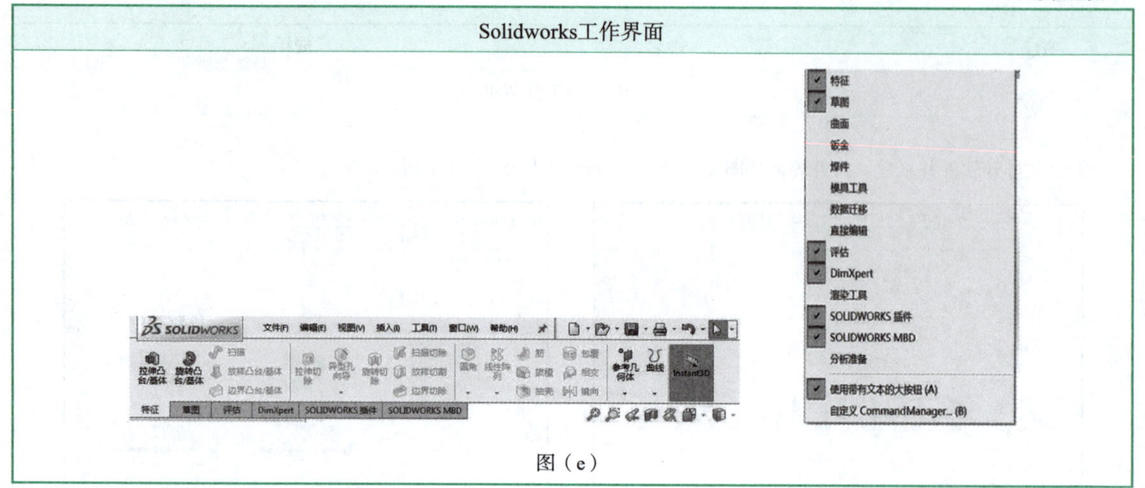 图（e）

三、Solidworks 基本操作

1. 文件管理操作

（1）打开文件

在Solidworks中，可以打开已存储的文件，对其进行相应的编辑和操作。打开文件的操作步骤如下：

步骤一：选择菜单栏中的“文件”→“打开”命令，或者单击标准工具栏中的“打开”按钮，弹出“打开”对话框，如图1.1.5所示。

步骤二：选取文件后，单击“打开”按钮，就可以打开选择的文件，对其进行编辑和操作。

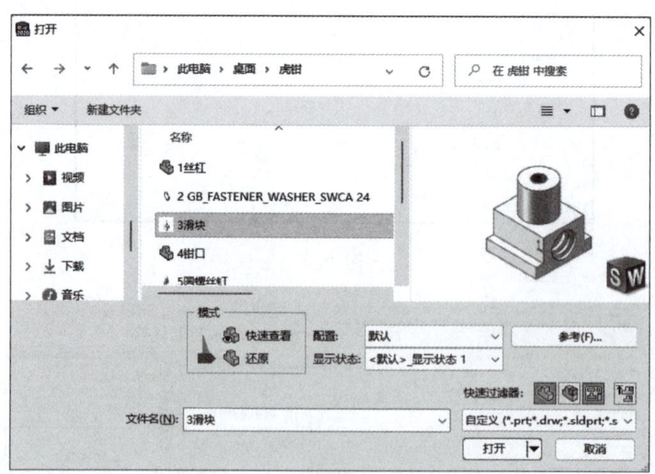

图 1.1.5 “打开”对话框

（2）保存文件

已编辑的图形只有保存后，才能在需要时打开该文件，对其进行相应的编辑和操作。保存文件的操作步骤如下：

步骤一：选择菜单栏中的“文件”→“保存”命令。

步骤二：单击标准工具栏的“保存”按钮，弹出如图1.1.6所示的“另存为”对话框。

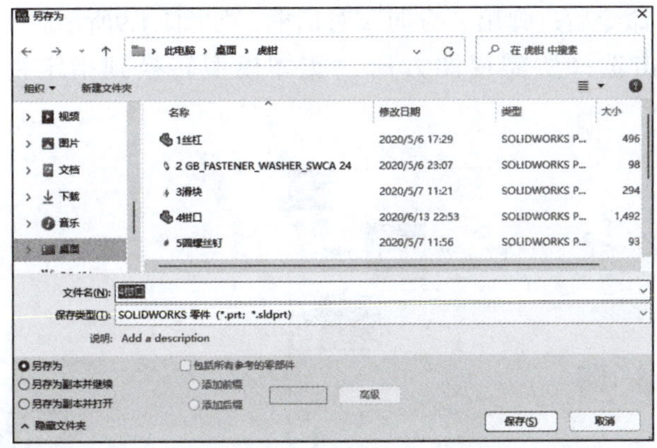

图 1.1.6　“另存为”对话框

步骤三：选择文件存放的位置，然后在“文件名”文本框上输入要保存文件的文件名称。

步骤四：在“保存类型”下拉列表中选择保存文件的类型，单击“保存”按钮。

（3）退出Solidworks

在文件编辑并保存后，就可以退出Solidworks软件。

选择菜单栏中的“文件”→“退出”命令，或者单击系统界面右上角的“关闭”× 按钮，即可退出。

2. 视图操作

在使用Solidworks绘制实体模型的过程中，视图操作是不可或缺的一部分。常见的视图操作包括视图定向、显示全图、局部放大、动态放大/缩小、旋转、平移、滚转、上一视图等，相应命令集中在“视图”→“修改”子菜单中。下面仅介绍视图定向及整屏显示，其他操作类似。

（1）视图定向

选择模型显示方向。

下面介绍四种方式来执行此命令：

- 选择菜单栏中的“视图”→“修改”→“视图定向”命令。
- 按空格键。
- 右击空白处，在弹出的快捷键中选择“视图定向”命令，如图1.1.7所示。
- 在“标准视图”工具栏中单击“视图定向”按钮，如图1.1.8所示。

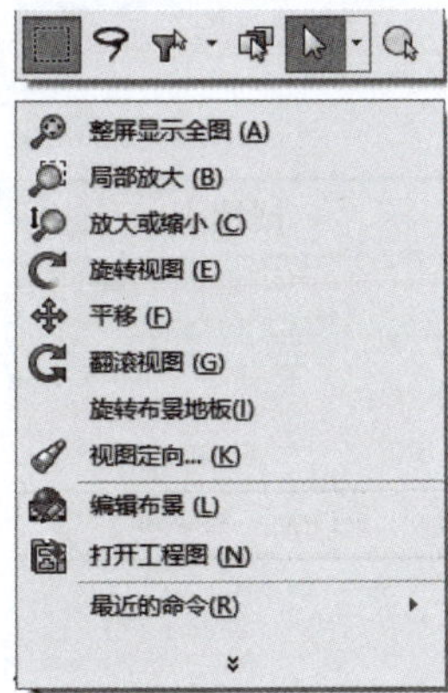

图 1.1.7　右击快捷菜单

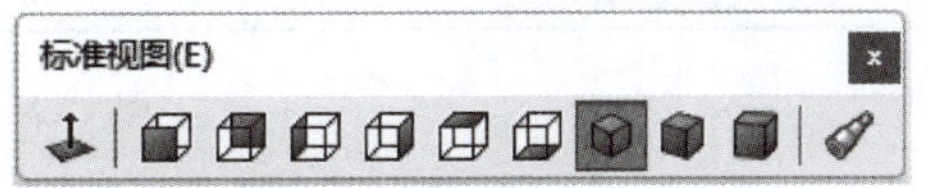

图 1.1.8　“标准视图”工具栏

选择“视图定向”命令后，弹出“方向”对话框，如图1.1.9所示。

在该对话框中双击选择所需视图方向，实体模型转换到指定视图方向，如图1.1.10所示。

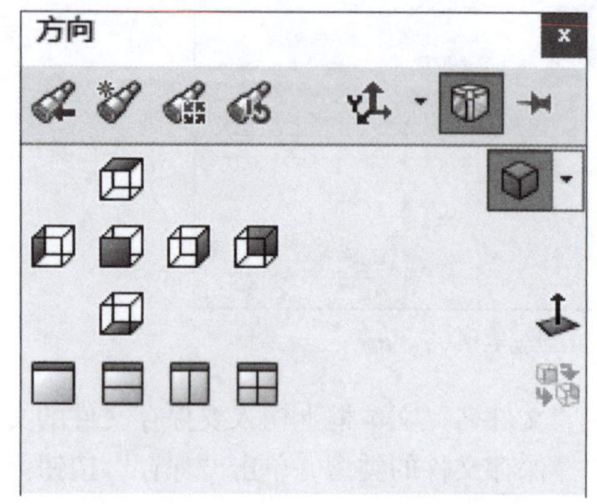

图 1.1.9 “方向”对话框

图 1.1.10 等轴测方向

（2）整屏显示全图

缩放模型以套合窗口。

下面介绍三种方式来执行此命令：

- 选择菜单栏中的“视图”→“修改”→“整屏显示全图”命令。
- 在绘图区单击“整屏显示全图”按钮，如图1.1.11所示。
- 单击鼠标右键，在弹出的快捷菜单中选择“整屏显示全图”命令。

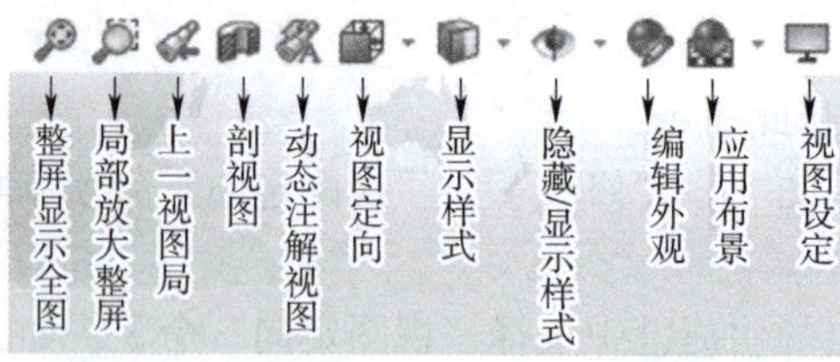

图 1.1.11 单击“整屏显示全图”按钮

边学边练：

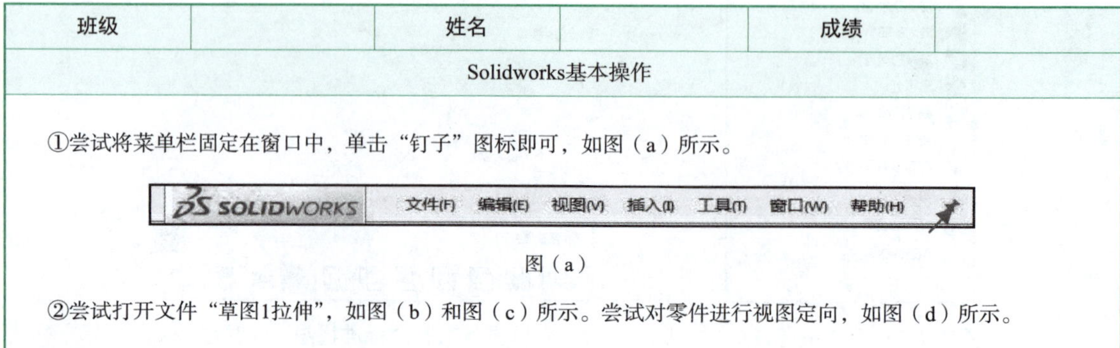

班级		姓名		成绩	
Solidworks基本操作					
①尝试将菜单栏固定在窗口中，单击“钉子”图标即可，如图（a）所示。 SOLIDWORKS 文件(F) 编辑(E) 视图(V) 插入(I) 工具(T) 窗口(W) 帮助(H) 图（a） ②尝试打开文件“草图1拉伸”，如图（b）和图（c）所示。尝试对零件进行视图定向，如图（d）所示。					

续上表

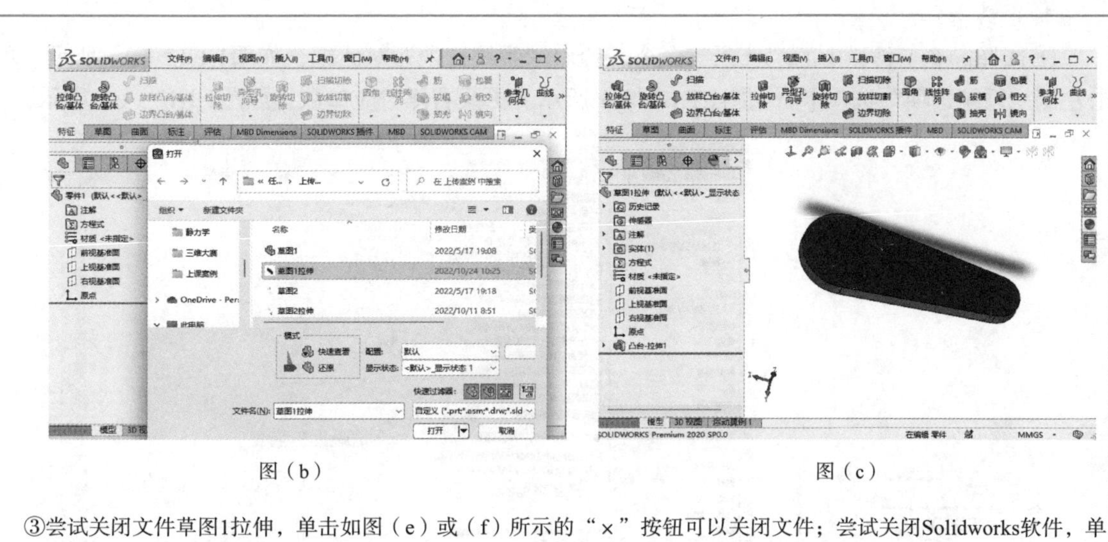

图（b）　　　　　　　　　　图（c）

③尝试关闭文件草图1拉伸，单击如图（e）或（f）所示的“×”按钮可以关闭文件；尝试关闭Solidworks软件，单击如图（g）所示“×”按钮可以关闭软件

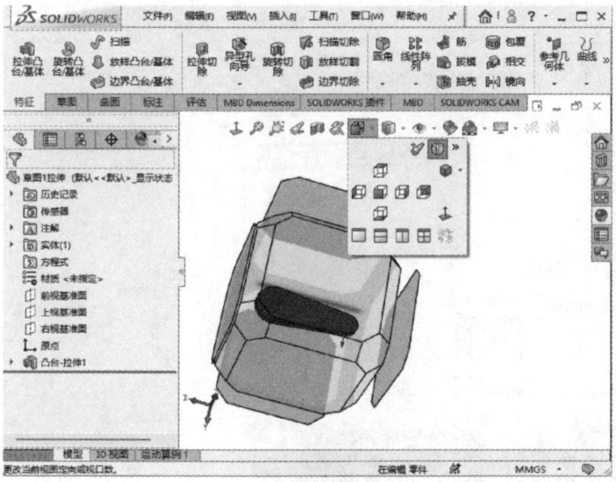

图（d） 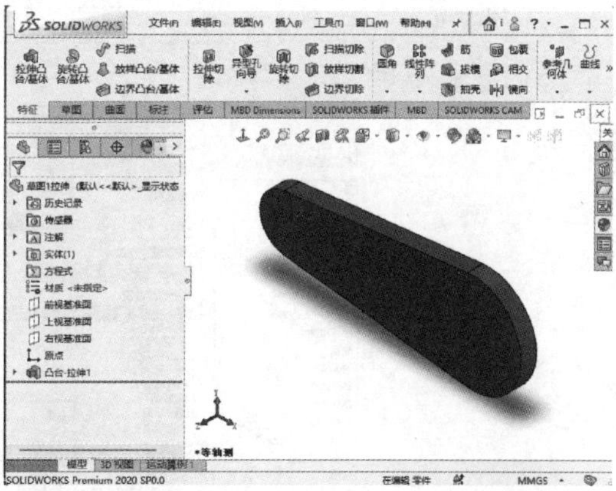　　　　　　　　　　图（e）

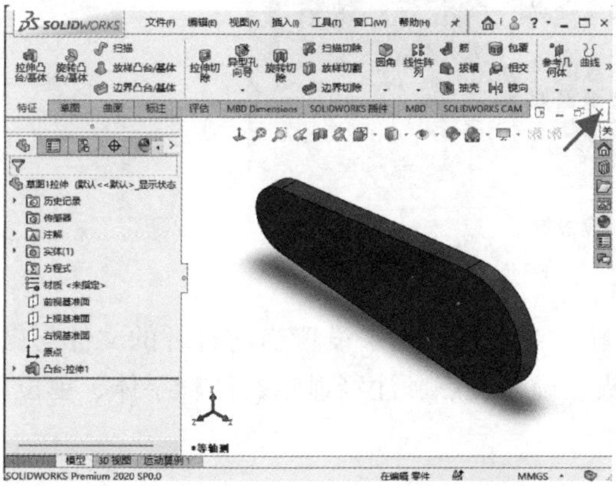

图（f） 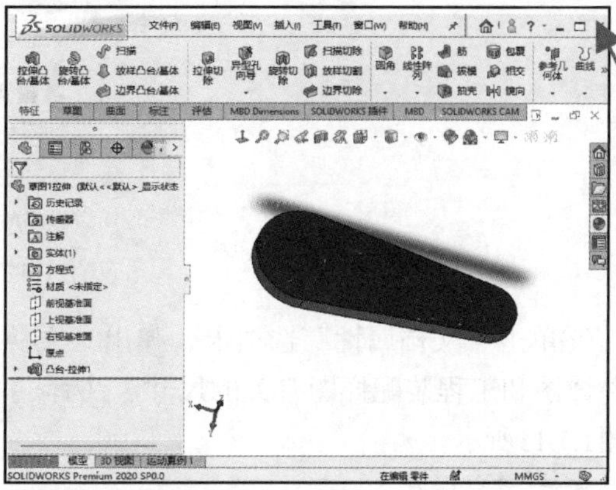　　　　　　　　　　图（g）

四、设置系统选项

1. 系统选项

①选择标准工具栏中的“选项”命令，弹出“系统选项”对话框，如图1.1.12（a）所示。单击左侧“系统选项”选项卡，如图1.1.12（b）所示。更改右侧对应参数，如图1.1.12（c）所示。

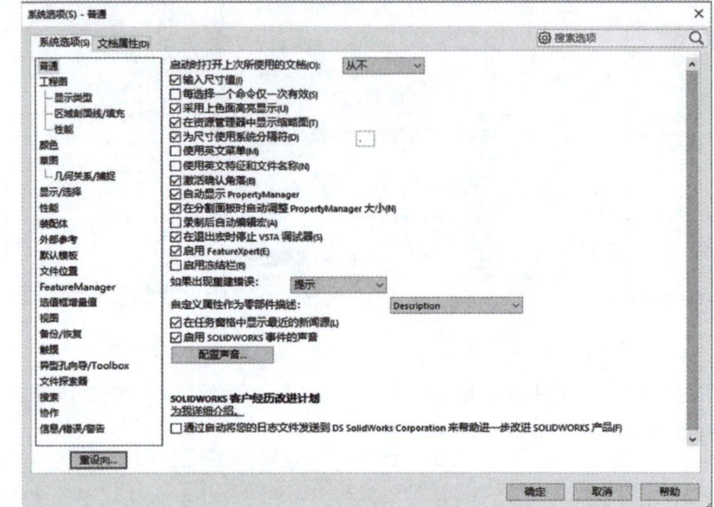

（a）选择“选项”命令

（b）“系统选项”对话框

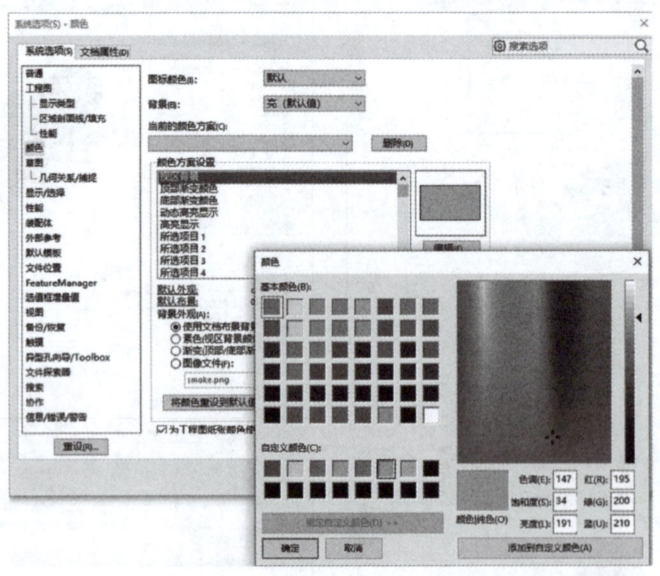

（c）更改相应参数

图 1.1.12　系统选项

②单击“文档属性”选项卡，弹出“文档属性”对话框，用来设置当前打开的文件与工程零件详图和工程装配详图有关的尺寸、注释、箭头、虚拟交点、注释显示、注释字体、单位等，如图1.1.13所示。

2. 自定义设置

选择“选项”下拉菜单中的“自定义”命令，弹出“自定义”对话框，如图1.1.14（a）和图1.1.14（b）所示。例如，单击“命令”选项卡，选择“标准视图”选项，然后单击“正视于”

按钮，选中后就可以拖到“工具栏”使用，如图1.1.14（c）所示。

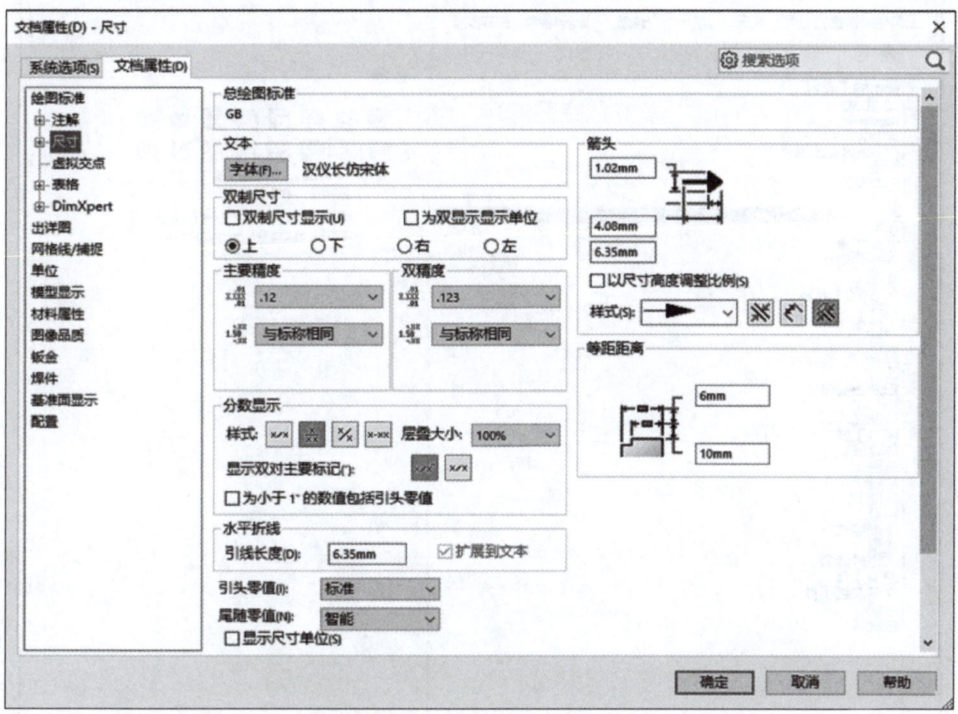

图 1.1.13　“文档属性”对话框

（a）选择“自定义”命令　　　　（b）弹出“自定义”对话框

图　1.1.14

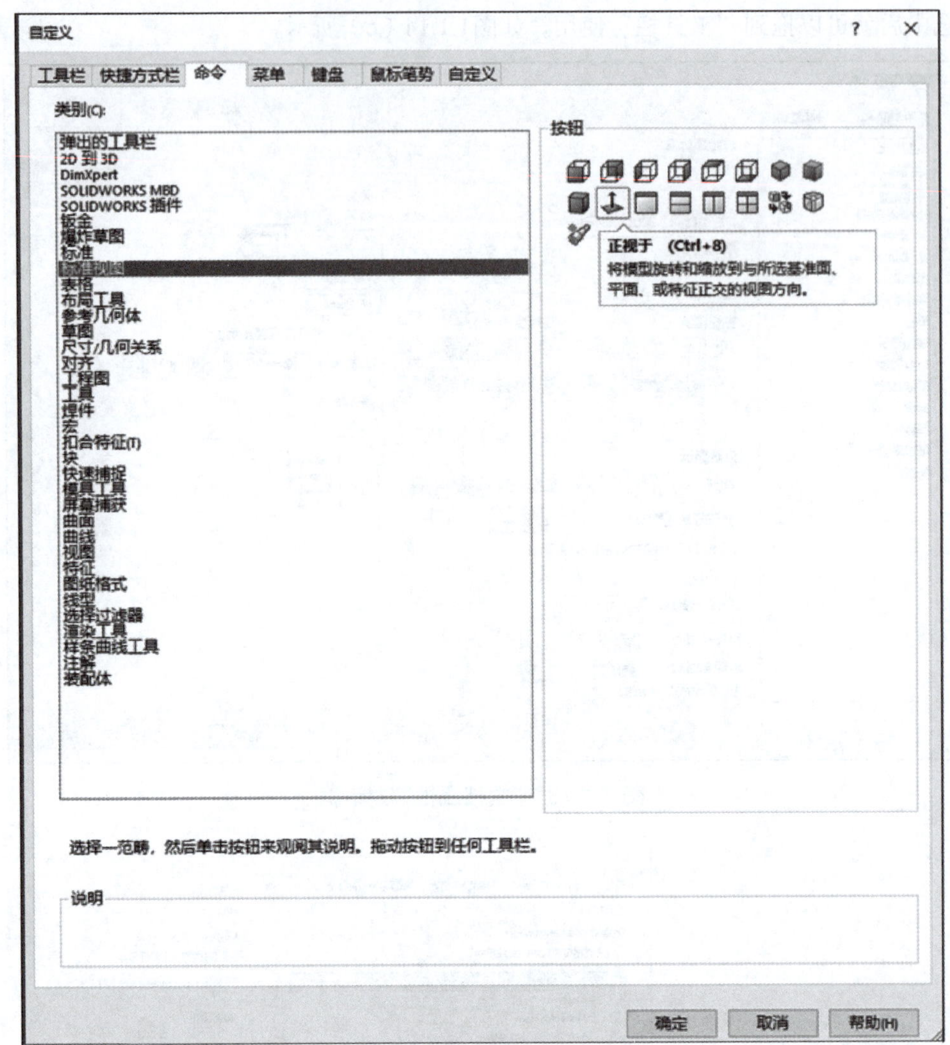

（c）单击“正视于”按钮

图 1.1.14 自定义菜单

3. 快捷键设置

Solidworks软件允许用户通过自行设置快捷方式来执行命令，其操作步骤如下：

步骤一：在工具栏区域右击，在弹出的快捷键菜单中选择“自定义”命令，弹出“自定义”对话框。

步骤二：单击“键盘”选项卡，如图1.1.15所示。

步骤三：在“类别”下拉列表中选择“文件”选项，然后在下面的“显示”下拉列表中选择“带键盘快捷键的命令”选项。

步骤四：在“搜索”文本框中输入要设置的快捷键，如之前未被使用，则输入的快捷键就会出现在“快捷键”栏中。

步骤五：单击“确定”按钮，快捷键设置成功。

常用的快捷键见表1.1.2。

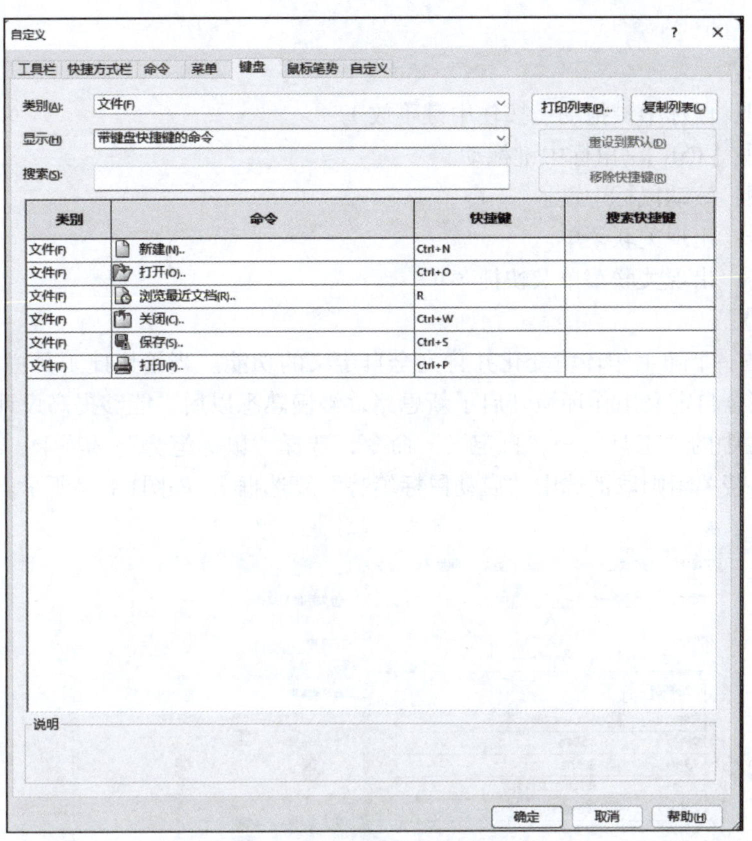

图 1.1.15 选择“键盘”选项卡

表 1.1.2 常用快捷键

按键	执行的操作	按键	执行的操作
S	草图/特征快捷键	Ctrl+1	显示前视图
F	全屏显示	Ctrl+2	显示后视图
G	放大镜	Ctrl+3	显示左视图
Ctrl+Tab	切换视图	Ctrl+4	显示右视图
空格键	视图控制	Ctrl+5	显示上视图
Delete	删除	Ctrl+6	显示下视图
F5	选择过滤器显示或关闭	Ctrl+7	显示等轴测视图
F6	关闭或打开选择过滤器	Ctrl+8	正视于所选的面或基准面
Ctrl+R	屏幕重绘	Ctrl+B	重新计算模型
Ctrl+方向键	平移	Ctrl+Z	复原
水平/竖直方向键	旋转	Ctrl+X	剪切
Alt+左或右方向键	自转	Ctrl+C	复制
Esc	放弃操作	Ctrl+V	粘贴
Z	屏幕缩小	Shift+Z	屏幕放大

要点提示

鼠标的使用：

①旋转视图：鼠标中键拖动（按住中键不放）。

②平移视图：【Crtl】+鼠标中键拖动。

③缩放视图：滚动鼠标中键。

④鼠标单击：出现关联菜单。

⑤鼠标右击：出现关联菜单及快捷菜单。

4. 鼠标笔势

鼠标笔势是一个随工作环境变化并且完全自定义的功能。当给快捷工具栏设置一个鼠标笔势之后，则为完全自定义工作环境开启了新思路，慢慢熟悉以后，能够提高设计效率。

选择菜单栏中的“工具”→“自定义”命令，选择“鼠标笔势”选项卡，勾选“启动鼠标笔势”复选框（若关闭则取消选中“启动鼠标笔势”复选框），如图1.1.16所示。

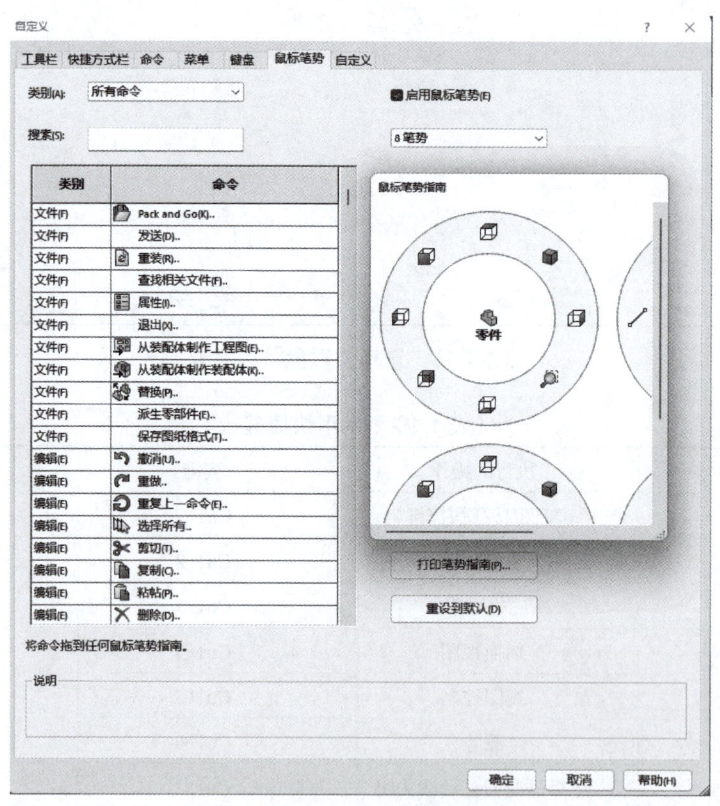

图 1.1.16 启动 / 关闭鼠标笔势

Solidworks提供了32个预先指派给鼠标笔势的工具，每个工具都分别与工程图、零件、装配体及草图的八个鼠标笔势方向对应。选择“自定义”命令，弹出“自定义”对话框，如图1.1.17（a）和图1.1.17（b）所示，在弹出的鼠标笔势界面进行设置即可，如图1.1.17（c）所示。

首先在图形区域中，按照工具或命令对应的笔势方向按住鼠标右键然后向右拖动鼠标，在绘图区就会出现鼠标笔势选择视图，笔势方向所对应的工具或命令就会高亮显示，然后不要松开鼠标右键，直接选择需要的选项即可。比如打开草图后，单击鼠标右键然后向右上方拖动鼠标，将其拖向高亮显示的智能尺寸，就可以直接标注，如图1.1.18所示。

（a）选择“自定义”命令　　（b）弹出“自定义”对话框

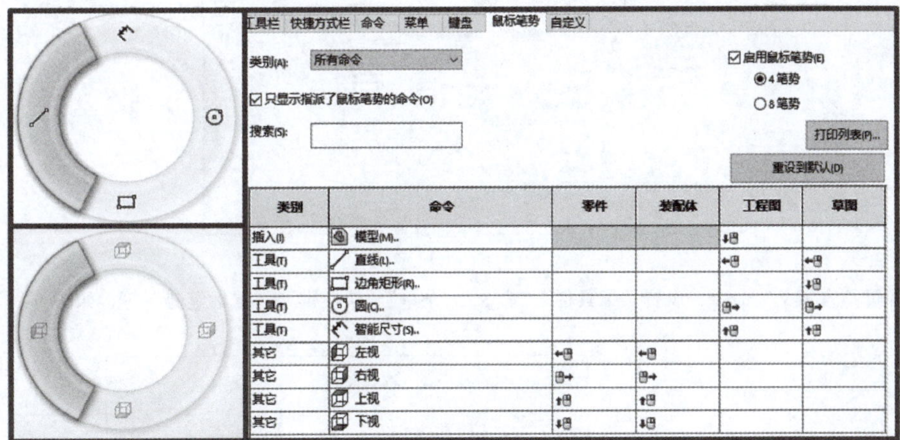

（c）鼠标笔势界面

图 1.1.17　鼠标笔势设置

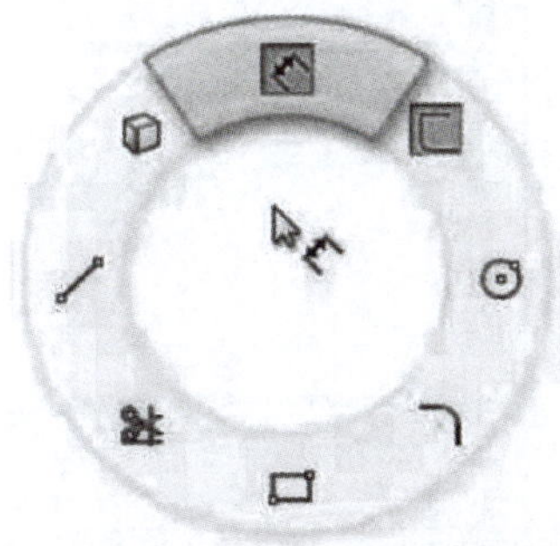

图 1.1.18　使用鼠标笔势功能

边学边练：

班级		姓名		成绩	

Solidworks设置系统选项

①尝试将通过系统选项如图（a）所示，设置背景颜色为白色如图（b）所示；尝试设置文档属性如图（c）所示，设置当前打开的文件与工程零件详图和工程装配详图有关的尺寸、注释、零件序号、箭头、虚拟交点、注释显示、注释字体、单位、工程图颜色等设置。

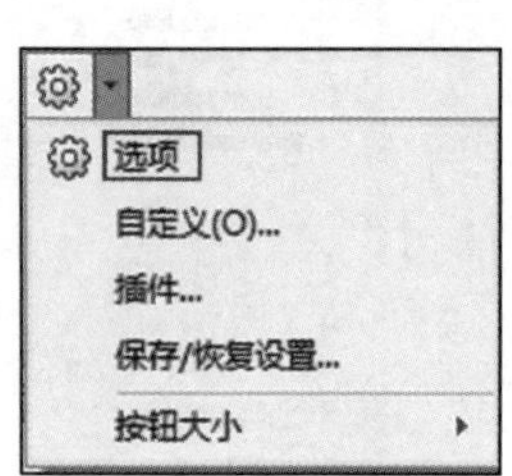

图（a）

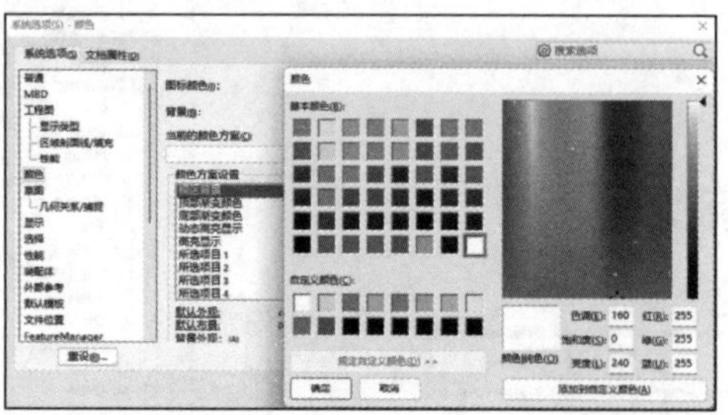

图（b）

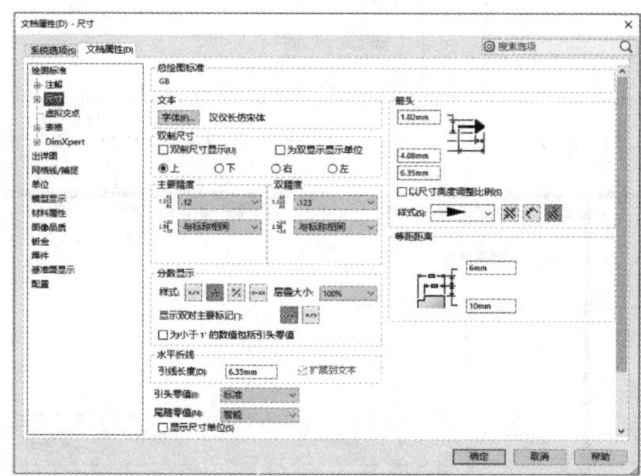

图（c）

②尝试通过“自定义”命令，设置“工具栏”“命令”“菜单”“快捷键”、“鼠标笔势”等，如图（d）和图（e）所示。

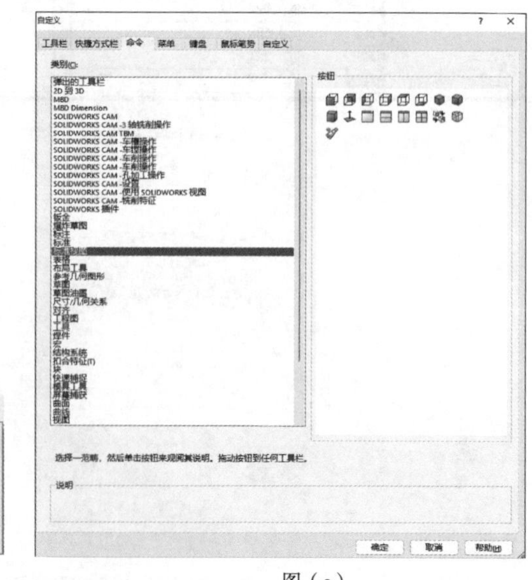

图（d）　　图（e）

续上表

③尝试使用鼠标对视图进行旋转（按住鼠标中键不放并拖动）、平移（【Crtl】+鼠标中键拖动）、缩放（滚动鼠标中键）如图（f）所示；鼠标单击，出现关联菜单，如图（g）所示；鼠标右击，出现关联菜单及快捷菜单，如图（h）所示；尝试使用鼠标笔势，如图（i）所示

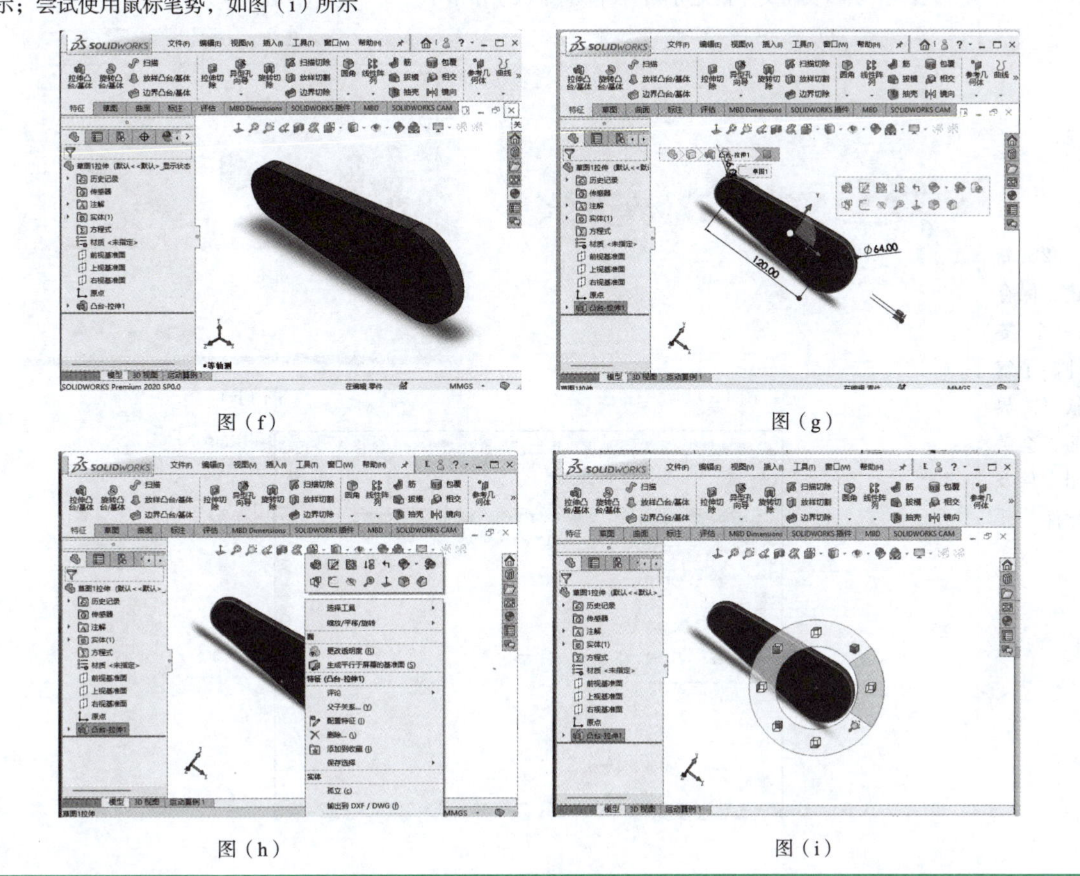

图（f）　　图（g）

图（h）　　图（i）

任务实施

任务实施见表1.1.3。

表 1.1.3　任务实施

班级		姓名		成绩	
任务内容	实施步骤				
① 安 装 Solidworks 软件	步骤一：将系统安装文件复制到硬盘上，双击安装目录下“setup.exe”文件； 步骤二：选择“单机安装在此计算机上”选项，然后单击“下一步”按钮； 步骤三：定义“序列号”，在对话框中输入Solidworks序列号，然后单击“下一步”按钮； 步骤四：进行Solidworks安装功能和安装目录等设置，设置完成后勾选“我接受SOLIDWORKS条款”，然后单击“现在安装”按钮； 步骤五：系统显示软件正在安装中，等待片刻后，在对话框中选中“以后提醒我”选项，其他参数使用系统默认值，然后单击“完成”按钮，完成Solidworks的安装				

续上表

<table>
<tr>
<td>② 新建、保存一个零件，了解软件界面，会关闭文件及软件</td>
<td>步骤一：双击软件图标打开软件如图（a）所示；
步骤二：新建零件如图（b）所示，进入零件界面，尝试“保存”或“另存为”等操作；
步骤三：尝试关闭文件和关闭软件操作如图（c）所示

图（a）
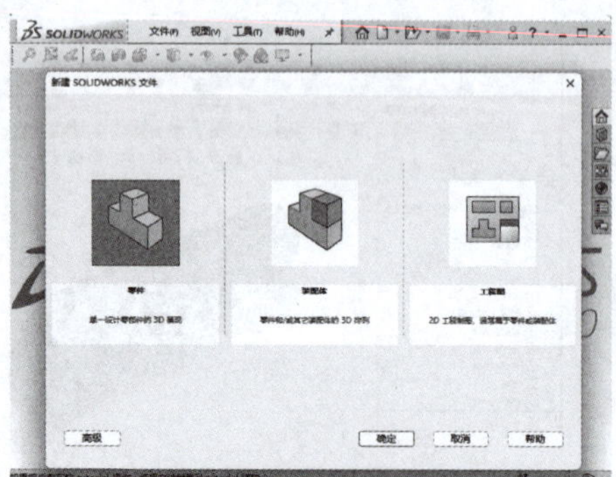
图（b）
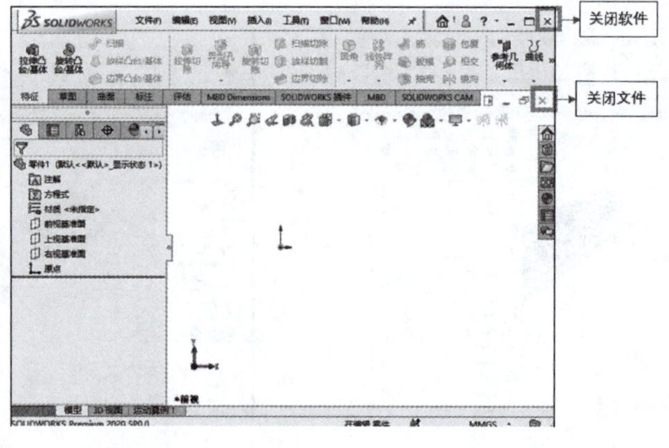

图（c）</td>
</tr>
<tr>
<td>③ 打开一个零件，进行基本操作及环境设置</td>
<td>步骤一：打开软件，在菜单栏中选择“文件”→“打开”命令，如图（d）所示；选择文件如图（e）所示；
步骤二：对零件进行视图定向，如图（f）所示；按下空格键，如图（j）所示；
步骤三：对零件进行旋转、平移、缩放操作，如图（h）所示
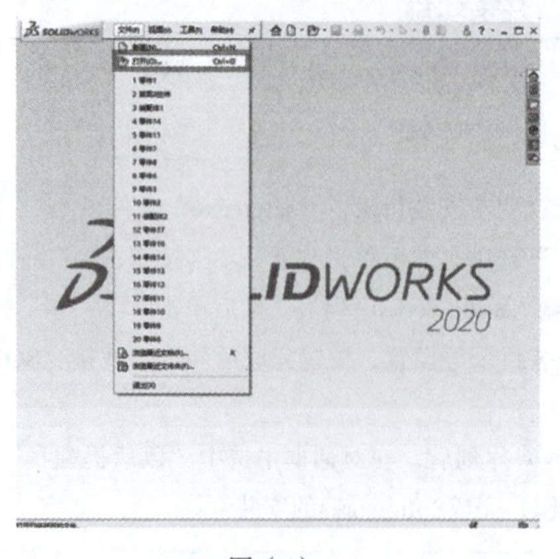
图（d）
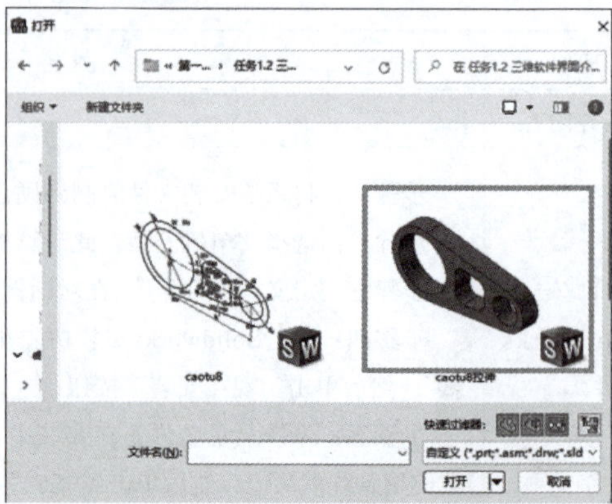
图（e）</td>
</tr>
</table>

续上表

③ 打开一个零件，进行基本操作及环境设置	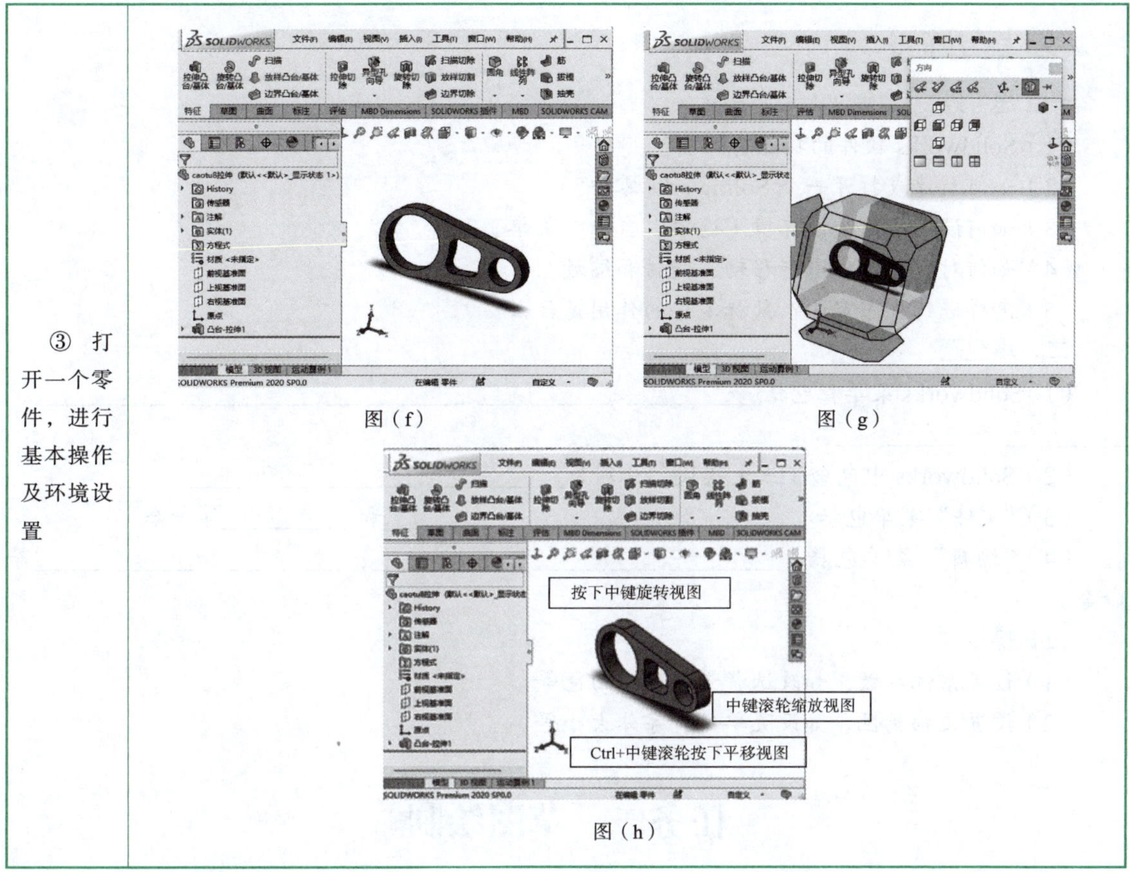 图（f）　图（g） 图（h）

考核与评价

Solidworks软件的安装与基本操作任务考核与评价见表1.1.4。

表 1.1.4　考核与评价

班级：	姓名：		日期：	
	评价内容	自评	互评	教师
任务活动评价	（1）学习准备情况			
	（2）小组计划完成情况			
	（3）操作安全性、规范性			
	（4）沟通、协作能力			
	（5）职业能力			

小　结

通过对Solidworks软件的功能、界面及基本操作的了解，成功安装了Solidworks软件；了解Solidworks的工作界面，能够新建、打开一个Solidworks零件文件并进行视图操作，掌握了常用绘图环境（选项、自定义菜单）的设置，达到了基本职业技能和专业素养的要求。

思考与练习

一、思考题

（1）Solidworks 软件的功能有哪些？

（2）如何新建或打开一个 Solidworks 零件？

（3）如何设置常用绘图环境（选项、自定义菜单）？

（4）如何对一个零件进行移动、旋转和缩放？

（5）怎样进行视图定向？鼠标笔势的作用是什么？

二、填空题

（1）Solidworks 菜单栏包括__________、__________、__________、__________、__________、__________和__________。

（2）Solidworks 中包含了三大模块，分别为__________、__________和__________。

（3）“文件”菜单包括__________、__________、__________和__________等命令。

（4）“编辑”菜单包括__________、__________、__________、__________和____________等命令。

三、操作题

（1）设置系统参数，如改选背景颜色为白色等。

（2）设置文档属性，如设置单位、字体大小等。

任务二　草图绘制

观察与思考

（1）Solidworks软件如何在零件环境中创建拉伸、旋转等特征？

（2）Solidworks软件如何进入草图环境？

（3）Solidworks软件如何退出草图环境？

（4）Solidworks软件如何绘制草图并添加草图关系？

任务要点

使用Solidworks软件进行设计是由绘制草图开始的，在草图基础上生成特征模型，进而生成零件等。草图绘制是Solidworks进行三维建模的基础，草图分为2D和3D两种，大部分Solidworks的特征都是由2D草图开始绘制。

本任务要求学生掌握新草图的创建方法；学会绘制草图；能够在几何体之间创建草图关系；理解草图状态；初步了解拉伸特征。

任务安排

任务安排见表1.2.1。

表 1.2.1　任务安排

班级________________ 第________________组 姓名________________	地点________________ 日期________________
任务具体安排	①查找相关资料，了解 Solidworks 中 2D 草图的作用。 ②学会使用 Solidworks 软件新建零件后进入与退出草图环境，了解草图环境的内容。 ③掌握草图绘制过程及添加尺寸和几何约束过程，并学会判断草图状态是否完全。 ④全班分成四个小组，每个小组选一名组长，进行 5 ~ 10 分钟 PPT 介绍

相关知识

一、草图绘制基础知识

每一个草图都有一些外形、尺寸或者方向的特性。草图绘制处理流程如图1.2.1所示。

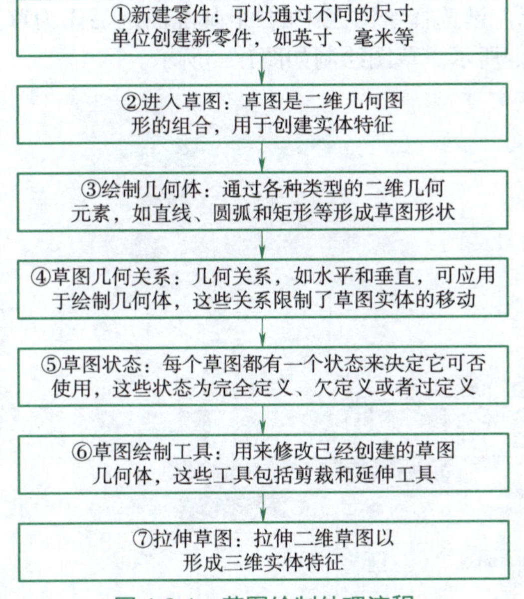

图 1.2.1　草图绘制处理流程

1. 进入与退出草图设计环境

进入Solidworks零件模块以后，在绘图区域的中间会出现坐标原点，其三个箭头分别对应空间的X、Y、Z坐标方向。在该窗口左边的设计树中则显示出前视、上视、右视三个基准面以及原点等内容，如图1.2.2所示。

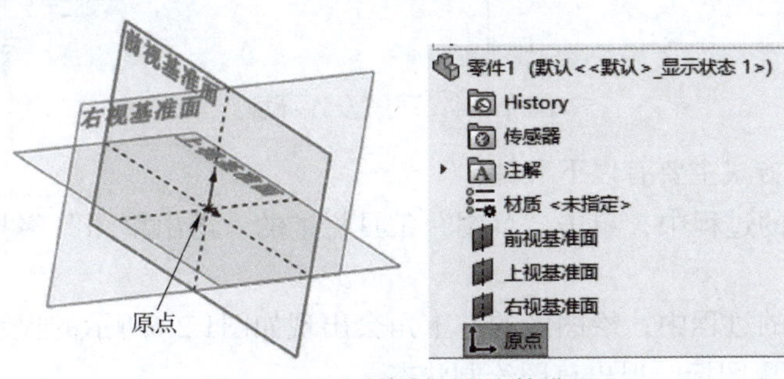

图 1.2.2　坐标系与默认基准面

要绘制二维草图，必须进入草图绘制状态。草图必须在平面上绘制，这个平面可以是默认基准面，也可以是三维模型上的平面，或创建一个新的基准面。创建新的基准面，如图1.2.3所示。

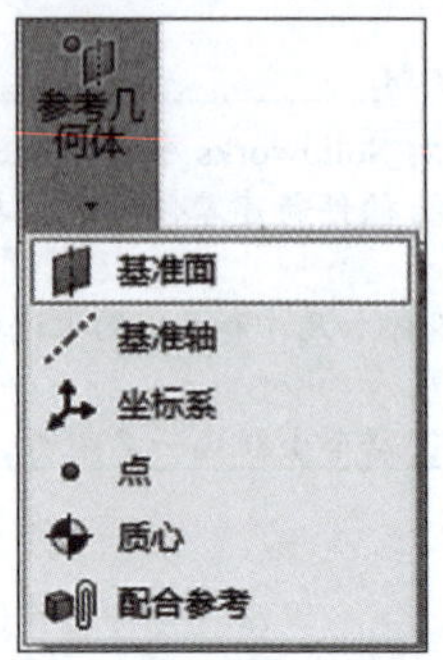

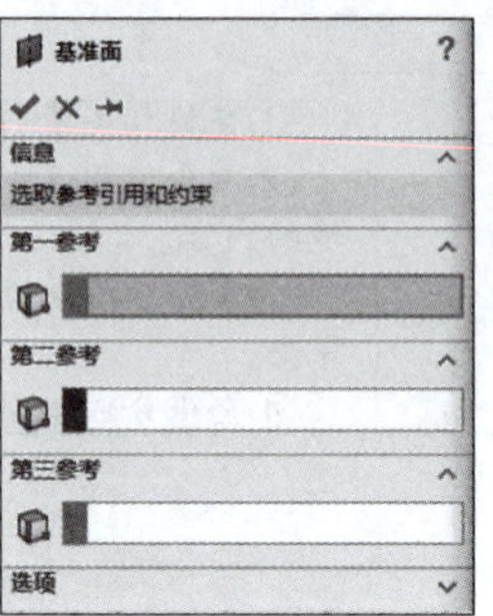

图 1.2.3　创建新的基准面

选择菜单栏中的“插入”→“草图绘制”命令，或者单击“草图”工具栏上的“草图绘制”按钮，然后用鼠标左键选择绘图区中的3个基准面之一作为草图基准面，系统会自动进入草图设计环境，如图1.2.4所示。草图绘制如图1.2.5所示。

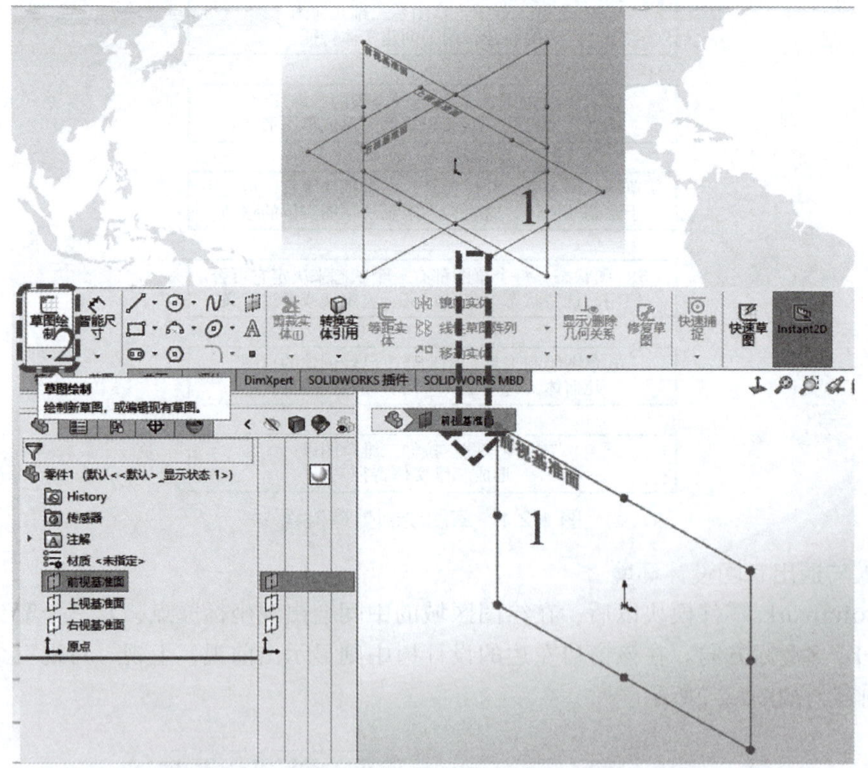

图 1.2.4　草图设计环境

退出草图绘制的方式主要有以下五种：

➢ 在绘制草图的过程中，单击“草图”工具栏上的“退出草图”按钮，退出草图绘制状态。

➢ 在绘制草图的过程中，绘图区的右上角会出现如图1.2.6所示的提示图标，单击绘制草图中右上角图标，退出草图绘制状态。

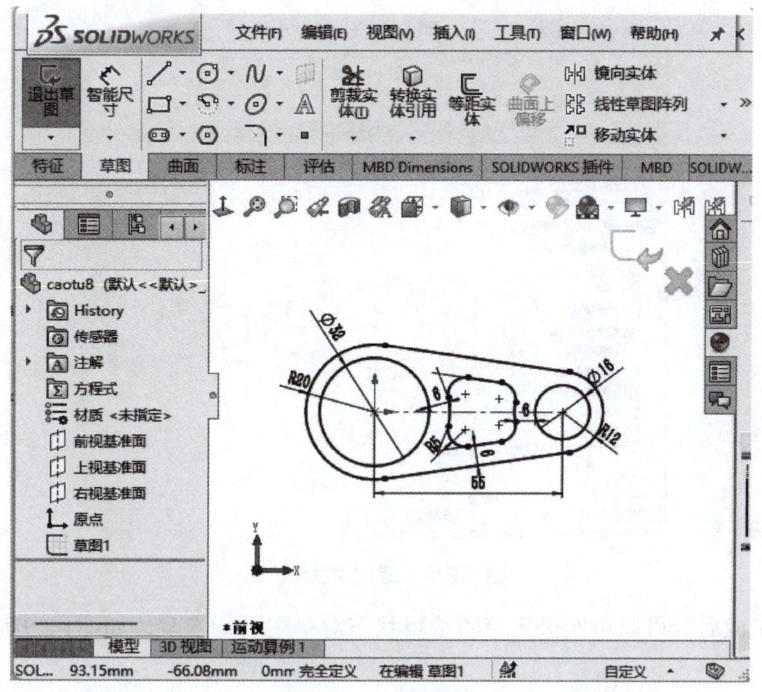

图 1.2.5　草图绘制

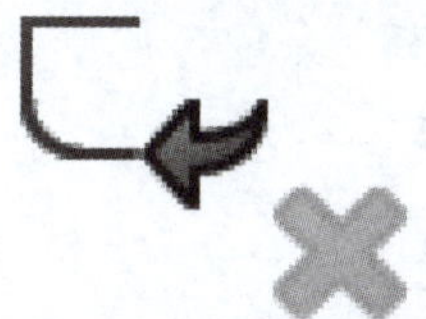

图 1.2.6　绘制草图中右上角图标

单击绘制草图中右上角的✖按钮，会弹出提示对话框，提示是否丢弃对草图所做的更改，如图1.2.7所示。若丢弃对草图所做的更改，则单击“丢弃更改并退出”按钮，即可直接退出草图绘制状态。

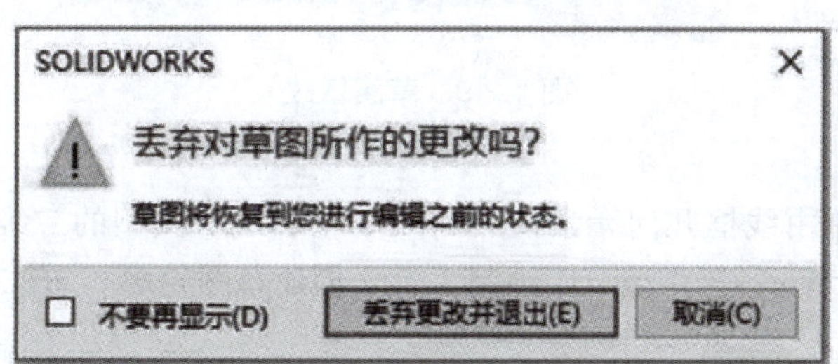

图 1.2.7　提示对话框

➢ 在绘图区中右键单击“退出草图”按钮，退出草图绘制状态。

➢ 双击可以退出草图。

➢ 单击标准工具栏中的按钮。

以上是退出草图的五种常用方式，草图绘制完毕后，可以建立特征，也可以退出草图后再建立特征。退出草图状态如图1.2.8所示。

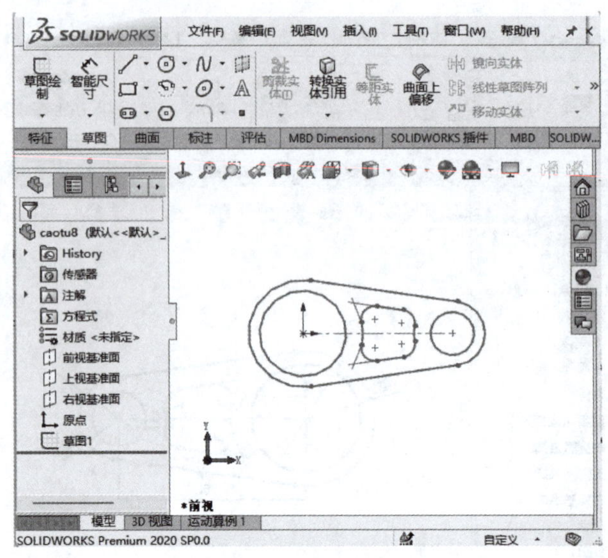

图 1.2.8　退出草图状态

草图绘制完成后，可以再次进入草图编辑状态对草图进行修改，如图1.2.9所示。

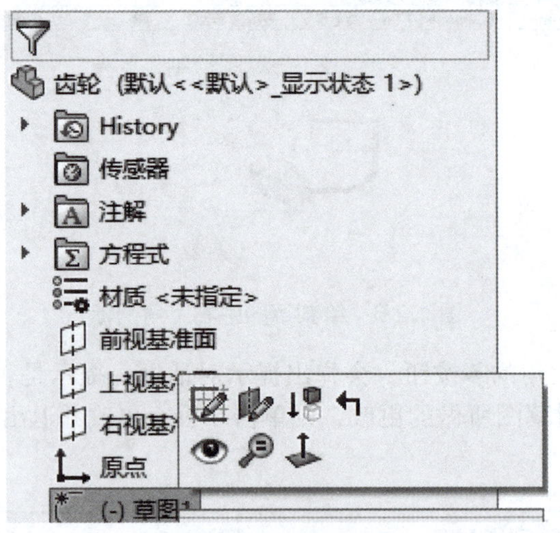

图 1.2.9　草图修改

2. 草图绘制方式

绘制草图就是绘制由线框几何元素构成的二维轮廓线。典型的二维几何元素有直线、圆弧、圆和椭圆等。Solidworks提供了草图绘制工具来创建草图轮廓。图1.2.10所示为“草图”工具栏。

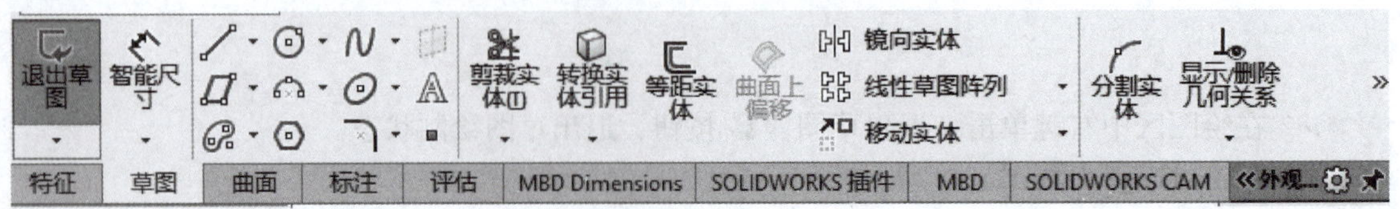

图 1.2.10　“草图”工具栏

绘制草图，先从草图设计环境中的“草图”工具栏或菜单栏的“工具”菜单项中选取一个绘图命令，然后通过在图形区中选取点来创建草图。

表1.2.2列出了Solidworks在草图工具栏默认提供的基本草图绘制实体工具。

表 1.2.2　基本草图绘制实体工具

草图实体	工具按钮	示例	草图实体	工具按钮	示例
直线			三点圆弧槽口		
圆			中心点圆弧槽口		
圆心/起、终点圆弧			多边形		
切线弧			边角矩形		
3点圆弧			中心矩形		
椭圆			3点边角矩形		
部分椭圆			3点中心矩形		
抛物线			平行四边形		
样条曲线			点		
直槽口			中心线		
中心点直槽口					

要点提示

①在绘制草图的过程中，当移动鼠标指针时，系统会自动确定可添加的约束并将其显示，也可以选中约束符号进行删除。

②绘制草图后，用户也可通过“定义约束”对话框继续添加所需约束。

3. 草图编辑工具

表1.2.3列出了Solidworks在草图工具栏默认提供的基本草图编辑实体工具。表1.2.4列出了Solidworks在草图绘制过程中选择、删除等使用案例。

表 1.2.3　草图编辑实体工具

编辑命令	工具按钮	编辑前	编辑后
转换实体引用	 转换实体引用	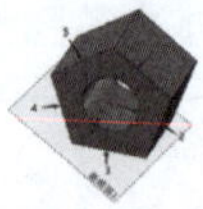	
裁剪实体	 剪裁实体(T)	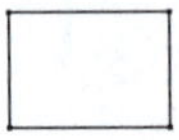	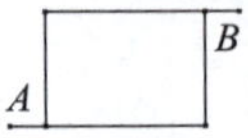 A B
延伸实体		 A	
分割实体		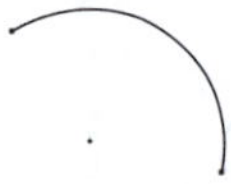	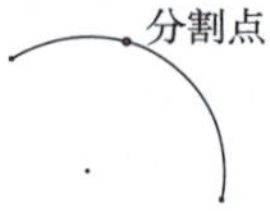 分割点
移动实体		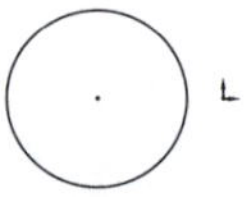	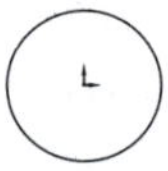
复制实体		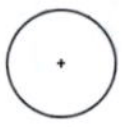	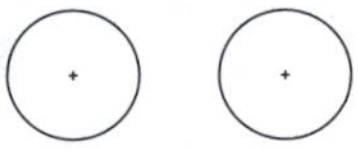
旋转实体		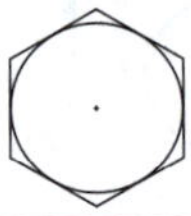	
缩放实体比例			
伸展实体		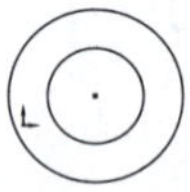	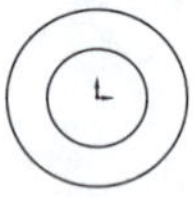
镜像实体		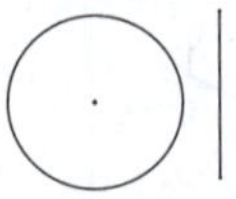	
线性草图阵列		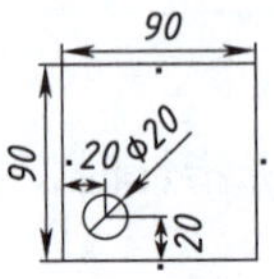 90 90 20 φ20 20	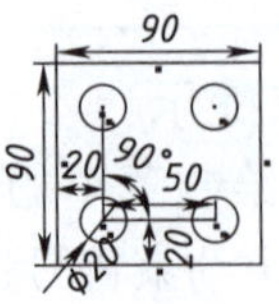 90 90 20 90° 50 φ20 20 20
圆周草图阵列		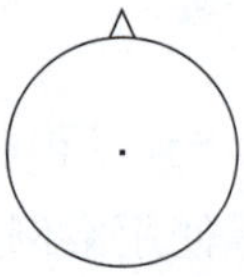	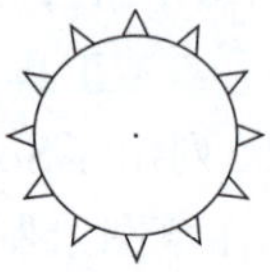

表 1.2.4　基本草图编辑实体工具选择及删除示例

编辑命令	工具按钮	示例		
选取实体单一选取		左键单击	单一选取	
多重选取		按住【Ctrl】键依次左键单击	多重选取	
框选		从左向右（全部框上即选中）； 从右向左（相交即选中）	选中	选中
删除实体	【Delete】或✕	步骤一：在图形区域，单击要删除的草图实体。 步骤二：按键盘上的【Delete】键，可以把草图实体删除，也可以右击弹出快捷菜单，选择删除实体		

4. 草图尺寸标注

在Solidworks中，标注尺寸是定义几何实体和捕捉设计意图的一种方法。使用尺寸标注的优点在于：可以在草图中显示尺寸的当前值，也可以对尺寸进行修改，以达到设计者的设计目标。“智能尺寸”工具栏如图1.2.11所示。智能尺寸标注与退出方法见表1.2.5，线性尺寸标注、角度尺寸标注、圆弧尺寸标注与圆尺寸标注等主要四种尺寸标注类型见表1.2.6。

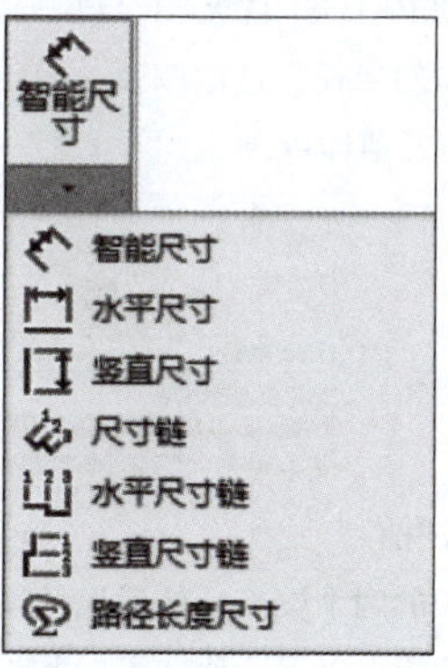

图 1.2.11　“智能尺寸”工具栏

表 1.2.5　智能尺寸标注与退出方法

智能尺寸	示　例
标注操作方法	• 在菜单栏中选择“工具”→“标注尺寸”→“智能尺寸”命令。 • 选择“草图”工具栏中的“智能尺寸”命令。 • 单击鼠标右键，从弹出的快捷方式栏中选择“智能尺寸”命令
退出标注操作方法	• 按【Esc】键。 • 再次选择“草图”工具栏中的“智能尺寸”命令。 • 单击鼠标右键，从弹出的快捷方式栏中单击“选择”命令

表 1.2.6　四种尺寸标注类型

<table>
<tr><th colspan="2">类型</th><th>示例</th></tr>
<tr><td colspan="2">线性的尺寸标注</td><td>• 方法：在标注模式下鼠标单击直线，根据移动光标的不同位置，完成直线的水平形式标注，垂直形式标注与平行形式标注 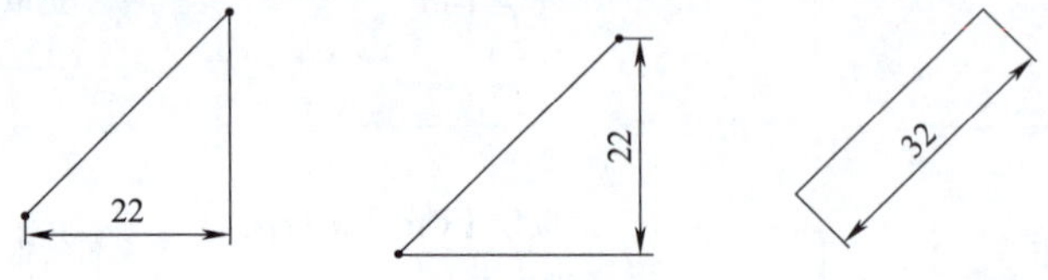
22　22　32
（a）水平形式　（b）垂直形式　（c）平行形式</td></tr>
<tr><td rowspan="2">角度的尺寸标注</td><td>直线与点之间的夹角</td><td>• 选择的顺序：直线的一个端点→另一个端点→点 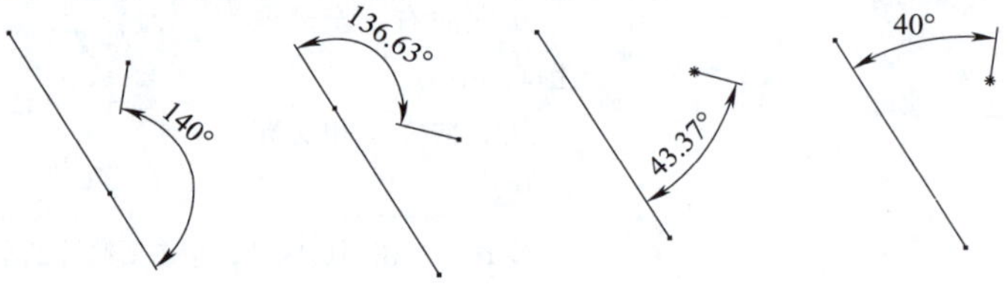
140°　136.63°　43.37°　40°
（a）直线→下端点→点（b）直线→上端点→点（c）上端点→直线→点（d）下端点→直线→点</td></tr>
<tr><td>两直线之间的夹角</td><td>• 选取两条直线，根据鼠标移动位置的不同会出现四种不同的标注方式 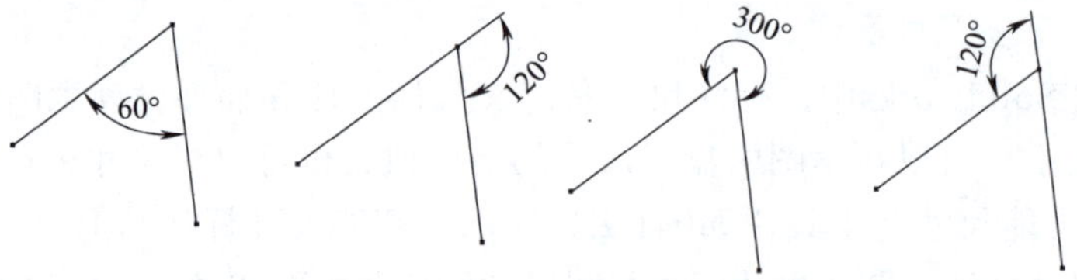
60°　120°　300°　120°
（a）两条直线锐角内（b）直线延长与另一边形成钝角内（两种情况）（c）两条直线锐角外</td></tr>
<tr><td rowspan="3">圆弧的尺寸标注</td><td>标注圆弧的半径</td><td>• 标注圆弧的半径：选取圆弧，单击要放置的标注位置，然后在“修改”对话框中输入半径值即可 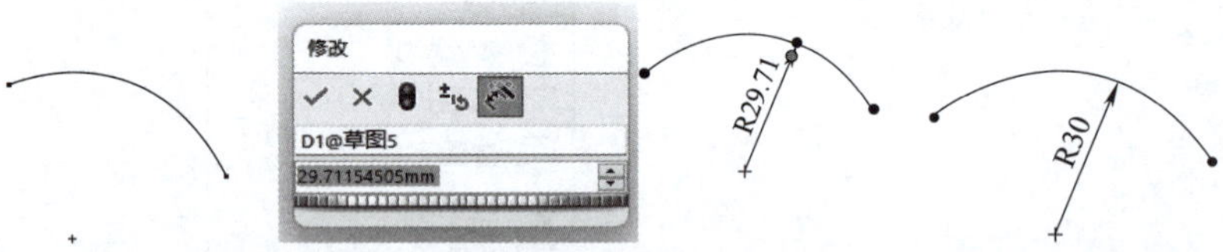
修改　D1@草图5　29.71154505mm　R29.71　R30
（a）标注前　（b）标注中　（c）标注后</td></tr>
<tr><td>标注圆弧的弦长</td><td>• 选取弧长的两个端点，然后拖动尺寸，单击要放置的位置完成圆弧弦长的标注。放置的位置有以下三种方式：水平、平行和垂直放置 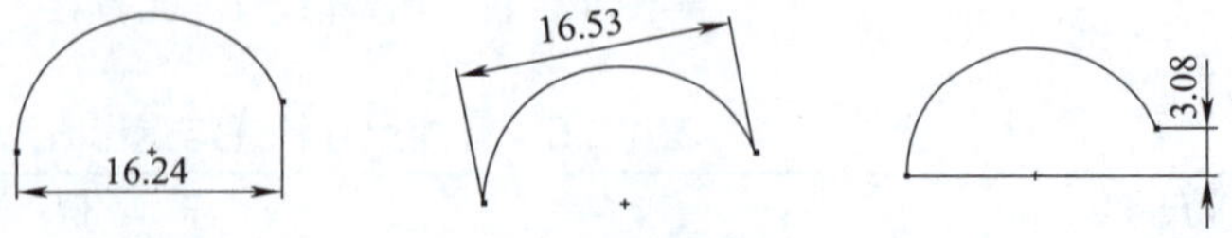
16.24　16.53　3.08
（a）水平放置　（b）平行放置　（c）垂直放置</td></tr>
<tr><td>标注圆弧的弦长</td><td>• 选取圆弧的两个端点与圆弧，在“修改”对话框内输入弧长值，然后单击要放置的位置 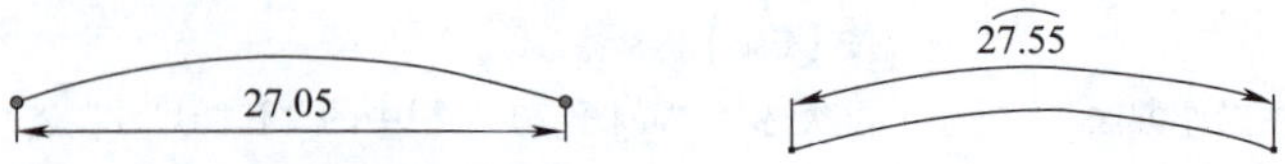
27.05　27.55
（a）选取两端点　（b）选取圆弧</td></tr>
</table>

续上表

类型	示例
圆的尺寸标注	• 标注方式：执行标注命令，选取圆上任意点，随后拖动鼠标至要放置的位置，单击鼠标左键，在“修改”对话框中输入直径值，单击“√”按钮，完成圆的尺寸标注 Φ20.75　Φ20.75　Φ20.75 （a）圆周范围内　（b）圆周范围外中间　（c）圆周范围外一侧

边学边练一：

班级		姓名		成绩	
草图练习一					

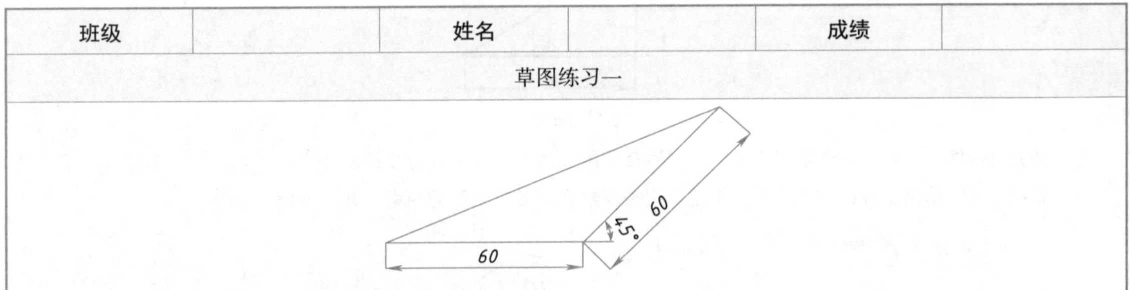

知识要点：简单的直线命令操作与线性、角度尺寸的标注。

①尺寸修改：在草图的编辑状态下，双击要修改的尺寸值，系统出现图（a）所示的“修改”对话框。在对话框内输入修改的尺寸值，然后单击“√”按钮，完成尺寸的修改。

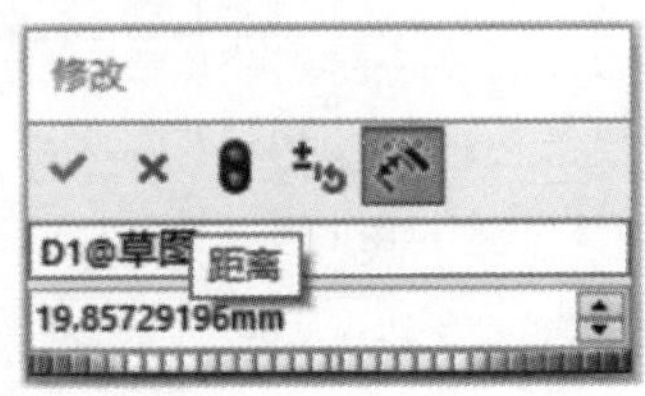

图（a）

②草图状态：草图状态是由草图的几何体之间的几何关系和相互之间定义的尺寸来决定的。

欠定义：显示蓝色。不固定，可以用鼠标左键拖动改变其形状，如图（b）所示。

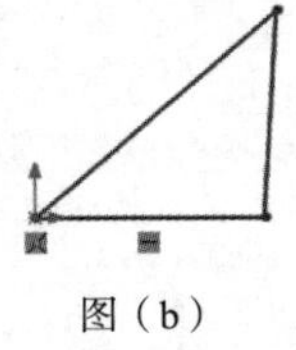

图（b）

完全定义：显示黑色，固定图形大小和位置，如图（c）所示。

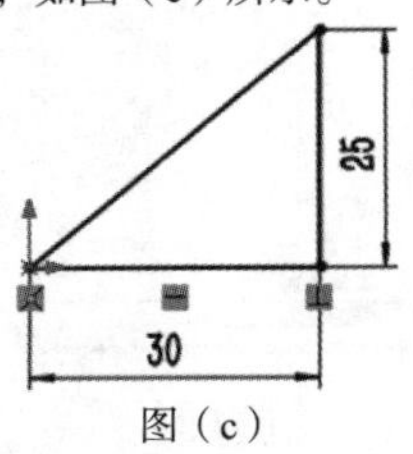

图（c）

续上表

过定义：显示黄色，表示草图中有重复的尺寸或者相互冲突的几何关系。需要将多余的几何关系或尺寸进行删除处理，如图（d）所示。

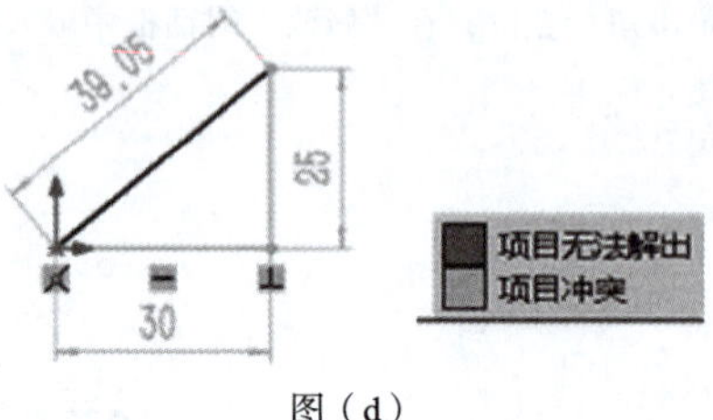

图（d）

草图绘制应注意：

- 草图绘制完成，应该为完全定义，线条、尺寸颜色均为黑色（默认），如图（e）所示。

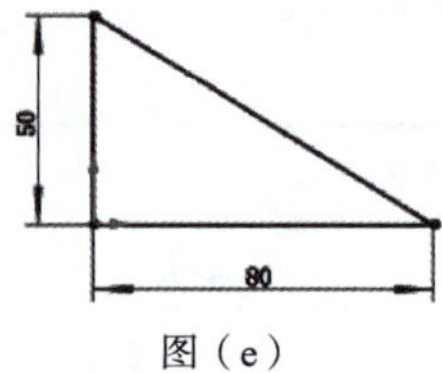

图（e）

- 画完可选择“工具”→“草图工具”→“检查草图合法性”命令进行验证。
- 若过定义，单击状态栏的“诊断”按钮，逐条观察确定需要删除的约束，如图（f）所示。

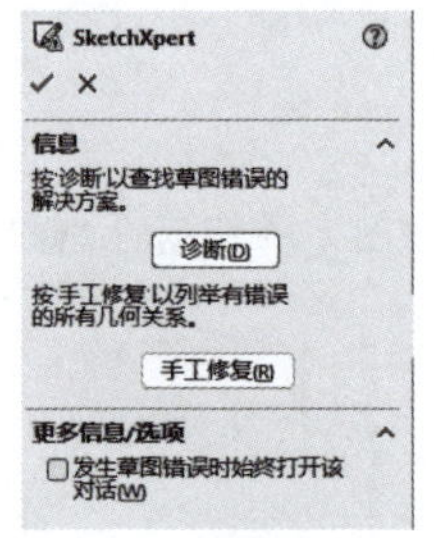

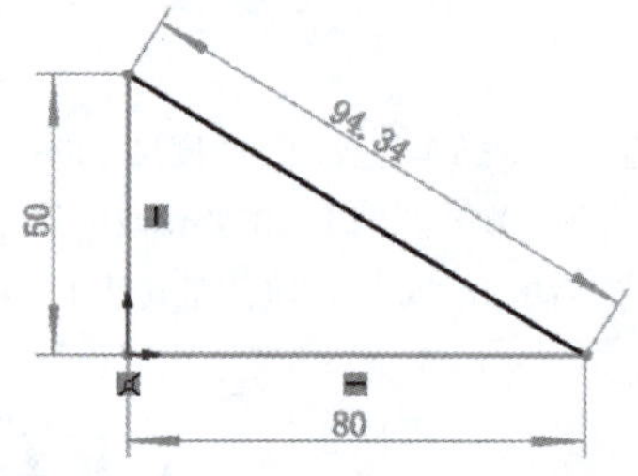

图（f）

绘制步骤

步骤一：进入草图环境。新建零件，单击“草图”工具栏中的“草图绘制”按钮，然后用鼠标左键选择绘图区中的三个基准面之一作为草图基准面，系统会自动进入草图设计环境，如图（g）所示。

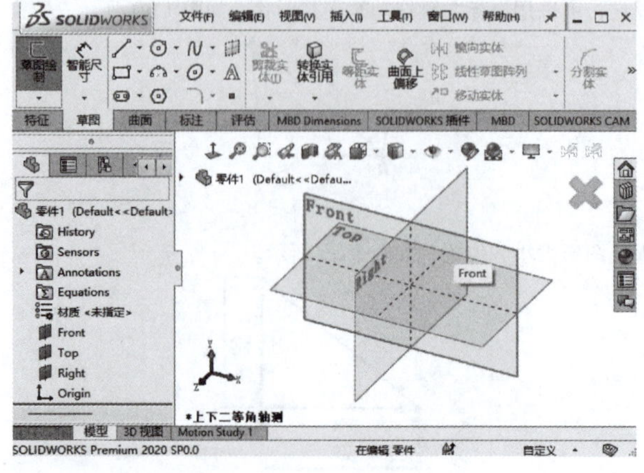

图（g）

续上表

步骤二：绘制一条水平线。单击“直线”按钮，从原点绘制一条水平的直线。指针旁出现“—”符号，表示系统自动为绘制的直线添加了一个“水平”的几何关系，而数字则显示了直线的长度，再次单击完成直线绘制，如图（h）所示。

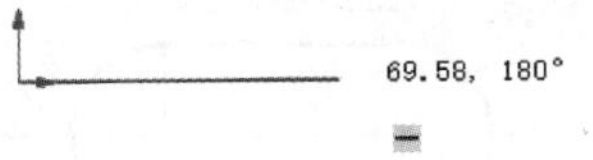

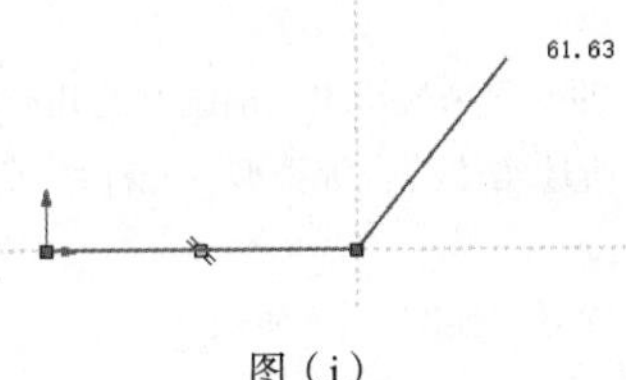

图（h）

步骤三：绘制具有一定角度的直线。从第一条直线的终点开始，绘制一条具有一定角度的直线，如图（i）所示。

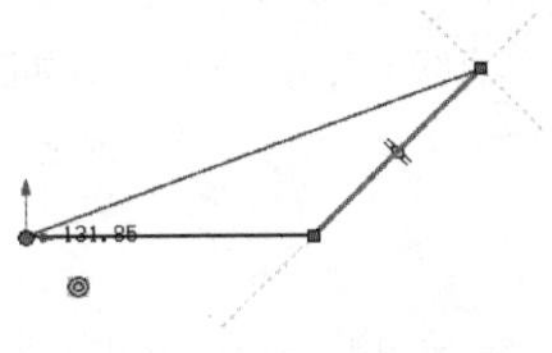

图（i）

步骤四：再绘制具有一定角度的直线。从第二条直线的终点开始，再绘制一条直线连接第一条直线的起点，如图（j）所示。

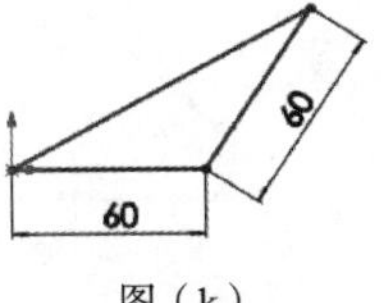

图（j）

步骤五：单击“草图”工具栏中的“智能尺寸”命令。在标注模式下鼠标单击直线，根据移动光标的不同位置，完成直线的水平与平行形式标注。再次单击“草图”工具栏中的“智能尺寸”命令或按【Esc】键退出标注，如图（k）所示。

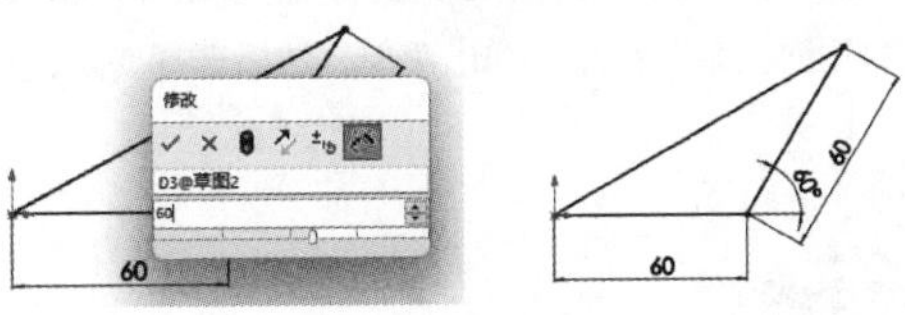

图（k）

步骤六：单击“草图”工具栏中的“智能尺寸”命令。在标注模式下鼠标单击选取两条直线，根据鼠标移动位置的不同进行角度标注，修改尺寸为60 mm。按【Esc】键退出标注命令。如图（l）所示。

图（l）

步骤七：单击“草图”工具栏中的“退出草图”按钮，退出草图，保存文件名为“直线草图一”，如图（m）所示。

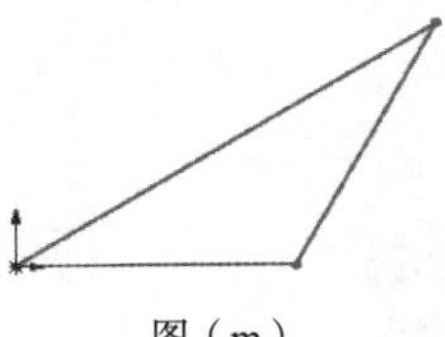

图（m）

边学边练二：

班级		姓名		成绩	
草图练习二					

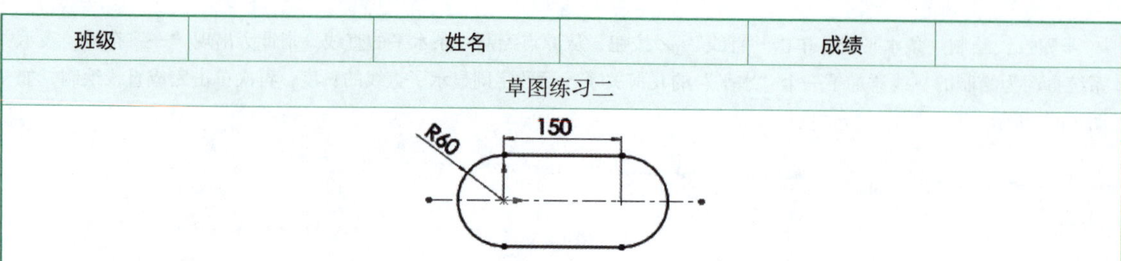

知识要点：直线命令的反馈特征操作与线性、半径尺寸的标注。

1.反馈特征

草图有很多类型的反馈特征。通过光标的变化来显示出当前绘制的几何实体的种类，同时，还可以表示对现有实体的捕捉情况，如捕捉到端点、中点或与所选实体符合等类型。光标移到这些点时，还会用红点表现出来。常见的反馈符号如下：

①端点：光标扫过时，黄色同心圆表示终点，如图（a）所示。

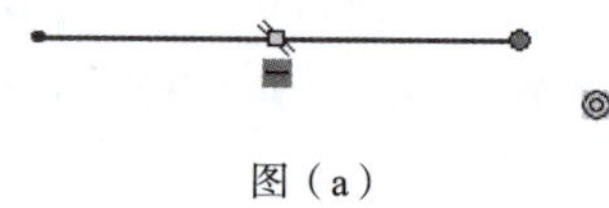

图（a）

②终点：黄色正方形表示中点，当光标移到直线上时，变成红色，如图（b）所示。

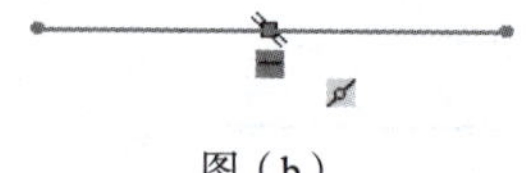

图（b）

③重合点（在边缘）：同心显示为同心圆，同时圆周上的四个象限点也会显示出来，如图（c）所示。

注意：当使用直线命令进行操作时只要不退出直线命令，当把鼠标放置于直线终点时会出现反馈特征，绘制圆弧，如图（d）所示。

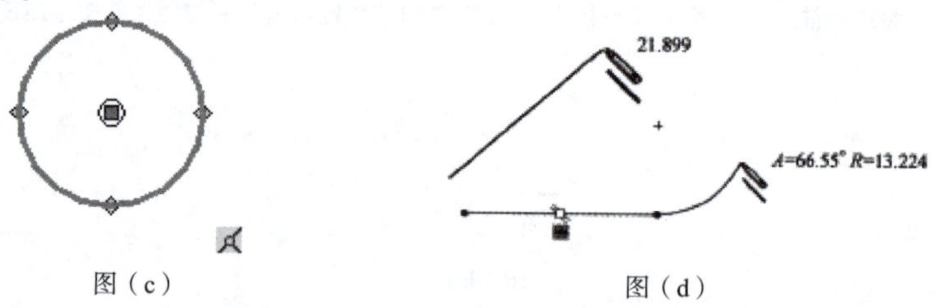

图（c）　　　　图（d）

2.几何关系

①自动添加几何约束：通过“系统选项”设置“几何关系/捕捉”，勾选“自动几何关系”复选框，如图（e）所示。

②手动添加几何约束：选择“添加几何关系”命令，弹出菜单，然后选择要素，添加几何关系即可，如图（f）所示。

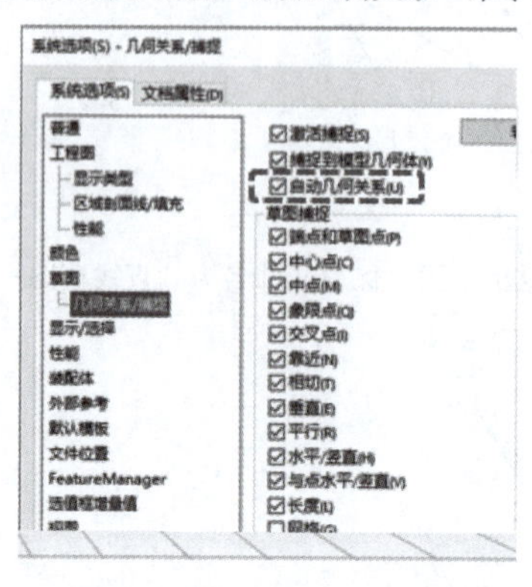

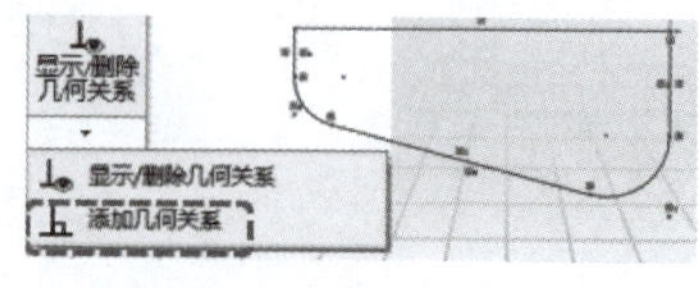

图（e）　　　　图（f）

续上表

绘制步骤
步骤一：进入草图环境。新建零件，单击“草图”工具栏中的“草图绘制” 按钮，然后用鼠标左键选择绘图区中的三个基准面之一作为草图基准面，系统会自动进入草图设计环境。 步骤二：绘制一条水平中心线。单击“中心线” 按钮，从任意点绘制一条水平中心线。指针旁出现“—”符号，表示系统自动为绘制的直线添加了一个“水平”的几何关系，而数字则显示了直线的长度，再次单击完成中心线绘制，如图（g）所示。 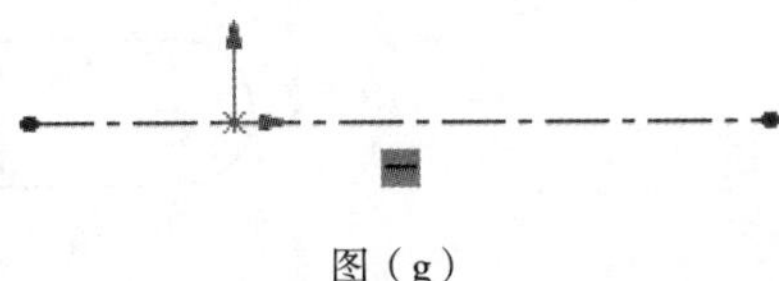 图（g） 步骤三：绘制一条水平线。单击“直线” 按钮，绘制一条水平直线。指针旁出现“—”符号，表示系统自动为绘制的直线添加了一个“水平”的几何关系，如图（h）所示；将光标移动到直线终点处将出现红点，如图（i）所示；此时再继续绘制半圆弧，如图（j）所示；单击鼠标，继续绘制直线，如图（k）所示；此时将光标移动到直线终点处将出现红点，如图（l）所示；此时再继续绘制半圆弧，如图（m）所示，仅用直线命令绘制完成图形。 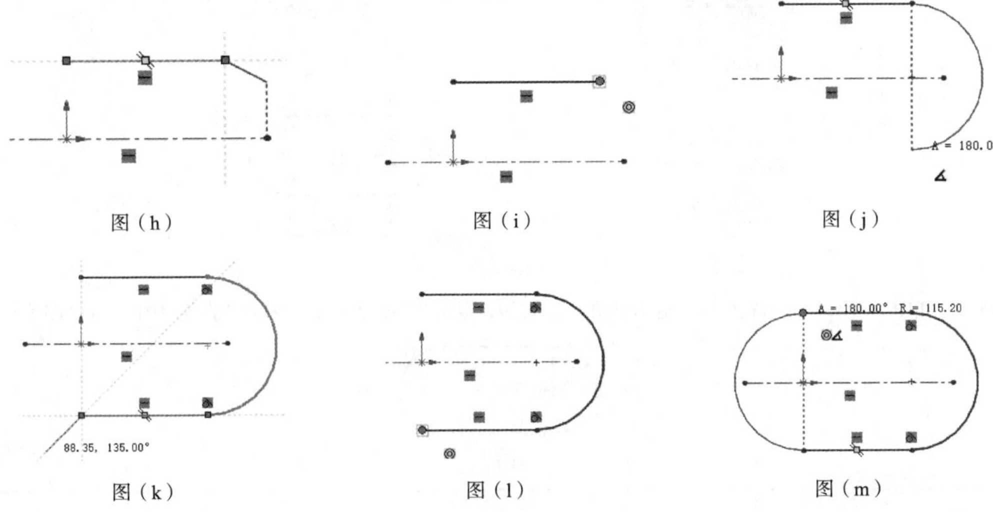 图（h）　图（i）　图（j） 图（k）　图（l）　图（m） （注意：直线和圆弧间自动添加了相切符号） 步骤四：选择“草图”工具栏中的“智能尺寸”命令。在标注模式下鼠标单击两个圆心点，根据移动光标的不同位置，完成中心距离的标注，如图（n）所示。继续选择半圆弧标注半径尺寸，如图（o）所示。尺寸标注如图（p）所示，选择“草图”工具栏中的“智能尺寸” 命令或按【Esc】键退出标注。 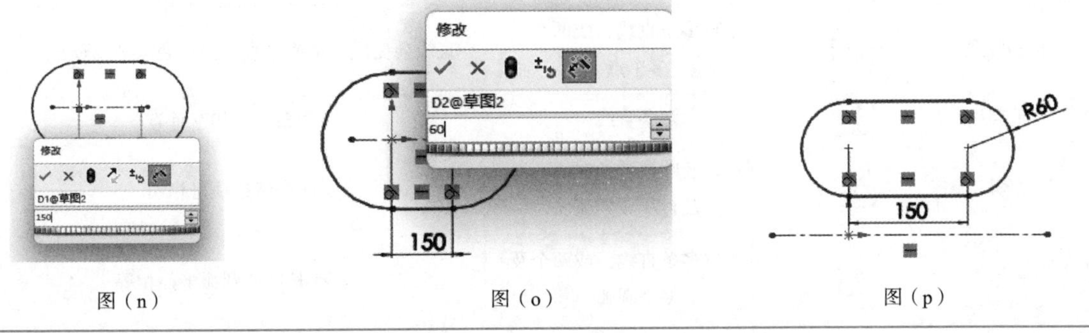 图（n）　图（o）　图（p）

续上表

步骤五：手动添加几何约束，鼠标左键选中左半圆弧中心，同时按下【Ctrl】键选择坐标原点，系统会弹出添加几何关系，选择重合，图形移到坐标原点位置，如图（q）所示。

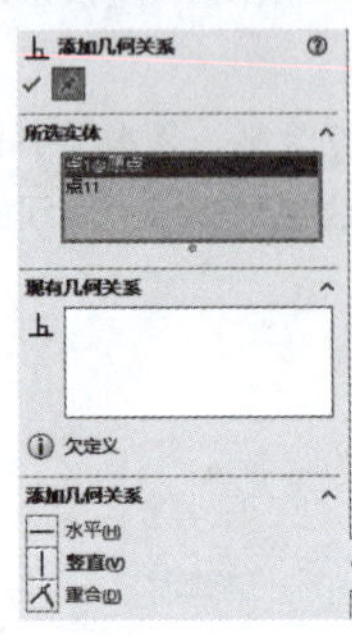

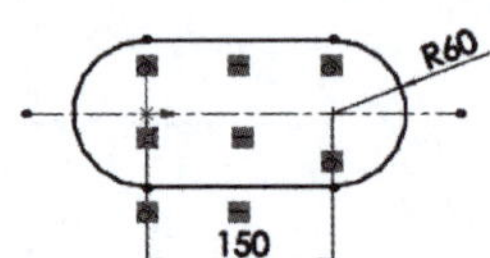

图（q）

步骤六：手动添加几何约束，鼠标左键选中左半圆弧中心，同时按下【Ctrl】键选择中心线，系统会弹出添加几何关系，选择“重合”选项，中心线移到坐标原点位置，如图（r）所示。

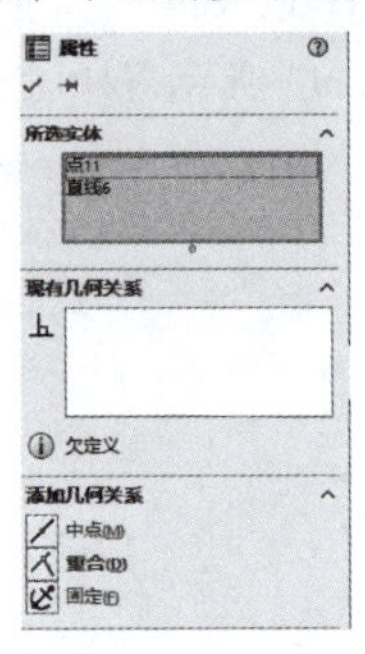

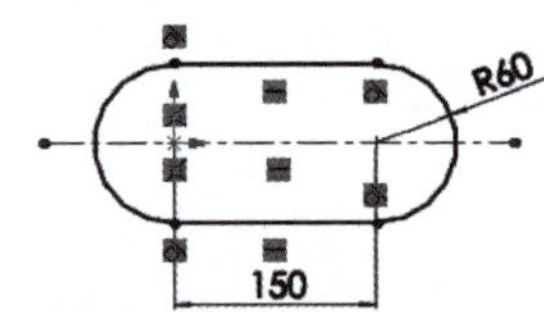

图（r）

步骤七：单击“草图”工具栏中的“退出草图”按钮，退出草图，保存文件名为“直线草图二”。如图（s）所示

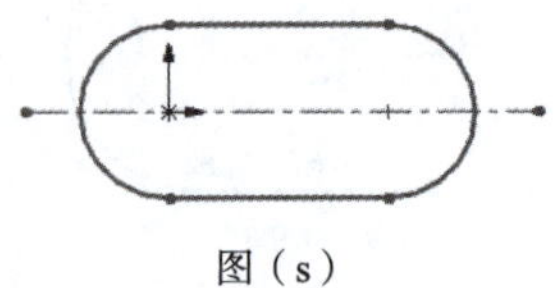

图（s）

5. 草图几何关系

常用的几何关系种类见表1.2.7。

表 1.2.7　常用的几何关系种类

几何关系种类	显示图标	选择的草图实体	产生的几何关系
水平/竖直		一条或多条直线，或两个及多个点	直线会变成水平或竖直，而点会水平或竖直对齐
垂直		两条直线	两条直线相互垂直
相切		圆弧、椭圆或样条曲线，以及直线或圆弧	两个所选项目相切
相等		两条或多条直线，或两个及多个圆弧	直线长度或圆弧半径相等

续上表

几何关系种类	显示图标	选择的草图实体	产生的几何关系
重合		一个点和一条直线、圆弧或椭圆	点位于直线、圆弧或椭圆上
共线		两条或多条直线	所选直线位于同一条无限长的直线上
平行		两条或多条直线	所选直线相互平行
同心		两个或多个圆弧，或一个点和一个圆弧	所选圆弧共用同一圆心
全等		两个或多个圆弧	所选圆弧共用相同的圆心和半径
固定		任何实体	实体的大小和位置被固定
合并		两个草图点或端点	两个点合并成一个点
对称		一条中心线和两个点、直线、圆弧或椭圆	所选项目保持与中心线相等距离，并位于一条与中心线垂直的直线上
中点		两条直线或一个点和一条直线	点保持位于线段的中点

边学边练：

班级		姓名		成绩	
草图练习三					

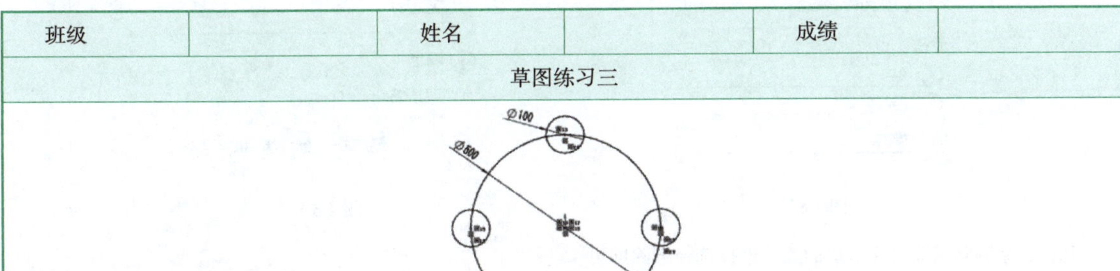

知识要点：绘制如图所示草图，涉及绘图工具、尺寸标注及几何约束添加等。

1. 手动添加几何约束方法

①单击“草图”工具栏中的“添加几何关系” 按钮。

②在菜单栏中选择“工具”→“关系”→“添加”命令。

③添加几何关系，鼠标左键选中第一元素，同时按下【Ctrl】键选择第二或更多要素，系统会弹出添加几何关系（或关联菜单或右键单击出现快捷菜单），直接选择“添加几何关系”命令，确认后即手动添加完成，如图（b）所示。

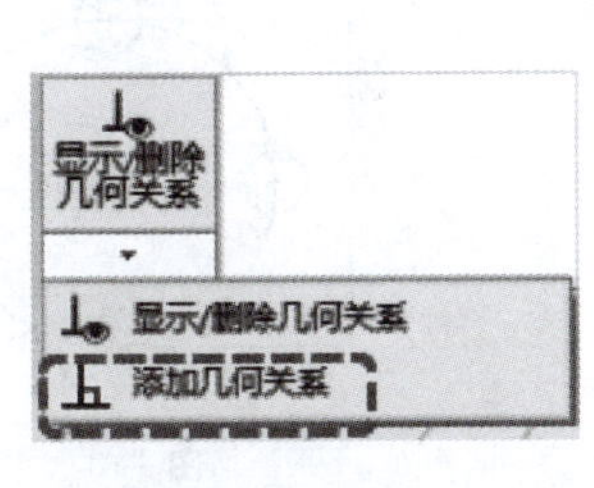

图（a）

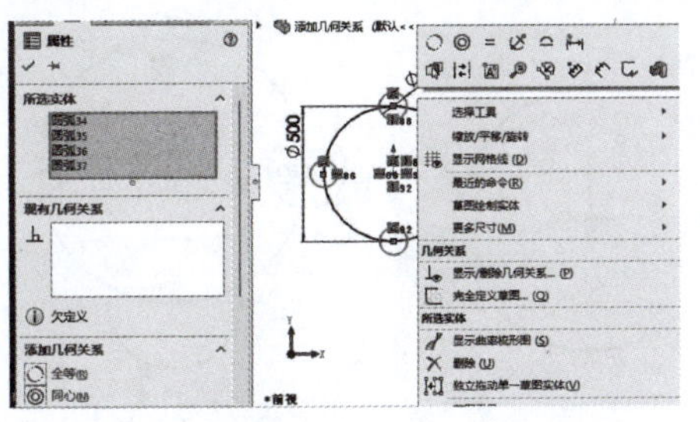

图（b）

续上表

2.几何关系显示/删除

①利用实体属性管理器显示。草图编辑状态下，单击或双击要查看的草图实体，视图中则出现该实体的几何关系图标，并会在系统左侧弹出的属性管理器的“现有几何关系”一栏显示现有的几何关系，如图（c）所示。

②“显示/删除几何关系”属性管理器显示几何关系。

- 单击“草图”工具栏中的“显示/删除几何关系” 按钮。
- 在菜单栏选择“工具”→“关系”→“显示/删除”命令。
- 在草图编辑状态下单击“草图”工具栏中的“显示/删除几何关系” 按钮，此时系统左侧出现“显示/删除几何关系”属性管理器。如果没有选择某一草图实体，则只显示该实体的几何关系，如图（d）所示。

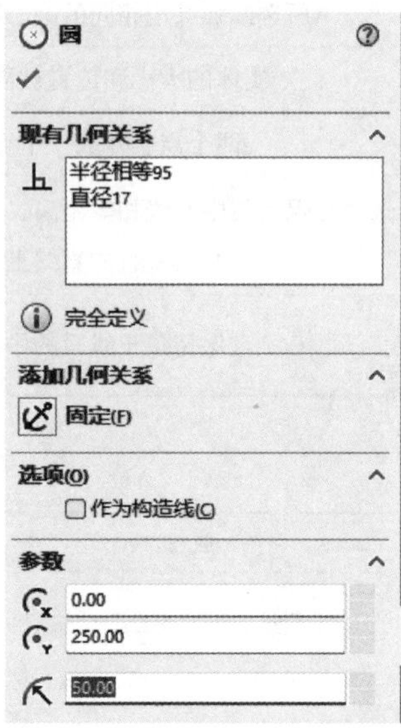

图（c）

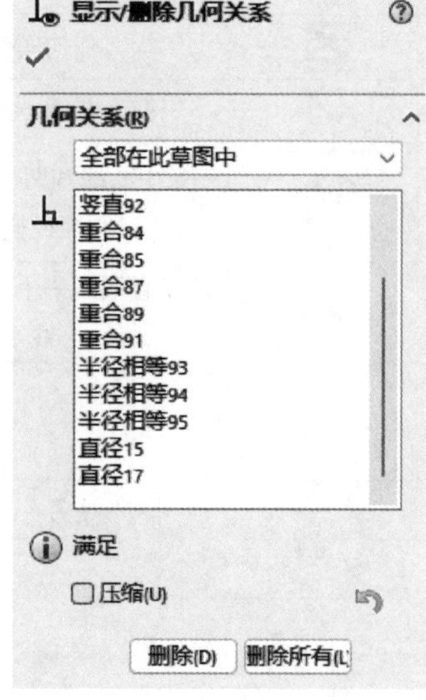

图（d）

几何关系删除只需将显示出的关系进行选择删除即可。

注意：可以直接在绘图区选择约束符号进行删除

绘制步骤

步骤一：进入草图环境。新建零件，单击“草图绘制” 按钮，选择绘图区中的一个基准面作为草图平面。

步骤二：绘制几何轮廓。选择“圆”命令，捕捉坐标原点，以坐标原点为圆心绘制一圆，继续捕捉圆上四个象限点再绘制四个小圆，所绘图形如图（e）所示。

步骤三：选择“草图”工具栏中的“智能尺寸”命令。选择大圆标注直径500 mm，选择一个小圆标注直径100 mm，按【Esc】键退出标注，如图（f）所示。

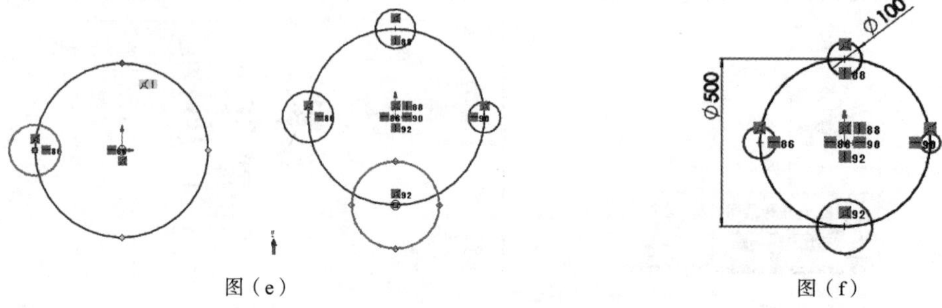

图（e）　　图（f）

续上表

步骤四：手动添加几何关系。

①在草图编辑状态下单击“草图”工具栏中的“显示几何关系”下拉菜单的“添加几何关系”按钮。

②选择添加几何关系的实体。此时系统左侧出现“添加几何关系”属性管理器，如图（g）所示。在“所选实体”一栏中选择图（b）的四个圆，此时在“添加几何关系”一栏中出现所有可能的几何关系。

③选择添加几何关系。单击“添加几何关系”一栏中的“相等”按钮，将四个圆限制为等直径的几何关系。

④确定添加的几何关系。单击“√”按钮，几何关系添加完毕。结果如图（h）所示。

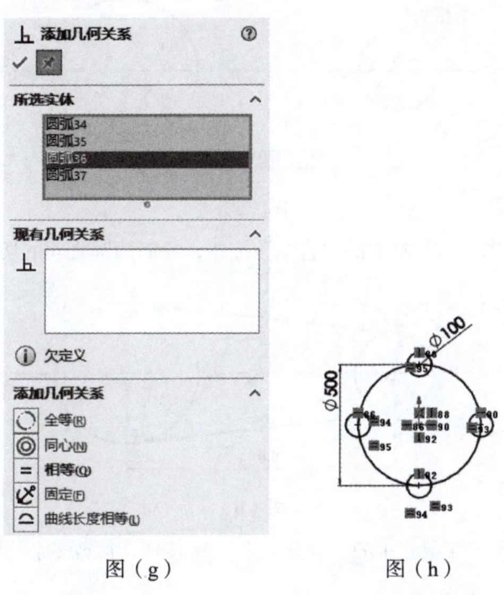

图（g）　　图（h）

步骤五：单击“草图”工具栏中的“退出草图”按钮，退出草图，保存文件名为“直线草图三”，如图（i）所示

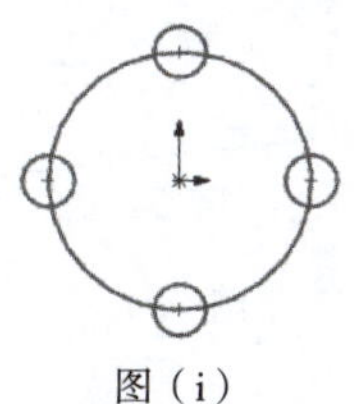

图（i）

二、草图绘制案例

1. 绘制斜板草图

边学边练：

班级		姓名		成绩	
案例一					
⌀36　⌀64　120 斜板草图					

续上表

绘制步骤
步骤一：新建文件。打开Solidworks，单击标准工具栏中的“新建”按钮，然后单击“零件”→“确定”按钮。 步骤二：绘制草图。单击“草图”工具栏中的“草图绘制”按钮，新建一张草图。选择绘图区上的“前视基准面”，单击“草图”工具栏中的“中心线”按钮和“绘制圆”按钮，绘制水平中心线和圆。 步骤三：标注尺寸。单击“草图”工具栏中的“智能尺寸”按钮，标注尺寸，如图（a）所示。 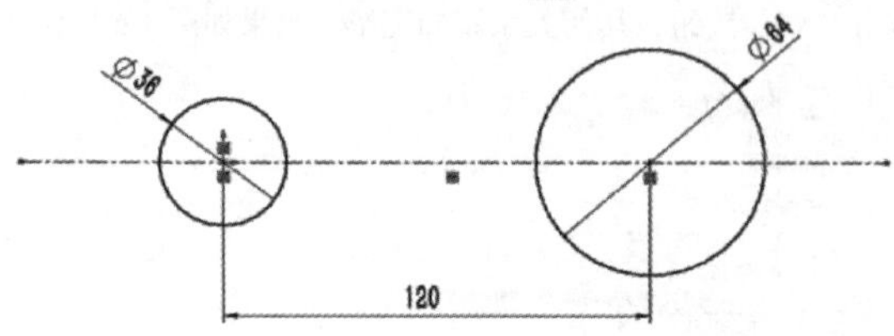 图（a） 步骤四：绘制切线。单击“草图”工具栏中的“直线”按钮，绘制两圆之间的切线。如图（b）所示。 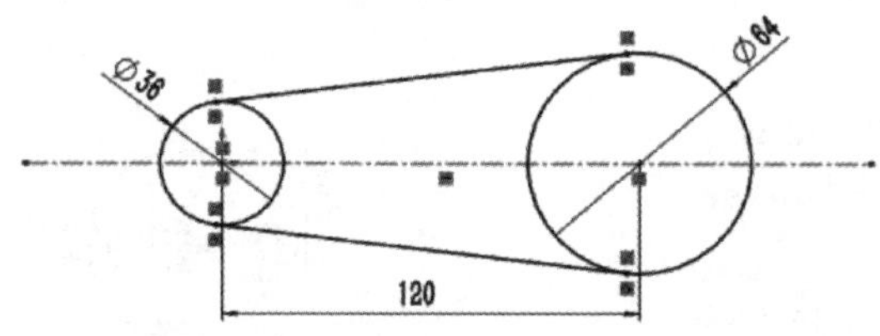 图（b） 步骤五：裁剪图形。单击“草图”工具栏中的“裁剪实体”按钮，修剪多余的圆弧。裁剪后图形如图（c）所示。 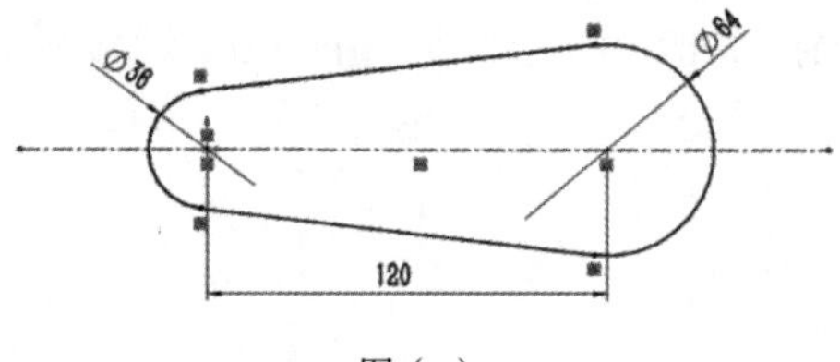 图（c） 步骤六：选择工具“特征”。单击“特征”工具栏中的“拉伸凸台/基体”按钮，弹出拉伸菜单栏，选择“给定深度”选项，输入尺寸“10.00 mm”，单击“确定”按钮后得到拉伸特征，如图（d）所示。  图（d） 步骤七：保存零件。单击标准工具栏中的“保存”按钮或“另存为”按钮，保存文件

2. 绘制拨叉草图

边学边练：

班级		姓名		成绩	

案例二

拨叉草图

绘制步骤

步骤一：新建文件。打开Solidworks，单击标准工具栏中的“新建”按钮，然后单击“零件”→“确定”按钮。

步骤二：绘制草图。

①单击“草图”工具栏中的“草图绘制”按钮，新建一张草图。单击“草图”工具栏中的“中心线”按钮，绘制中心线，并标注尺寸，如图（a）所示。

②单击“草图”工具栏中的“圆”按钮，绘制五个圆，如图（b）所示。

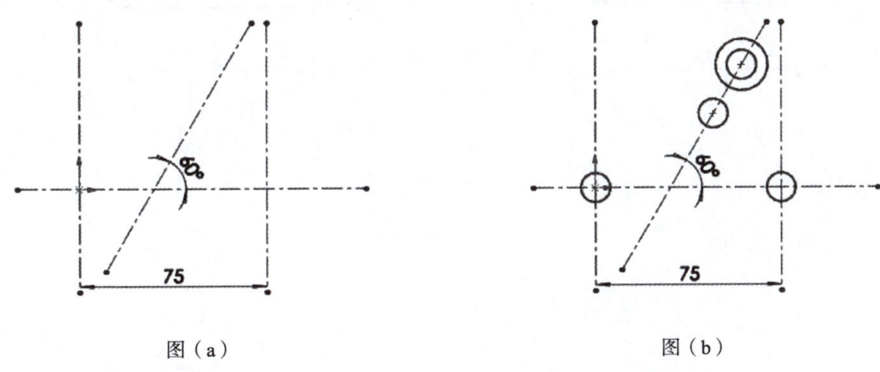

图（a）　　图（b）

③单击“草图”工具栏中的“圆心/起/终点圆弧”按钮，绘制圆弧，如图（c）所示。

④单击“草图”工具栏中的“直线”按钮，绘制直线，如图（d）所示。

步骤三：添加约束。

①单击“草图”工具栏中的“添加几何关系”按钮，选择四个小圆，在属性管理器中单击“相等”按钮，使四个圆相等，并标注尺寸，直径为12 mm，如图（e）所示。

②同上步骤，使两圆弧和大圆相等，并标注尺寸，半径为13 mm，如图（f）所示。

③选择四条斜直线与中心线，在属性管理器中单击“平行”按钮，结果如图（g）所示。

④选择中间的小圆的圆心与直线，在属性管理器中单击“重合”按钮，结果如图（h）所示。

续上表

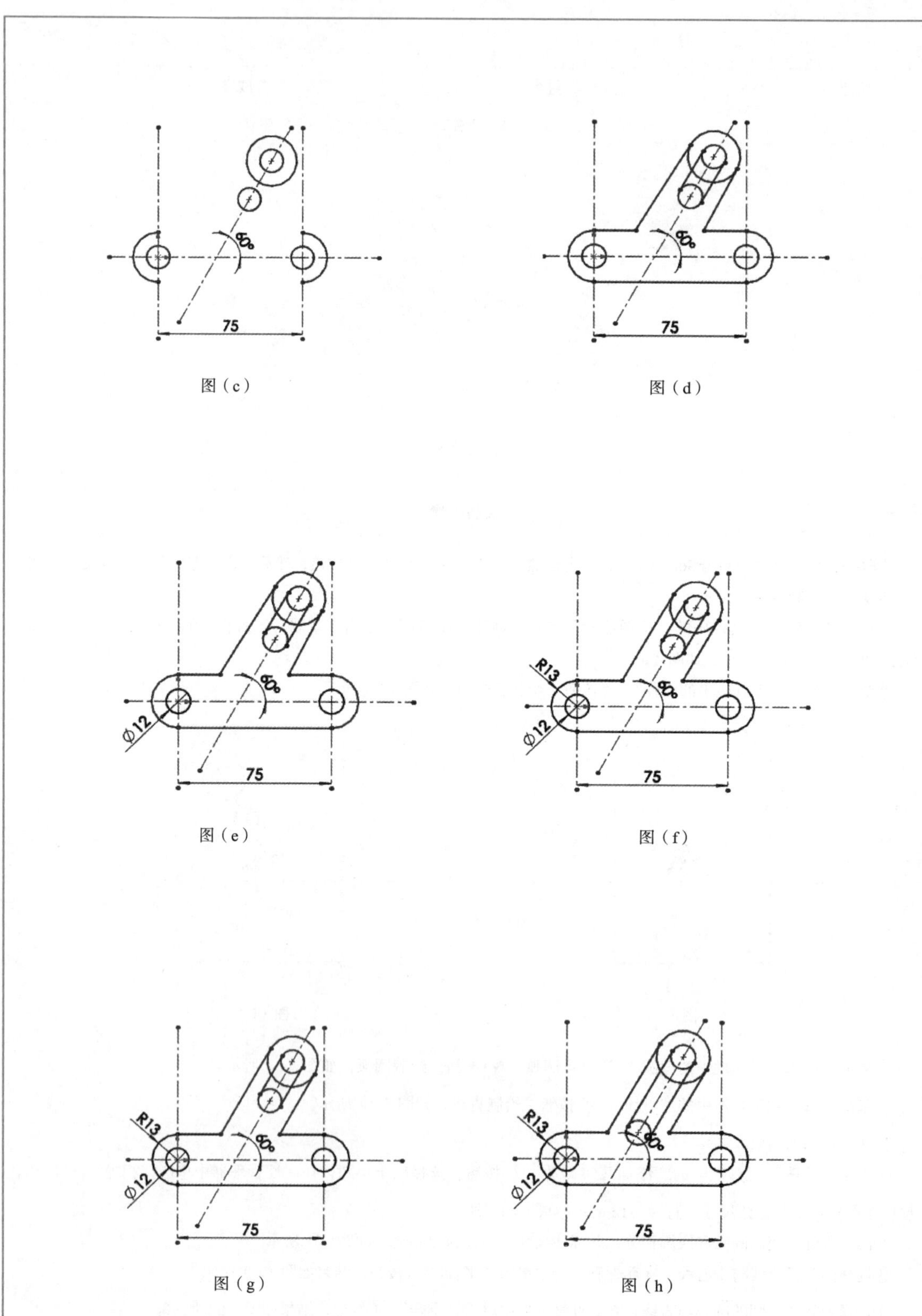

图（c） 图（d）

图（e） 图（f）

图（g） 图（h）

续上表

步骤四：编辑草图。

①单击“草图”工具栏中的“绘制圆角”按钮，在属性管理器中设置圆角半径为10 mm，选择视图中左边的两条直线，单击“√”按钮，结果如图（i）所示。

②重复“绘制圆角”命令，在右侧继续创建圆角，半径为2 mm，结果如图（j）所示。

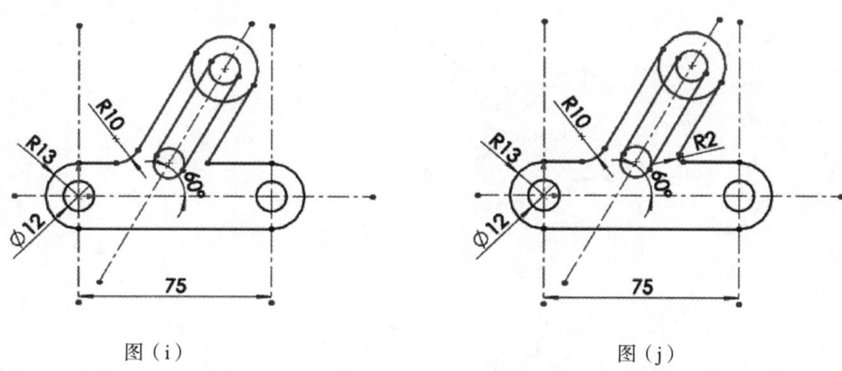

图（i）　　　　图（j）

③单击“草图”工具栏中的“裁剪实体”按钮，裁剪多余的线段，结果如图（k）所示。

④单击“草图”工具栏中的“智能尺寸”按钮，在弹出的“修改”对话框中标注其他尺寸，结果如图（l）所示。

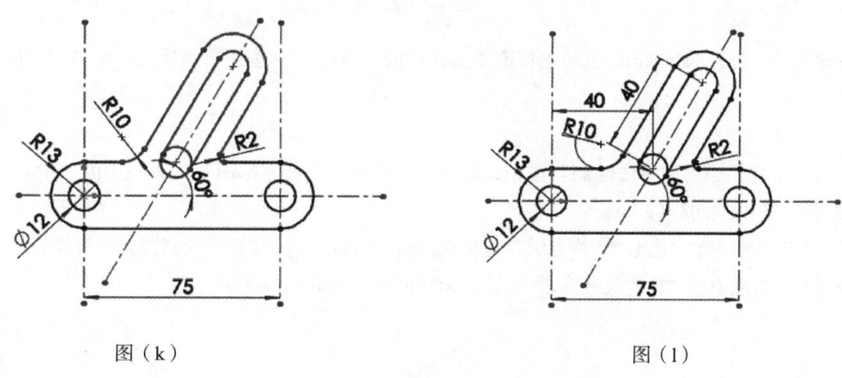

图（k）　　　　图（l）

步骤五：选择工具“特征”。单击“拉伸凸台/基体”按钮，弹出拉伸菜单栏，“方向1”选择“给定深度”选项，输入尺寸“10.00 mm”，单击“确定”按钮后得到拉伸特征如图（m）所示。

图（m）

步骤六：保存零件。单击标准工具栏上的“保存”按钮或“另存为”按钮，保存文件

3. 绘制气缸体截面草图

边学边练：

班级		姓名		成绩	
案例三					

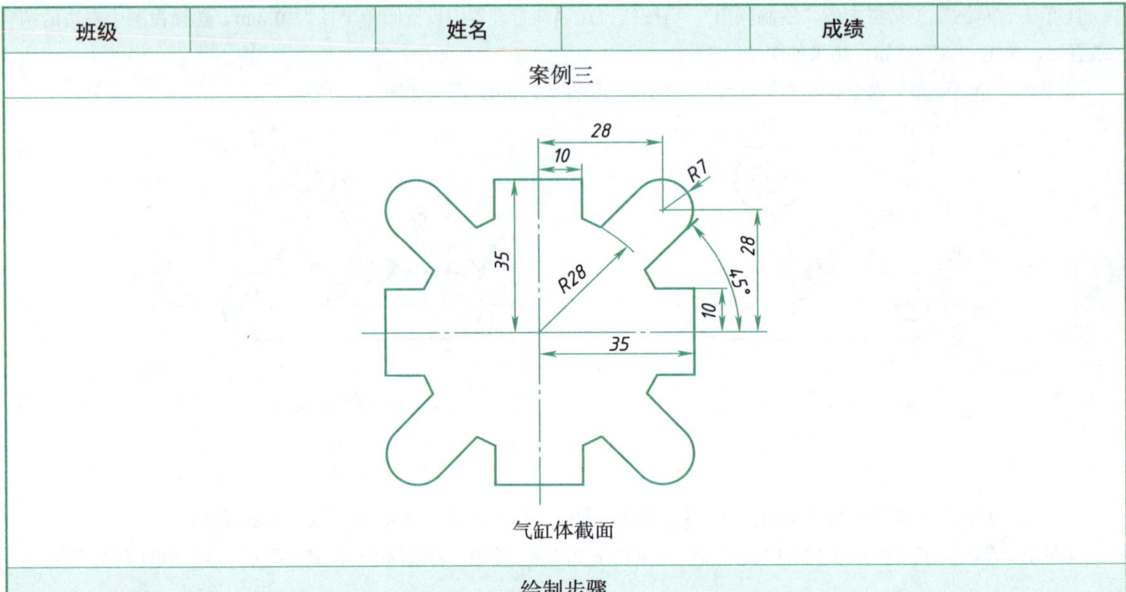

气缸体截面

绘制步骤

步骤一：新建文件。打开Solidworks，单击标准工具栏中的“新建”按钮，然后依次单击“零件”→“确定”按钮。

步骤二：绘制草图。

①单击“草图”工具栏中的“草图绘制”按钮，新建一张草图。单击“草图”工具栏中的“中心线”按钮，绘制中心线，并标注尺寸，如图（a）所示。

②单击“草图”工具栏中的“圆心/起/终点圆弧”按钮和“直线”按钮，绘制圆弧和线段。

③单击“草图”工具栏中的“智能尺寸”按钮，标注尺寸，如图（b）所示。

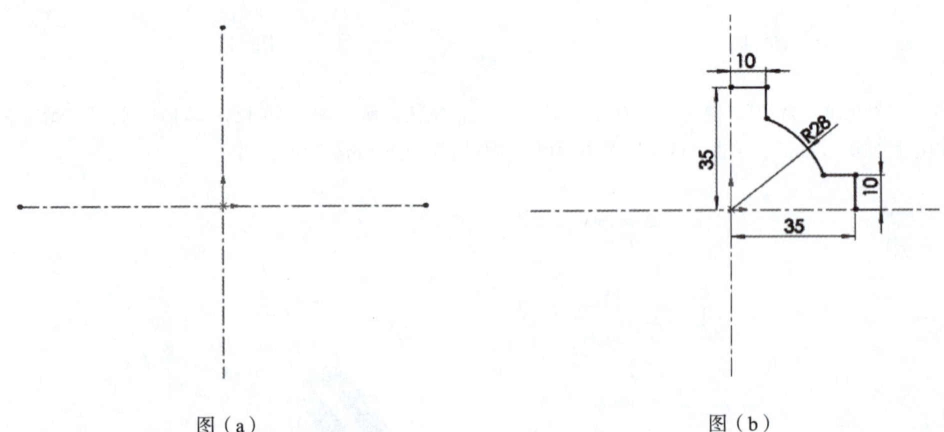

图（a）　　图（b）

④单击“草图”工具栏中的“圆”按钮和“直线”按钮，绘制一个圆和两条线段，如图（c）所示。

步骤三：添加几何关系。按住【Ctrl】键选择两条直线，在系统左侧弹出的“属性”管理器中添加“平行”几何关系。同样的方式，分别使直线都与圆相切。如图（d）所示。

步骤四：裁剪图形。

①单击“草图”工具栏中的“裁剪实体”按钮，裁剪多余的线段和圆弧，裁剪图形如图（e）所示。

续上表

②单击“草图”工具栏中的“智能尺寸”按钮，标注尺寸，如图（f）所示。

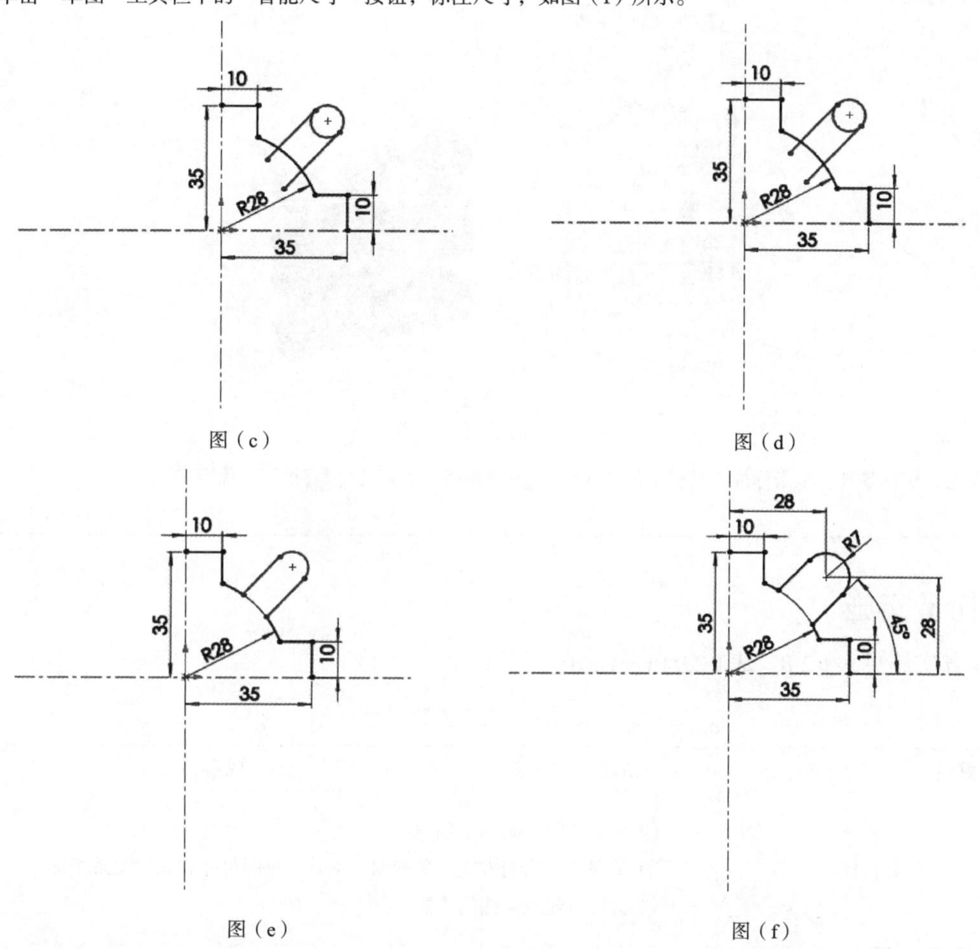

图（c）　　图（d）

图（e）　　图（f）

步骤五：阵列草图实体。单击“草图”工具栏中的“圆周草图阵列” 按钮，选择草图实体进行阵列，阵列数目为4，如图（g）所示。

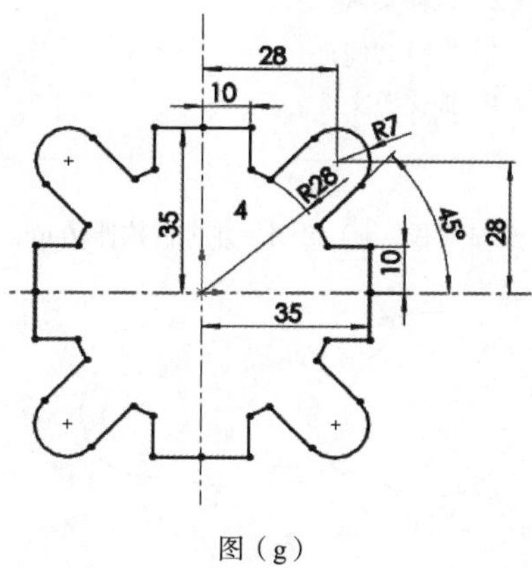

图（g）

步骤六：选择工具“特征”。单击“拉伸凸台/基体” 按钮，弹出拉伸菜单栏，选择“给定深度”选项，输入尺寸“10.00 mm”，单击“确定”按钮后得到拉伸特征，如图（h）所示。

续上表

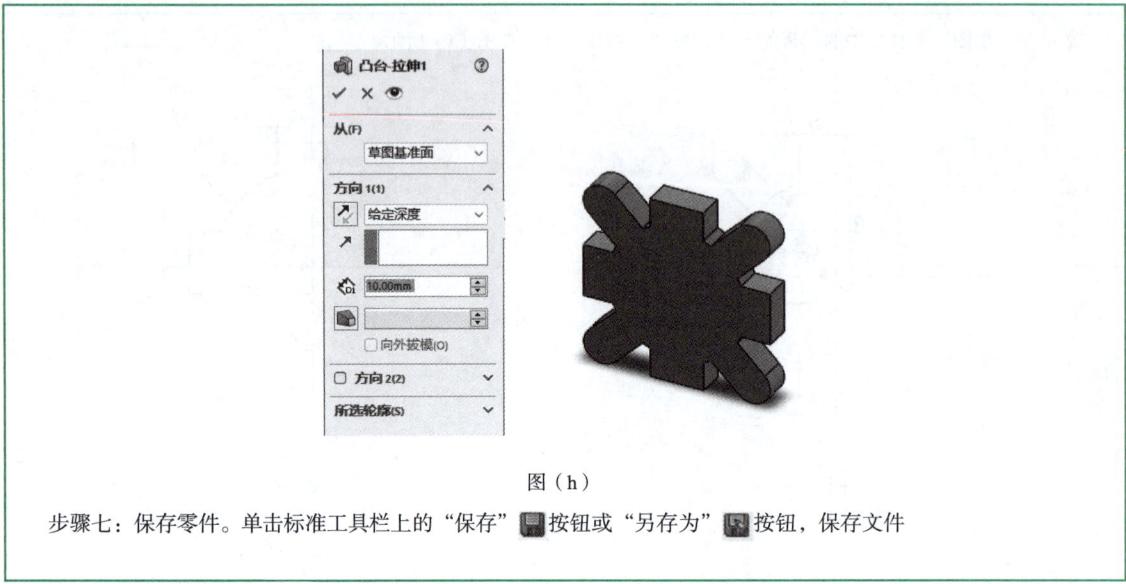

图（h）

步骤七：保存零件。单击标准工具栏上的“保存”按钮或“另存为”按钮，保存文件

任务实施

任务实施见表1.2.8、表1.2.9和表1.2.10。

表 1.2.8　子任务一

姓名		班级		成绩	
任务目标	（1）掌握草图绘制基本知识； （2）掌握草图绘制方式、草图编辑工具、草图尺寸和几何关系添加； （3）会进行任意草图的绘制				
操作要求	（1）绘制任务草图； （2）拉伸实体； （3）保存文件； （4）提交源文件				
子任务一内容	完成草图（a）绘制，并进行拉伸10 mm，如图（b）所示。 6　R12　Ø32　Ø16　R5　R20　55 图（a）　图（b）				

续上表

实施步骤
步骤一：新建文件。打开Solidworks，单击标准工具栏中的“新建”按钮，然后依次单击“零件”→“确定”按钮。 步骤二：绘制草图。单击“草图”工具栏中的“草图绘制”按钮，新建一张草图。选择绘图区上的“前视基准面”，单击“草图”工具栏中的“中心线”按钮和“绘制圆”按钮，绘制水平中心线和圆。 步骤三：标注尺寸。单击“草图”工具栏中的“智能尺寸”按钮，标注尺寸，如图（c）所示。 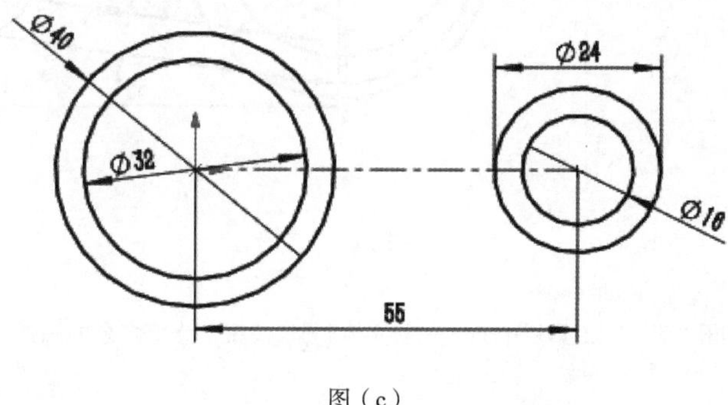 图（c） 步骤四：绘制切线。单击“草图”工具栏中的“直线”按钮，绘制两圆之间的切线，如图（d）所示。 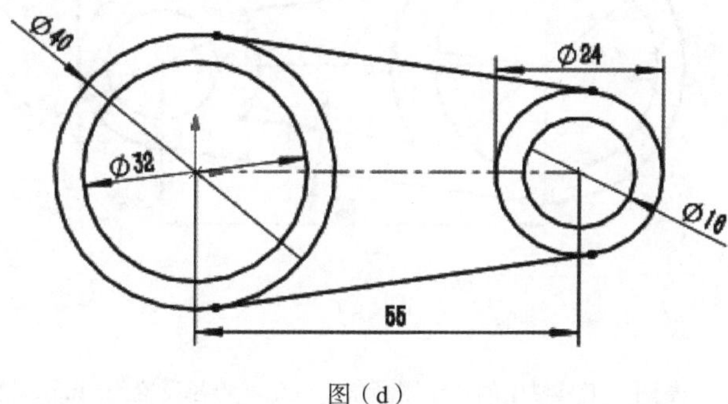 图（d） 步骤五：裁剪图形。单击“草图”工具栏中的“裁剪实体”按钮，修剪多余的圆弧。裁剪后图形如图（e）所示。 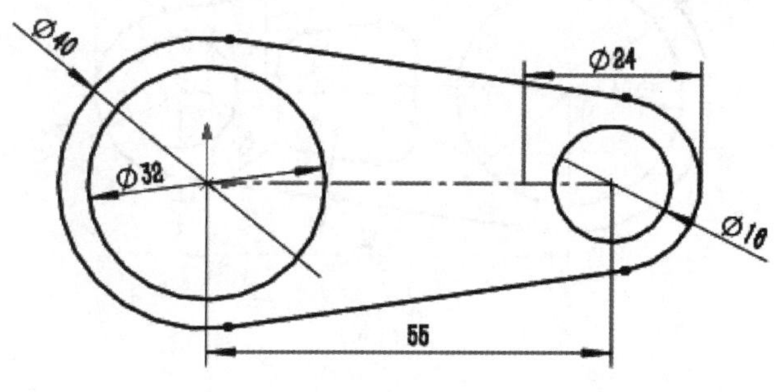 图（e） 步骤六：等距实体。在“等距实体”对话框中，选择“尺寸参数”，输入尺寸“6.00 mm”，单击“确定”按钮后得到等距实体如图（f）所示。

续上表

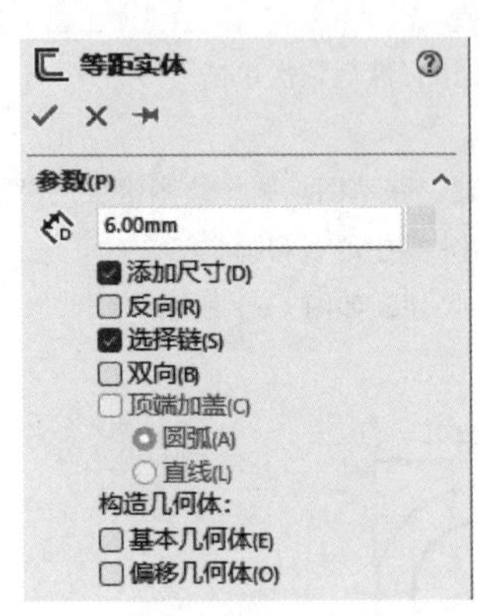

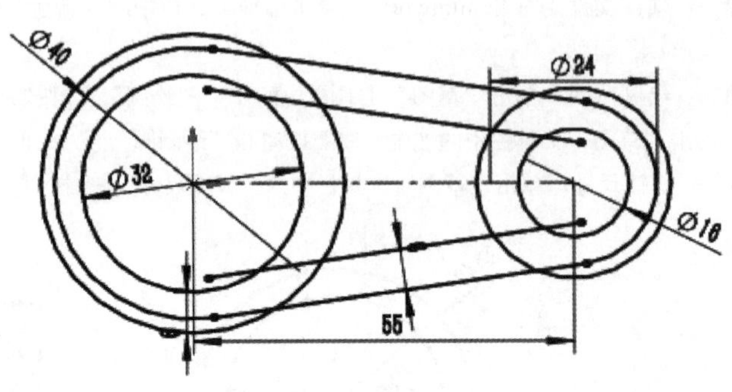

图（f）

步骤七：裁剪图形。单击“草图”工具栏中的“裁剪实体”按钮，修剪多余的圆弧，裁剪后图形如图（g）所示。

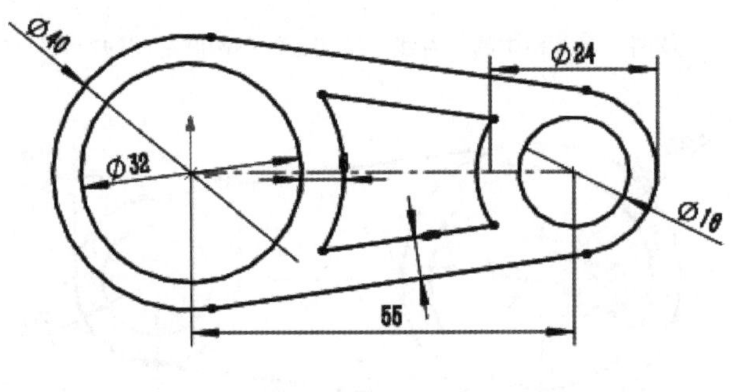

图（g）

步骤八：绘制圆角。单击“草图”工具栏中的“绘制圆角”按钮，半径设置为5 mm，圆角后图形如图（h）所示。

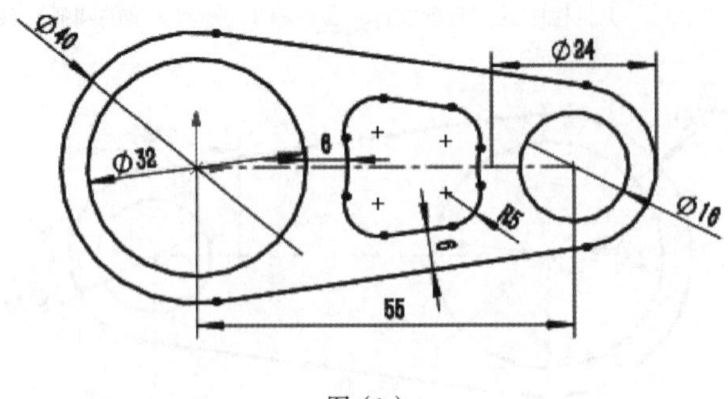

图（h）

步骤九：选择工具“特征”。单击“拉伸凸台/基体” 拉伸凸台/基体 按钮，弹出拉伸菜单栏，选择“给定深度”选项，输入尺寸“10.00 mm”，单击“确定”按钮后得到拉伸特征如图（i）所示。

续上表

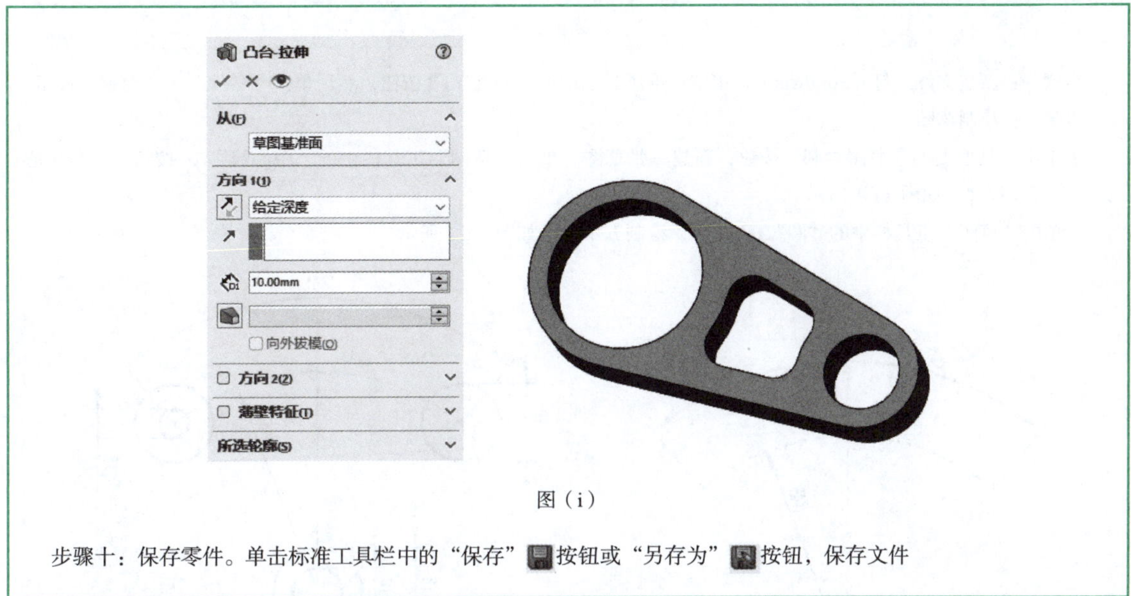

图（i）

步骤十：保存零件。单击标准工具栏中的“保存”按钮或“另存为”按钮，保存文件

表 1.2.9　子任务二

姓名		班级		成绩	
任务目标	（1）掌握草图绘制基本知识； （2）掌握草图绘制方式、草图编辑工具、草图尺寸和几何关系添加； （3）会进行任意草图的绘制				
操作要求	（1）绘制任务草图； （2）拉伸实体； （3）保存文件； （4）提交源文件				
子任务二	完成图（a）的绘制，并进行拉伸10 mm，如图（b）所示 80°　R4　R8　10　R2　φ6　R45　13　15　R15　φ10　φ18 图（a）　图（b）				

续上表

实施步骤
步骤一：新建文件。打开Solidworks，单击标准工具栏中的“新建”按钮，然后单击“零件”→“确定”按钮。 步骤二：绘制草图。 ①单击工具栏上的“草图绘制”按钮，新建一张草图。单击“草图”工具栏中的“中心线”按钮，绘制中心线，并标注尺寸，如图（c）所示。 ②单击“草图”工具栏中的“圆”按钮，绘制五个圆，如图（d）所示。 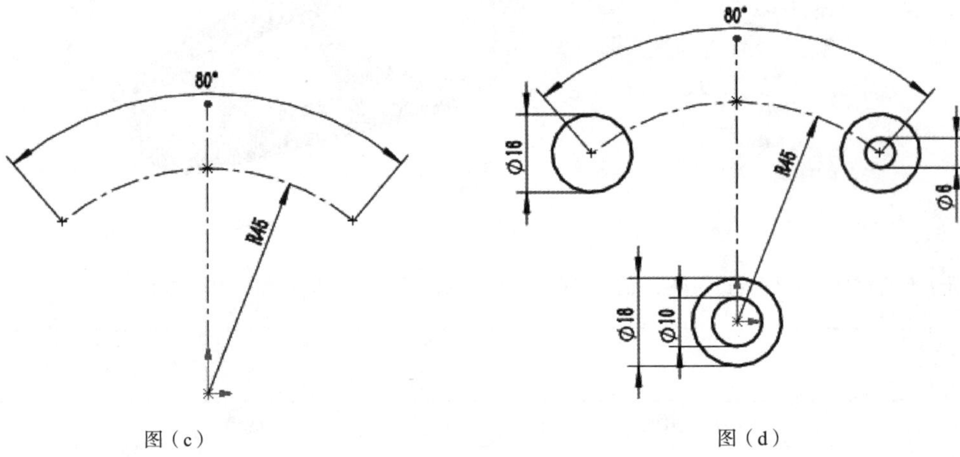 图（c）　　图（d） ③单击“草图”工具栏中的“圆心/起/终点圆弧”按钮，绘制圆弧，并约束相切如图（e）所示。 步骤三：裁剪图形。单击“草图”工具栏中的“裁剪实体”按钮，修剪多余的圆弧。裁剪后图形如图（f）所示。 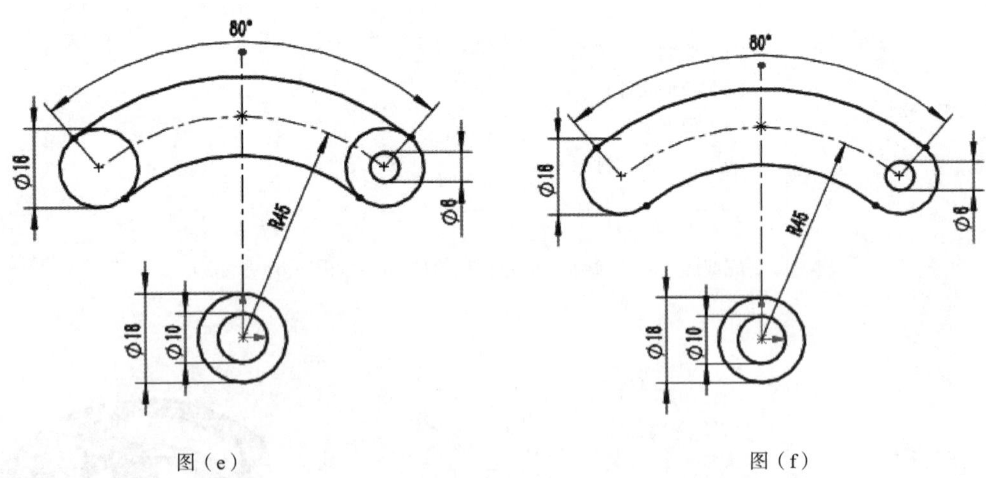 图（e）　　图（f） 步骤四：绘制草图。 ①单击“草图”工具栏中的“中心圆弧槽口”按钮，绘制中心圆弧槽口，并标注尺寸，如图（g）所示。 ②单击“草图”工具栏中的“直线”按钮，绘制直线，标注尺寸并添加对称约束得如图（h）所示。 步骤五：裁剪图形。单击“草图”工具栏中的“裁剪实体”按钮，修剪多余的圆弧。裁剪后图形如图（i）所示。 步骤六：倒圆角。单击“草图”工具栏中的“倒圆角”按钮，在属性管理器中输入圆角半径“2.00 mm”，选择视图四个顶点，单击“√”按钮，倒角后图形如图（j）所示。

续上表

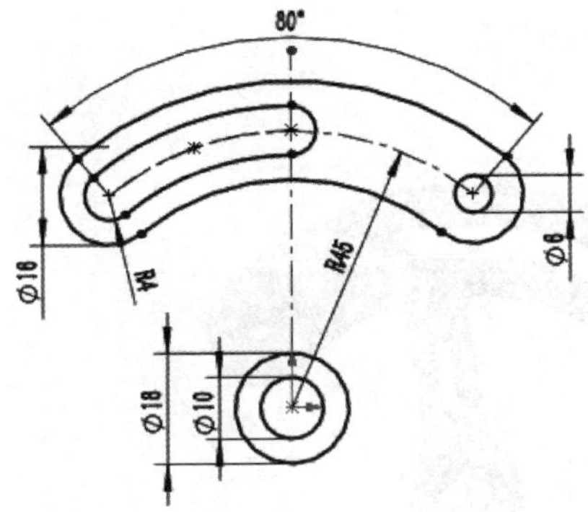

图（g）

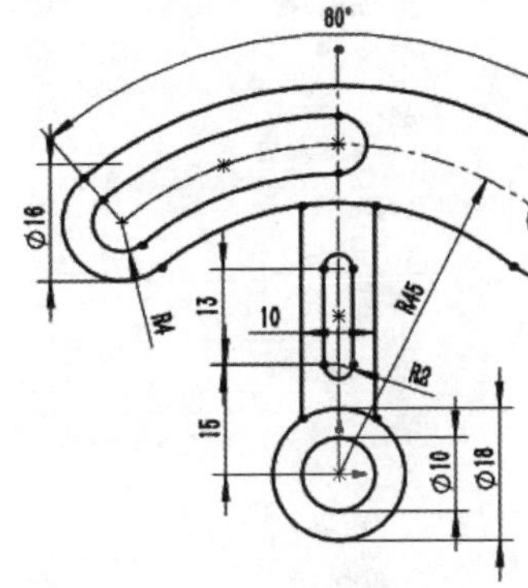

图（h）

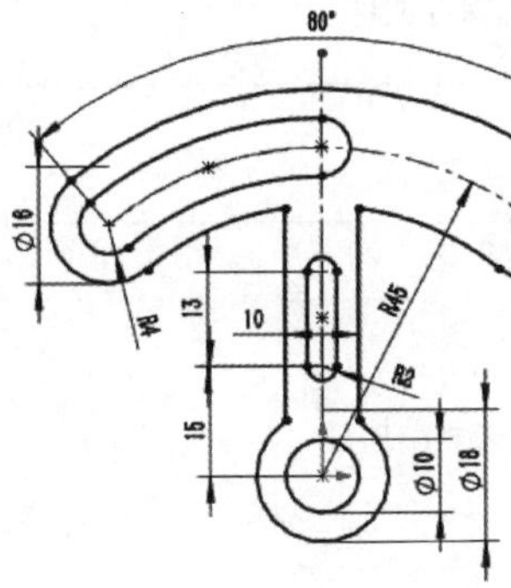

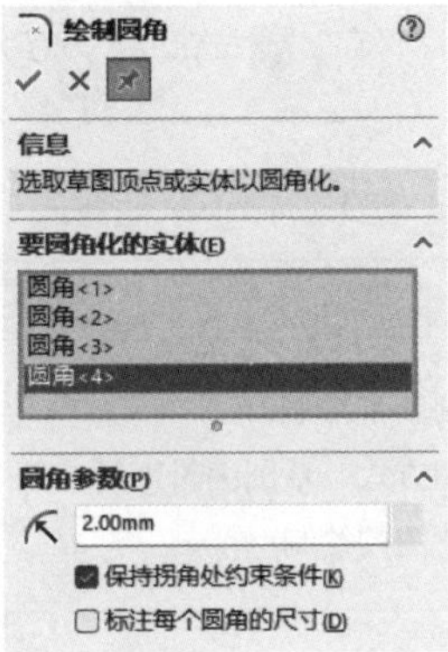

绘制圆角

信息

选取草图顶点或实体以圆角化。

要圆角化的实体(E)

圆角<1>
圆角<2>
圆角<3>
圆角<4>

圆角参数(P)

2.00mm

保持拐角处约束条件(K)

标注每个圆角的尺寸(D)

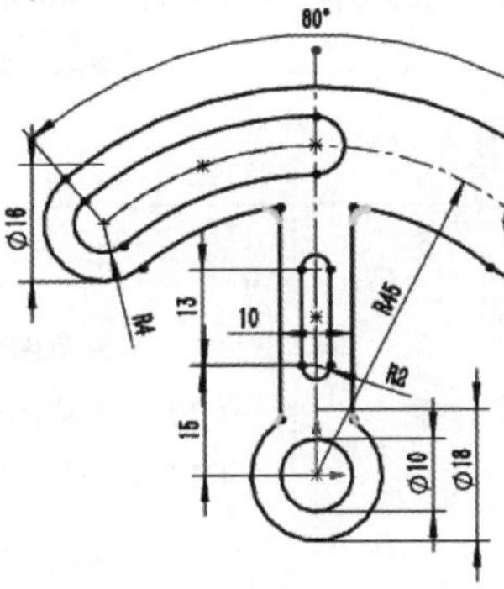

图（i）

图（j）

步骤七：绘制草图。单击“草图”工具栏中的“直槽孔”按钮，绘制直槽口，并标注尺寸，如图（k）所示。

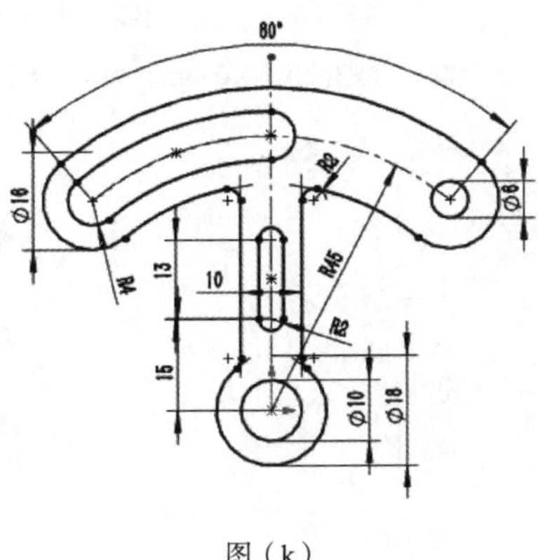

图（k）

步骤八：选择工具“特征”。单击“拉伸凸台/基体”按钮，弹出拉伸菜单栏，选择“给定深度”选项，输入尺寸“10.00 mm”，单击“确定”按钮后得到拉伸特征如图（l）所示。

续上表

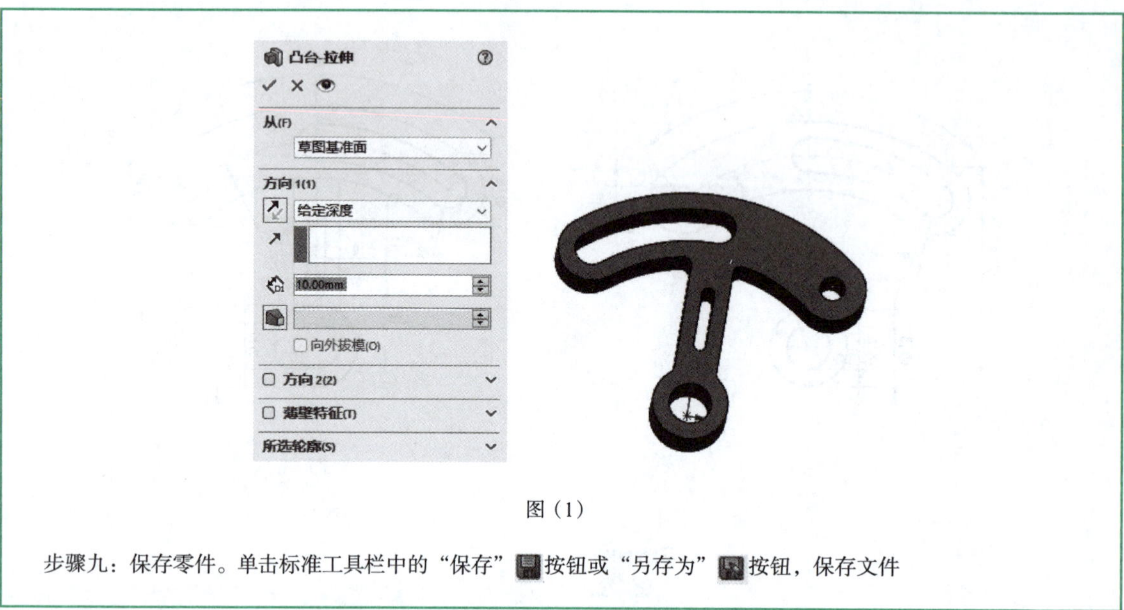

图（1）

步骤九：保存零件。单击标准工具栏中的“保存”按钮或“另存为”按钮，保存文件

表 1.2.10　子任务三

<table>
<tr><td>姓名</td><td></td><td colspan="2">班级</td><td colspan="2">成绩</td></tr>
<tr><td colspan="2">任务目标</td><td colspan="4">（1）掌握草图绘制基本知识；
（2）掌握草图绘制方式、草图编辑工具、草图尺寸和几何关系添加；
（3）会进行任意草图的绘制</td></tr>
<tr><td colspan="2">操作要求</td><td colspan="4">（1）绘制任务草图；
（2）拉伸实体；
（3）保存文件；
（4）提交源文件</td></tr>
<tr><td colspan="2">子任务三</td><td colspan="4">完成草图（a）绘制，并进行拉伸10 mm，如图（b）所示。
图（a）　　图（b）</td></tr>
<tr><td colspan="6">实施步骤</td></tr>
<tr><td colspan="6">步骤一：新建文件。打开Solidworks，单击标准工具栏中的“新建”按钮，然后单击“零件”→“确定”按钮。</td></tr>
</table>

续上表

步骤二：绘制草图。

①单击“草图”工具栏中的“草图绘制”按钮，新建一张草图。单击“草图”工具栏中的“中心线”按钮，绘制中心线，并标注尺寸，如图（c）所示。

②单击“草图”工具栏中的“圆”按钮和“直线”按钮，绘制圆和线段。

③单击“草图”工具栏中的“智能尺寸”按钮，标注尺寸，如图（d）所示。

④单击“草图”工具栏中的“圆弧”按钮，绘制圆弧并标注尺寸和相切约束，如图（e）所示。单击“草图”工具栏中的“圆周草图阵列”按钮，选择圆弧进行阵列，阵列数目为6，如图（f）所示。

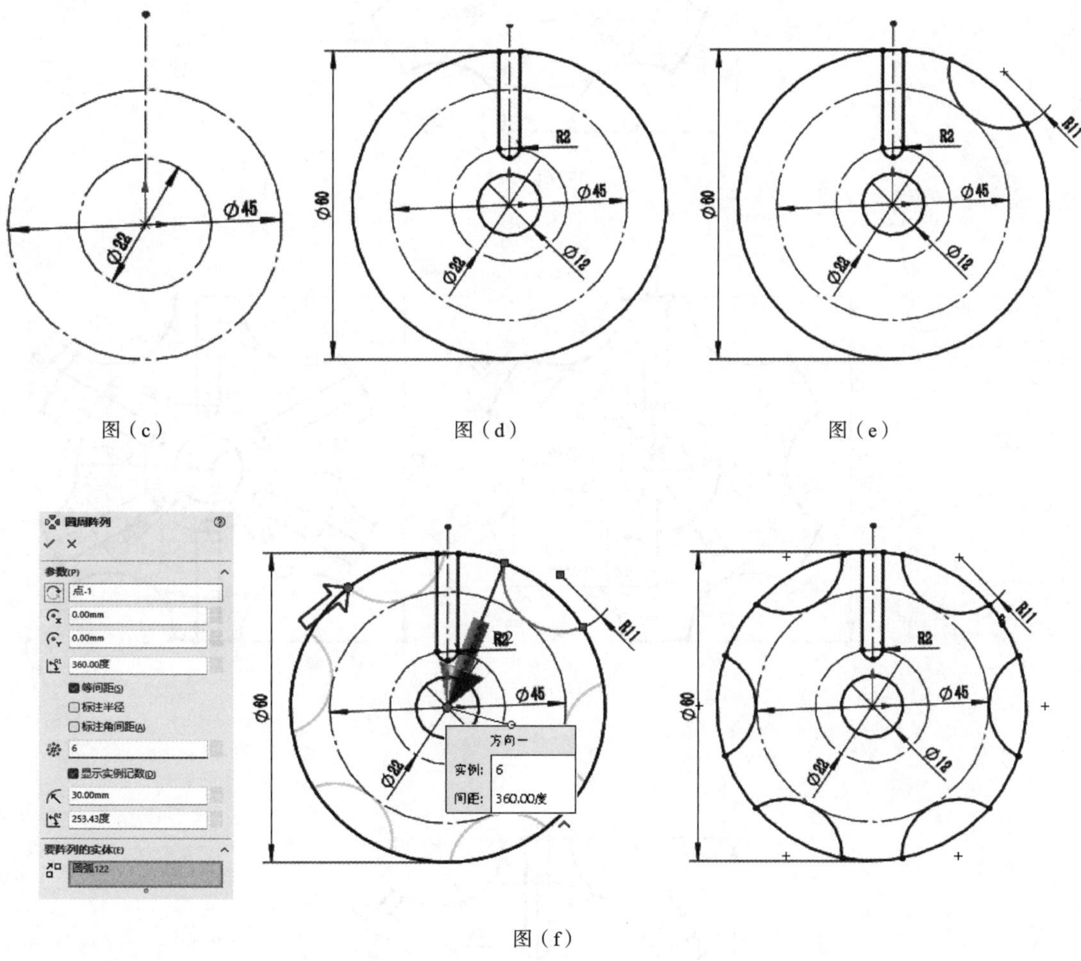

图（c）　图（d）　图（e）

图（f）

步骤三：裁剪图形。单击“草图”工具栏中的“裁剪实体”按钮，裁剪多余的线段和圆弧。裁剪图形如图（g）所示。

步骤四：阵列草图实体。单击“草图”工具栏中的“圆周草图阵列”按钮，选择草图实体进行阵列，阵列数目为6，如图（h）所示。

步骤五：裁剪图形。单击“草图”工具栏中的“裁剪实体”按钮，裁剪多余的线段和圆弧。裁剪图形如图（i）所示。

续上表

R11
R2
Φ45
Φ80
Φ22
Φ12
圆周阵列
参数(P)
点-1
0.00mm
0.00mm
360.00度
等间距(S)
标注半径
标注角间距(A)
6
显示实例记数(D)
11.00mm
270.00度
要阵列的实体(E)
直线66
圆弧121
直线67
方向一
实例: 6
间距: 360.00度

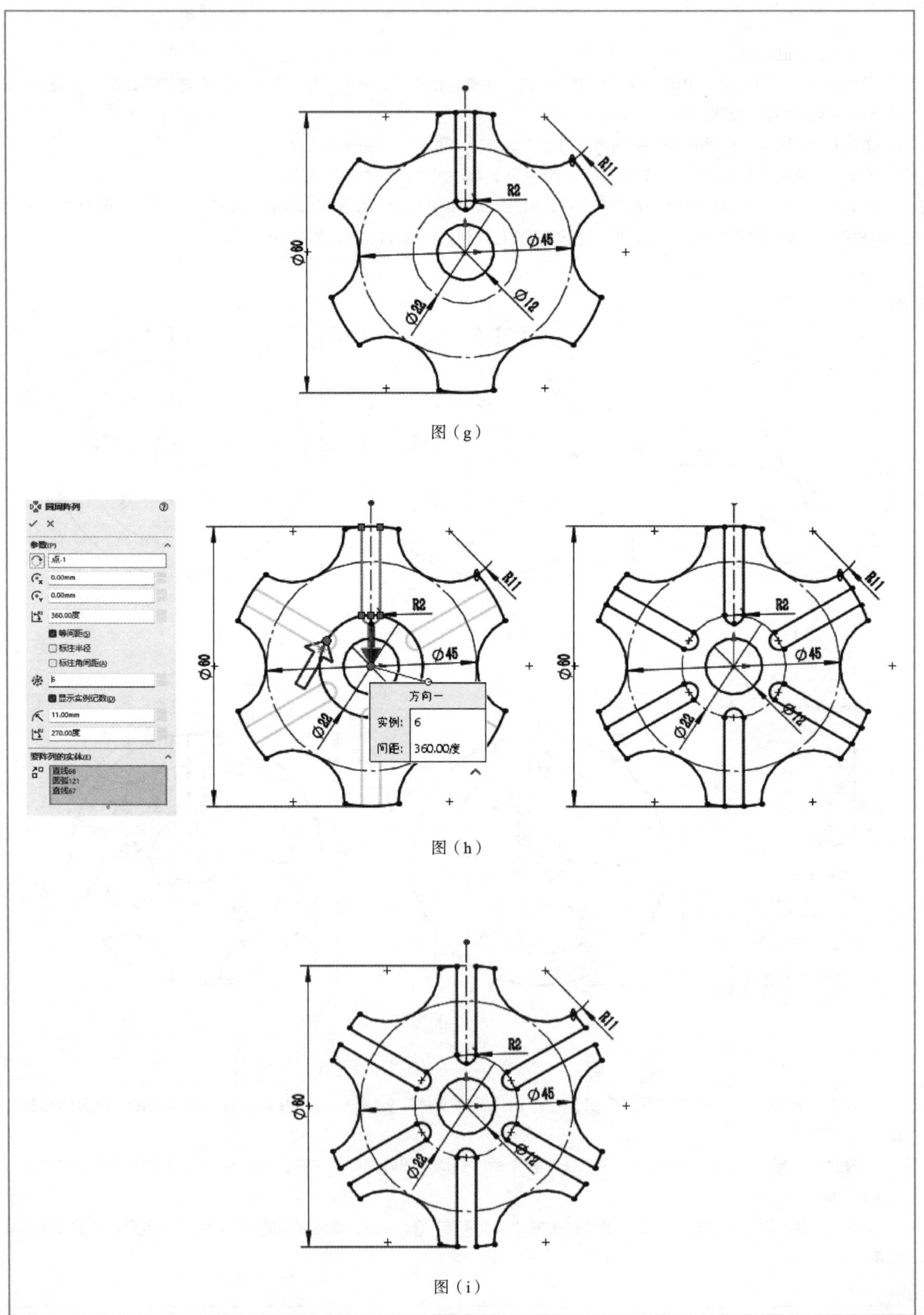

图（g）

图（h）

图（i）

续上表

步骤六：选择工具“特征”。单击“拉伸凸台/基体” 拉伸凸台/基体 按钮，弹出拉伸菜单栏，选择“给定深度”选项，输入尺寸“10.00 mm”，单击“确定”按钮后得到拉伸特征如图（j）所示。 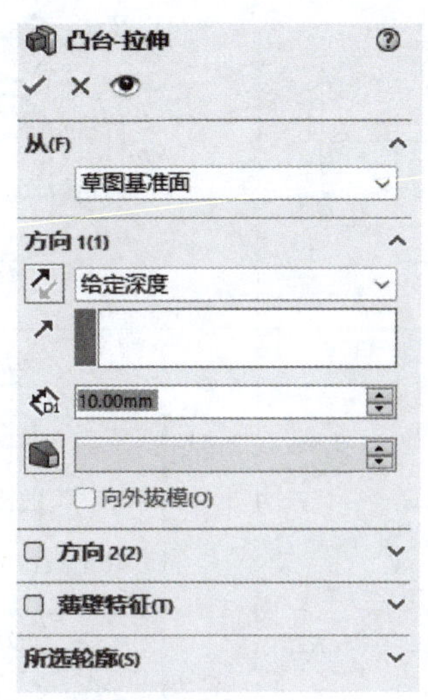 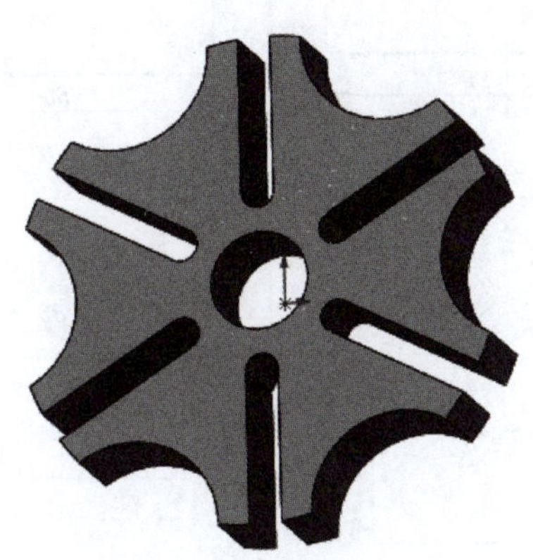 图（j）
步骤七：保存零件。单击标准工具栏中的“保存” 按钮或“另存为” 按钮，保存文件

考核与评价

Solidworks草图绘制任务考核与评价见表1.2.11。

表 1.2.11 考核与评价

班级：	姓名：		日期：	
	评价内容	自评	互评	教师
任务活动评价	（1）学习准备情况			
	（2）小组计划完成情况			
	（3）操作安全性、规范性			
	（4）沟通、协作能力			
	（5）职业能力			

小 结

通过草图绘制操作活动，学会了创建草图，绘制草图，在几何之间创建草图关系，理解草图状态及初步了解拉伸特征，达到了基本职业技能和专业素养的要求。

思考与练习

请在Solidworks中绘制如下草图。

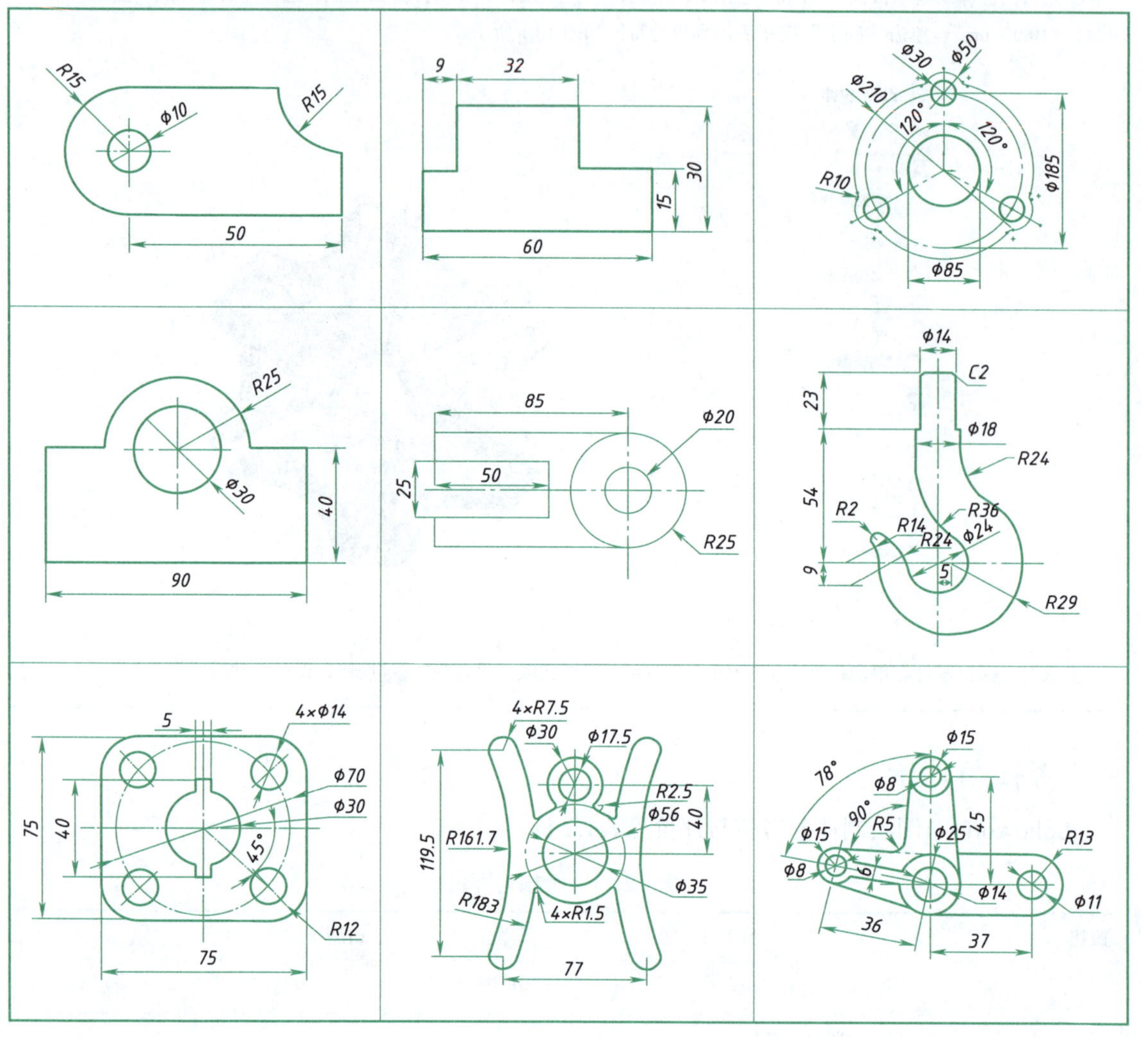

项目二　铰链装配体零件的设计

学习目标

- 掌握拉伸特征的概念与拉伸特征的创建方法。
- 掌握拉伸特征的类型及参数。
- 掌握旋转特征的概念与拉伸特征的创建方法。
- 掌握旋转特征的类型及参数。
- 了解装配体的装配过程。
- 了解简单工程图的创建过程。
- 养成良好的学习习惯，培养高效的绘图思路。

项目描述

铰链是用来连接两个固体并允许两者之间做相对转动的机械装置。铰链由可移动的组件构成，或者由可折叠的材料构成，更多安装于橱柜上、衣柜门、大门等场所，按材质主要分为不锈钢铰链和铁铰链，后来又出现了液压铰链（又称阻尼铰链），其特点是能够在柜门关闭时带来缓冲功能，最大程度地减小了柜门关闭时与柜体碰撞发出的噪声。

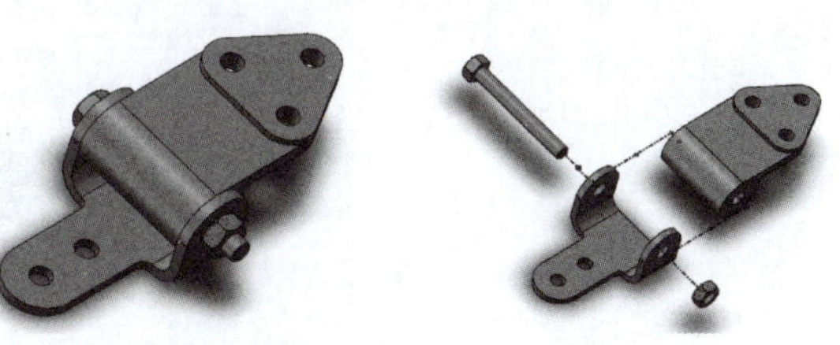

图 2.0.1　铰链

本项目以铰链（图2.0.1所示）为载体，主要包括四个零件，分别为两个折页组成以及螺栓和螺母，三维建模设计包括零件设计和装配两大模块，铰链零件及装配体见表2.0.1。

表 2.0.1　铰链零件及装配体

零件一：hinge_1

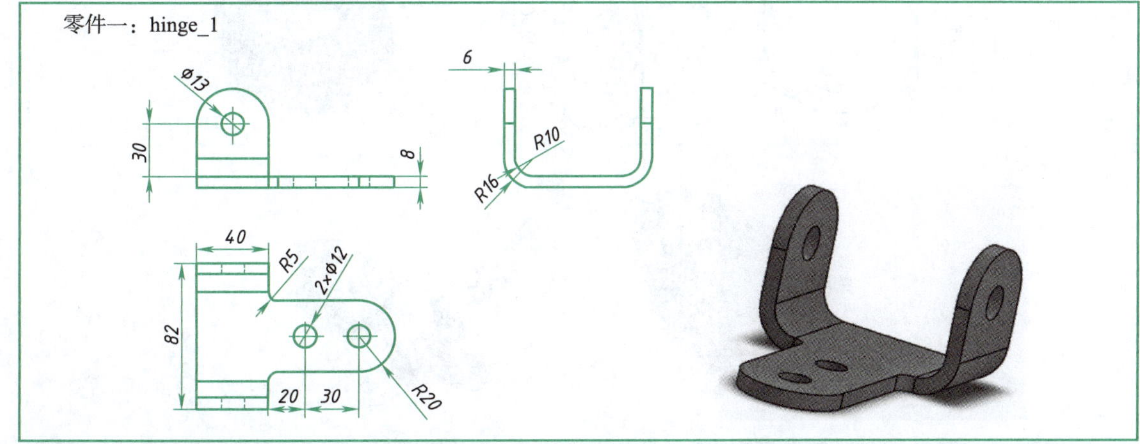

续上表

零件二：hinge_2
60
R20
8
12
R8
ϕ13
R15
ϕ12
70
零件三：bolt
N12 机械螺纹 1A
10
15°
50
C1
ϕ19.50
ϕ12
23
100
零件四：nut
10
45°
ϕ12
23
ϕ19.50
铰链装配体：

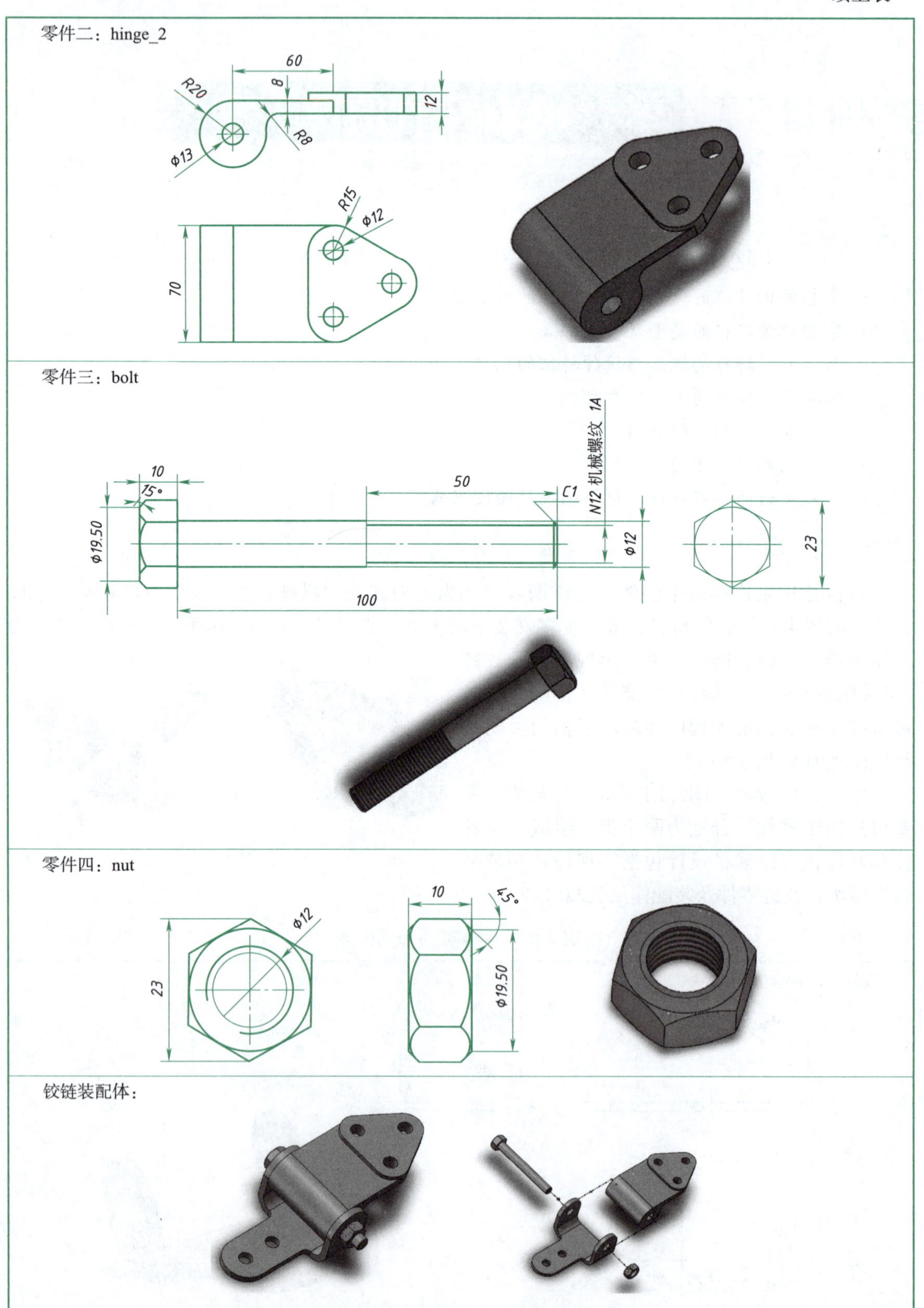

设计流程如图2.0.2所示，其中装配及爆炸任务将在项目四中完成操作。

1. 创建零件 → 2. 装配零件 → 3. 创建爆炸状态

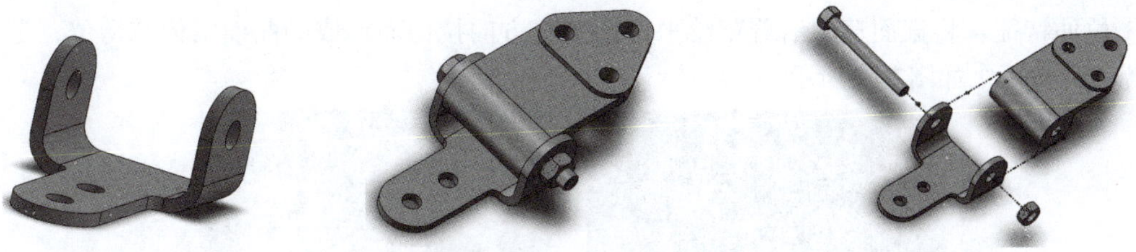

图 2.0.2 设计流程

任务一 拉伸特征与基本操作

观察与思考

(1) 针对一个模型如何开始建模?

(2) 拉伸特征的概念是什么? 拉伸特征的建立方法有哪些?

(3) 拉伸特征的类型有几种? 拉伸特征的参数如何设置?

任务要点

掌握拉伸特征的概念与拉伸特征的创建方法；掌握拉伸特征的类型及参数；通过学习能够准确分析零件的特征，灵活运用拉伸特征建立三维模型。

任务安排

任务安排见表2.1.1。

表 2.1.1 任务安排

班级________ 第________组 姓名________	任务地点________ 任务日期________
任务具体安排	(1) 查找相关资料，弄清楚拉伸特征概念及类型，了解拉伸特征的创建方法。 (2) 查找资料或教材，了解拉伸特征的参数以及零件建模如何设定。 (3) 了解拉伸特征的案例及特点。 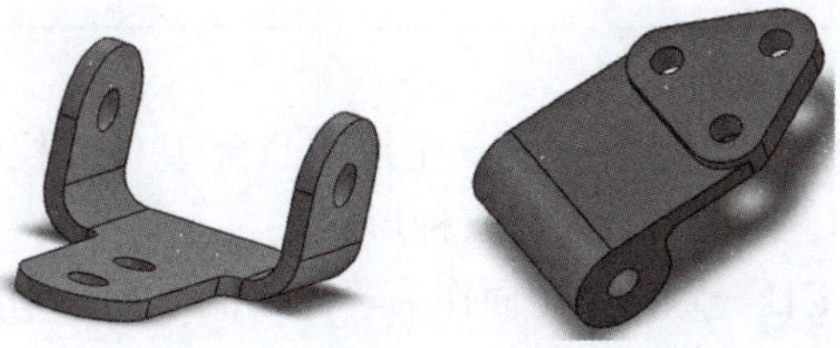 (4) 全班分成四个小组，每个小组选一名组长，进行 5~10 分钟 PPT 介绍

相关知识

一、拉伸特征

1. 拉伸特征概念及类型

①拉伸特征：将截面草图沿着草绘平面的垂直方向拉伸而形成的曲面实体或薄壁，适合于构造等截面特征，如图2.1.1所示。

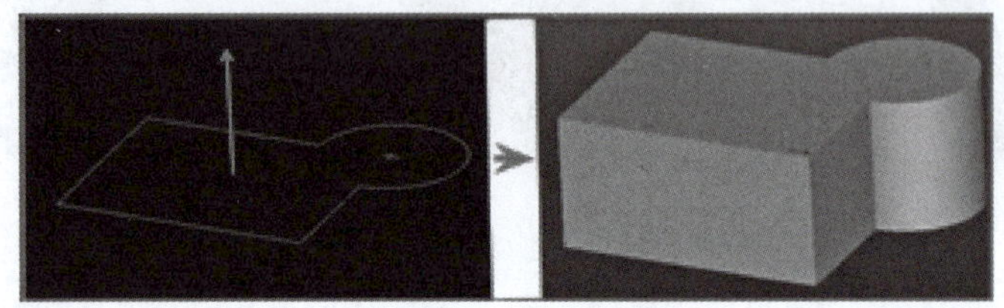

图 2.1.1　拉伸特征

②拉伸特征类型：可分为拉伸凸台/基体、拉伸薄壁、拉伸曲面和拉伸切除。其中拉伸曲面不做过多讲解，拉伸特征类型见表2.1.2。

表 2.1.2　拉伸特征类型

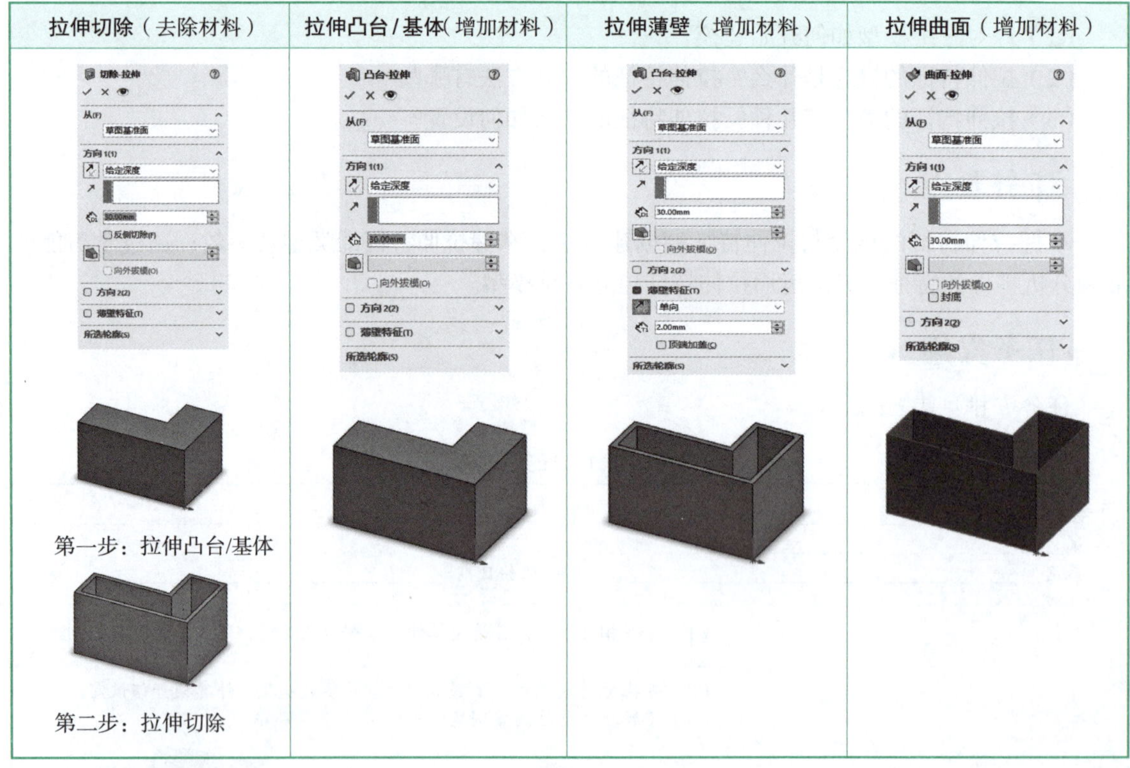

拉伸切除（去除材料）	拉伸凸台/基体（增加材料）	拉伸薄壁（增加材料）	拉伸曲面（增加材料）
第一步：拉伸凸台/基体 第二步：拉伸切除			

2. 拉伸参数

①草图轮廓：也称截面，是拉伸凸台/基体和拉伸切除的基础。绘制草图之前，必须先指定绘图基准面，绘图基准面有三种形式：

- 指定任一默认基准面作为草图绘图平面，如图2.1.2（a）所示。
- 指定已有模型上的任一平面作为草图绘制平面，如图2.1.2（b）所示。
- 创建一个新的基准面，如图2.1.2（c）所示。

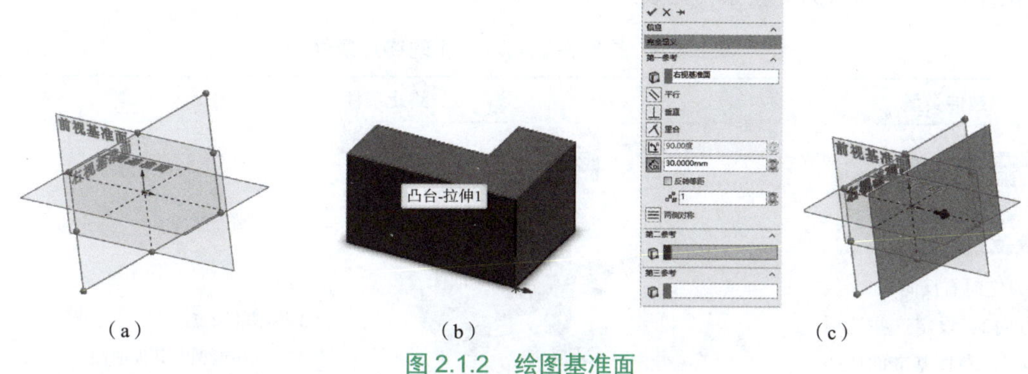

图 2.1.2　绘图基准面

②拉伸特征选项：

拉伸菜单栏特征属性如图2.1.3所示，可以拉伸凸台和薄壁两种特征。

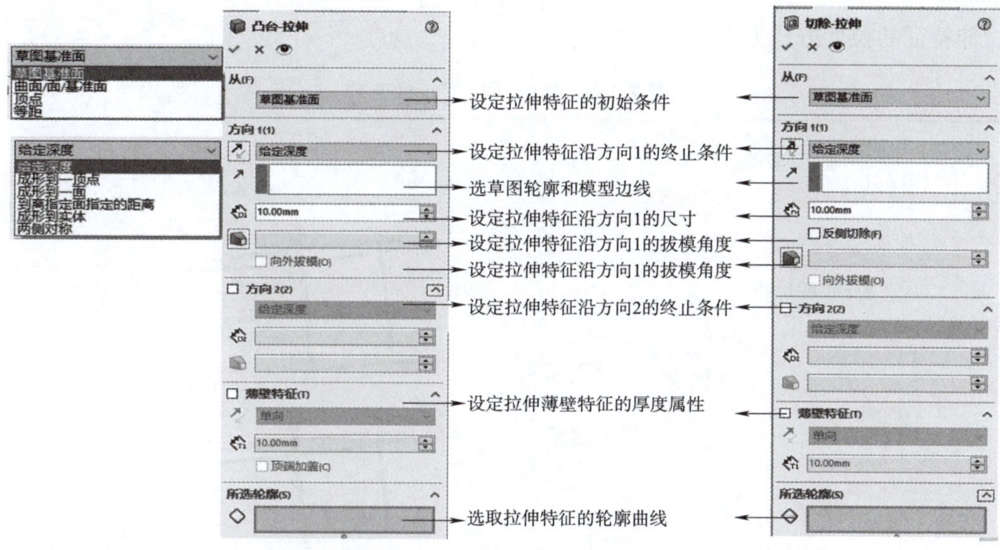

图 2.1.3　拉伸菜单栏特征属性

拉伸特征的开始条件见表2.1.3。

表 2.1.3　拉伸特征的开始条件

开始条件	图示
草图基准面 曲面/面/基准面 顶点 等距 （设定时有反向）	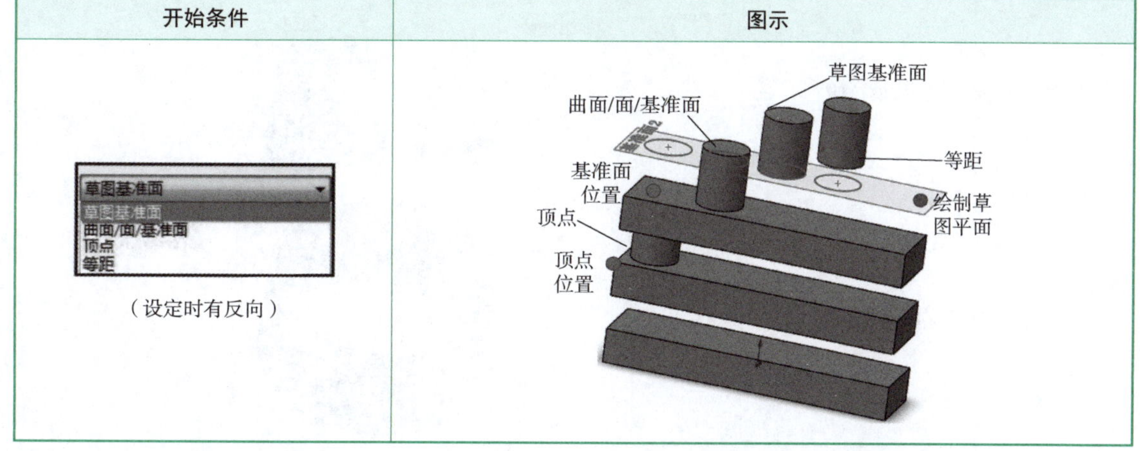

拉伸特征的方向1的终止条件见表2.1.4。

表 2.1.4　拉伸特征的方向 1 的终止条件

拉伸类型	终止条件
给定深度 给定深度 成形到一顶点 成形到一面 到离指定面指定的距离 成形到实体 两侧对称 （设定时有反向） 方向2：设定这些选项以同时从草图基准面往两个方向拉伸。这些选项和方向1相同	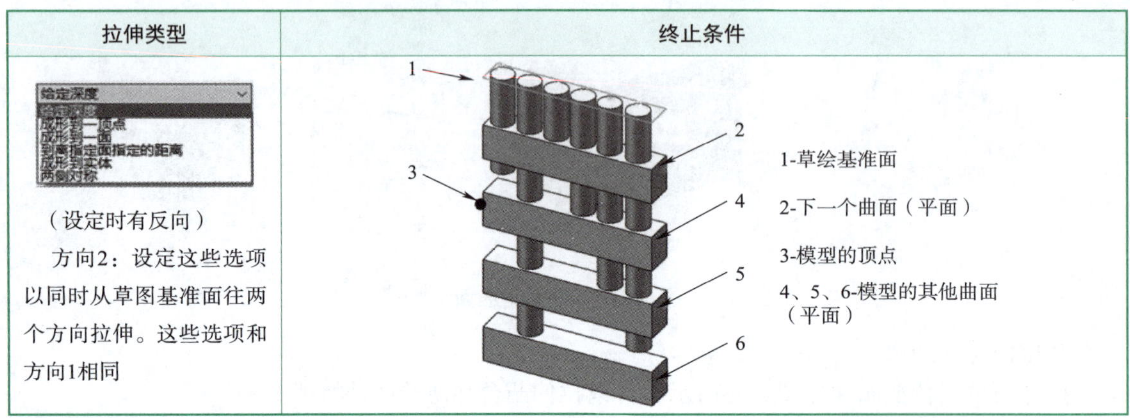 1-草绘基准面 2-下一个曲面（平面） 3-模型的顶点 4、5、6-模型的其他曲面（平面）

拉伸特征的拉伸方式见表2.1.5。

表 2.1.5　拉伸特征的拉伸方式

拉伸方式		图示
给定深度	①单向拉伸	
	②双向拉伸	
	③拔模拉伸	
	④薄壁拉伸	

续上表

拉伸方式	图示
完全贯穿	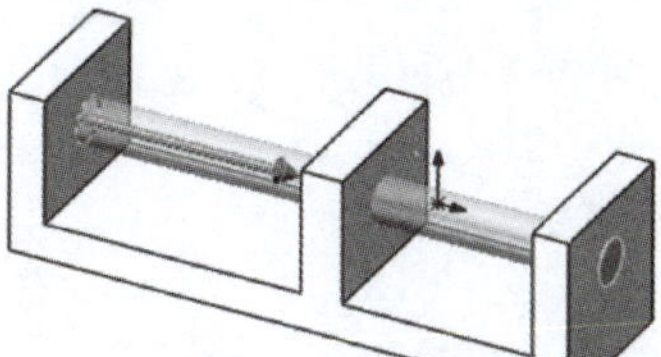
成形到一面	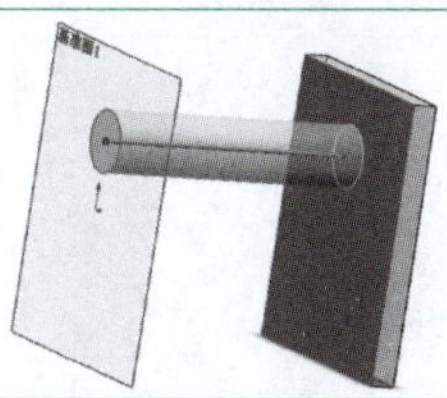
成形到一顶点	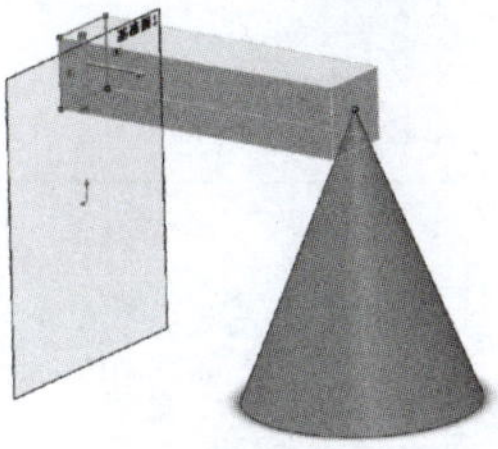
两侧对称	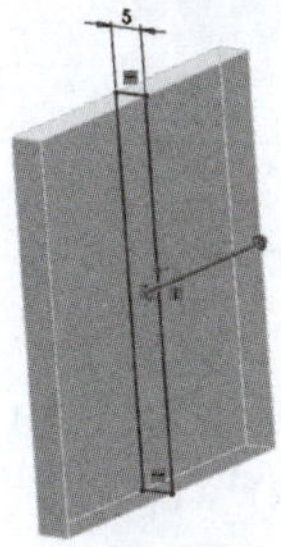
到离指定面指定的距离	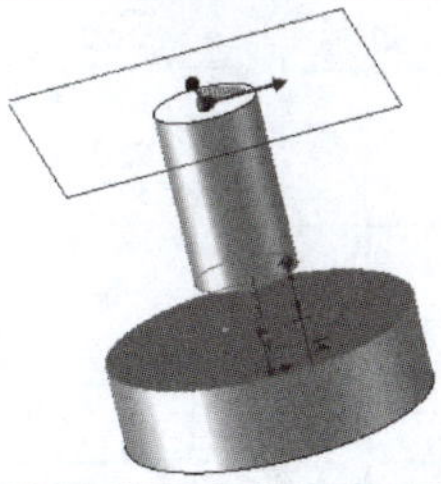

拉伸切除的拉伸方式见表2.1.6。

表 2.1.6　拉伸切除的拉伸方式

拉伸切除方式	图示
两侧对称	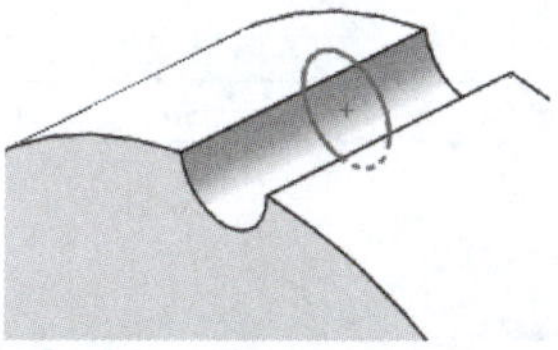

续上表

拉伸切除方式	图示
完全贯穿	
成形到下一面	
到离指定面指定的距离	

二、拉伸特征案例

1. 拉伸特征案例一

理解设计意图：先按照图2.1.4（a）绘制零件，然后再按图2.1.4（b）修改零件，保存任意一个图，文件命名为“LS1”即可。

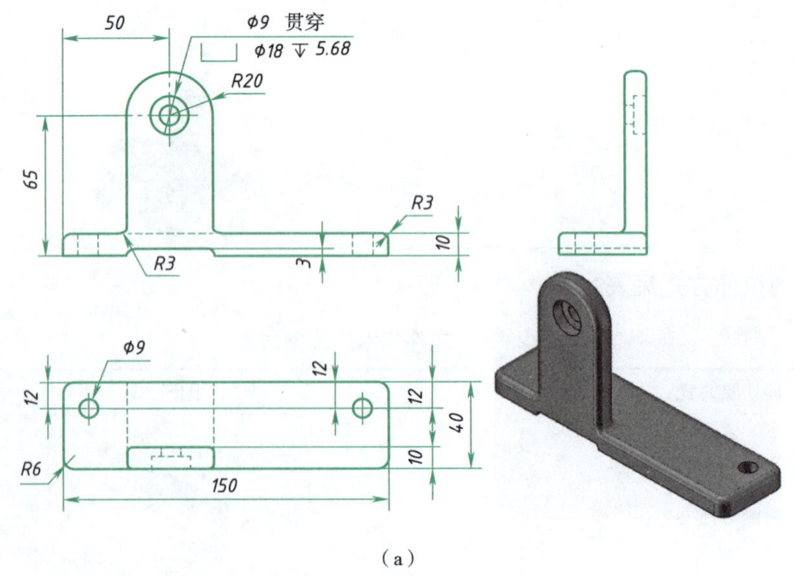

（a）

图 2.1.4　拉伸特征案例一

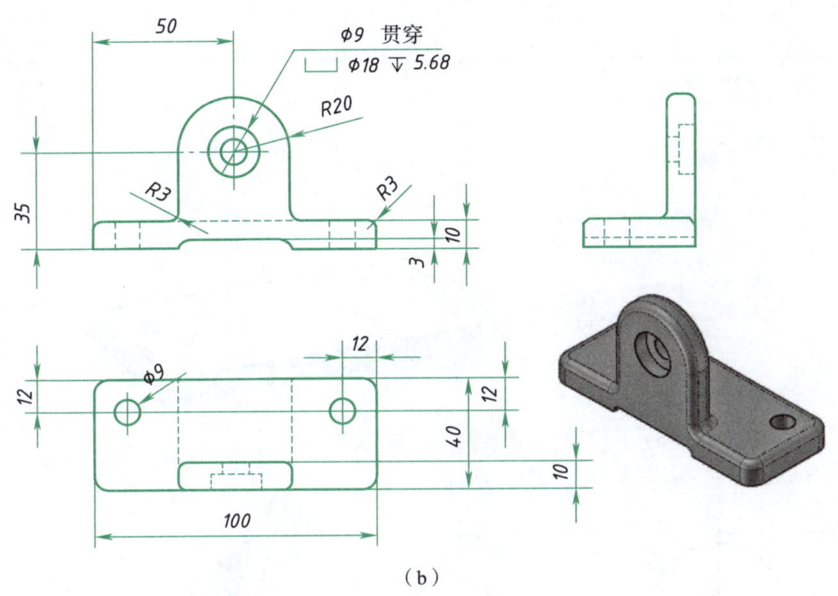

（b）

图 2.1.4　拉伸特征案例一（续）

边学边练：

班级		姓名		成绩	
绘制步骤					

步骤一：新建文件。打开Solidworks，单击标准工具栏中的“新建” 按钮，然后单击“零件”→“确定”按钮。

步骤二：绘制草图。单击“草图”工具栏中的“草图绘制” 按钮，新建一张草图。选择绘图区上的“上视基准面”，绘制如图（a）所示草图。

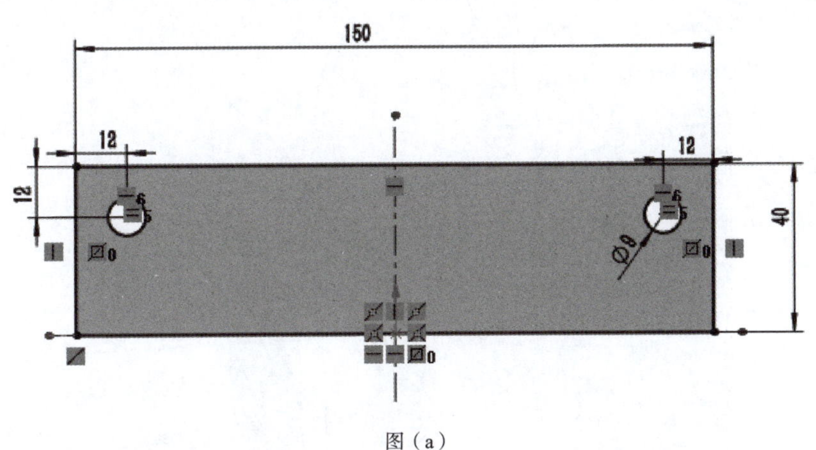

图（a）

步骤三：拉伸凸台/基体。绘制完草图后，单击“特征”工具栏中的“拉伸凸台/基体”按钮，设置拉伸参数，如图（b）所示，“给定深度”设置为“10.00 mm”，拉伸效果如图（c）所示。

步骤四：拉伸凸台/基体。选择前视基准面绘制草图，如图（d）所示。绘制完草图后，单击“特征”工具栏中的“拉伸凸台/基体”按钮，设置拉伸参数，“给定深度”设置为“10.00 mm”，拉伸效果如图（e）所示。

续上表

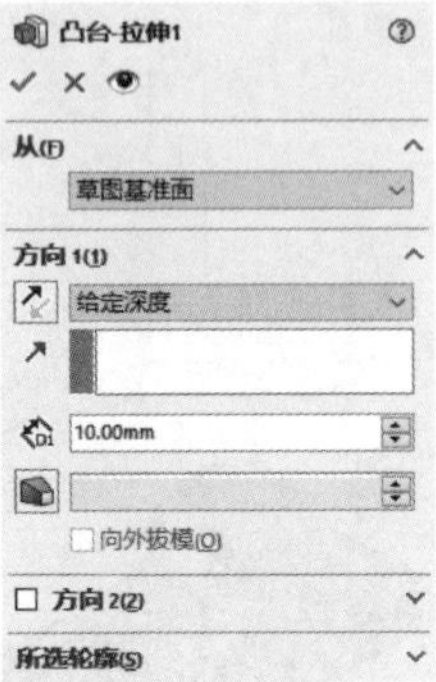

图（b） 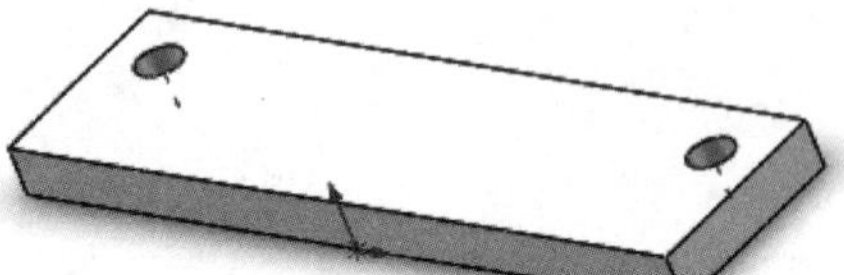　　图（c）

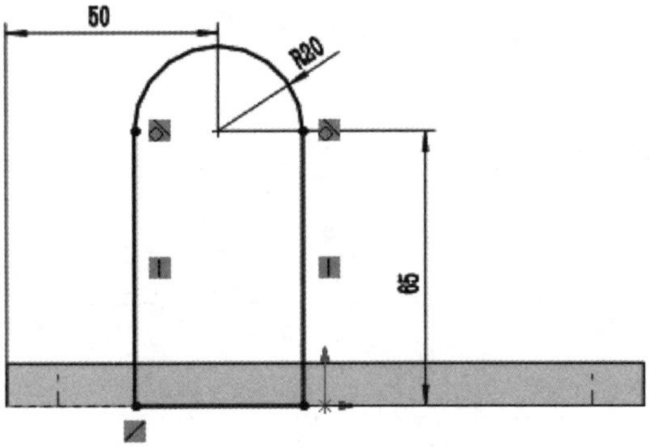

图（d） 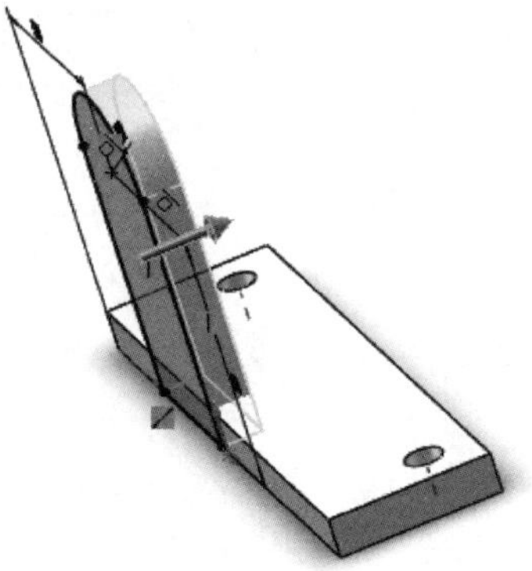　　图（e）

步骤五：打孔。单击“异型孔向导”按钮，异型孔类型选择“柱形沉头孔”选项，显示自定义大小定义尺寸，如图（f）所示，选择平面和打孔位置为圆弧同心处。打孔拉伸效果如图（g）所示。

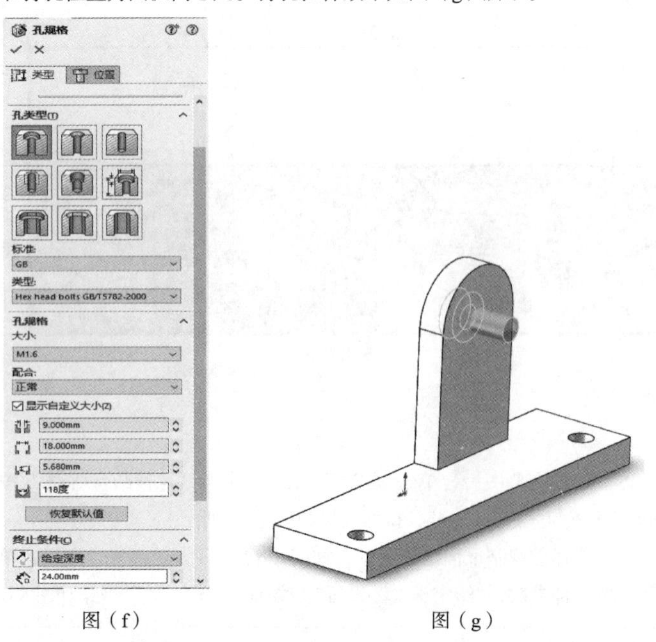

图（f）　　图（g）

续上表

步骤六：拉伸切除。以拉伸切除方式切除，单击“拉伸切除”按钮，然后选择一个矩形面做基准面并画切除草图，如图（h）所示，退出草图并选择“完全贯穿”选项，单击“√”按钮完成实例。

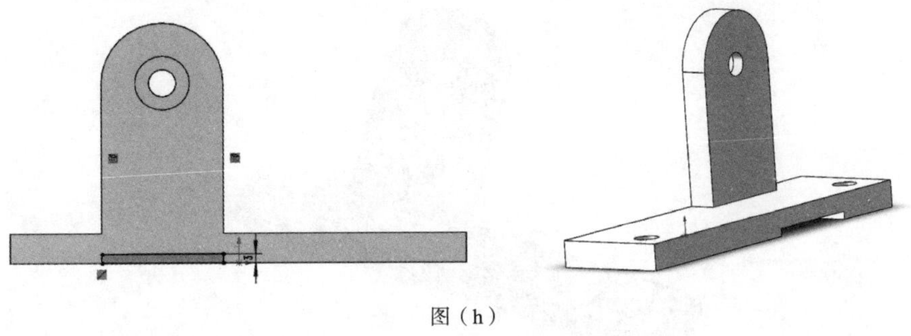

图（h）

步骤七：倒圆角。单击“圆角”按钮，选择如图（i）所示边线，圆角半径设置为“8.00 mm”。继续倒角，单击“圆角”按钮，选择如图（j）所示边线，圆角半径设置为“3.00 mm”。

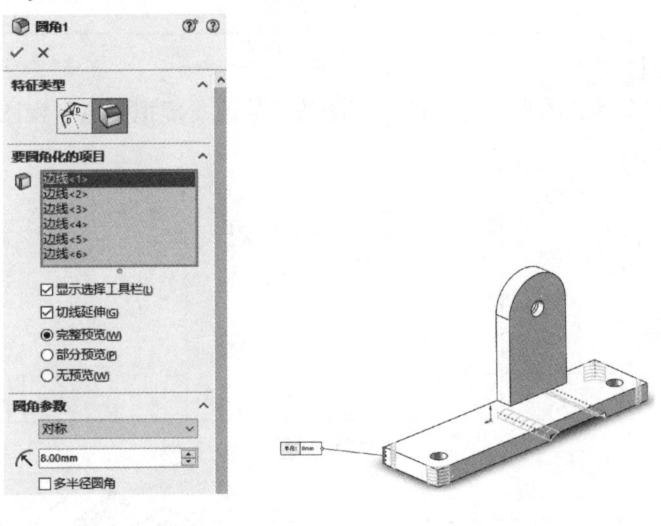

图（i）

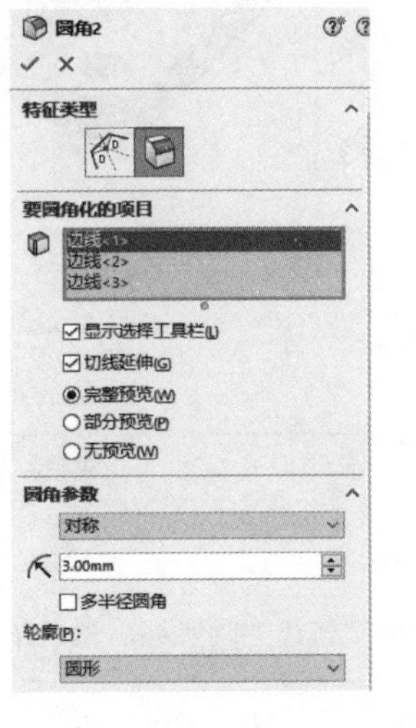

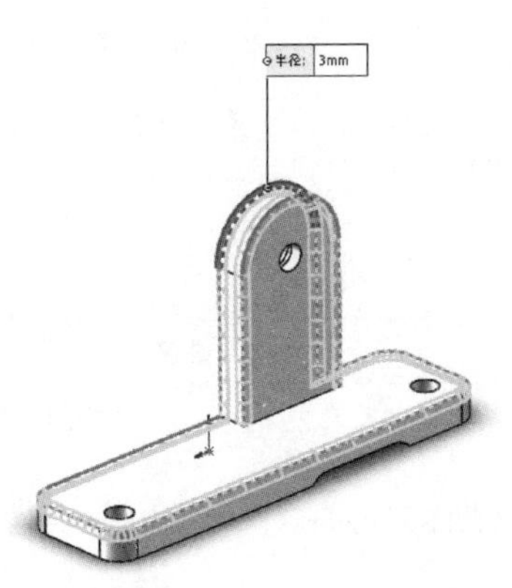

图（j）

续上表

步骤八：保存零件。单击标准工具栏中的“保存”按钮或“另存为”按钮，保存文件。最终效果如图（k）所示

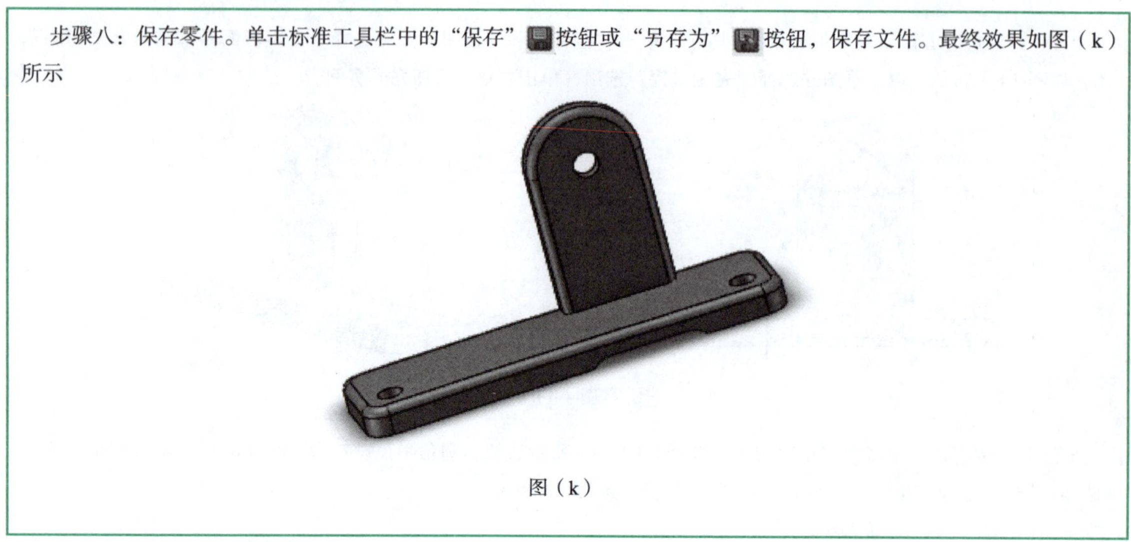

图（k）

2. 拉伸特征案例二

使用如下尺寸和设计意图来创建零件（草图约束修改、虚拟交点、视图转向），文件命名为“LS2”。如图2.1.5所示。

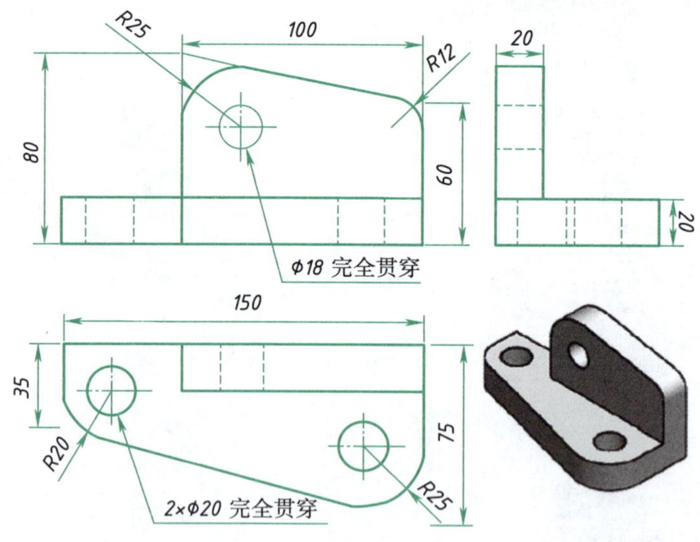

图 2.1.5　拉伸特征案例二

边学边练

班级		姓名		成绩	
绘制步骤					
步骤一：新建文件。打开Solidworks，单击标准工具栏中的“新建”按钮，然后单击“零件”→“确定”按钮。					

续上表

步骤二：绘制草图。单击“草图”工具栏中的“草图绘制” 按钮，新建一张草图。选择绘图区上的“上视基准面”，绘制如图（a）所示草图。

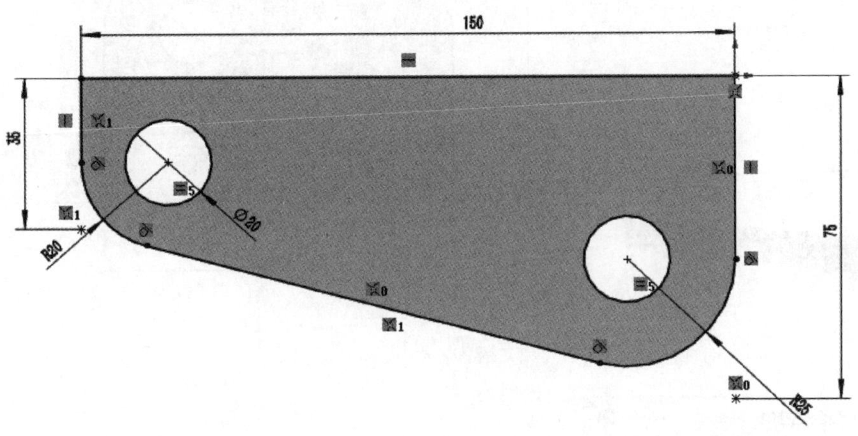

图（a）

步骤三：拉伸凸台/基体。拉伸草图，选择“特征”工具栏中的“拉伸凸台/基体”→“给定深度”选项，“给定深度”设置为“20.00 mm”，如图（b）所示，拉伸效果如图（c）所示。

图（b）

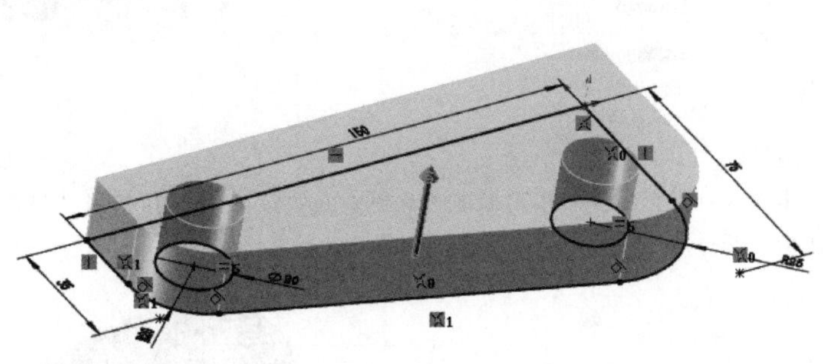

图（c）

步骤四：绘制草图。单击“草图”工具栏中的“草图绘制” 按钮，新建一张草图。选择绘图区上的“前视基准面”或已有实体平面，绘制如图（d）所示草图。

步骤五：拉伸凸台/基体。拉伸草图，选择“特征”工具栏中的“拉伸凸台/基体”→“反向”→“给定深度”选项，输入尺寸“20.00 mm”，拉伸效果如图（e）所示。

续上表

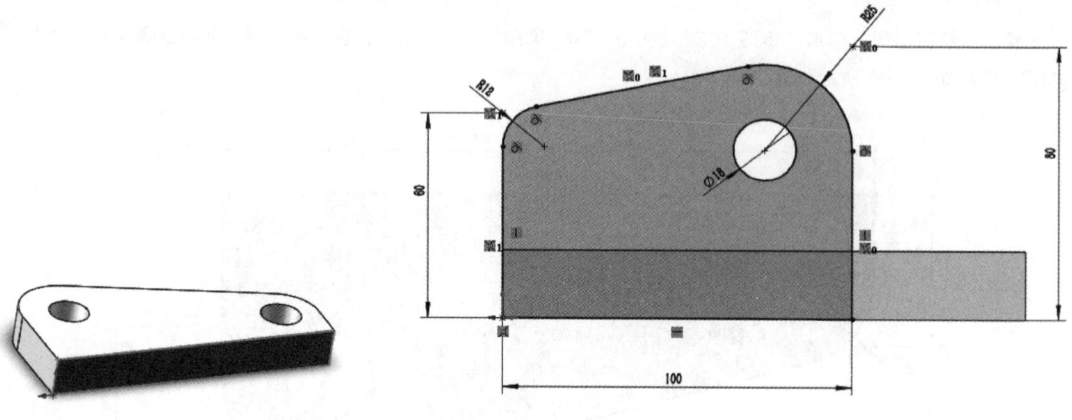

图（d）

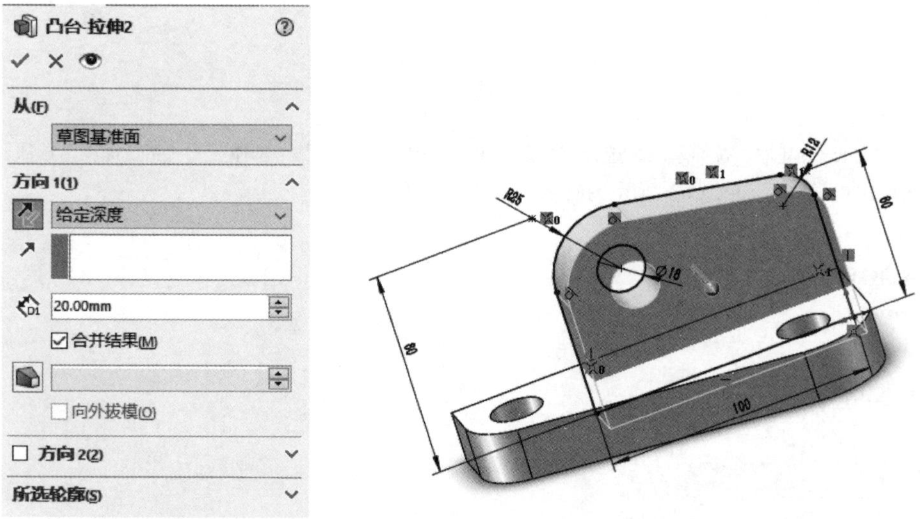

图（e）

步骤六：保存零件。单击标准工具栏中的“保存”按钮或“另存为”按钮，保存文件。最终效果如图（f）所示

图（f）

3. 拉伸特征案例三

尝试“拉伸凸台”特征中各种终止条件与几何关系（共享草图、特征阵列），文件命名为“LS3”，如图2.1.6所示。

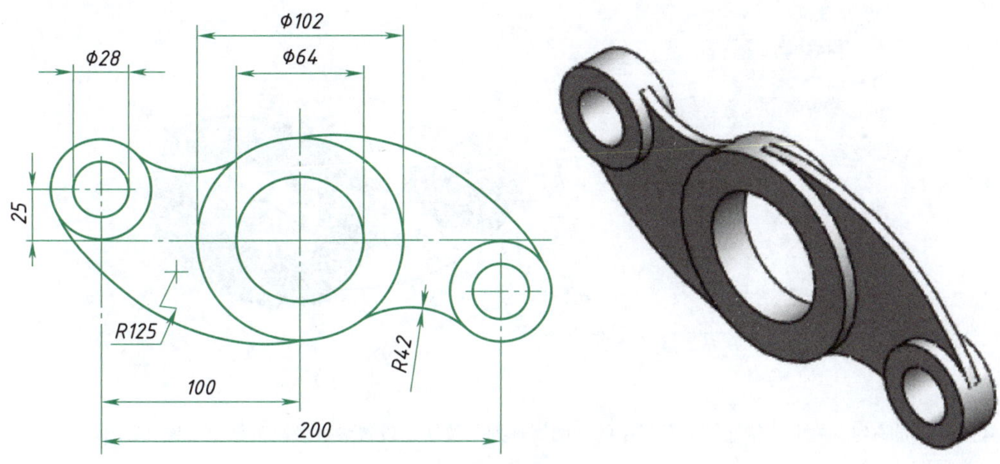

图 2.1.6　拉伸特征案例三

边学边练：

班级		姓名		成绩	
绘制步骤					
步骤一：新建文件。打开Solidworks，单击标准工具栏中的“新建”按钮，然后单击“零件”→“确定”按钮。 步骤二：绘制草图。单击“草图”工具栏中的“草图绘制”按钮，新建一张草图。选择绘图区上的“上视基准面”，绘制如图（a）所示草图。 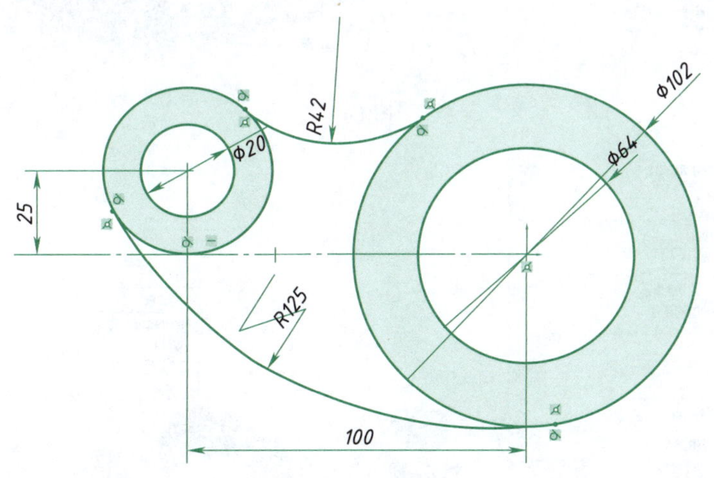 图（a） 步骤三：拉伸凸台/基体。拉伸草图，选择“特征”工具栏中的“拉伸凸台/基体”→“两侧对称”选项，“给定深度”设置为“30.00 mm”，所选轮廓为如图（b）所示两个圆环区域（不是草图整体），拉伸效果如图（c）所示。 步骤四：拉伸凸台/基体。拉伸草图，选择“特征”工具栏中的“拉伸凸台/基体”→“两侧对称”选项，“给定深度”设置为“10.00 mm”，所选轮廓为如图所示中间区域（不是草图整体），拉伸效果如图（d）所示。					

续上表

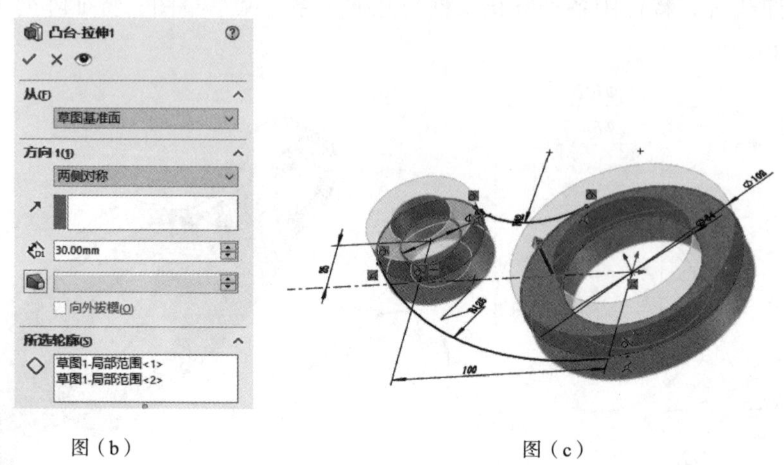

图（b） 图（c）

步骤五：圆周阵列。单击“特征”工具栏中的“圆周阵列”按钮，设置参数及阵列效果如图（e）所示。

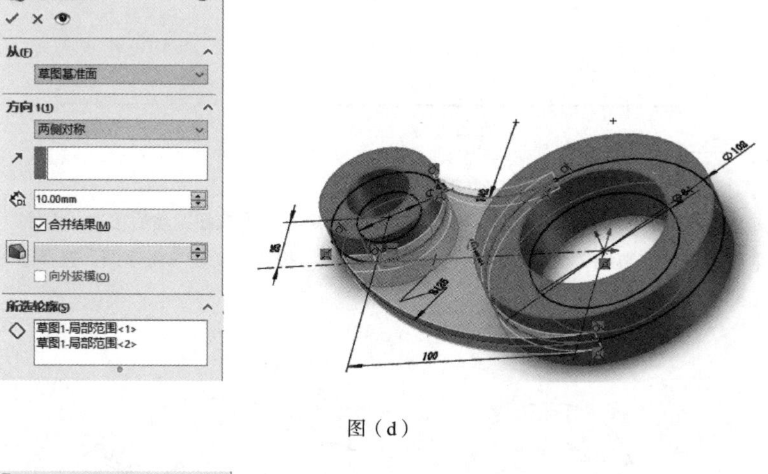

图（d）

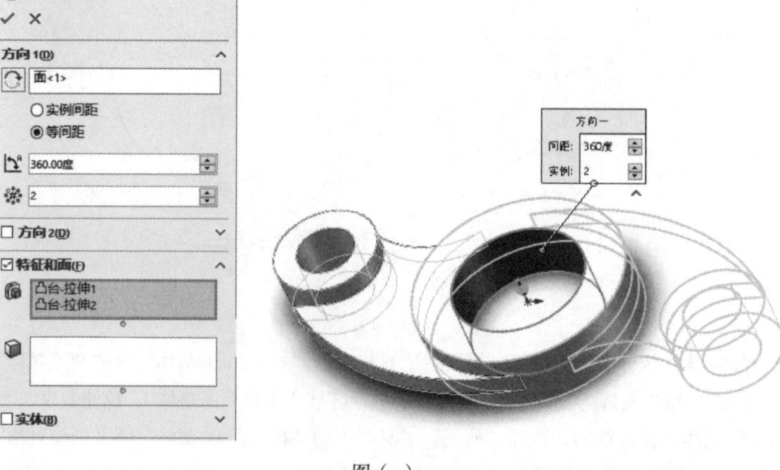

图（e）

续上表

步骤六：保存零件。单击标准工具栏中的“保存” 按钮或“另存为” 按钮，保存文件。最终效果如图（f）所示

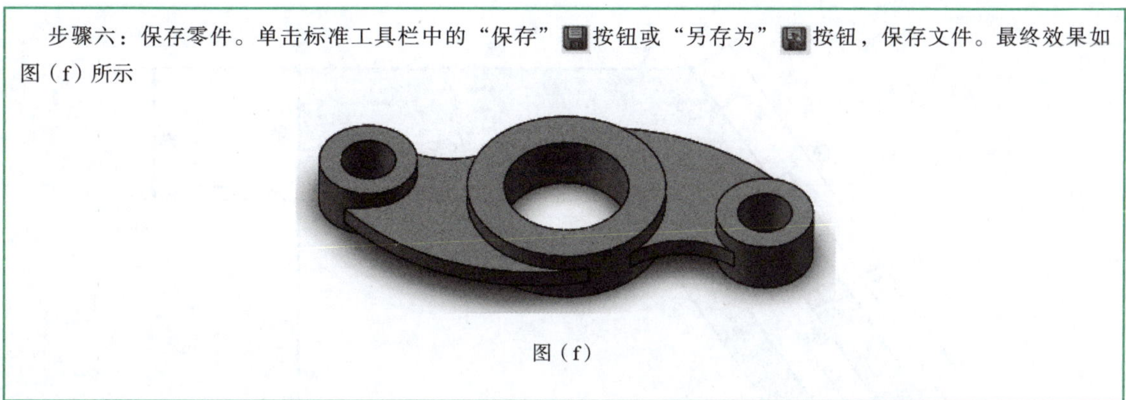

图（f）

4. 拉伸特征案例四

尝试“拉伸凸台”特征中各种终止条件和几何关系（基准面、圆角），文件命名为“LS4”，如图2.1.7所示。

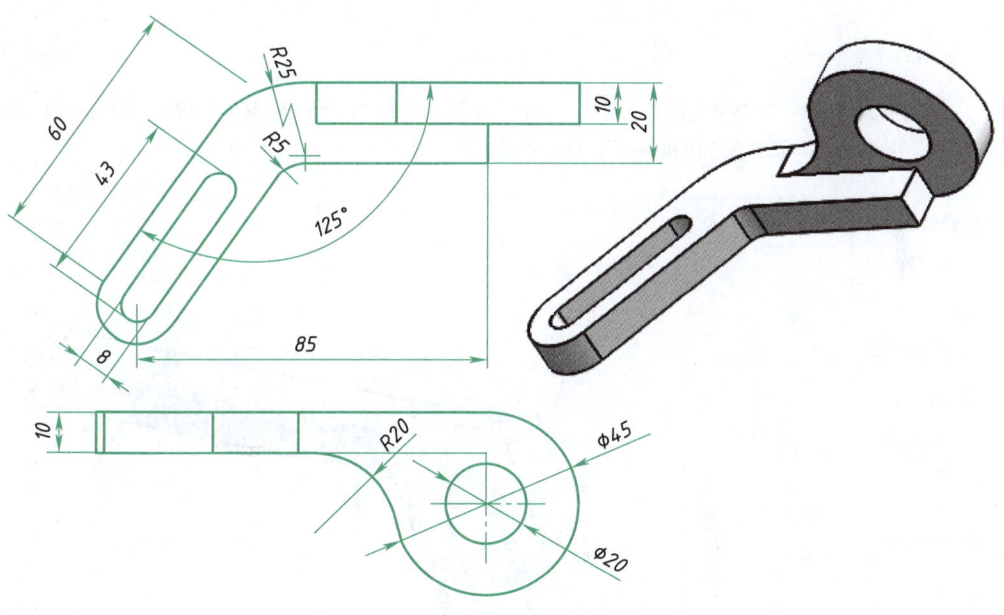

图 2.1.7　拉伸特征案例四

边学边练：

班级		姓名		成绩	
绘制步骤					
步骤一：新建文件。打开Solidworks，单击标准工具栏中的“新建” 按钮，然后单击“零件”→“确定”按钮。 步骤二：绘制草图。单击“草图”工具栏中的“草图绘制” 按钮，新建一张草图。选择绘图区上的“前视基准面”，绘制如图（a）所示草图。					

续上表

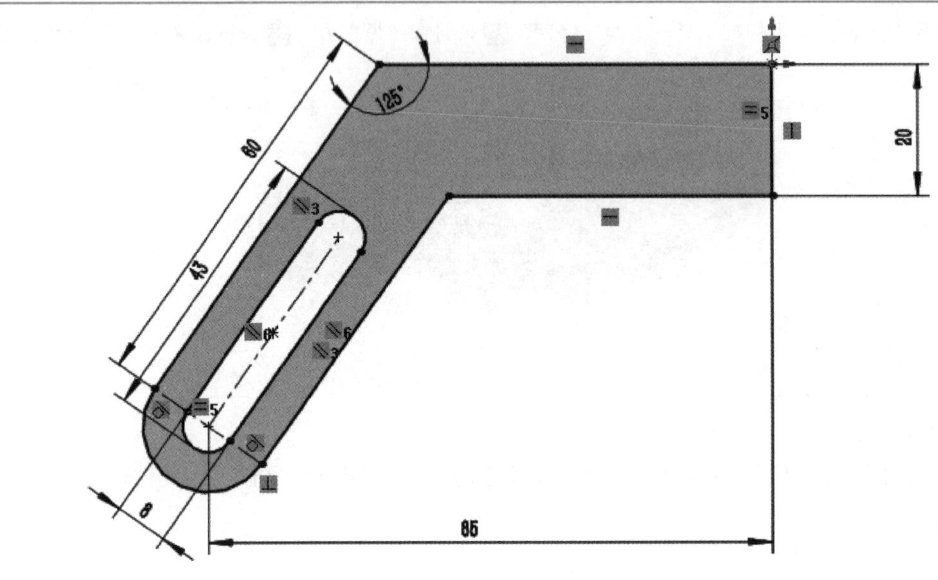

图（a）

步骤三：拉伸凸台/基体。绘制完草图后，单击“特征”工具栏中的“拉伸凸台/基体”按钮，设置拉伸参数，如图（b）所示，“给定深度”设置为“10.00 mm”，拉伸效果如图（c）所示。

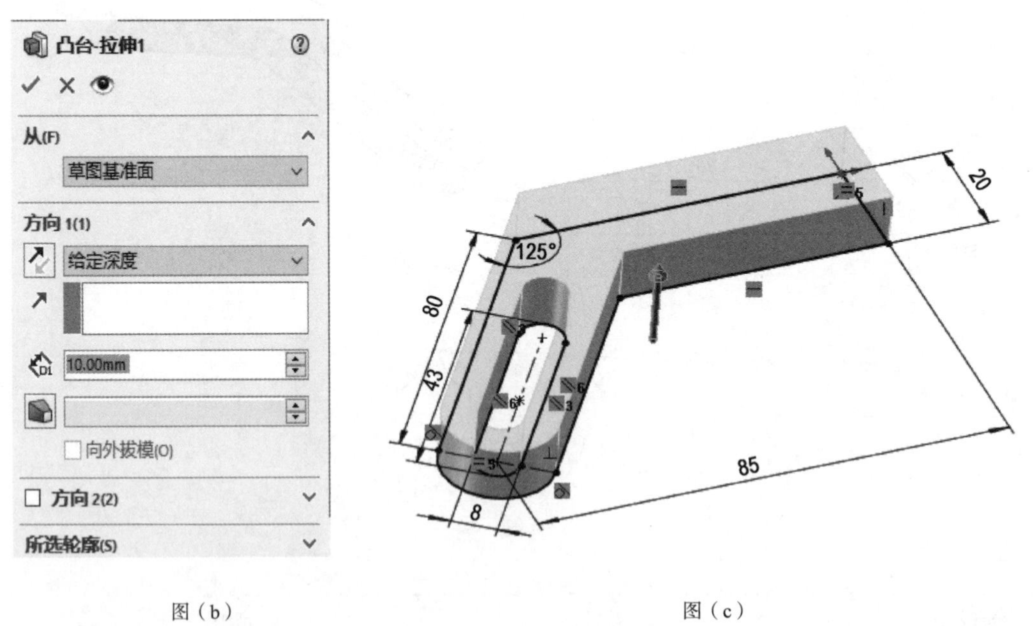

图（b）　　图（c）

步骤四：绘制草图。单击“草图绘制”按钮，选择绘图区上的右前表面，绘制如图（d）所示草图。

步骤五：拉伸凸台/基体。单击“特征”工具栏中的“拉伸凸台/基体”按钮，“给定深度”设置为“10.00 mm”如图（e）所示，拉伸效果如图（f）所示。

步骤六：倒圆角。单击“特征”工具栏中的“圆角”按钮，设置参数，倒角效果如图（g）所示。再倒两次圆角，参数设置及倒角效果如图（h）和图（i）所示。（如果尺寸相同，可以一次全部倒完。）

续上表

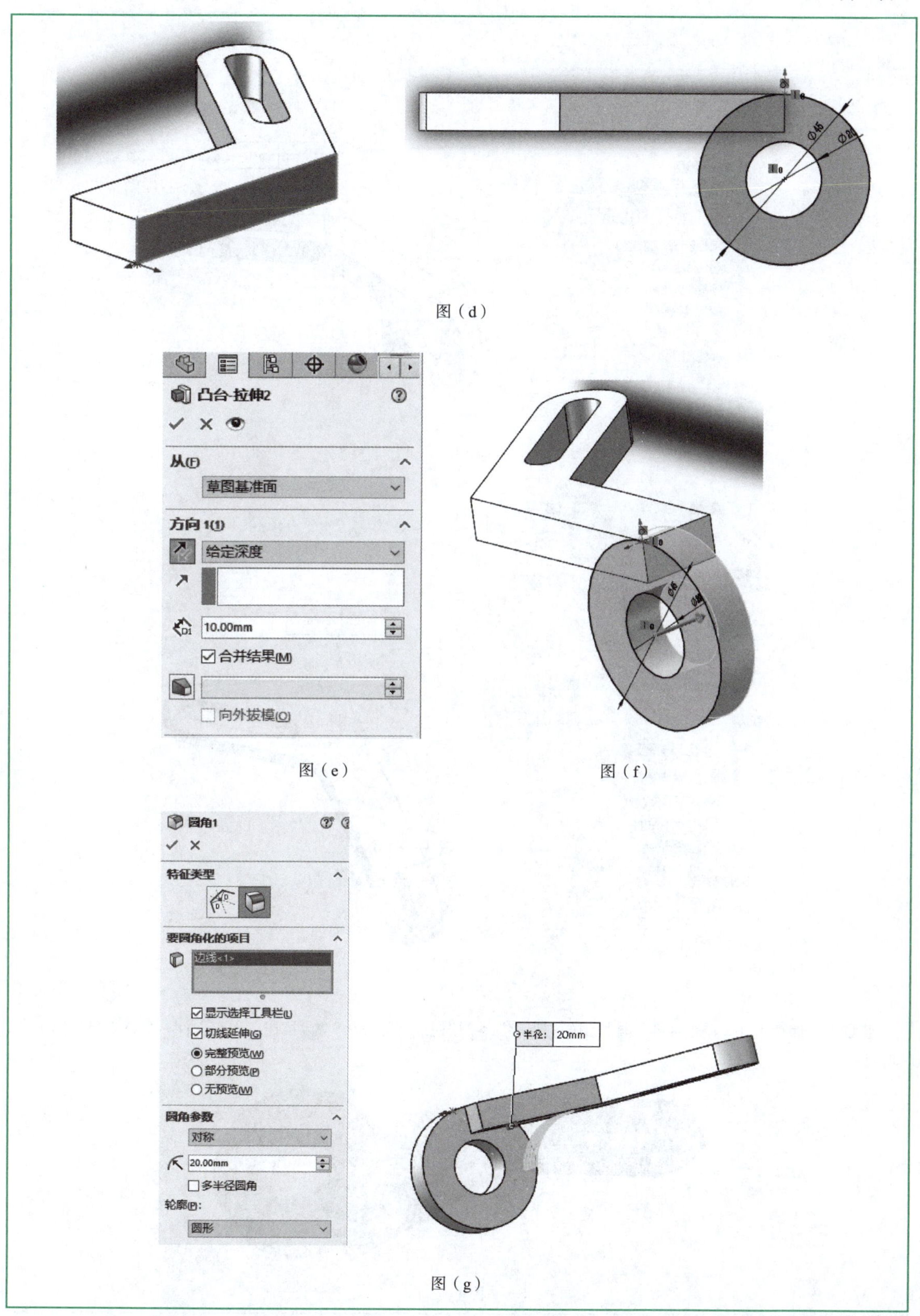

图（d）

图（e）

图（f）

图（g）

续上表

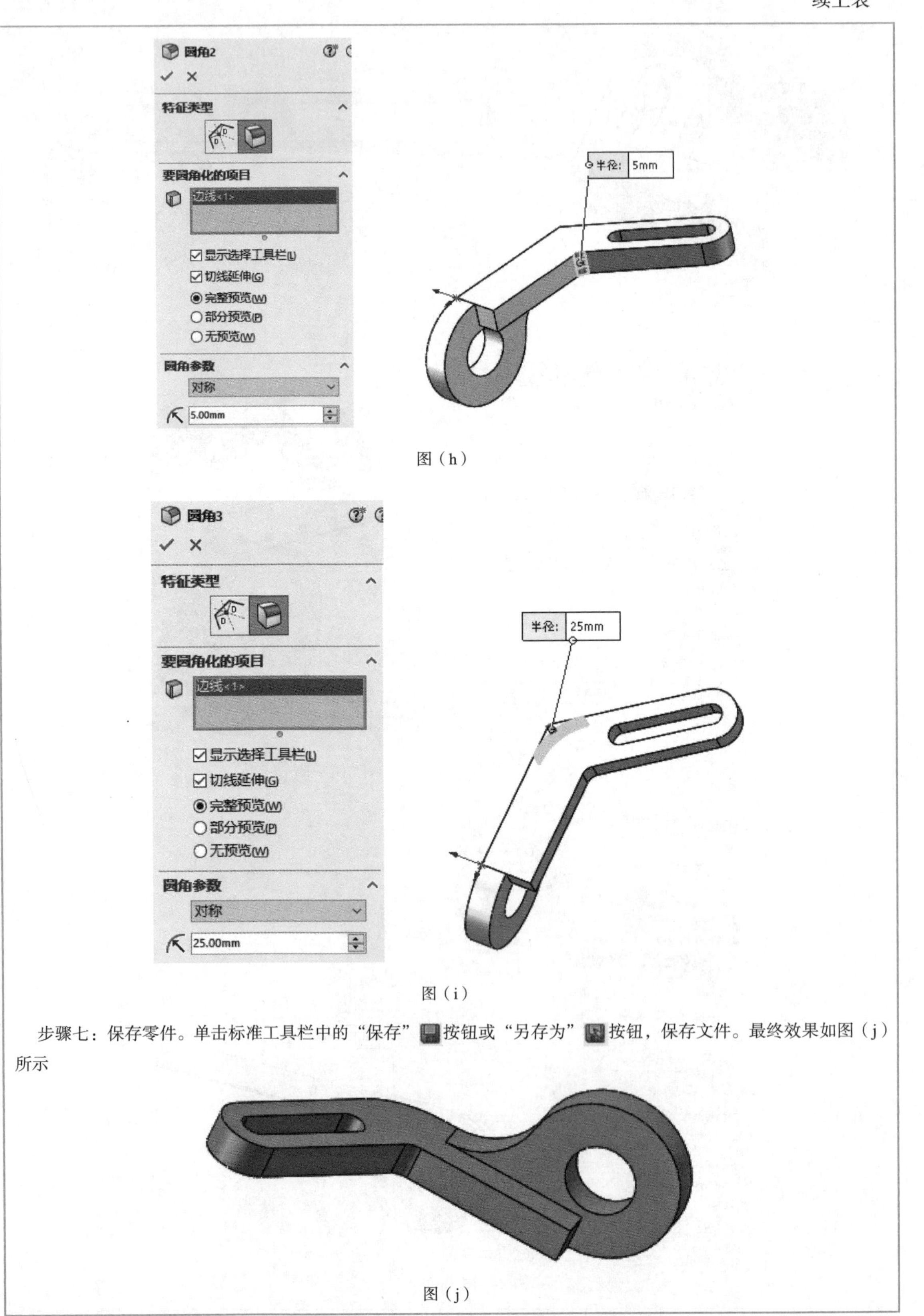

图（h）

图（i）

步骤七：保存零件。单击标准工具栏中的“保存”按钮或“另存为”按钮，保存文件。最终效果如图（j）所示

图（j）

任务实施

任务实施见表2.1.7和表2.1.8。

表 2.1.7　子任务一

<table>
<tr><th>姓名</th><th></th><th>班级</th><th></th><th>成绩</th><th></th></tr>
<tr><td>任务目标</td><td colspan="5">（1）掌握拉伸特征的概念与拉伸特征的创建方法；
（2）掌握拉伸特征的类型及参数；
（3）通过学习能够准确分析零件特征，灵活运用拉伸特征建立三维模型</td></tr>
<tr><td>操作要求</td><td colspan="5">（1）绘制任务拉伸特征；
（2）保存文件；
（3）提交源文件</td></tr>
<tr><td>子任务一</td><td colspan="5">hinge_1零件如图（a）所示，绘制特征如图（b）所示
图（a）　　图（b）</td></tr>
<tr><td colspan="6">实施步骤</td></tr>
<tr><td colspan="6">步骤一：创建一个新的工作目录。
步骤二：创建一个零件，零件名为“hinge_1”。
步骤三：单击“拉伸凸台/基体”按钮，创建一个拉伸特征，拉伸高度为6 mm。草图及拉伸特征如图（c）所示。
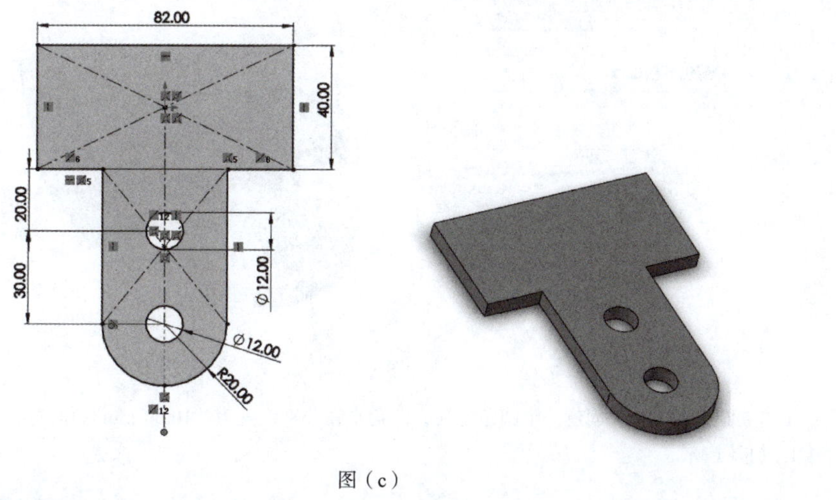

图（c）</td></tr>
</table>

续上表

步骤四：单击“圆角”按钮，创建一个圆角特征，圆角半径为5 mm，圆角特征如图（d）所示。

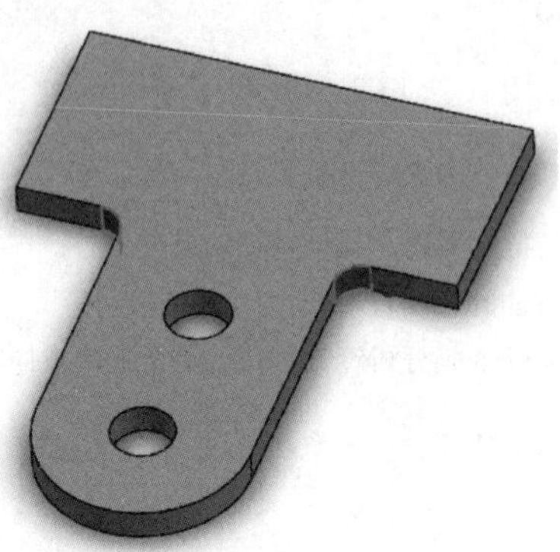

图（d）

步骤五：单击“拉伸凸台/基体”按钮，创建一个拉伸特征，拉伸高度为6 mm，拉伸凸台特征如图（e）所示。

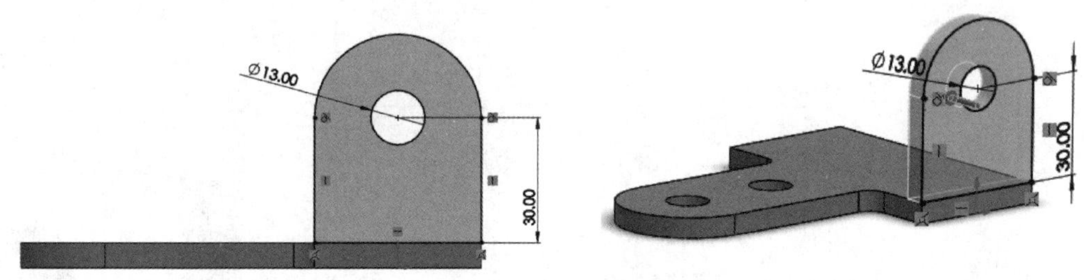

图（e）

步骤六：单击“镜像”按钮，镜像复制刚才创建的拉伸特征，镜像特征如图（f）所示。

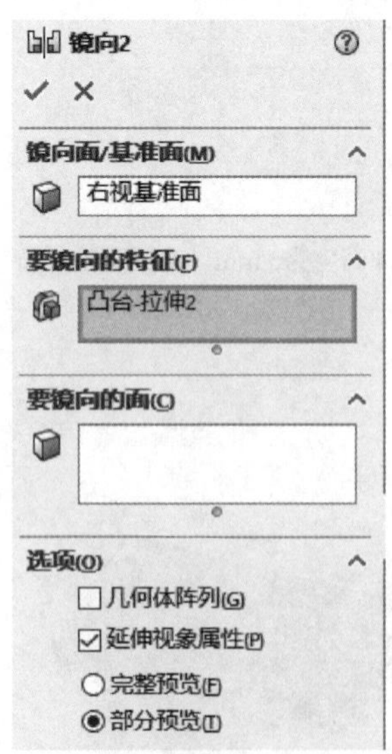

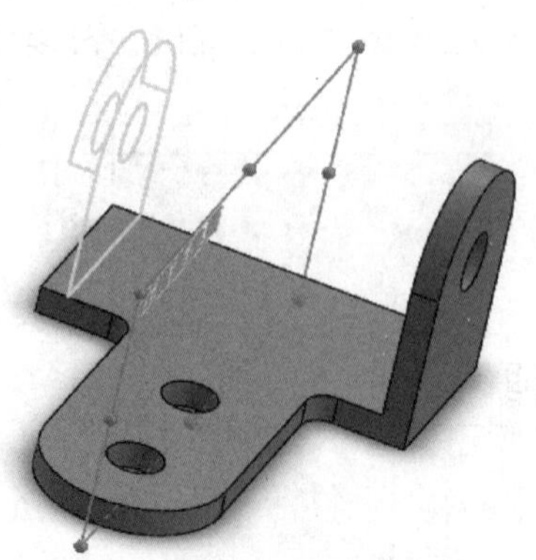

图（f）

步骤七：单击“圆角”按钮，创建一个圆角特征，圆角半径分别设置为“10.00 mm”和“16.00 mm”，圆角特征如图（g）和图（h）所示。

续上表

图（g）

图（h）

步骤八：保存模型，关闭窗口

表 2.1.8　子任务二

<table>
<tr><td>姓名</td><td></td><td>班级</td><td></td><td>成绩</td><td></td></tr>
<tr><td colspan="2">任务目标</td><td colspan="4">（1）掌握拉伸特征的概念与拉伸特征的创建方法；
（2）掌握拉伸特征的类型及参数；
（3）通过学习能够准确分析零件特征，灵活运用拉伸特征建立三维模型</td></tr>
<tr><td colspan="2">操作要求</td><td colspan="4">（1）绘制任务拉伸特征；
（2）保存文件；
（3）提交源文件</td></tr>
<tr><td colspan="2">子任务二</td><td colspan="4">hinge_2零件如图（a）所示，绘制特征如图（b）所示
60　8　R20　12　R8　φ13　R15　φ12　70
图（a）　　图（b）</td></tr>
<tr><td colspan="6">实施步骤</td></tr>
</table>

步骤一：创建零件，零件名为“hinge_2”。

步骤二：单击“拉伸凸台/基体”按钮，创建一个拉伸特征，拉伸高度设置为“70.00 mm”，草图及拉伸特征如图（c）所示。

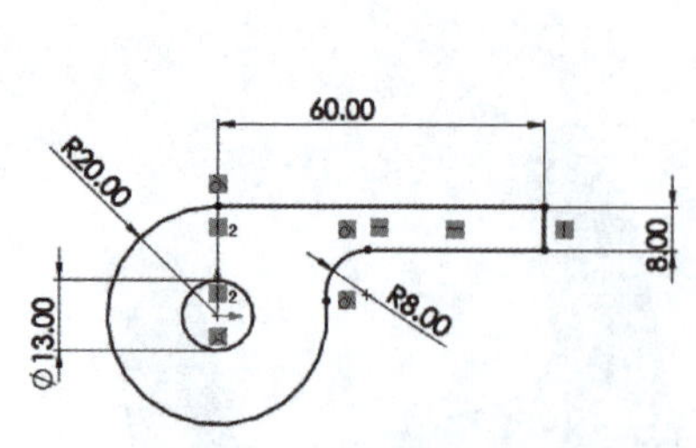

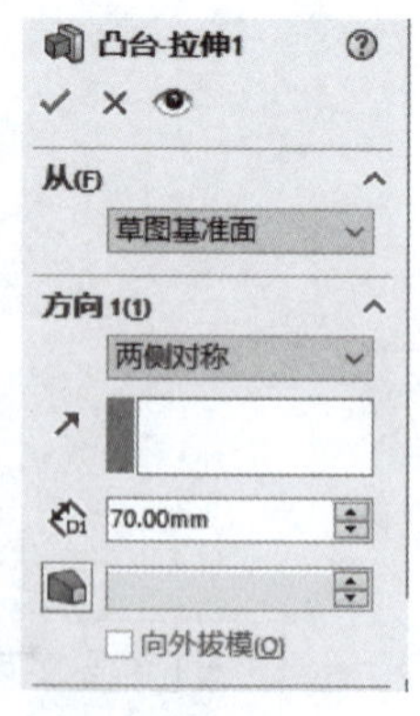

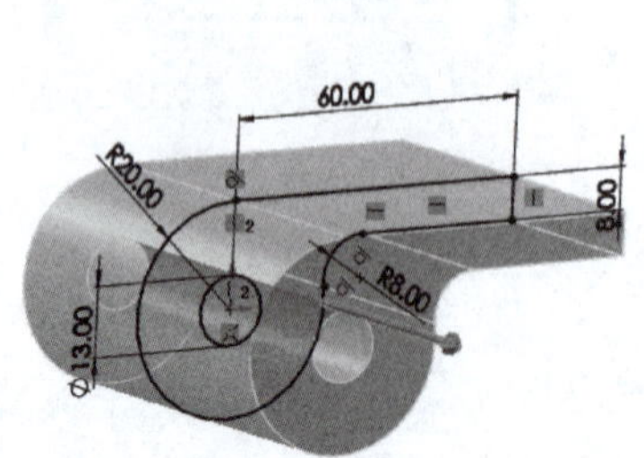

图（c）

步骤三：单击“拉伸凸台/基体”按钮，创建一个拉伸特征，拉伸高度设置为“12.00 mm”，草图及拉伸特征如图（d）所示。

步骤四：单击“孔”按钮，添加一个孔特征，孔的直径设置为“12.00 mm”，如图（e）所示。

步骤五：单击“镜像”按钮，选择镜像复制孔特征，镜像孔特征如图（f）所示。

步骤六：保存模型，关闭窗口，最终模型如图（g）所示。

续上表

凸台-拉伸2
显示 FeatureManager
从(F)
草图基准面
方向 1(1)
给定深度
12.00mm
合并结果(M)
向外拔模(O)
Ø12.00
R15.00
孔1
从(F)
草图基准面
方向 1(1)
给定深度
12.00mm
12.00mm
向外拔模(O)
Ø12.00

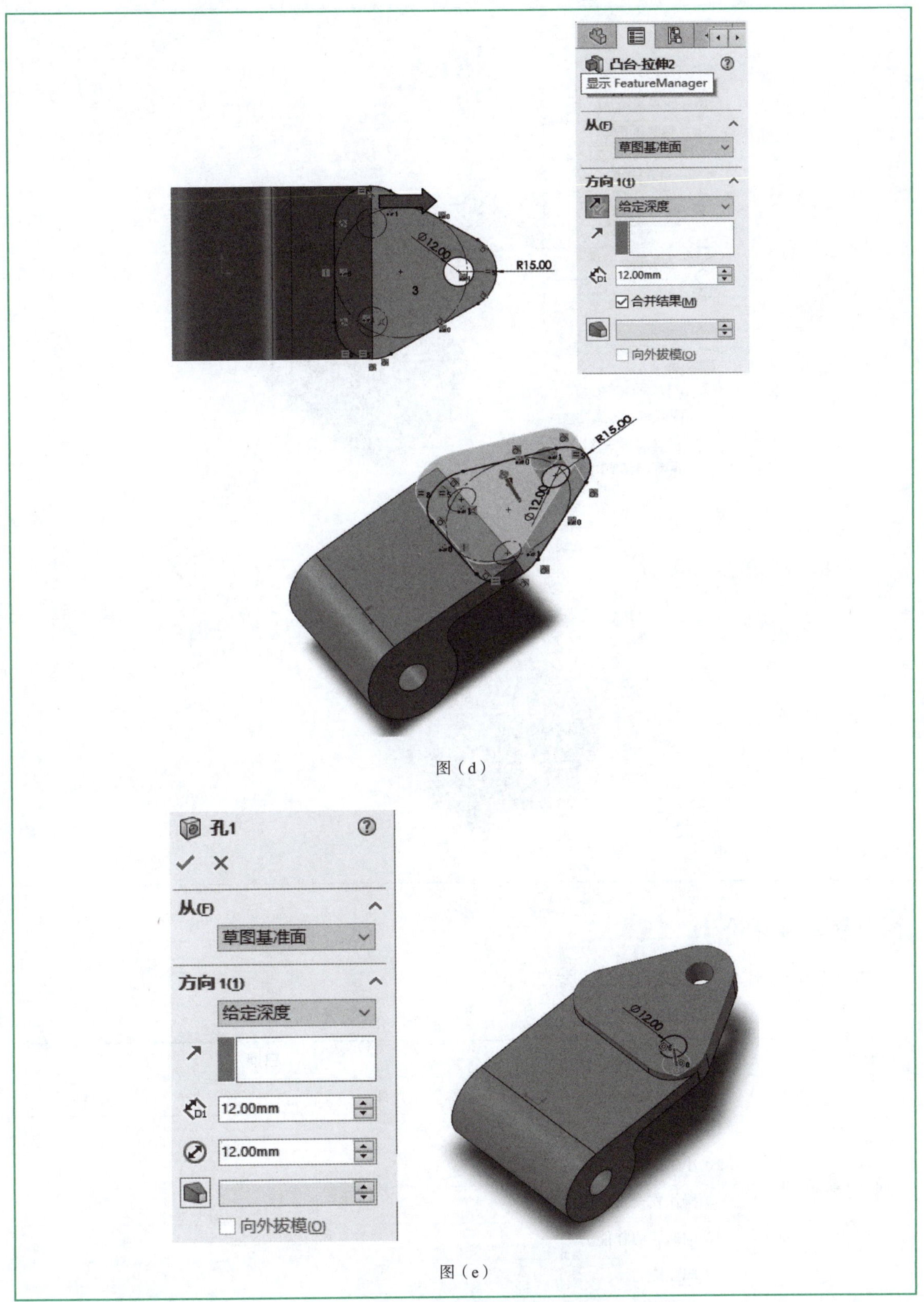

图（d）

图（e）

续上表

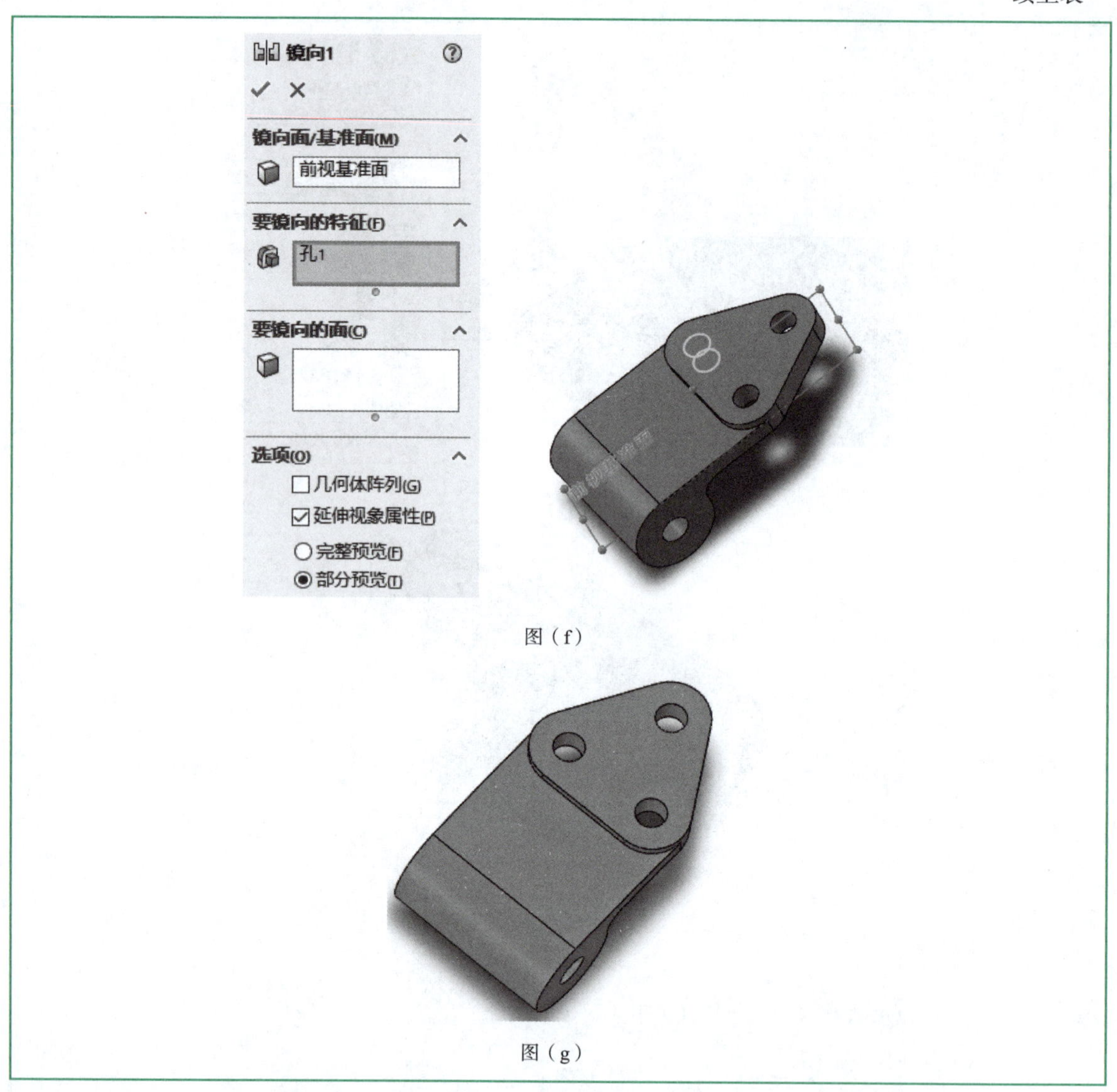

图（f）

图（g）

考核与评价

拉伸特征工作任务考核与评价见表2.1.9。

表 2.1.9　考核与评价

班级：		姓名：		日期：	
任务活动评价	评价内容		自评	互评	教师
	（1）学习准备情况				
	（2）小组计划完成情况				
	（3）操作安全性、规范性				
	（4）沟通、协作能力				
	（5）职业能力				

小　结

通过拉伸特征操作任务，能够准确分析零件的特征；掌握拉伸特征的概念与拉伸特征的创建方法；掌握拉伸特征的类型及参数；灵活运用拉伸特征建立三维模型，达到了基本职业技能和专业素养的要求。

思考与练习

一、绘制如下特征

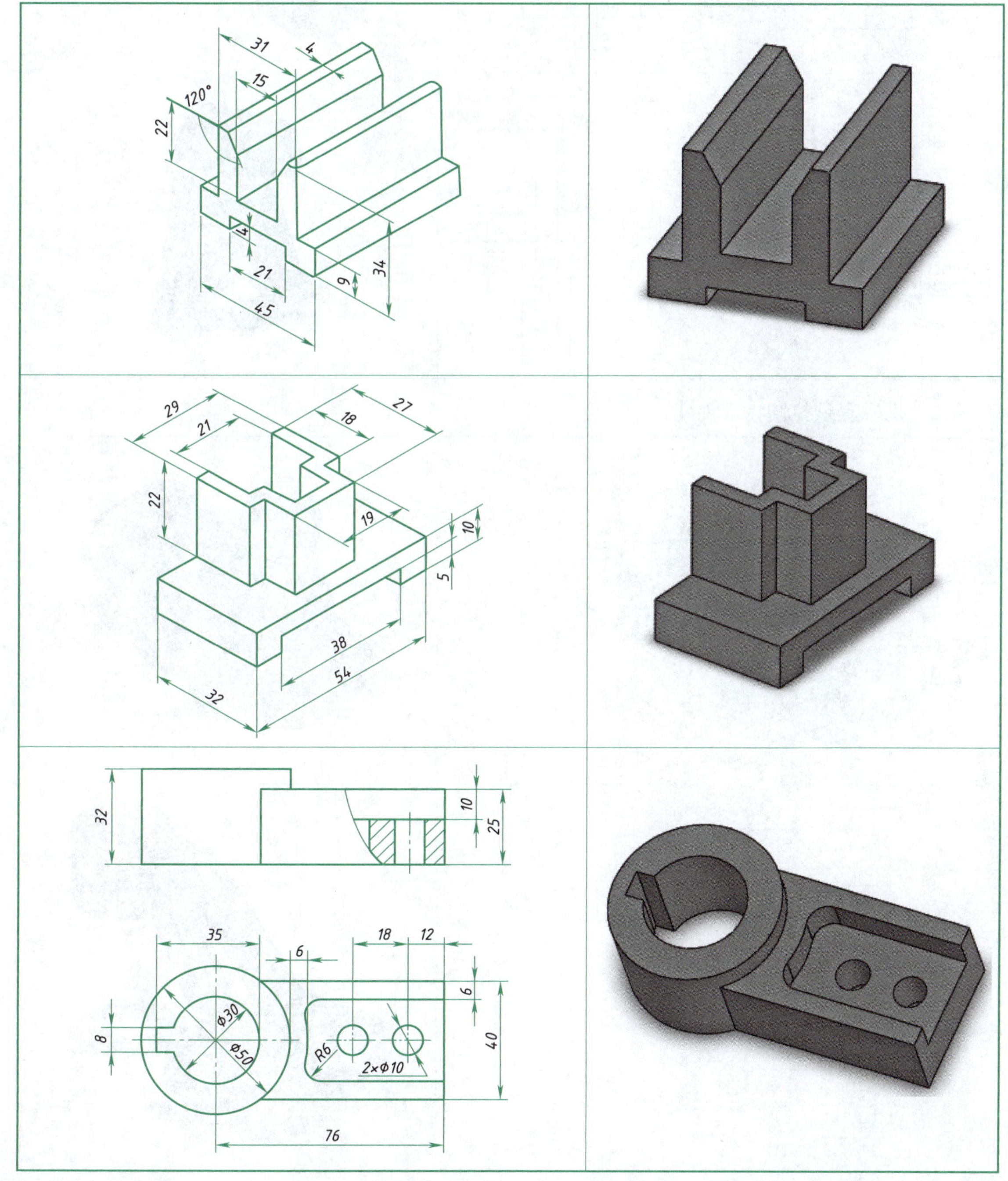

续上表

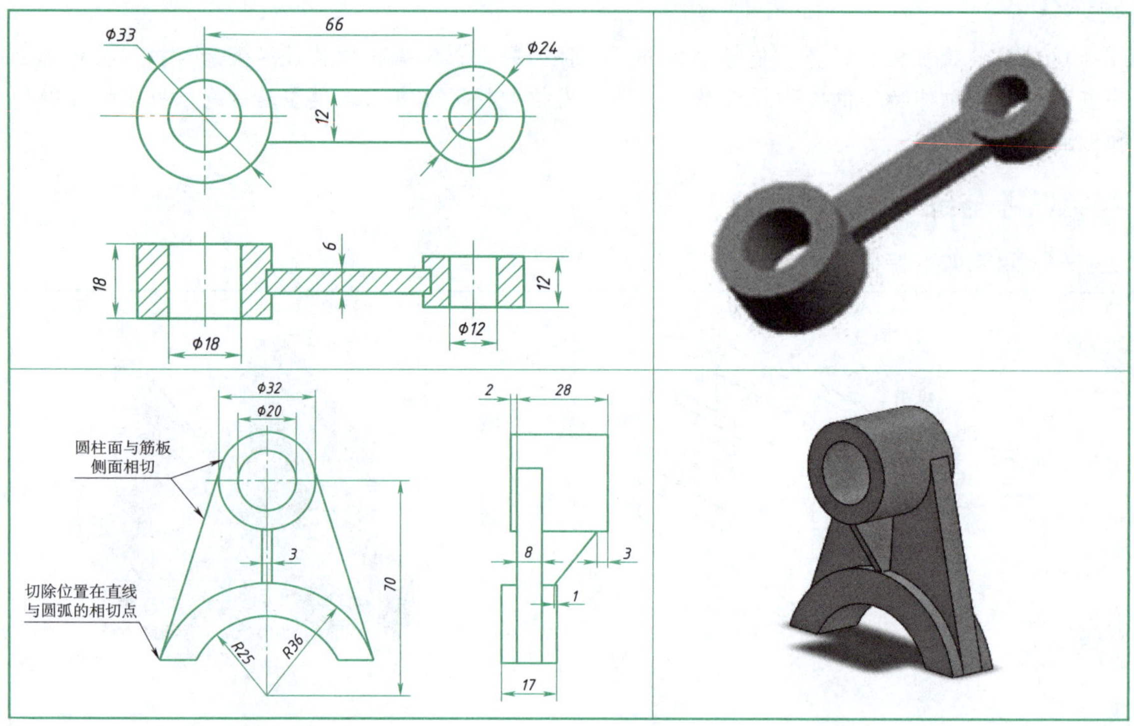

二、挑战复杂拉伸特征创建

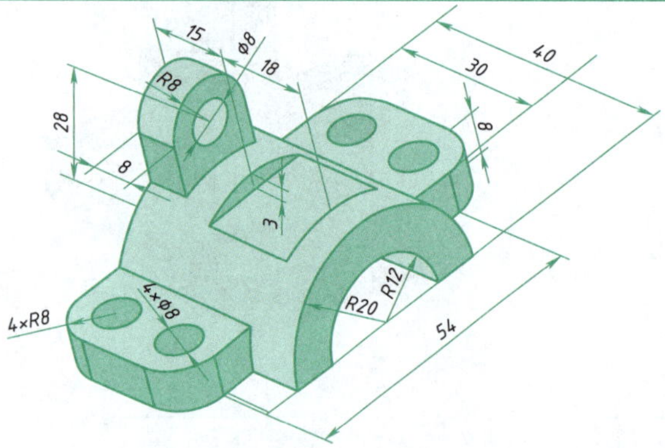

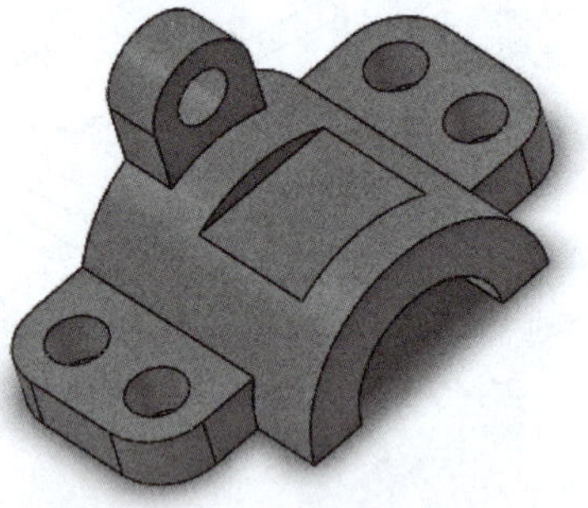

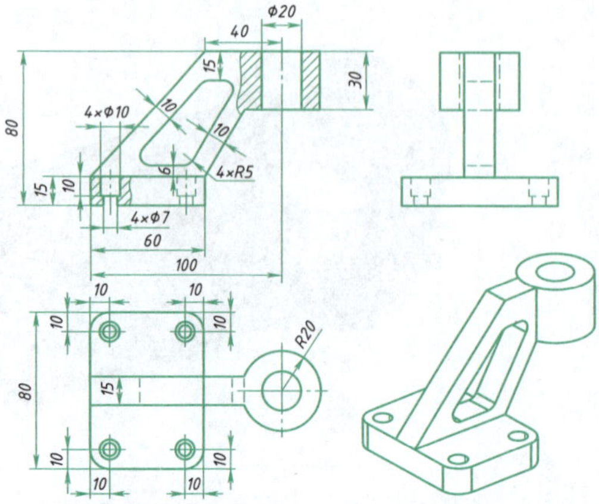

三、根据三视图绘制轴承座孔

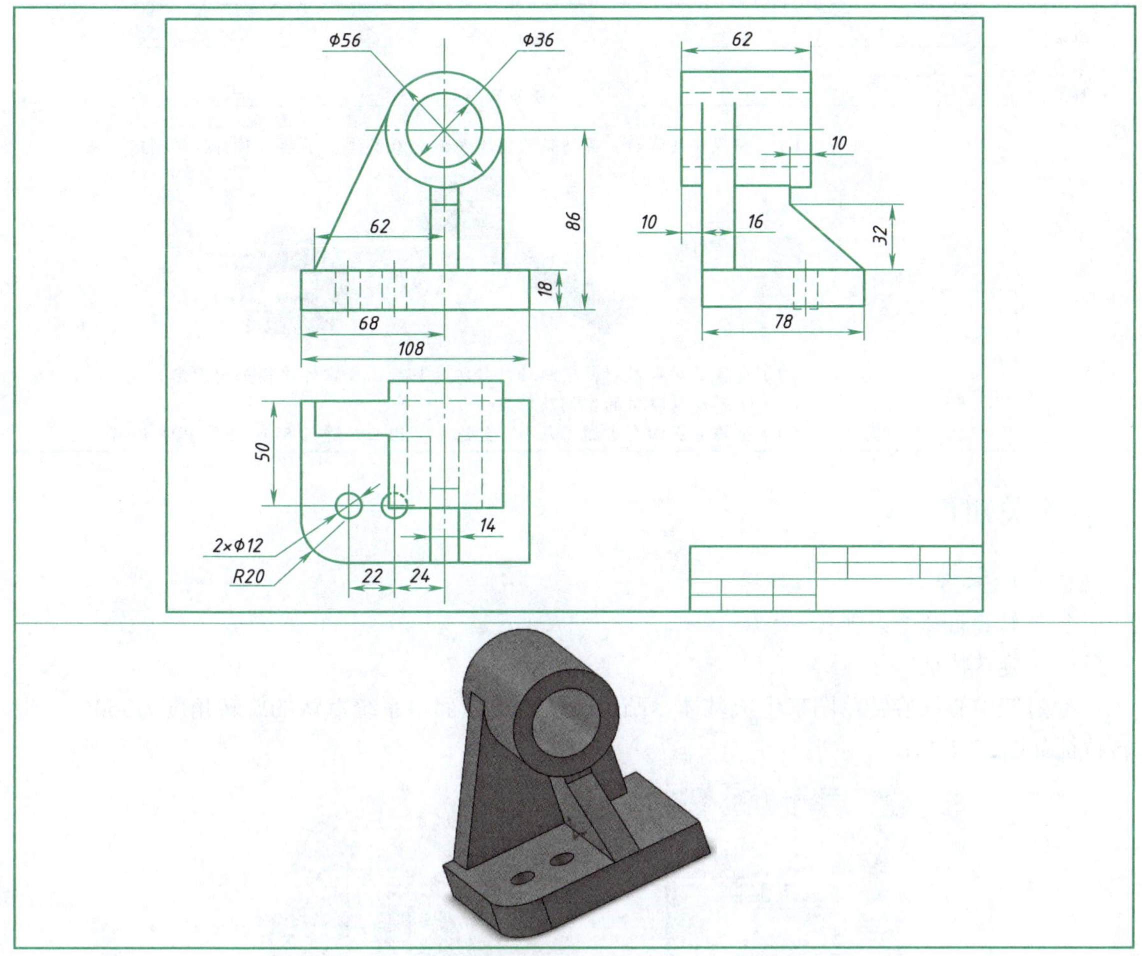

任务二 旋转特征与基本操作

观察与思考

（1）所有特征都可以用拉伸创建吗？

（2）旋转特征的概念是什么？旋转特征的建立方法有哪些？

（3）旋转特征的类型有几种？旋转特征的参数如何设置？

任务要点

掌握旋转特征的概念与旋转特征的创建方法；掌握旋转特征的类型及参数；通过本章学习能够准确分析零件的特征，灵活运用拉伸和旋转及其他辅助特征建立三维模型。

任务安排

任务安排见表2.2.1。

表 2.2.1　任务安排

班级________________ 第________________组 姓名________________	任务地点________________ 任务日期________________
任务具体安排	（1）查找相关资料，弄清楚旋转特征概念及类型，了解旋转特征的创建方法。 （2）查找资料或教材，了解旋转特征的参数以及零件建模如何设定。 （3）了解旋转特征的案例及特点。 （4）全班分成四个小组，每个小组选一名组长，进行 5~10 分钟 PPT 介绍

相关知识

一、旋转特征

1. 旋转特征概念及类型

（1）旋转特征

通过绕中心线旋转草图来生成基体、凸台、切除或曲面。系统默认的旋转角度为360°，旋转特征如图2.2.1所示。

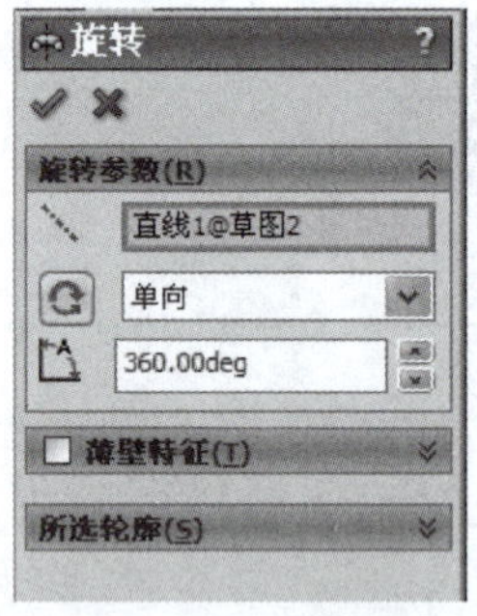

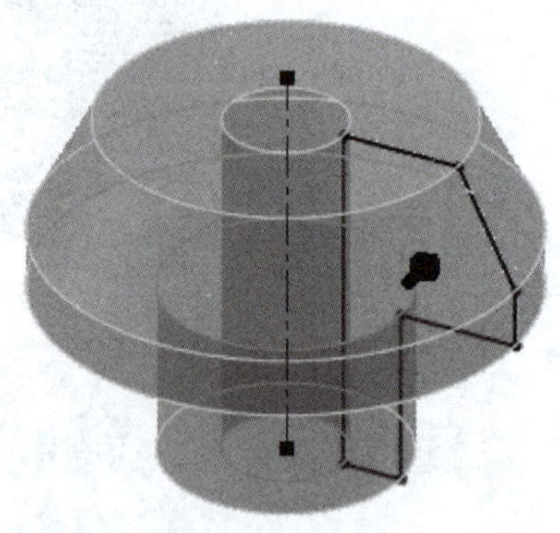

图 2.2.1　旋转特征

必要条件：①需要旋转的草图中必须含有一条中心轴；②需要旋转的截面，只能画在中心轴的一侧。

（2）旋转特征类型

分为旋转凸台/基体、旋转薄壁、旋转曲面和旋转切除。旋转特征类型见表2.2.2。

表 2.2.2　转特征类型

旋转切除 （去除材料）	旋转凸台 / 基体 （增加材料）	旋转薄壁 （增加材料）	薄壁切除 （去除材料）	旋转曲面 （增加材料）

2. 旋转参数

（1）草图轮廓

也称截面，是旋转凸台/基体和拉伸切除的基础。绘制草图之前，必须先指定绘图基准面。绘图基准面有三种形式，与拉伸绘图基准面相同：①指定任一默认基准面作为草图绘图平面。②指定已有模型上的任一平面作为草图绘制平面。③创建一个新的基准面。

（2）旋转特征选项

旋转菜单栏特征属性如图2.2.2所示。可以拉伸凸台和薄壁两种特征。

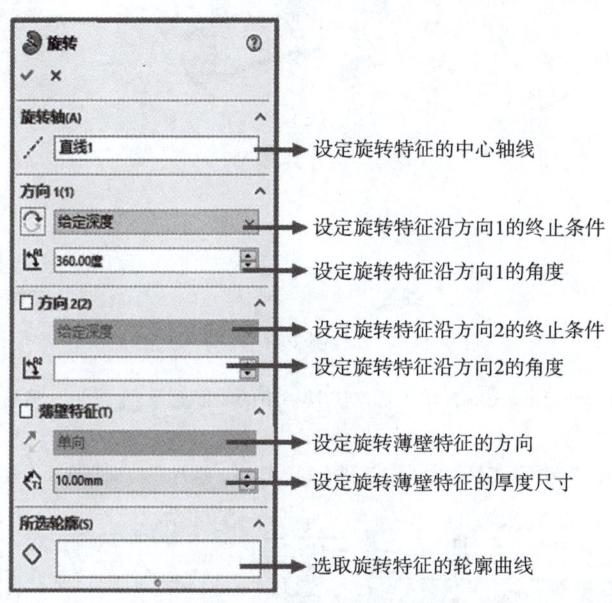

图 2.2.2　旋转菜单栏特征属性

二、旋转特征案例

1. 旋转特征案例一

应用旋转特征创建曲轴零件模型，文件命名为“XZ1”，如图2.2.3所示。

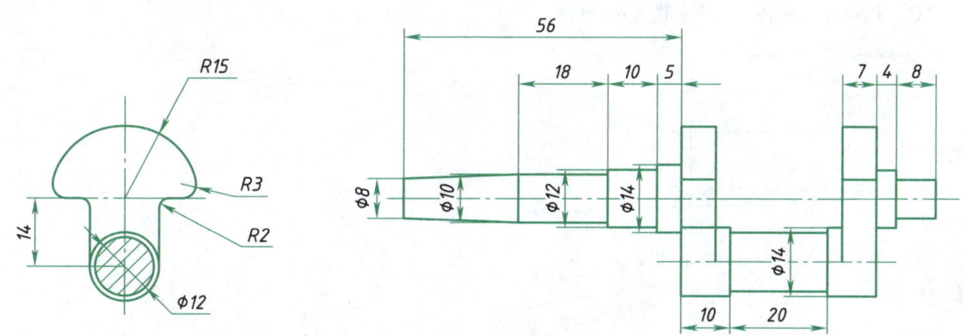

图 2.2.3　曲轴

建模分析：

建立模型时，应先创建旋转凸台特征，后创建拉伸特征，此模型的建立将分为（a）→（b）→（c）三步完成，如图2.2.4所示。

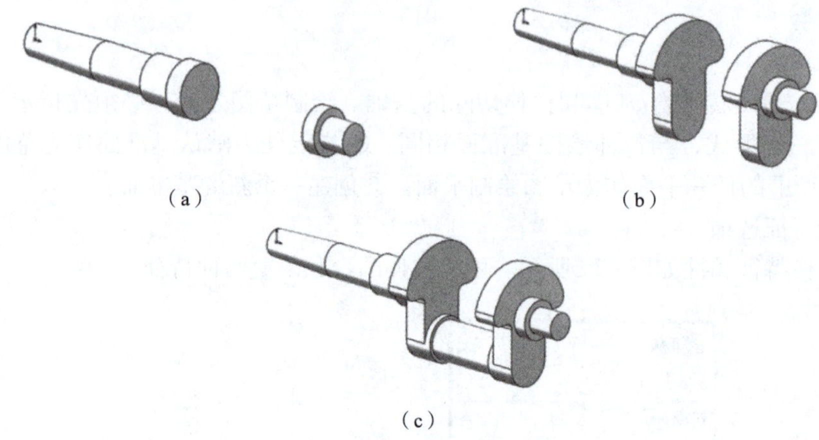

图 2.2.4　建模分析

边学边练：

班级		姓名		成绩	
绘制步骤					

步骤一：新建文件。打开Solidworks，单击标准工具栏中的“新建” 按钮，然后单击“零件”→“确定”按钮。

步骤二：绘制草图。单击“草图”工具栏中的“草图绘制”按钮，选择“前视基准面”，绘制如图（a）所示草图。

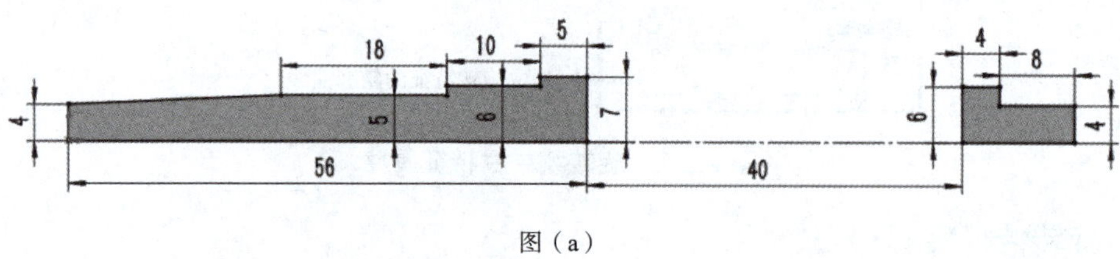

图（a）

步骤三：旋转凸台/基体。绘制完草图后，单击“特征”工具栏中的“旋转凸台/基体”按钮，“旋转轴”选择“直线1”，在“旋转类型”下拉列表框内选择“给定深度”选项，在“角度”文本框内输入“360.00度”，如图（b）所示，单击“√”按钮完成旋转。效果如图（c）所示。

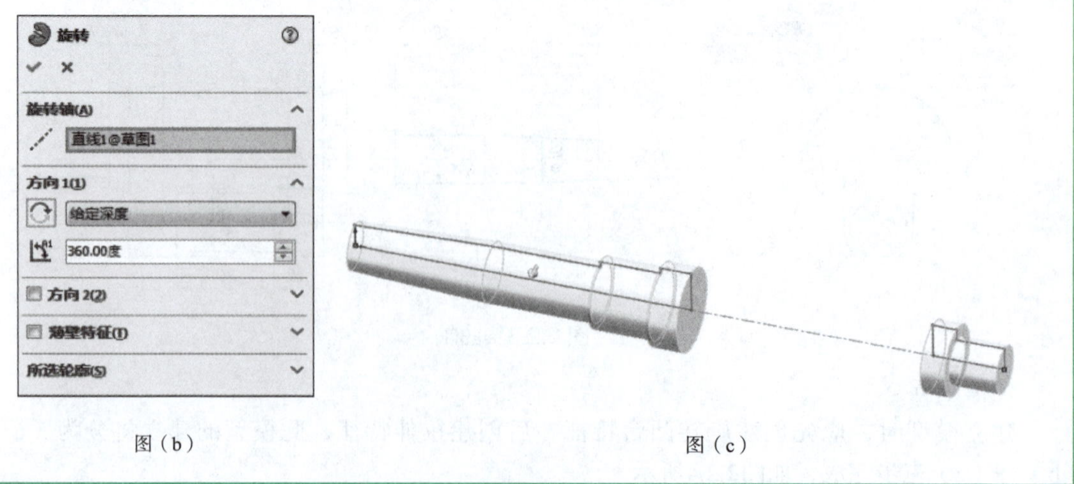

图（b）　　　　图（c）

续上表

步骤四：拉伸凸台/基体。如图（d）所示，选择已有实体端面绘制草图。绘制完草图后，单击“特征”工具栏中的“拉伸凸台/基体”按钮，设置拉伸参数，“给定深度”设置为“7.00 mm”。拉伸效果如图（e）所示。再继续对草图拉伸凸台，单击“特征”工具栏中的“拉伸凸台/基体”按钮，设置拉伸参数，“等距”设置为“33.00 mm”，“给定深度”设置为“7.00 mm”，拉伸效果如图（f）所示。

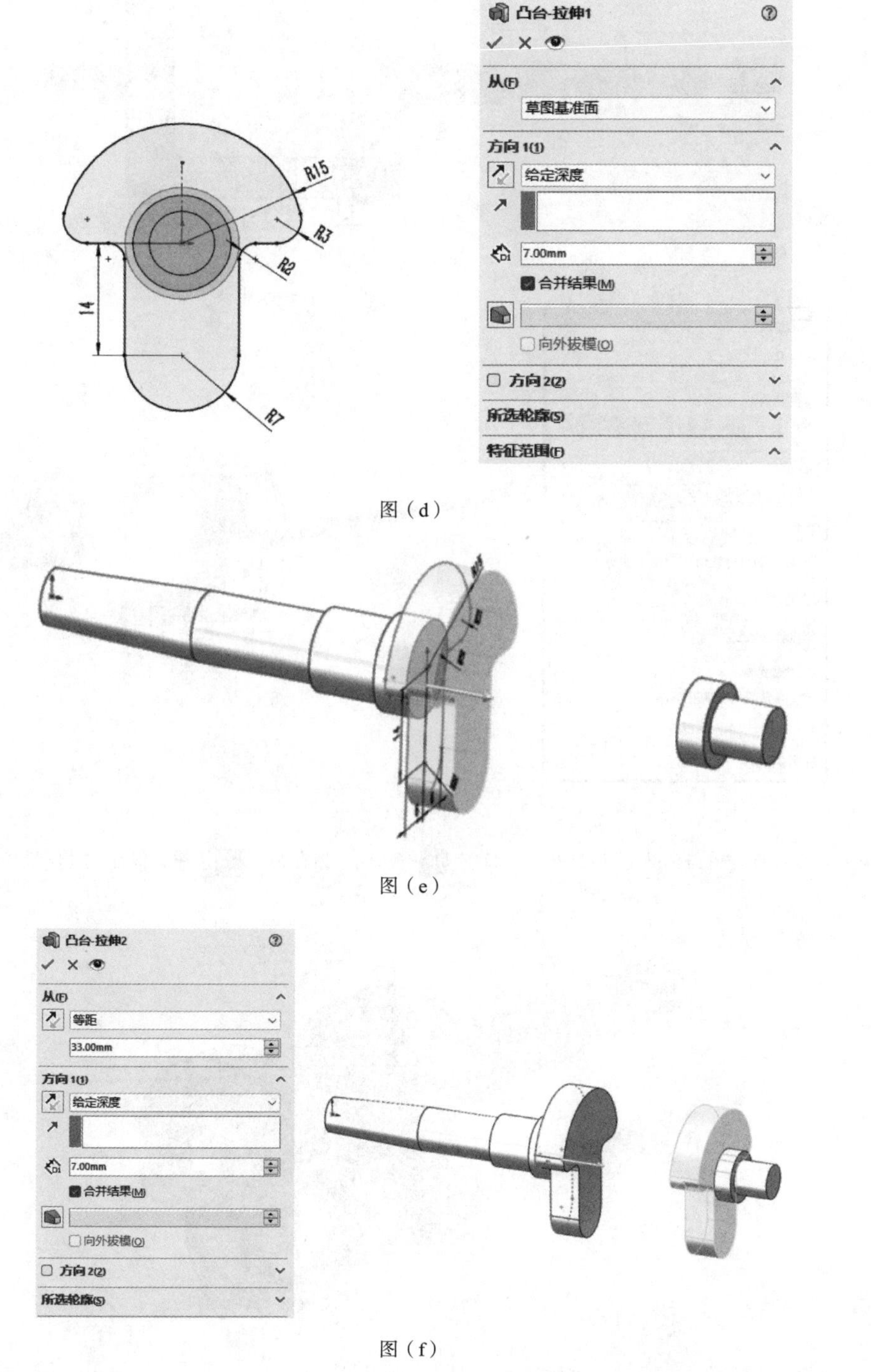

图（d）

图（e）

图（f）

续上表

步骤五：旋转凸台/基体。绘制如图（g）所示的草图。单击“特征”工具栏中的“旋转凸台/基体”按钮，出现“旋转”属性管理器，“旋转轴”选择“直线1”，在“旋转类型”下拉列表框内选择“给定深度”选项，在“角度”文本框内输入“360.00度”，单击“√”按钮。如图（h）所示。

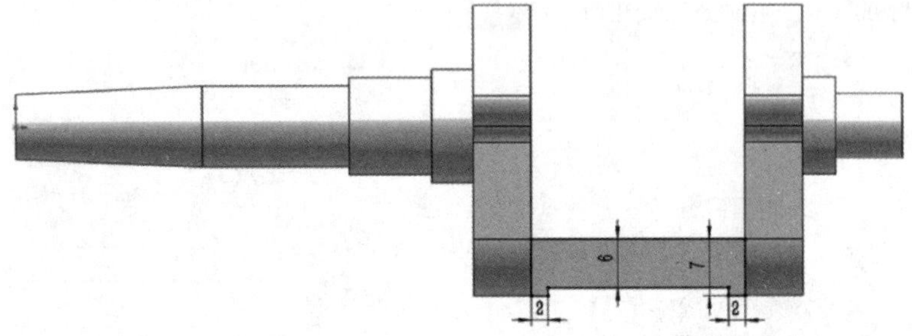

图（g）

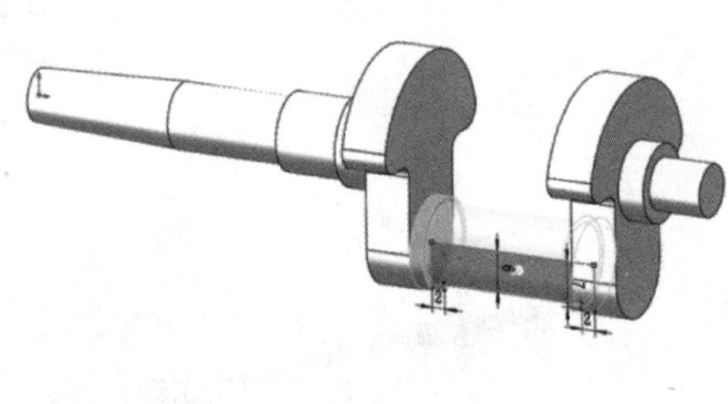

图（h）

步骤六：保存零件。单击标准工具栏中的“保存”按钮或“另存为”按钮，保存文件。最终效果如图（i）所示

图（i）

2. 旋转特征案例二

应用“旋转”和“抽壳”等功能，参照图2.2.6的设计过程完成下面零件的三维建模，文件命名为“XZ3”，如图2.2.5。

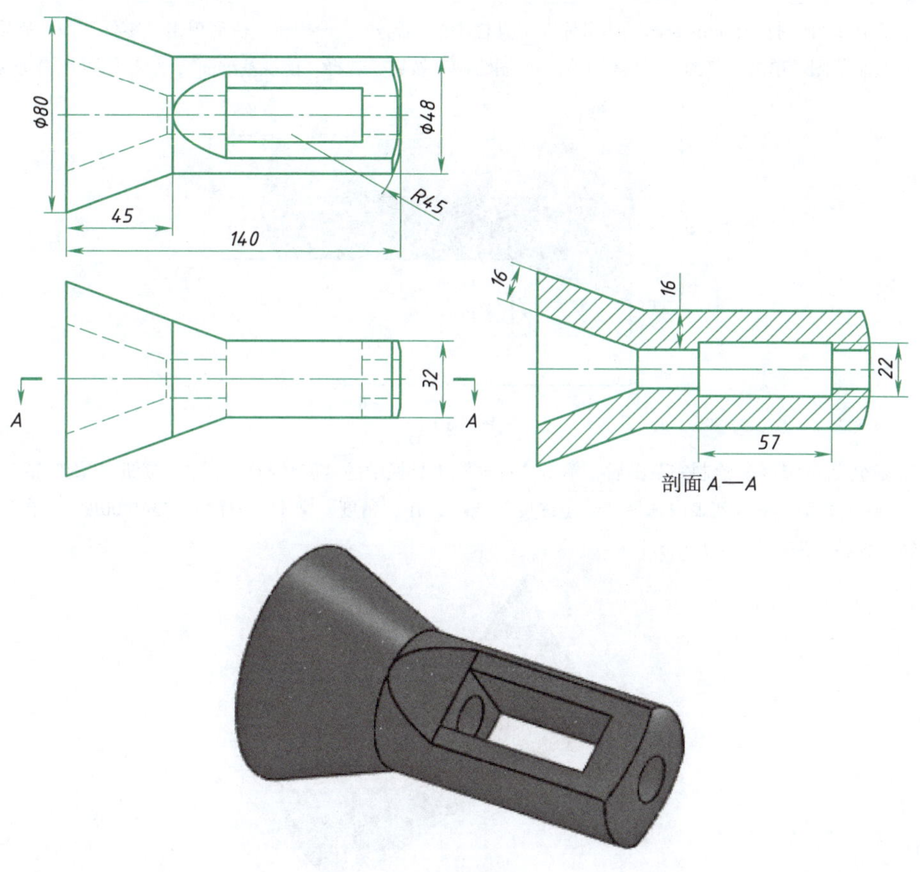

图 2.2.5　实例

建模分析：建立模型时，应先创建旋转主体特征，后抽壳，创建拉伸特征，再拉伸切除，镜像，最后再拉伸切除，此模型的建立将分为（a）→（b）→（c）→（d）→（e）五步，如图2.2.6所示。

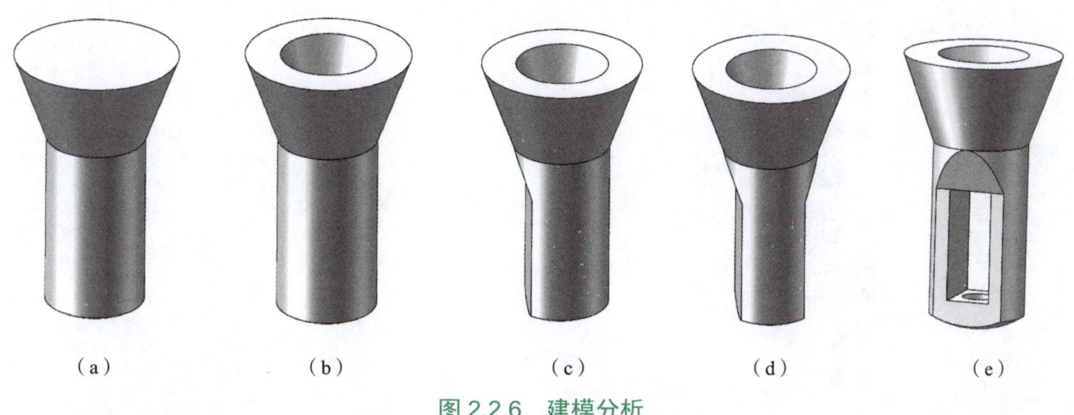

图 2.2.6　建模分析

边学边练：

班级		姓名		成绩	
绘制步骤					

步骤一：新建文件。打开Solidworks，单击标准工具栏中的“新建”按钮，然后单击“零件”→“确定”按钮。

步骤二：绘制草图。单击“草图”工具栏中的“草图绘制”按钮，选择“前视基准面”，绘制如图（a）所示草图。

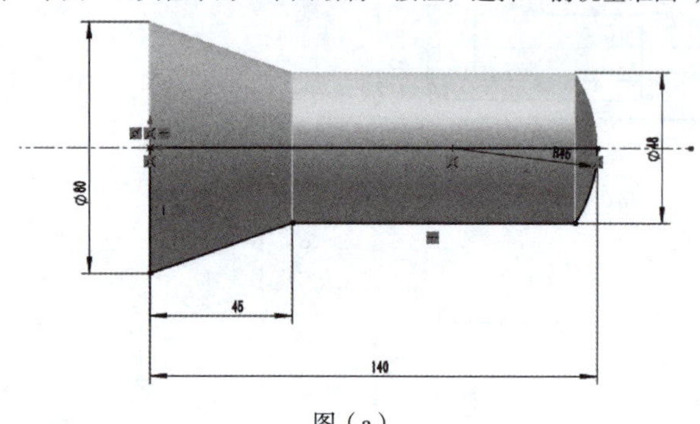

图（a）

步骤三：旋转凸台/基体。绘制完草图后，单击“特征”工具栏中的“旋转凸台/基体”按钮，“旋转轴”选择“中心线”，在“旋转类型”下拉列表内选择“给定深度”选项，在“角度”文本框内输入“360.00度”，单击“√”按钮完成旋转，旋转效果如图（b）所示。

图（b）

步骤四：抽壳。单击“特征”工具栏中的“抽壳”按钮，进入抽壳菜单栏，输入抽壳厚度“16.00 mm”，选择上下两面作为移除的面，单击“√”按钮，如图（c）和图（d）所示。

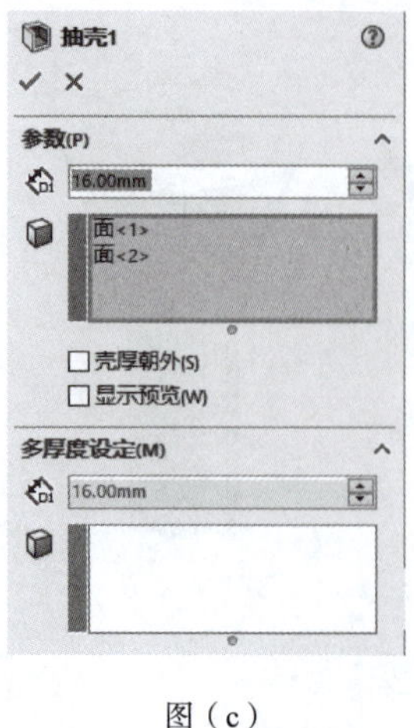

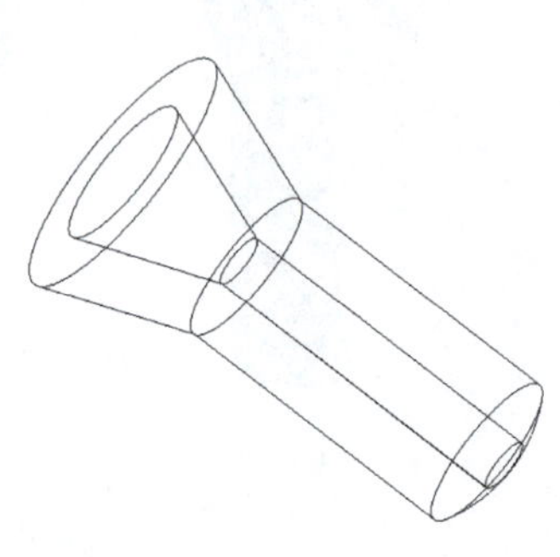

图（c）　　图（d）

续上表

步骤五：绘制草图。单击草图命令绘制草图，如图（e）所示。

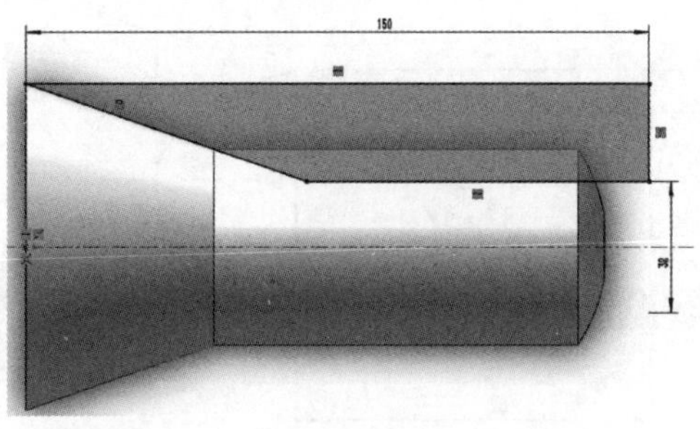

图（e）

步骤六：拉伸切除。拉伸草图，选择“特征”工具栏中的“拉伸切除”→“两侧对称”→“完全贯穿”选项，拉伸效果如图（f）所示。

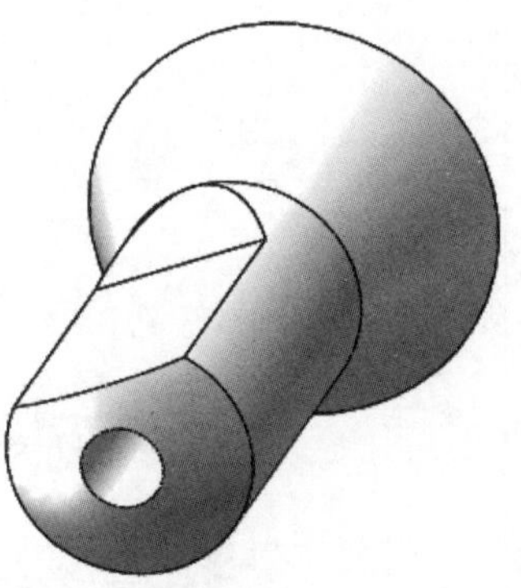

图（f）

步骤七：镜像。单击“特征”工具栏中的“镜像”按钮，进入镜像菜单栏，输入镜像面为“前视基准面”，选择要镜像的特征为“切除拉伸1”，单击“√”按钮，分别如图（g）、图（h）和图（i）所示。

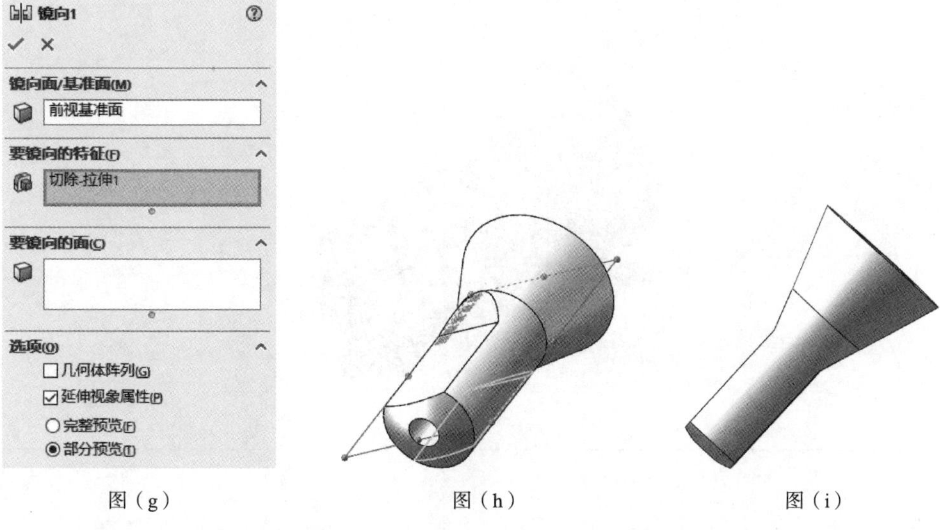

图（g）　　图（h）　　图（i）

步骤八：绘制草图。单击草图命令绘制草图，如图（j）所示。

续上表

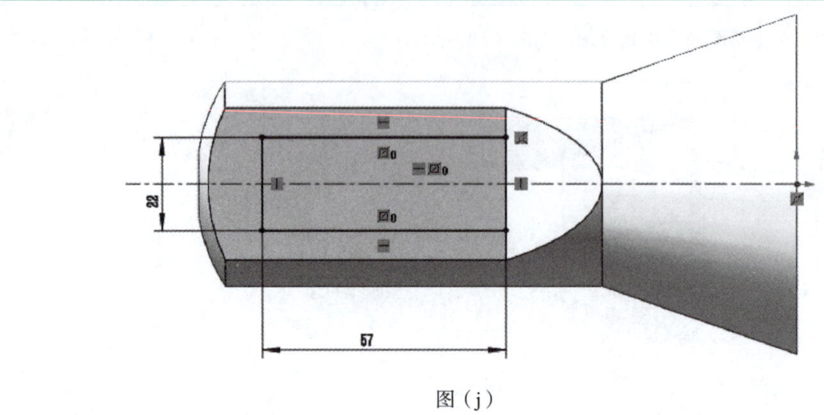

图（j）

步骤九：拉伸切除。绘制完草图后，选择“特征”工具栏中的“拉伸切除”→“完全贯穿”选项，拉伸参数如图（k）所示，最终效果如图（1）所示。

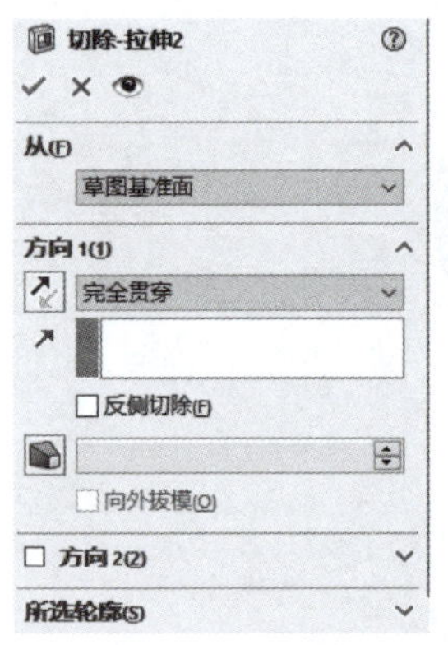

图（k）

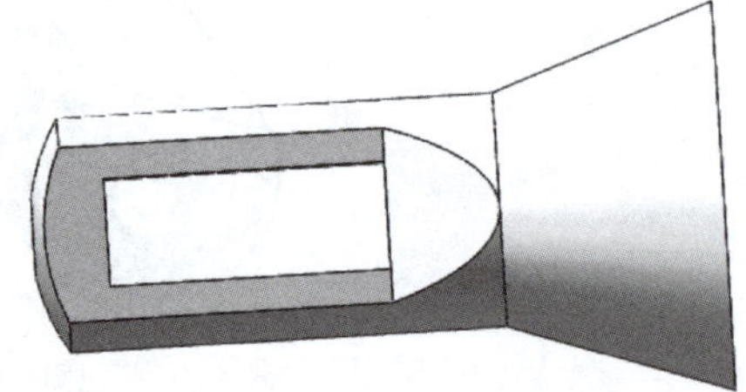

图（1）

步骤十：保存零件。单击标准工具栏上的“保存”按钮或“另存为”按钮，保存文件。最终效果如图（m）所示

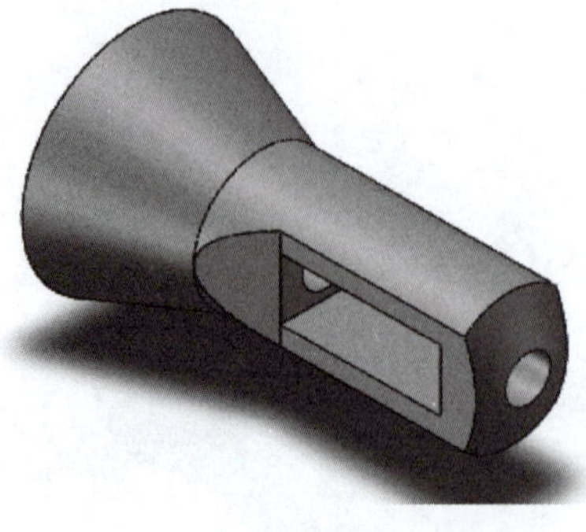

图（m）

任务实施

任务实施见表2.2.3和表2.2.4。

表 2.2.3　子任务一

姓名		班级		成绩	
任务目标	（1）掌握旋转特征的概念与旋转特征的创建方法； （2）掌握旋转特征的类型及参数； （3）通过学习能够准确分析零件特征，灵活运用旋转特征建立三维模型				
操作要求	（1）绘制任务旋转特征； （2）保存文件； （3）提交源文件				
子任务一	螺栓零件如图（a）所示，绘制特征如图（b）所示 图（a） 图（b）				

实施步骤

步骤一：创建零件，零件名为“bolt”。

步骤二：单击“拉伸凸台/基体”按钮，拉伸一个直径为12 mm的圆柱，拉伸高度设置为“100.00 mm”，草图及拉伸特征如图（c）所示。

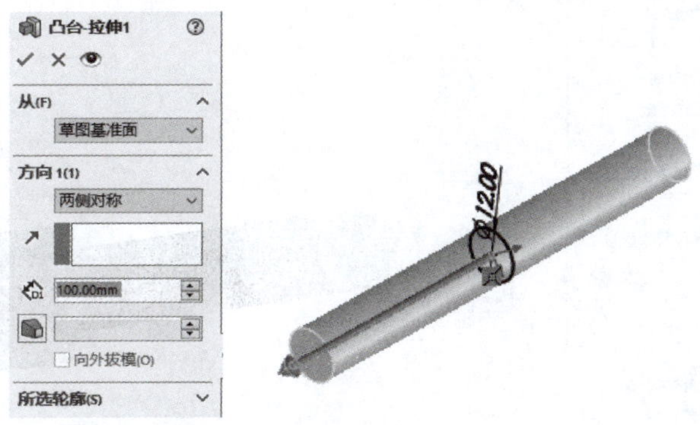

图（c）

步骤三：单击“拉伸凸台/基体”按钮，创建一个拉伸特征，拉伸高度设置为“10.00 mm”，草图及拉伸特征如图（d）所示。

续上表

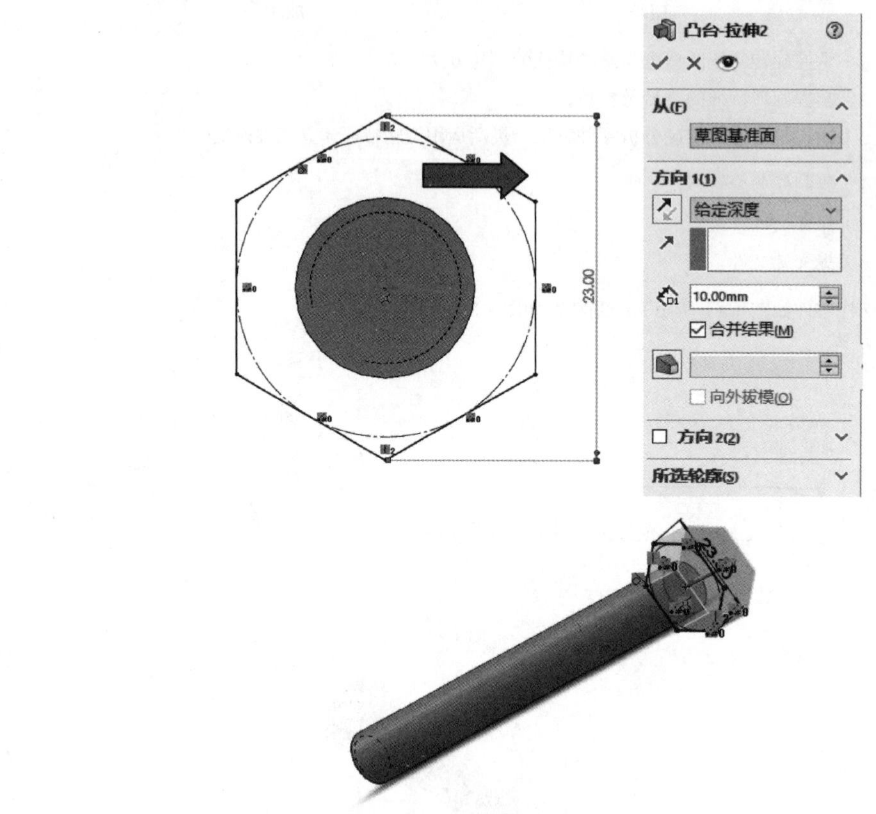

图（d）

步骤四：单击“倒角”按钮，创建一个1 mm × 45度的倒角，倒角特征如图（e）所示。

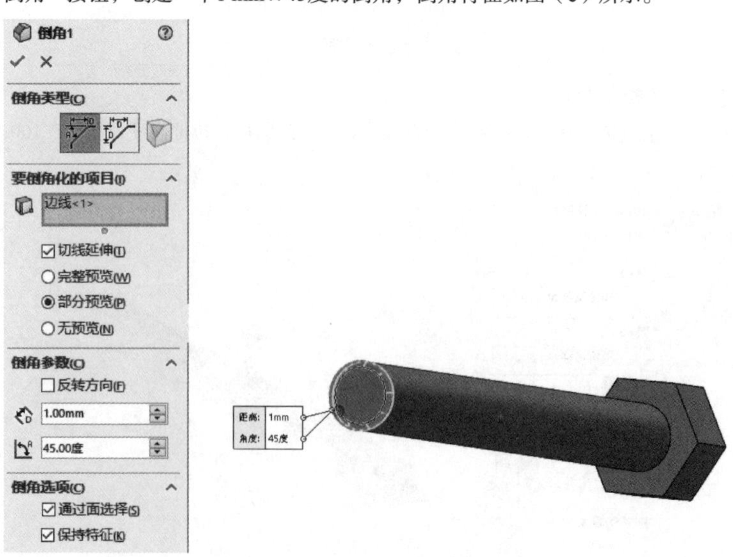

图（e）

步骤五：单击“旋转切除”按钮，使用旋转特征修剪图形，旋转切除参数及特征如图（f）所示。

续上表

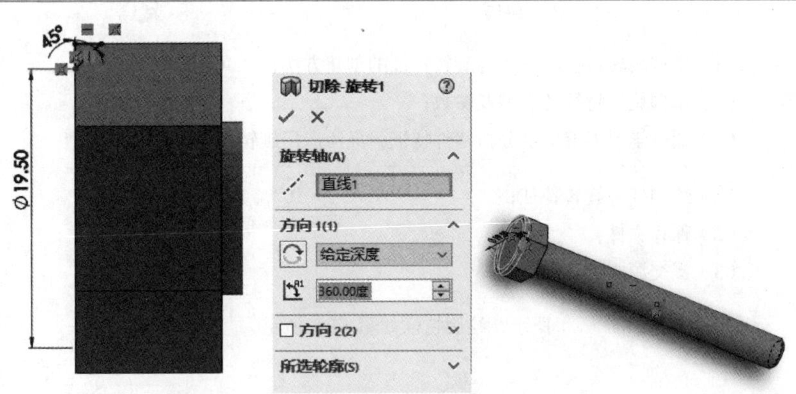

图（f）

步骤六：选择菜单栏中的“插入”→“注解”→“装饰螺纹线”命令，添加一个螺纹修饰特征，装饰螺纹参数及特征如图（g）所示。

图（g）

步骤七：保存模型，关闭窗口，最终效果如图（h）所示

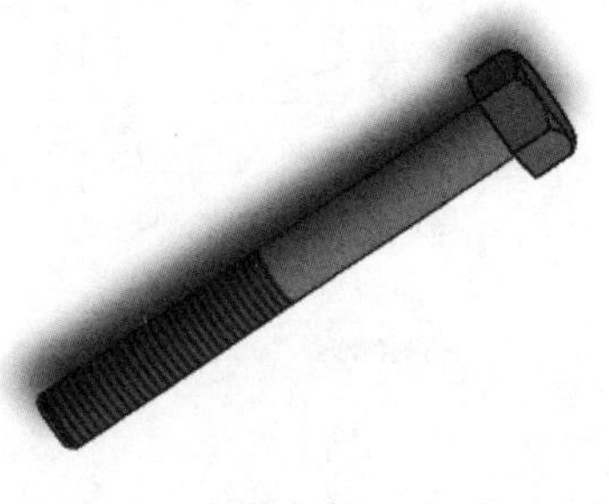

图（h）

表 2.2.4 子任务二

<table>
<tr><td>姓名</td><td></td><td>班级</td><td></td><td>成绩</td><td></td></tr>
<tr><td>任务目标</td><td colspan="5">（1）掌握旋转特征的概念与旋转特征的创建方法；
（2）掌握旋转特征的类型及参数；
（3）通过学习能够准确分析零件特征，灵活运用旋转特征建立三维模型</td></tr>
<tr><td>操作要求</td><td colspan="5">（1）绘制任务旋转特征；
（2）保存文件；
（3）提交源文件</td></tr>
<tr><td>子任务二</td><td colspan="5">螺母零件如图（a）所示，绘制特征如图（b）所示
图（a）
图（b）</td></tr>
<tr><td colspan="6">实施步骤</td></tr>
<tr><td colspan="6">步骤一：创建零件，零件名为“nut”。
步骤二：单击“拉伸凸台/基体”按钮，拉伸高度设置为“10.00 mm”，草图及拉伸特征图（c）所示。
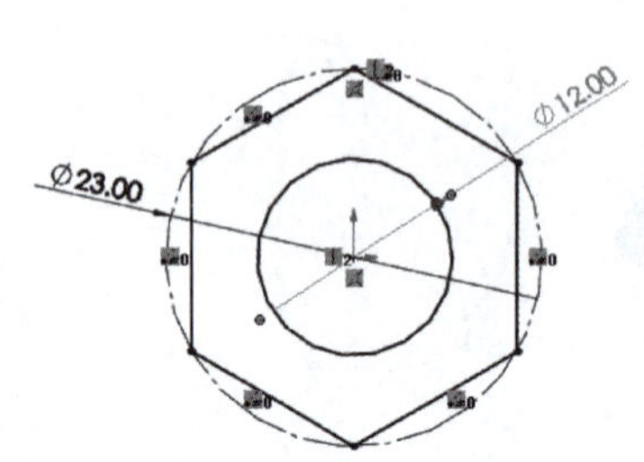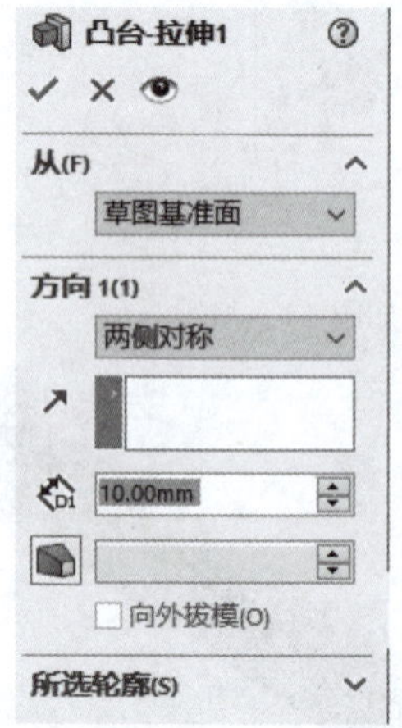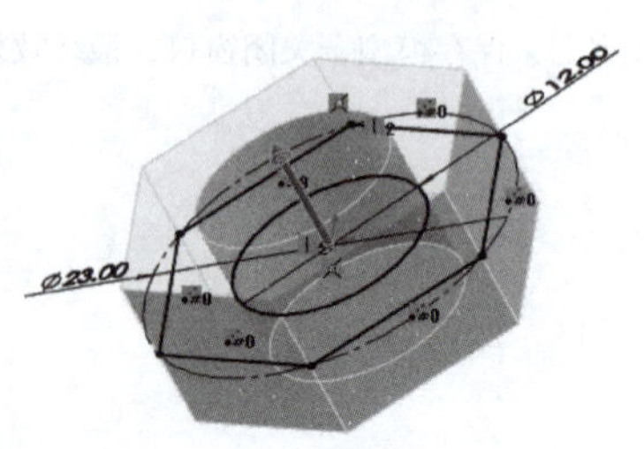
图（c）
步骤三：单击“旋转切除”按钮，使用旋转特征修剪图形，如图（d）所示。</td></tr>
</table>

续上表

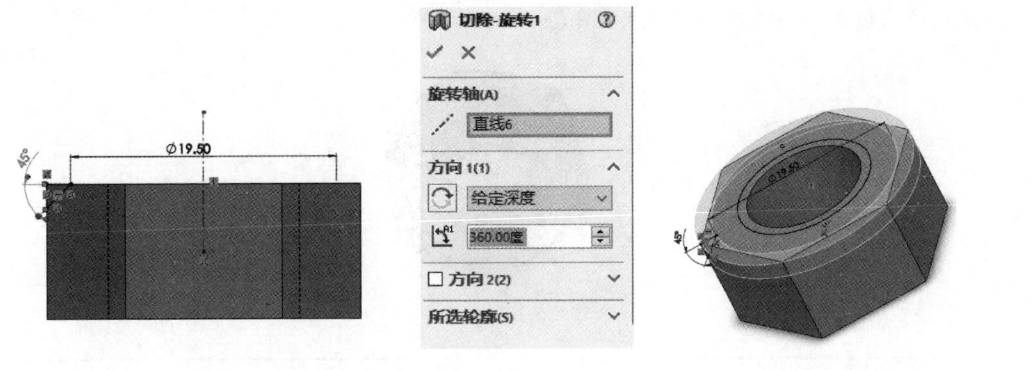

图（d）

步骤四：单击“镜像”按钮，选择切除特征，镜像复制切除特征，如图（e）所示。

图（e）

步骤五：选择菜单栏中的“插入”→“注解”→“装饰螺纹线”命令，使用旋转特征修剪图形，如图（f）所示。

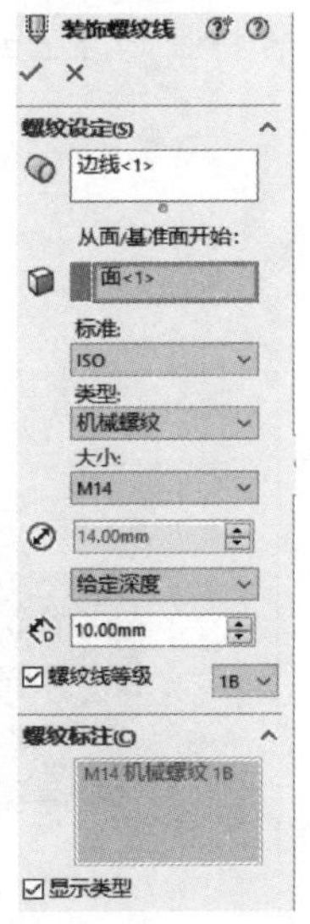

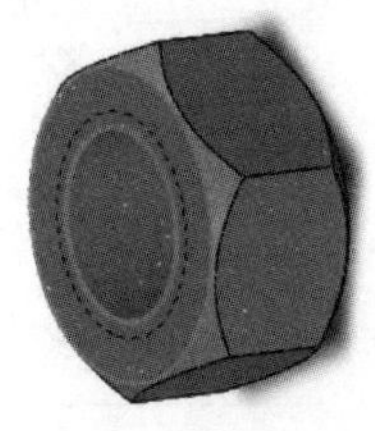

图（f）

续上表

步骤六：保存模型，关闭窗口，最终效果如图（g）所示

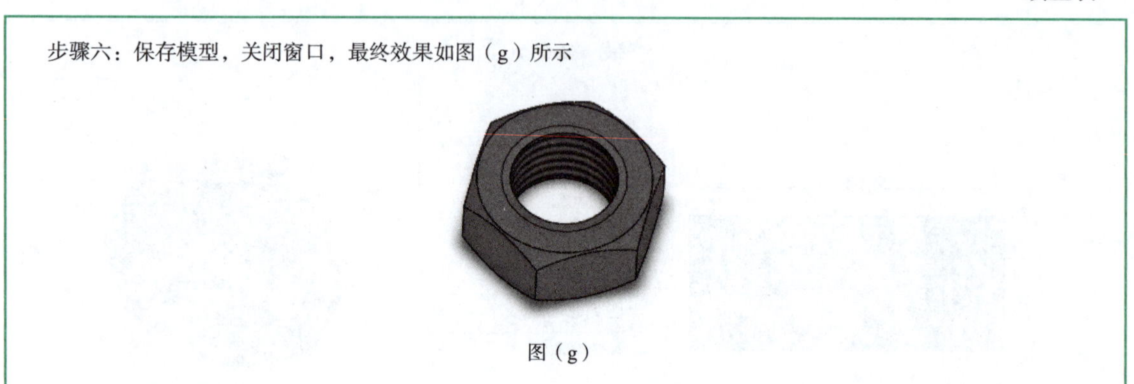

图（g）

考核与评价

旋转特征工作任务考核与评价见表2.2.4。

表 2.2.4　考核与评价

班级：		姓名：	日期：	
任务活动评价	评价内容	自评	互评	教师
	（1）学习准备情况			
	（2）小组计划完成情况			
	（3）操作安全性、规范性			
	（4）沟通、协作能力			
	（5）职业能力			

小　结

通过旋转特征操作任务，能够准确分析零件的特征；掌握旋转特征的概念与旋转特征的创建方法；掌握旋转特征的类型及参数；灵活运用旋转特征建立三维模型，达到了基本职业技能和专业素养的要求。

思考与练习

一、绘制如下特征

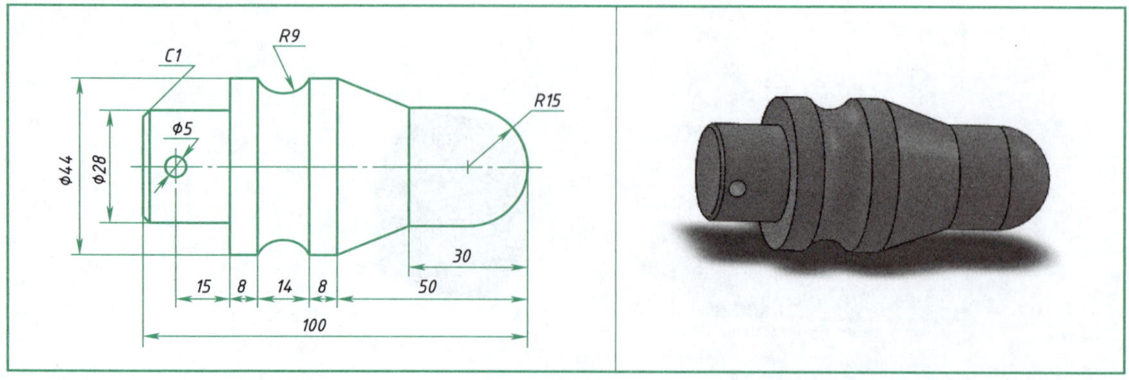

续上表

R15
R12
R50
R15
φ20
φ5
7
45
15
60
10
2×45°
12
6
φ105
φ102
φ86
φ56
φ76
φ146
22
42
绘制回转实心体
C2
12.5
20
13.2
16
1×45°
12
45.3
φ190.6
φ180
φ140
φ70
φ42
15
20
60
36°
C2
65
75

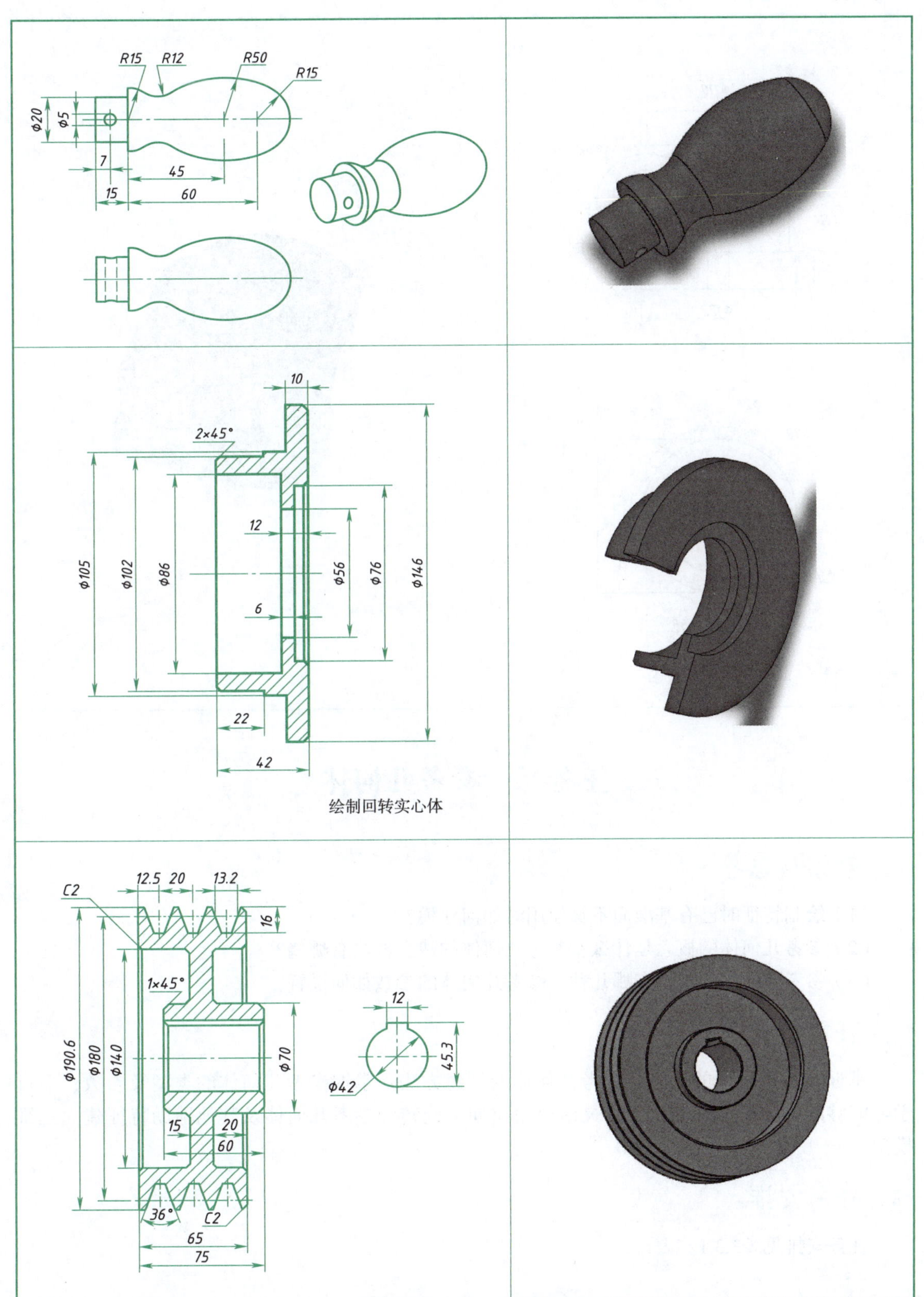

二、挑战复杂拉伸特征创建

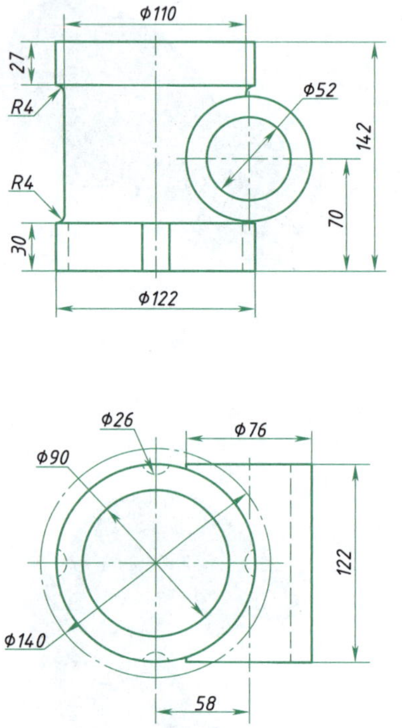

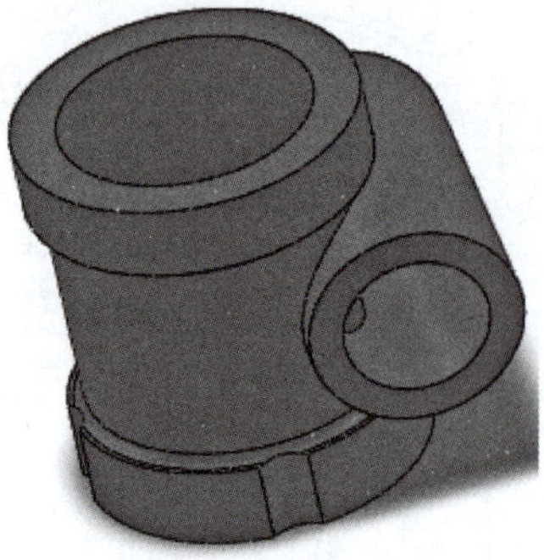

任务三　参考几何体

观察与思考

（1）绘制特征时已有基准面不够使用时如何建模？

（2）参考几何体的概念是什么？参考几何体的建立方法有哪些？

（3）参考几何体的类型有哪几种？参考几何体的参数如何设置？

任务要点

掌握参考几何体的概念与参考几何体的创建方法；掌握参考几何体的类型及参数；通过学习能够准确分析零件的特征，灵活运用拉伸、旋转和参考几何体及其他辅助特征建立三维模型。

任务安排

任务安排见表2.3.1。

表 2.3.1　任务安排

班级______________________________ 第______________________________组 姓名______________________________	任务地点______________________________ 任务日期______________________________
任务具体安排	（1）查找相关资料，弄清楚参考几何体概念及类型，了解参考几何体特征的创建方法。 （2）查找资料或教材，了解参考几何体特征的参数。 （3）了解参考几何体特征的案例及特点。 （4）全班分成四个小组，每个小组选一名组长，进行 5~10 分钟 PPT 介绍

相关知识

一、参考几何体

1. 基准面知识

（1）基准面

草图基准面有两种，一种是系统默认的3个基准面（前视基准面、上视基准面以及右视基准面见图2.3.1（a）），另一种是模型表面，在菜单栏中选择“插入”→“参考几何体”→“基准面”命令，通过系统弹出的“基准面”对话框（见图2.3.1（b））建立一个基准面作为草图基准面。

（2）新建基准面

“第一参考”选择第一参考来定义基准面。根据选择，系统会显示其他约束类型，如图2.3.1（c）所示。约束类型如表2.3.1所示。

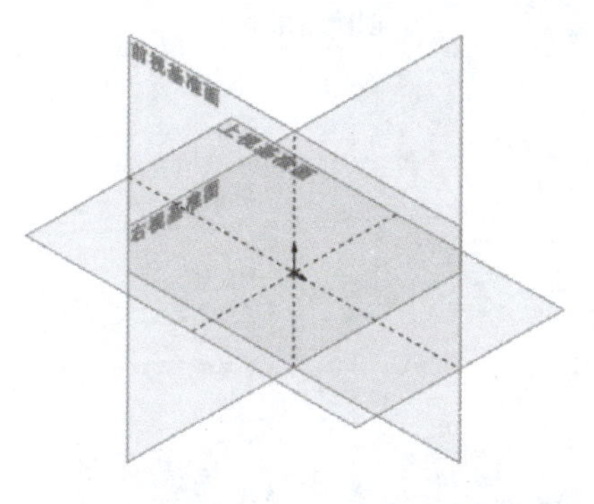

（a）系统默认基准面

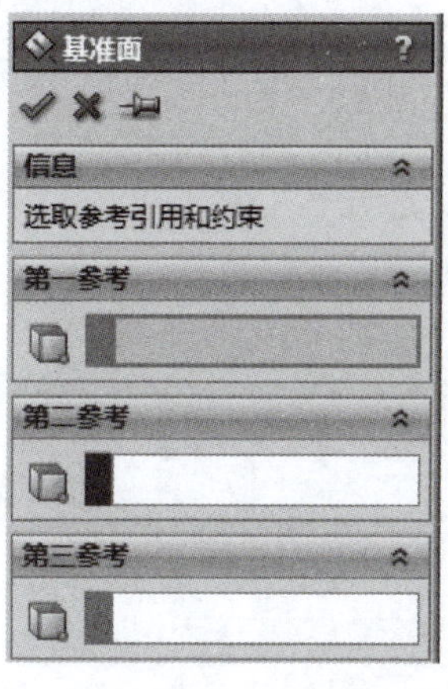

（b）“基准面”对话框

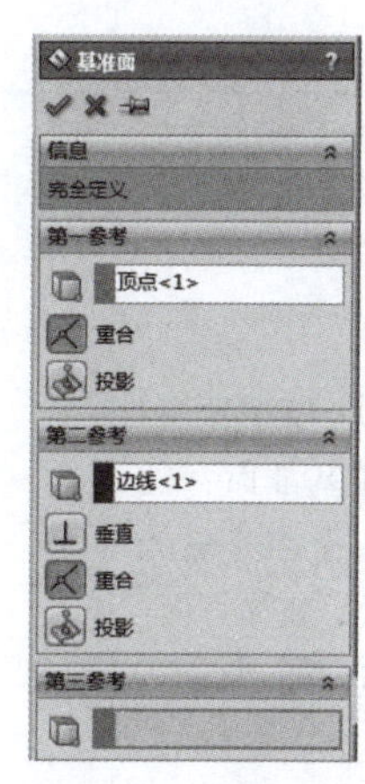

（c）基准面对话框约束类型

图 2.3.1　基准面

“第二参考/第三参考”这两个部分中包含与第一参考中相同的选项，具体情况取决于选择和模型几何体。根据需要设置这两个参考来生成所需的基准面。约束类型见表2.3.2。

表 2.3.2　约束类型

约束类型	图标	含义
重合		生成一个穿过选定参考的基准面
平行		生成一个与选定基准面平行的基准面。例如，为一个参考选择一个面，为另一个参考选择一个点。软件会生成一个与这个面平行并与这个点重合的基准面
垂直		生成一个与选定参考垂直的基准面。例如，为一个参考选择一条边线或曲线，为另一个参考选择一个点或顶点。软件会生成一个与穿过这个点的曲线垂直的基准面。将原点设在曲线上会将基准面的原点放在曲线上。如果清除此选项，原点就会位于顶点或点上
投影		将单个对象（比如点、顶点、原点或坐标系）投影到空间曲面上
平行于屏幕		在平行于当前视图定向的选定顶点创建平面
相切		生成一个与圆柱面、圆锥面、非圆柱面以及空间面相切的基准面
两面夹角		生成一个基准面，它通过一条边线、轴线或草图线，并与一个圆柱面或基准面成一定角度。您可以指定要生成的基准面数
偏移距离		生成一个与某个基准面或面平行，并偏移指定距离的基准面。您可以指定要生成的基准面数
反转法线		翻转基准面的正交向量
两侧对称		在平面、参考基准面以及3D草图基准面之间生成一个两侧对称的基准面。对两个参考都选择两侧对称

（3）创建基准面方式

创建基准面方式见表2.3.3。

表 2.3.3　基准面创建方式

基准面创建方式	属性工具栏	创建结果
①“偏移距离”创建基准面：选择一个面，输入距离，定义方向、数量即可	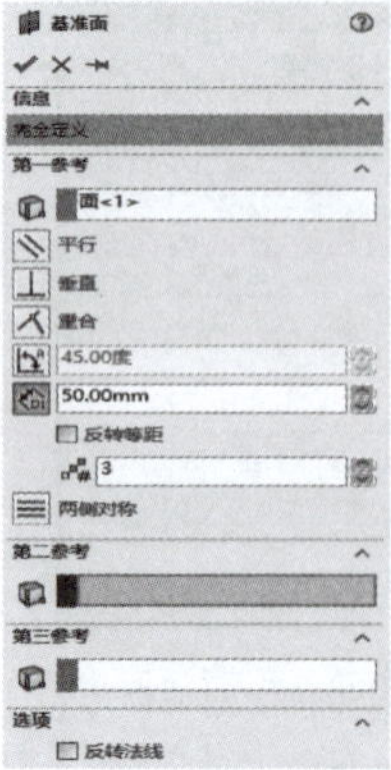	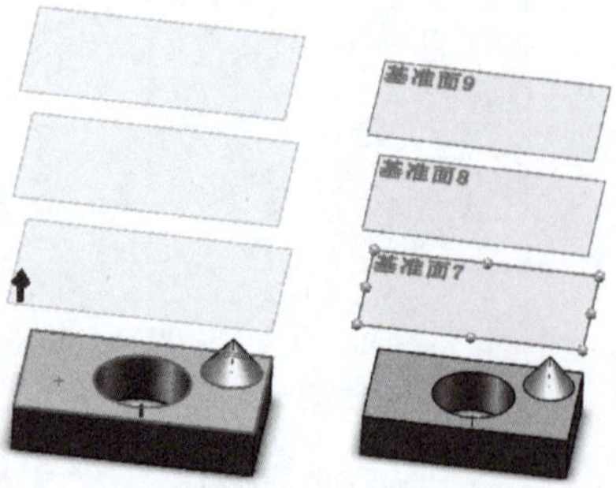

续上表

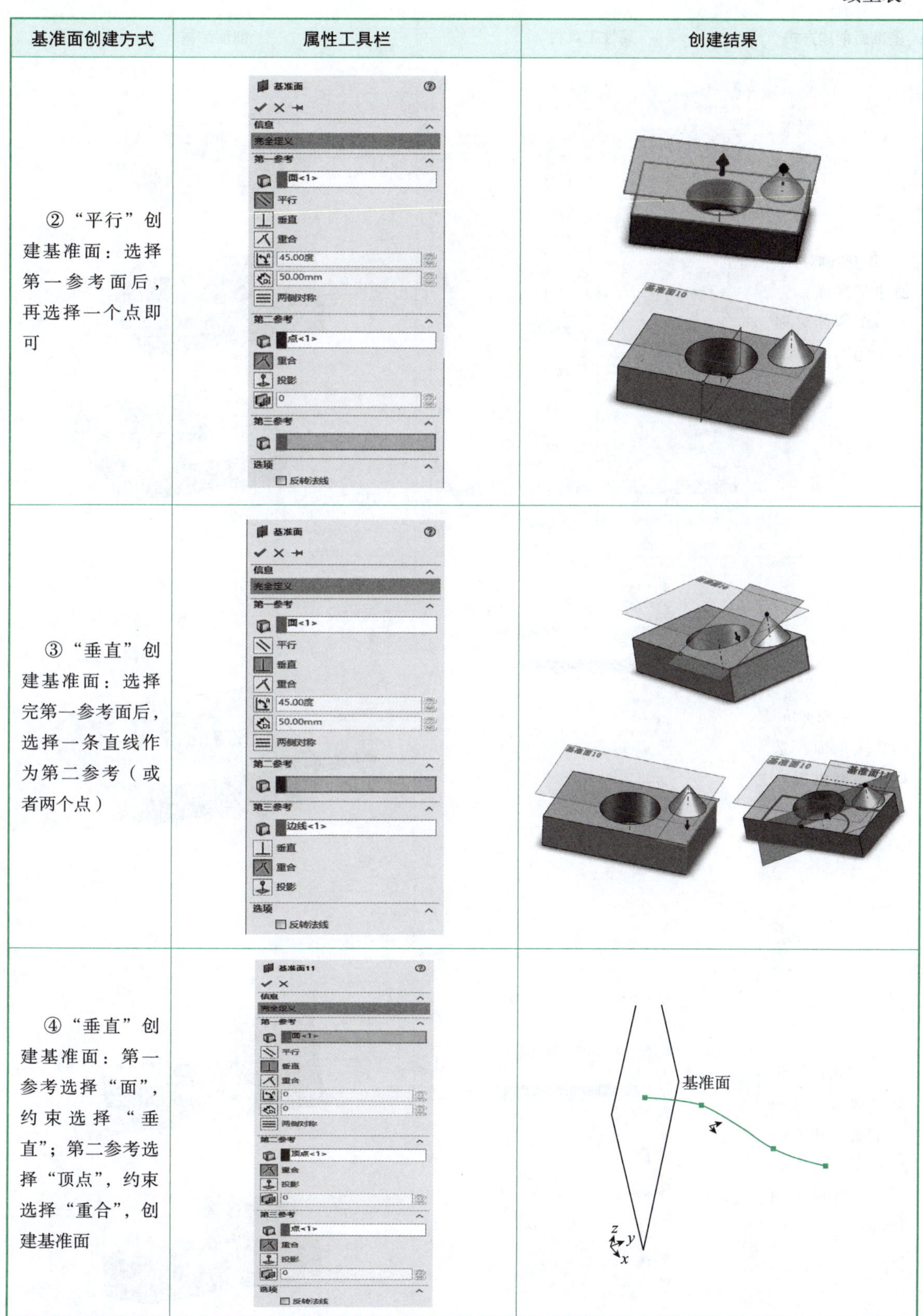

基准面创建方式	属性工具栏	创建结果
②“平行”创建基准面：选择第一参考面后，再选择一个点即可		
③“垂直”创建基准面：选择完第一参考面后，选择一条直线作为第二参考（或者两个点）		
④“垂直”创建基准面：第一参考选择“面”，约束选择“垂直”；第二参考选择“顶点”，约束选择“重合”，创建基准面		

续上表

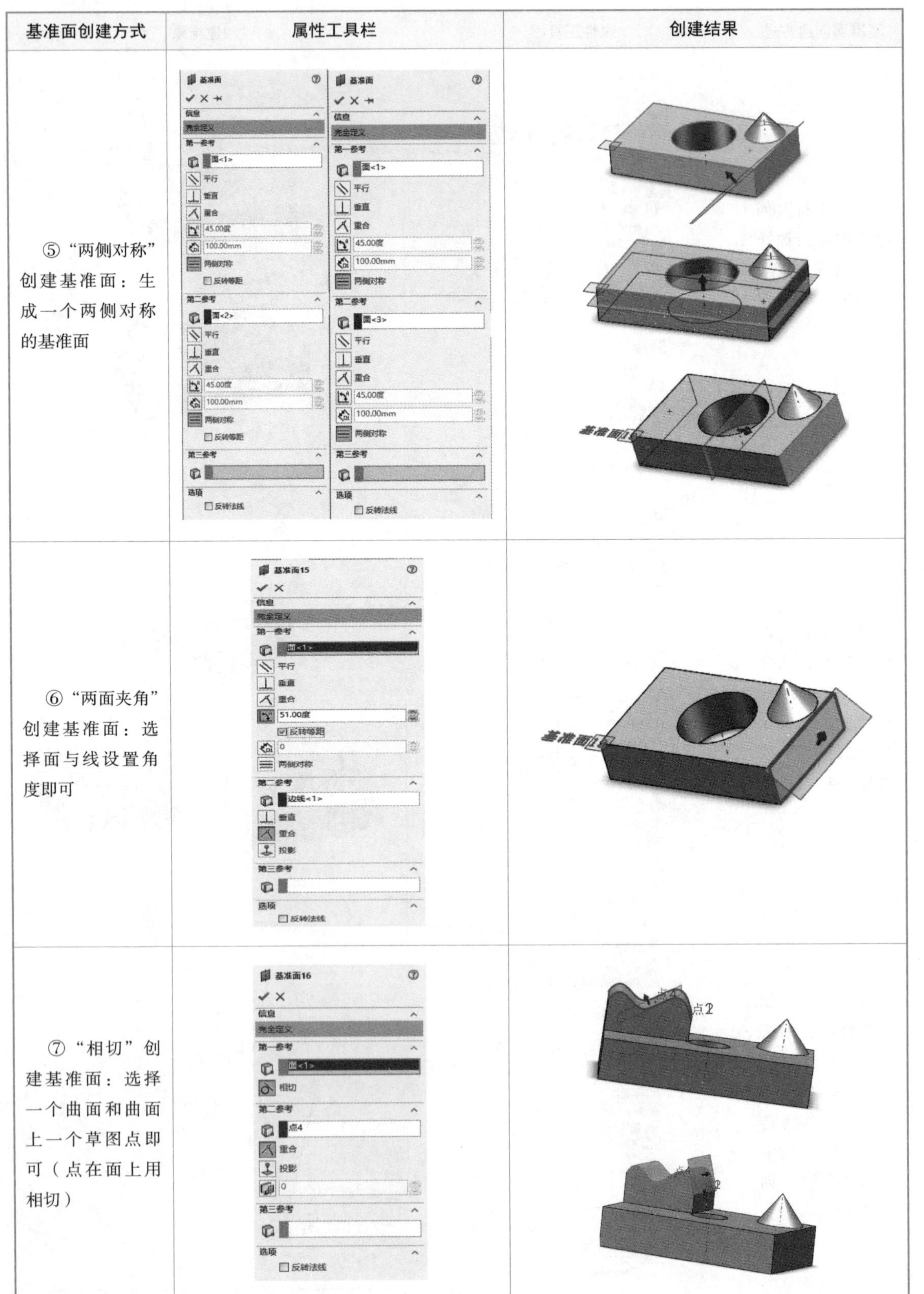

基准面创建方式	属性工具栏	创建结果
⑤“两侧对称”创建基准面：生成一个两侧对称的基准面		
⑥“两面夹角”创建基准面：选择面与线设置角度即可		
⑦“相切”创建基准面：选择一个曲面和曲面上一个草图点即可（点在面上用相切）		

续上表

基准面创建方式	属性工具栏	创建结果
⑧“投影”创建基准面：将点投影到曲面上（点不在曲面上）		

2. 基准轴

（1）基准轴创建

可生成一条参考轴，也称为构造轴。单击“参考几何体”下拉菜单中的“基准轴”按钮，或选择“插入”→“参考几何体”→“基准轴”命令，通过系统弹出的“基准轴”对话框（见图2.3.2（a））建立一个基准轴作为参考轴（见图2.3.2（b））。

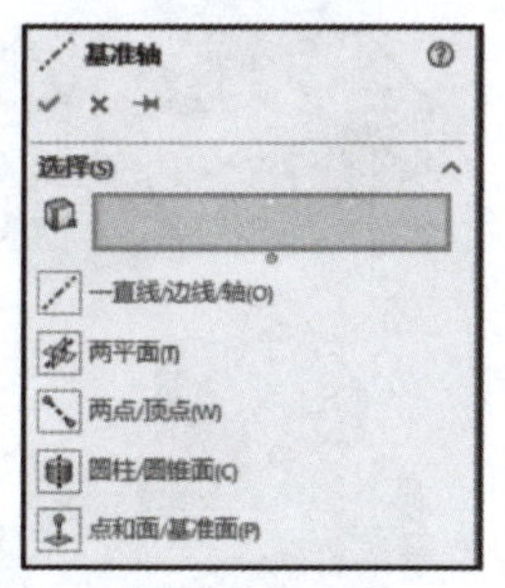

（a）“基准轴”对话框

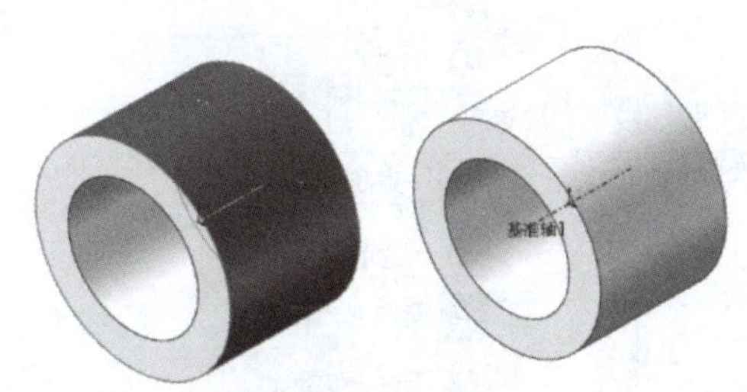

（b）基准轴

图 2.3.2　基准轴创建

（2）基准轴创建方式

基准轴的创建方式见表2.3.4。

表 2.3.4　基准轴创建方式

基准轴创建方式	属性工具栏	创建结果
①“一直线/边线”创建基准轴：选择任意特征中边线即可		

续上表

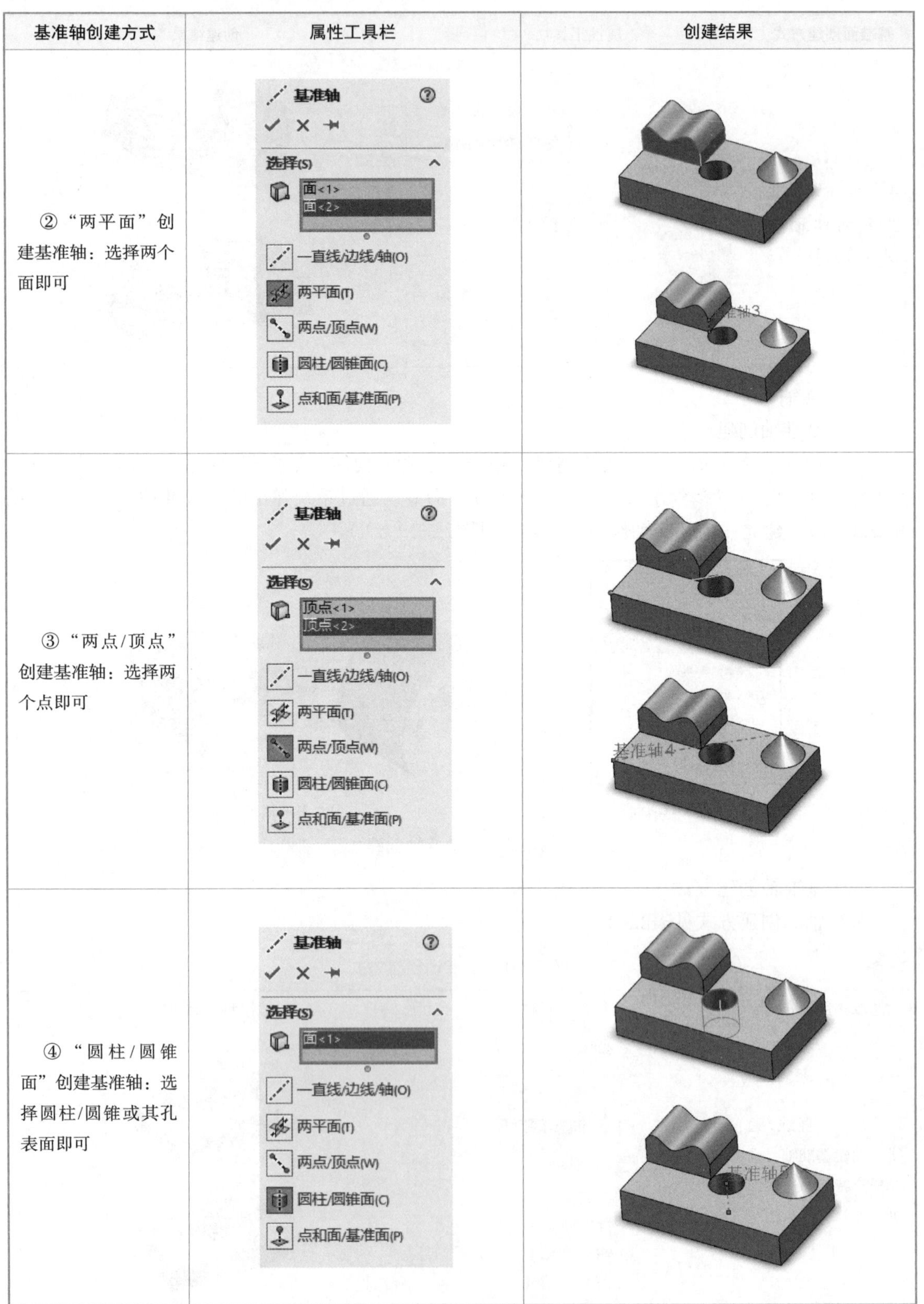

基准轴创建方式	属性工具栏	创建结果
②“两平面”创建基准轴：选择两个面即可		
③“两点/顶点”创建基准轴：选择两个点即可		
④“圆柱/圆锥面”创建基准轴：选择圆柱/圆锥或其孔表面即可		

续上表

基准轴创建方式	属性工具栏	创建结果
⑤“点和面/基准面”创建基准轴：选择点和面即可	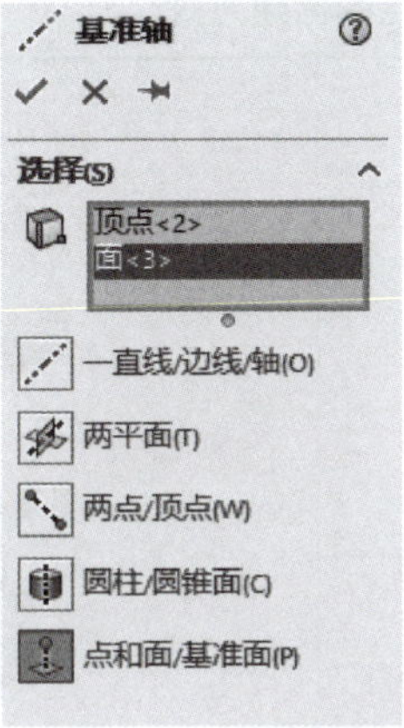	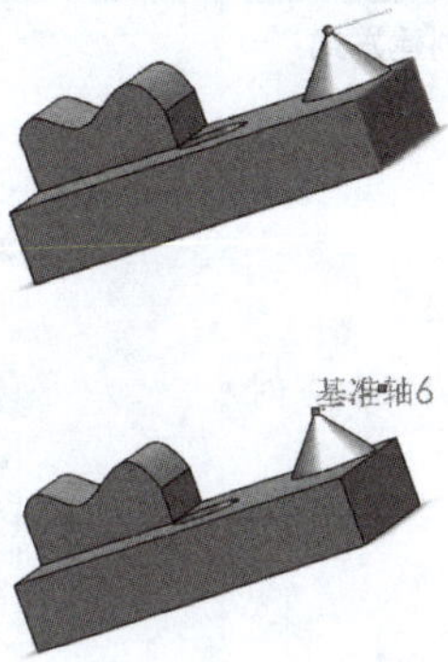
⑥可观阅临时轴（不用创建，可直接使用）	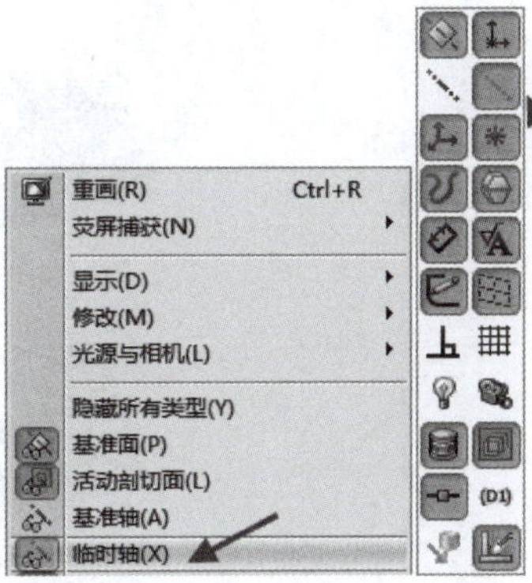	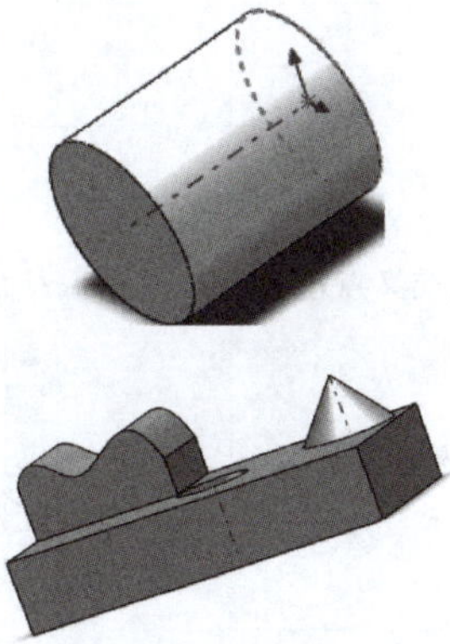

3. 基准点和坐标系的创建

（1）坐标系的创建

在“特征”工具栏中的“参考几何体”下拉菜单中单击“坐标系”按钮，在设计树的“属性管理器”选项卡中显示“坐标系”属性面板，如图2.3.3（a），默认情况下，坐标系是建立在原点的，通过建立坐标系可得如图2.3.3（b）所示坐标系。

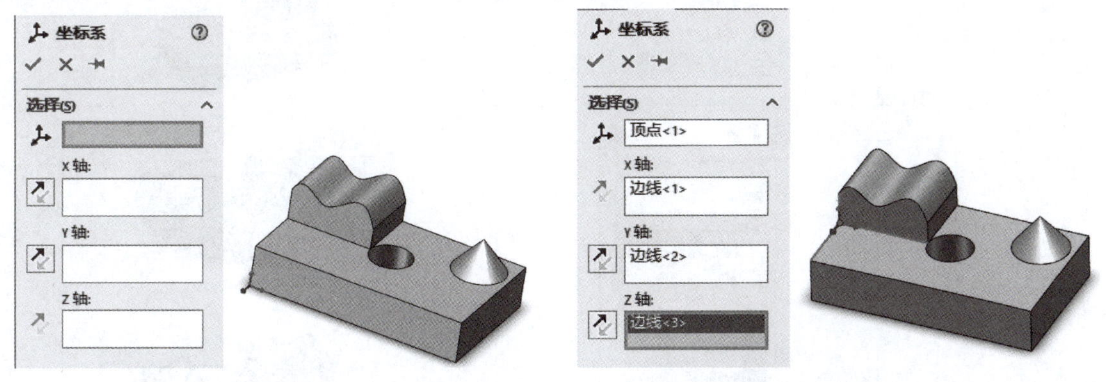

（a）“坐标系”对话框　　（b）坐标系的创建

图 2.3.3　坐标系的创建

（2）参考点的创建

参考点的创建方式见表2.3.5。

表 2.3.5　参考点的创建方式

参考点创建方式	属性工具栏	创建结果
①利用圆弧中心创建参考点	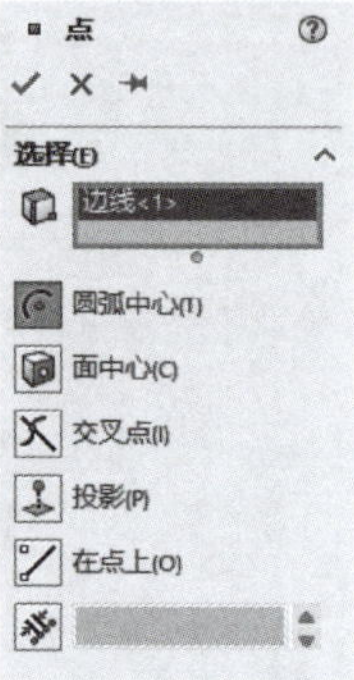	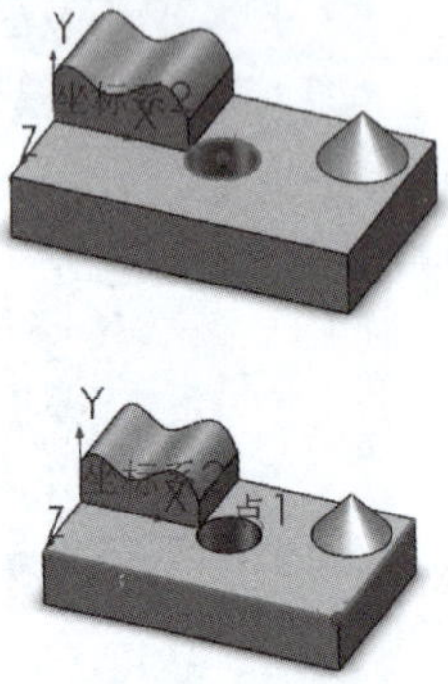
②利用交叉点创建点	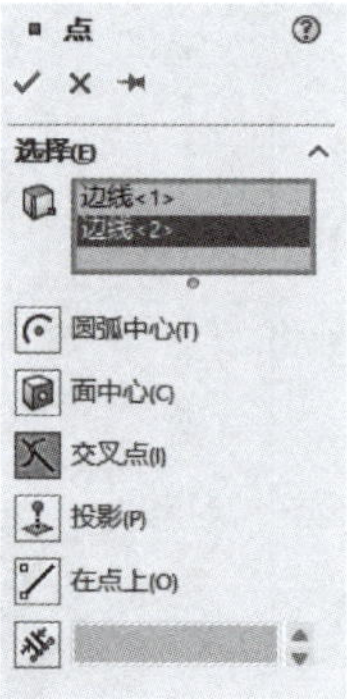	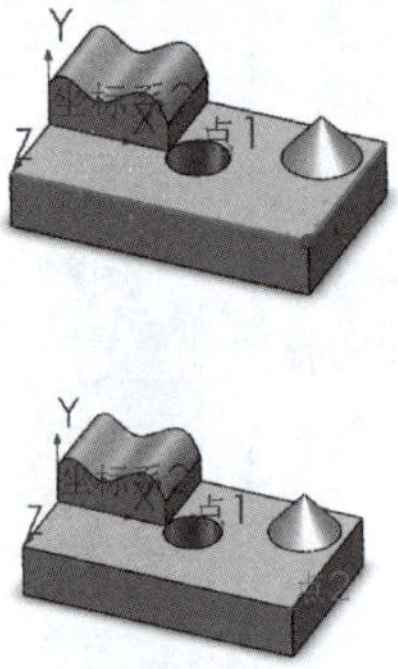
③利用面中心创建点	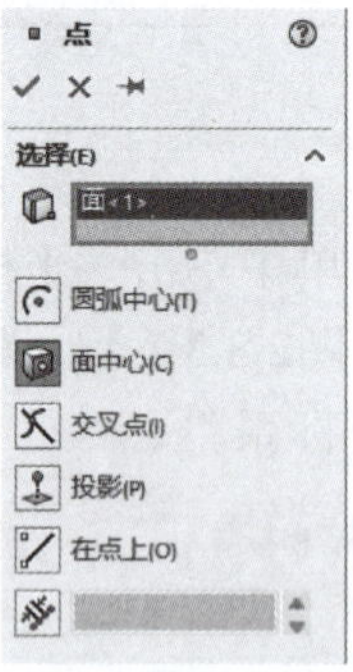	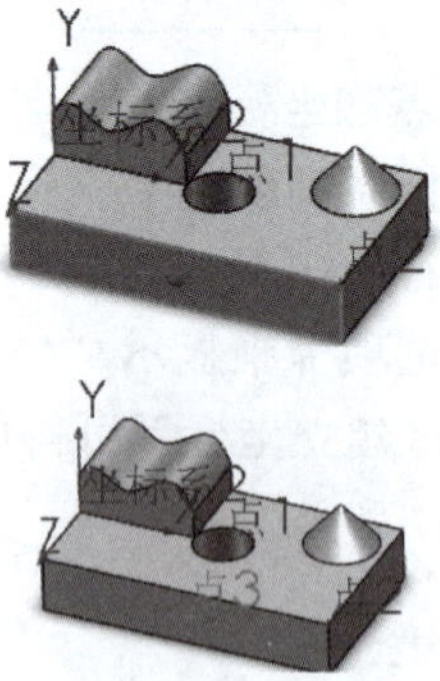
④利用投影创建点	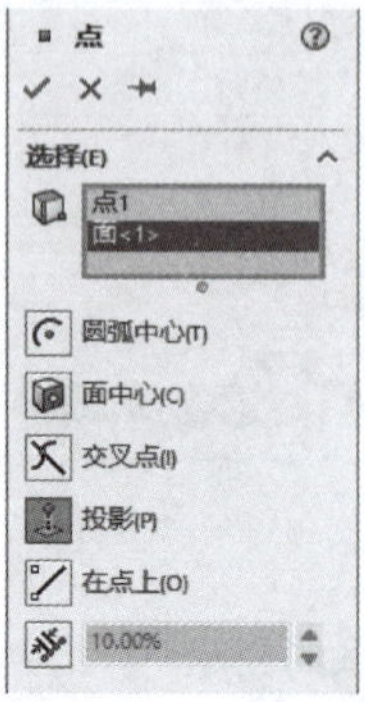	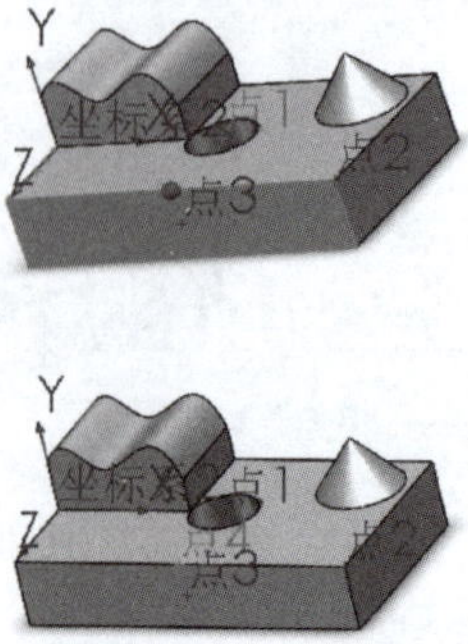

续上表

参考点创建方式	属性工具栏	创建结果
⑤利用沿曲线距离创建点	点 选择(E) 边线<1> 圆弧中心(T) 面中心(C) 交叉点(I) 投影(P) 在点上(O) 距离(D) 百分比(G) 均匀分布(V) 12	点1 点4

二、参考几何体案例

1. 参考几何体案例一

综合应用旋转、新建基准面、拉伸特征和设计意图来创建零件，文件命名为“XZ2”，如图2.3.4所示。

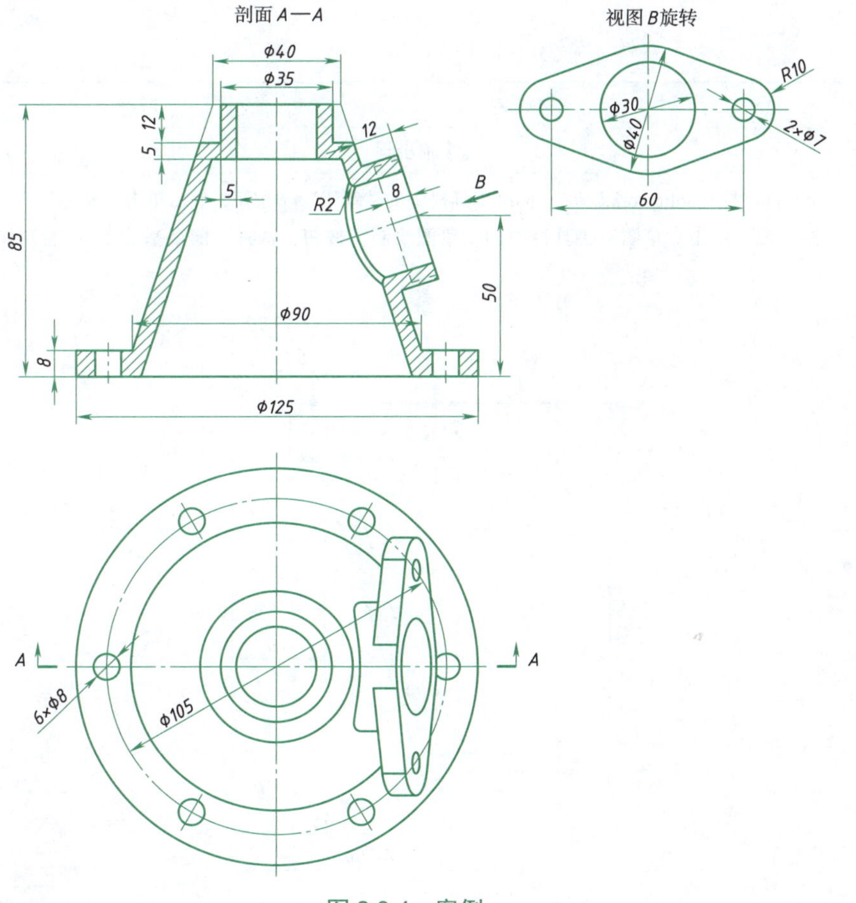

图 2.3.4　案例一

建模分析：建立模型时，应先创建旋转主体特征，后创建拉伸特征，最后再阵列孔特征，此模型的建立将分为（a）→（b）→（c）三步，如图2.3.5所示。

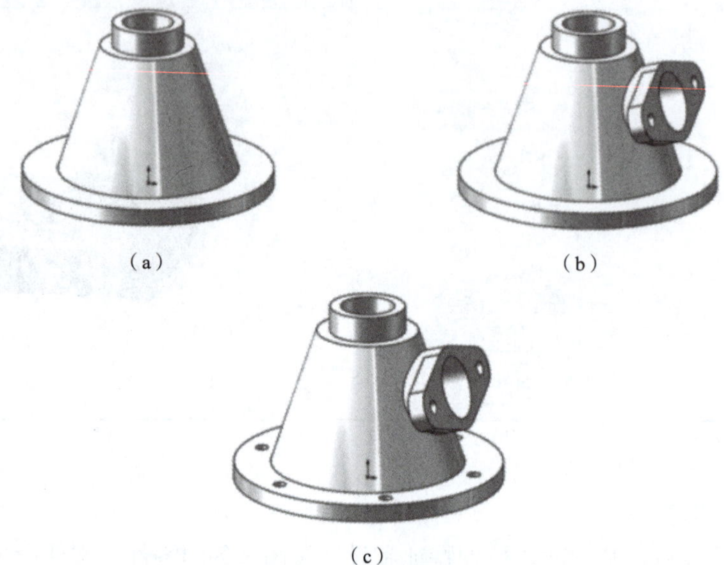

（a）（b）（c）

图 2.3.5　建模分析

边学边练：

班级		姓名		成绩	
绘制步骤					
步骤一：新建文件。打开Solidworks，单击标准工具栏中的“新建”按钮，然后单击“零件”→“确定”按钮。 步骤二：绘制草图。单击“草图”工具栏中的“草图绘制”按钮，选择“前视基准面”，绘制如图（a）所示草图。 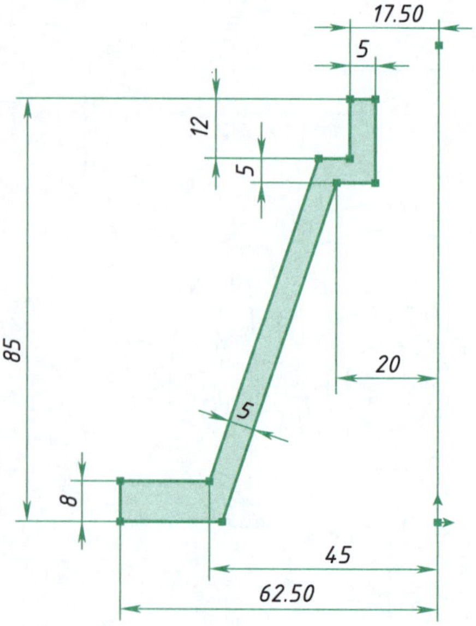 图（a）					

续上表

步骤三：旋转凸台/基体。绘制完草图后，单击“特征”工具栏中的“旋转凸台/基体”按钮，“旋转轴”选择“中心线”，在“旋转类型”下拉列表内选择“给定深度”选项，在“角度”文本框内输入“360.00度”，单击“√”按钮完成旋转，旋转效果如图（b）所示。

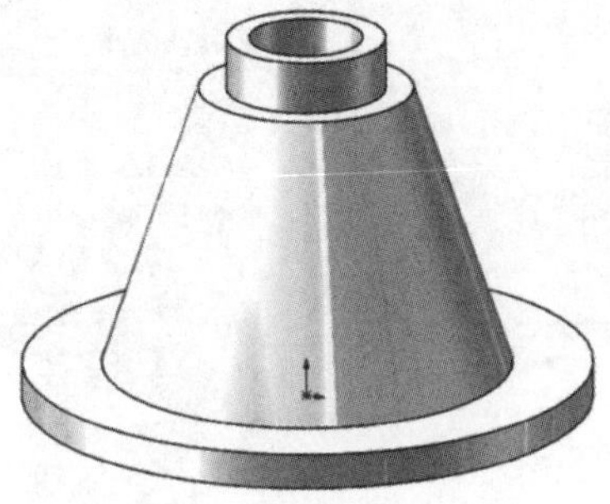

图（b）

步骤四：拉伸凸台/基体。单击“草图”工具栏中的“草图绘制”按钮，进入草图绘制，绘制如图（c）所示的草图。退出草图后，选择“基准面”命令创建新的基准面，创建过程如图（d）所示，在新的基准面绘制如图（e）所示的草图，单击“特征”工具栏中的“拉伸凸台/基体”按钮，在“终止条件”下拉列表框内选择“给定深度”选项，在“深度”文本框内输入“8.00 mm”，单击“√”按钮。拉伸效果如图（f）所示。

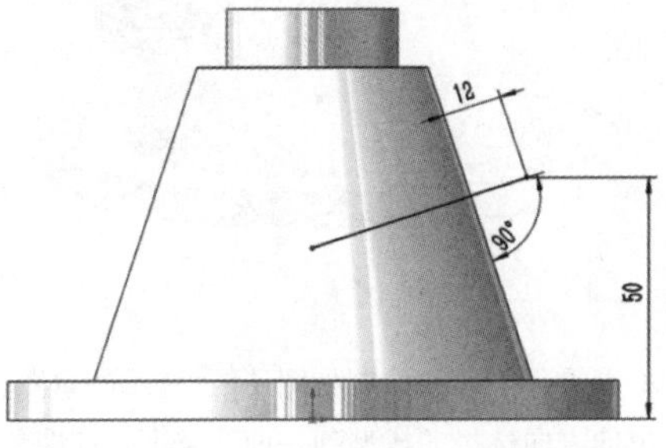

图（c）

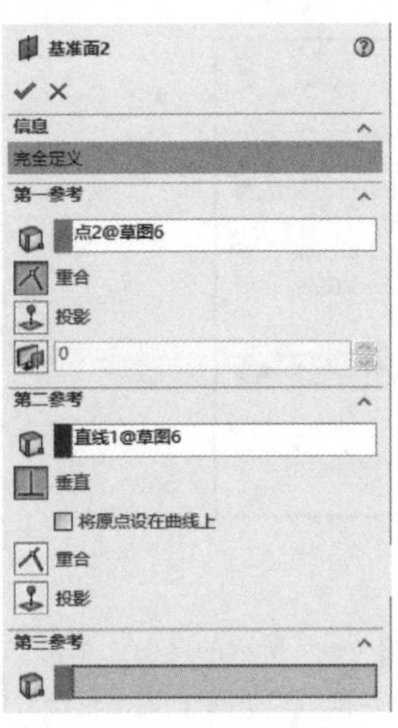

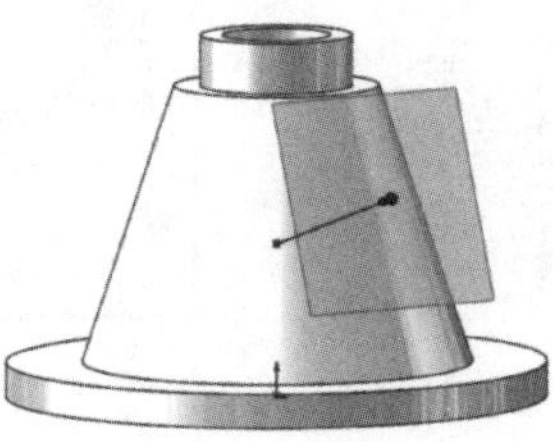

图（d）

续上表

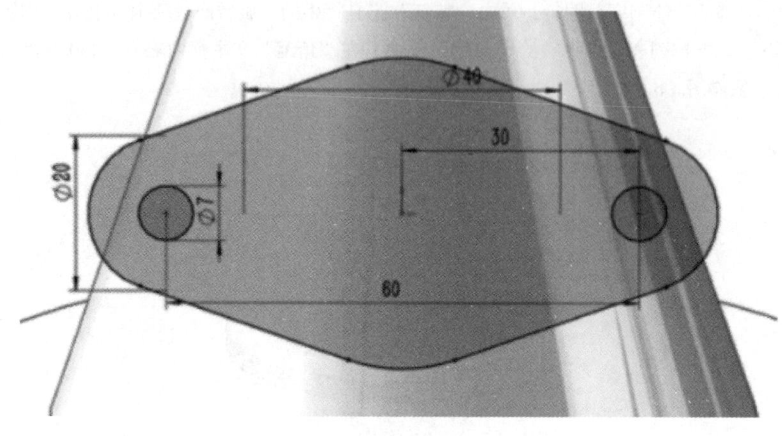

图（e）

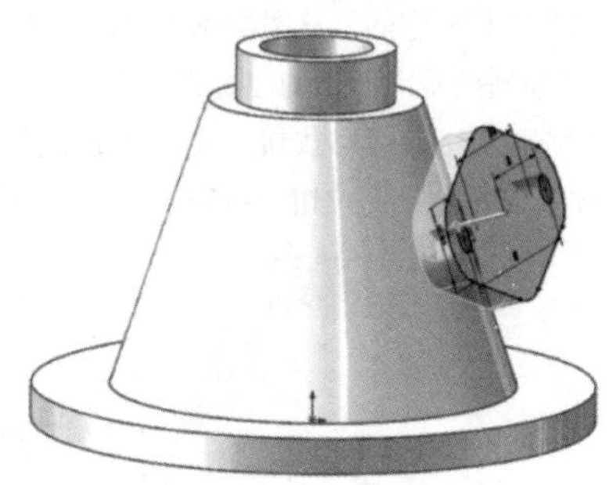

图（f）

步骤五：拉伸凸台/基体。在刚刚的基准面上继续绘制如图（g）所示的草图，绘制完成后单击“拉伸凸台/基体”按钮，如图（h）所示，选择草图，拉伸方向选择“成型到一面”选项，如图（i）所示，拉伸完成之后还是在同一基准面绘制如图（j）所示的草图，绘制完成后单击“拉伸切除”按钮，拉伸长度设置为“40.00 mm”，如图（k）所示。拉伸效果如图（1）所示。

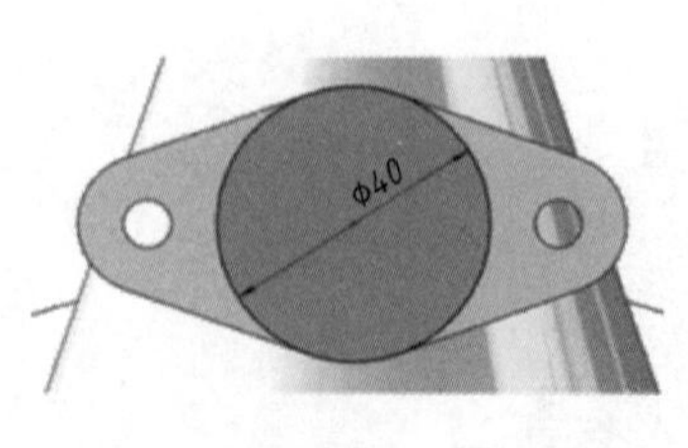

图（g）

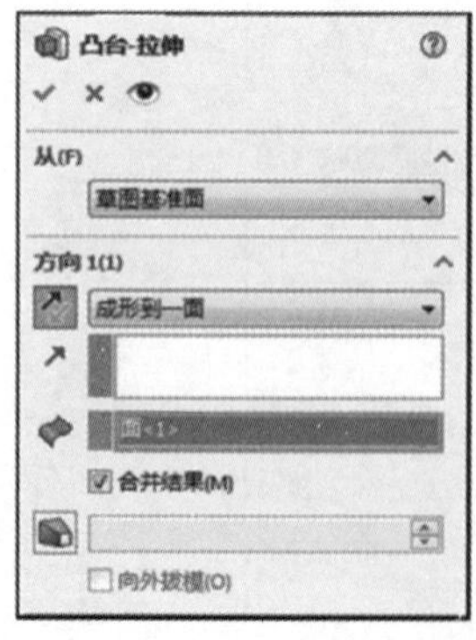

图（h）

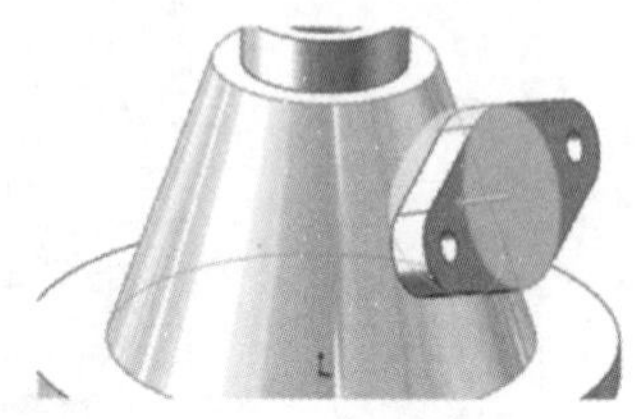

图（i）

步骤六：拉伸切除。在旋转的基本体平台上方绘制如图（m）所示的草图，单击“圆周草图阵列”按钮，如图（n）所示；将绘制好的圆沿着中心点阵列六个，如图（o）和（p）所示；退出草图后单击“拉伸切除凸台/基体”按钮，如图（q）所示；选择草图，拉伸方向选择“完全贯穿”选项，如图（r）所示。

续上表

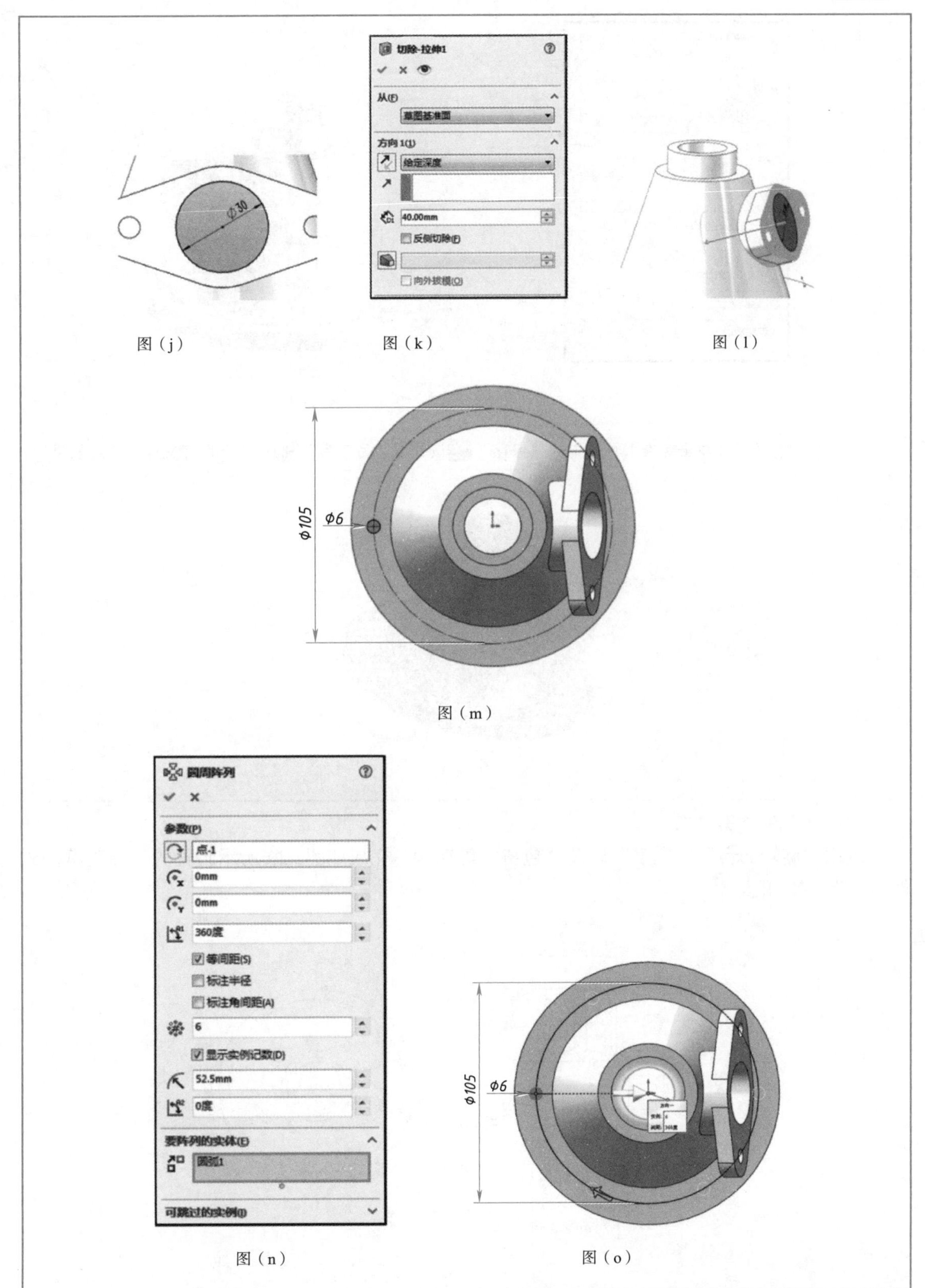

图（j）　图（k）　图（l）

图（m）

图（n）　图（o）

续上表

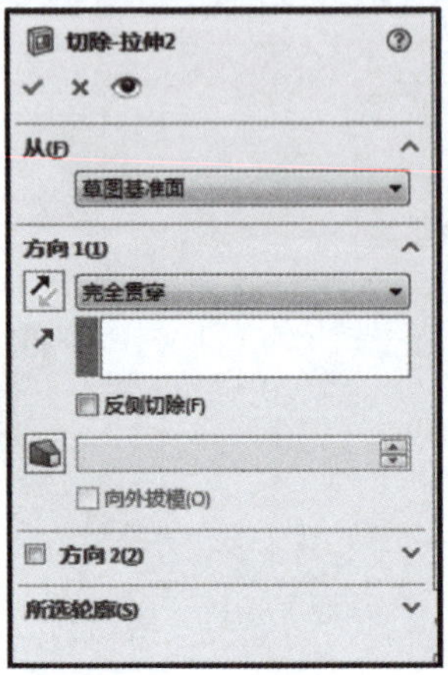

图（p） 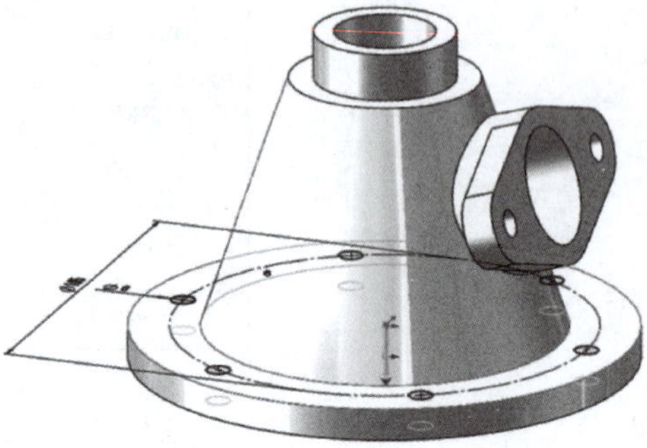　　　　图（q）

步骤七：保存零件。单击标准工具栏中的“保存”按钮或“另存为”按钮，保存文件。最终效果如图（r）所示

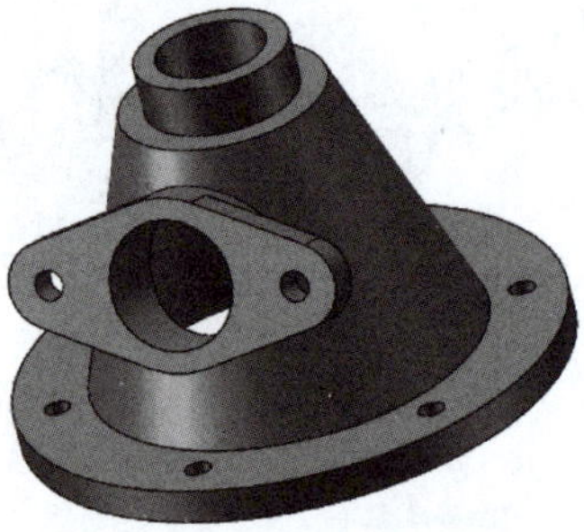

图（r）

2. 参考几何体案例二

应用“旋转凸台”、“文字”以及“包覆”等功能，完成如图2.3.6所示脚轮的三维建模，文件命名为“XZ4”。

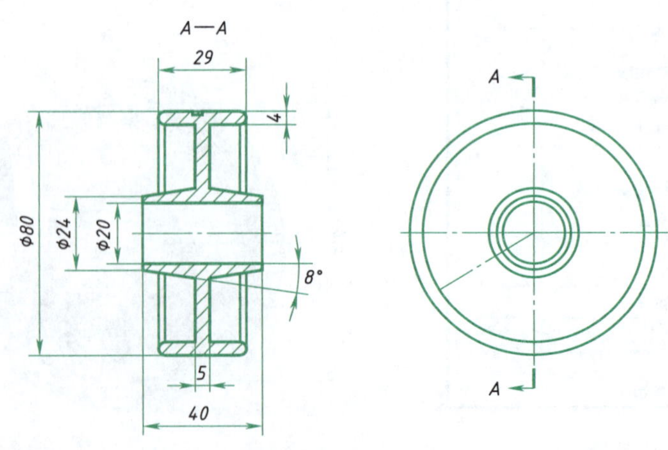

图 2.3.6

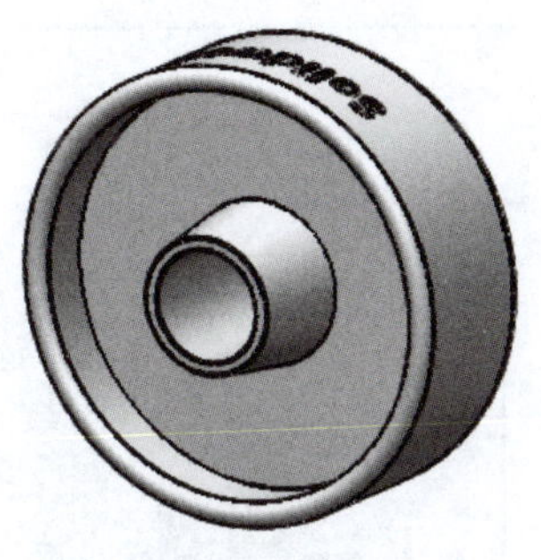

图 2.3.6　案例二

建模分析：建立模型时，应先创建旋转主体特征，后创建拉伸特征，最后再阵列孔特征，此模型的建立将分为（a）→（b）→（c）三步，如图2.3.7所示。

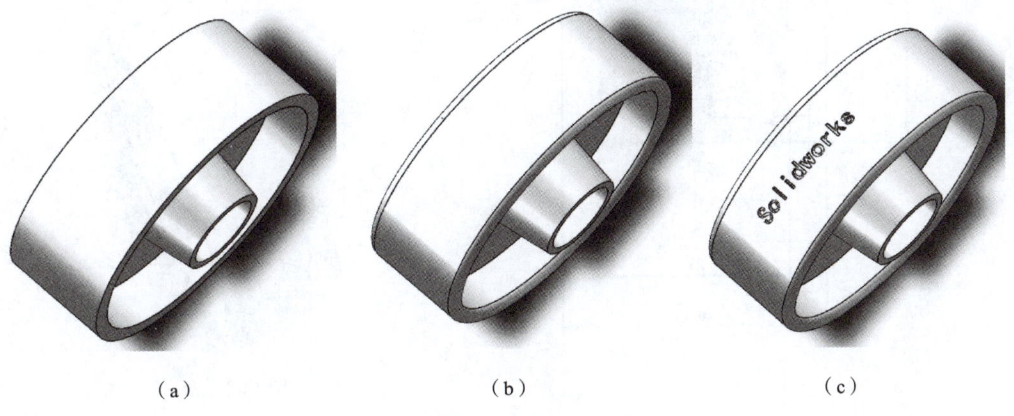

（a）　（b）　（c）

图 2.3.7　建模分析

边学边练：

班级		姓名		成绩	
绘制步骤					
步骤一：新建文件。打开Solidworks，单击标准工具栏中的“新建”按钮，然后单击“零件”→“确定”按钮。 步骤二：绘制草图。单击“草图”工具栏中的“草图绘制”按钮。选择“前视基准面”，绘制如图（a）所示草图。 步骤三：旋转凸台/基体。绘制完草图后，单击“特征”工具栏中的“旋转凸台/基体”按钮，“旋转轴”选择“中心线”，在“旋转类型”下拉列表内选择“给定深度”选项，在“角度”文本框内输入“360.00度”，单击“√”按钮完成旋转，旋转效果如图（b）所示。 步骤四：倒角。单击“特征”工具栏中的“圆角”按钮，进入圆角菜单栏，选择完全倒角，分别选择三个面，单击“√”按钮，如图（c）和图（d）所示，倒角效果如图（e）所示。 步骤五：绘制草图。单击草图命令绘制草图，如图（f）所示。 步骤六：包覆。单击“特征”工具栏中的“包覆”按钮，进入包覆菜单栏，包覆参数分别选择草图和面，输入距离“1.00 mm”，单击“√”按钮，如图（g）和图（h）所示，包覆效果如图（i）所示。					

续上表

Ø80
Ø24
Ø20
8°
6
4
29
40
圆角1
要圆角化的项目
面<1>
面<3>
面<2>
切线延伸(G)
完整预览(W)
部分预览(P)
无预览(W)
中央面组
边侧面组 2
边侧面组 1

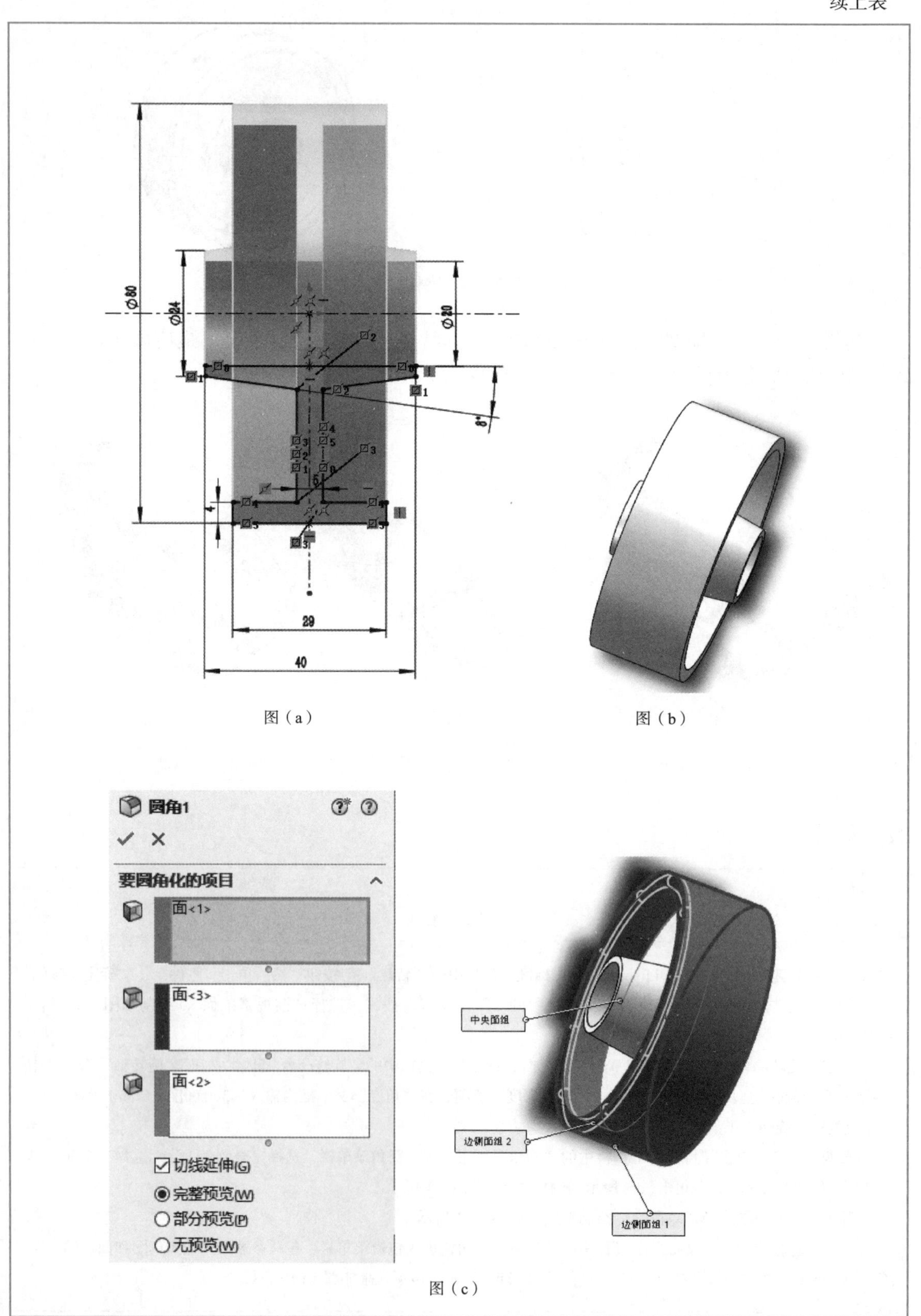

图（a）

图（b）

图（c）

续上表

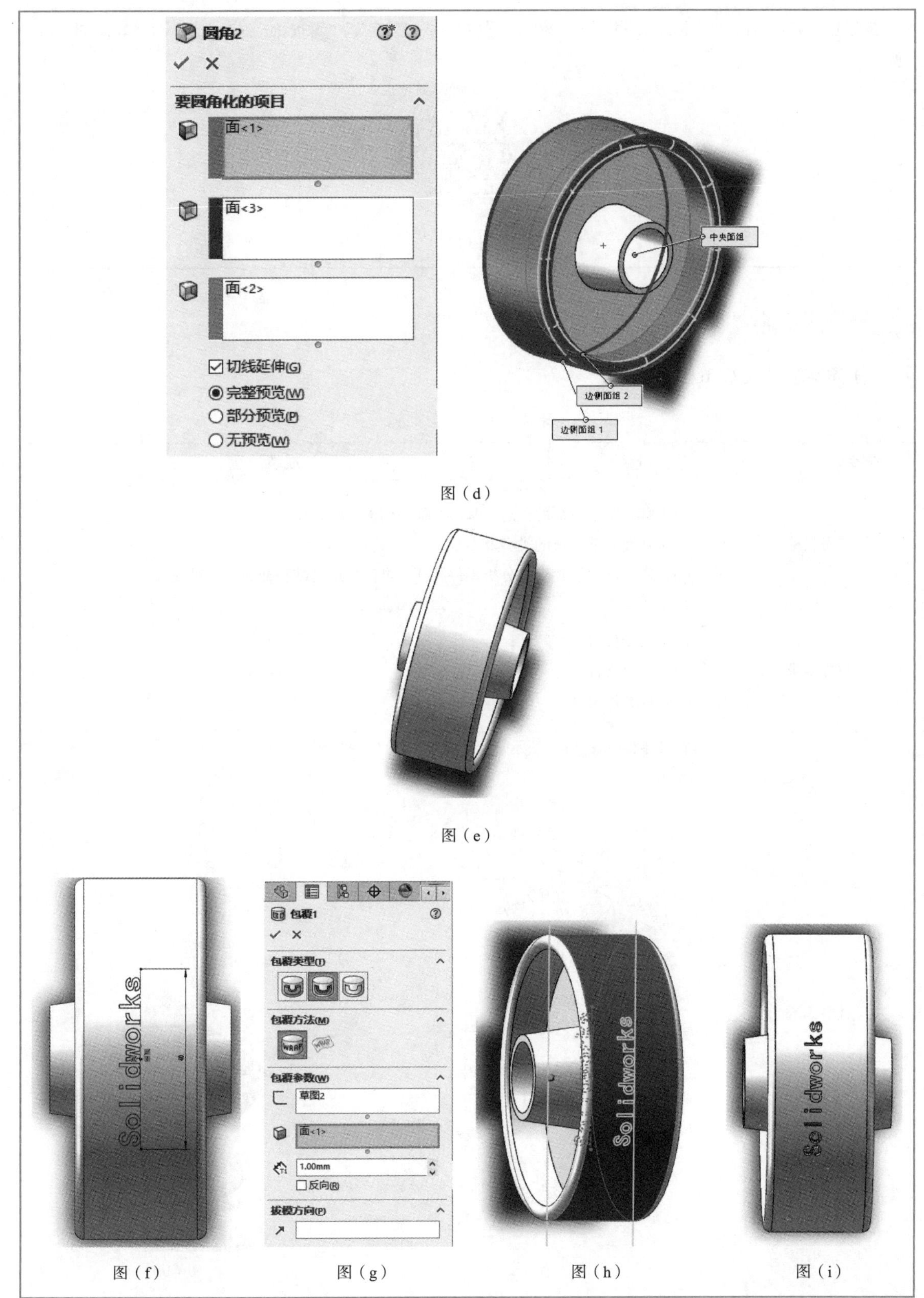

图（d）

图（e）

图（f） 图（g） 图（h） 图（i）

续上表

步骤七：保存零件。单击标准工具栏中的“保存”按钮或“另存为”按钮，保存文件，最终效果如图（j）所示 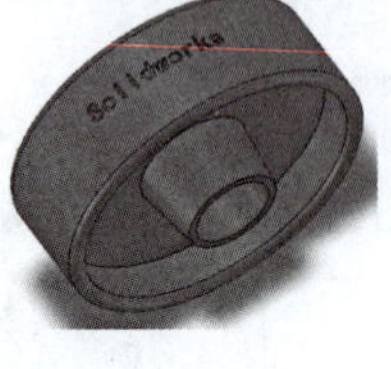 图（j）

任务实施

任务实施见表2.3.6。

表 2.3.6　任务实施

姓名		班级		成绩	
任务目标	（1）掌握基准特征的概念与基准特征的创建方法； （2）掌握基准特征的类型及参数； （3）通过学习能够准确分析零件特征，灵活运用基准特征建立三维模型				
操作要求	（1）绘制任务基准特征； （2）保存文件； （3）提交源文件				
任务内容	任务零件如图（a）所示，绘制特征如图（b）所示 图（a）　图（b）				

续上表

步骤一：创建零件，零件名设为“JZ1”。

步骤二：单击“拉伸凸台/基体”按钮，拉伸如图所示的草图圆筒，草图选择前视基准面绘制，拉伸方向选择“两侧对称”选项，高度设置为“66.00 mm”，草图及拉伸特征如图（c）所示。

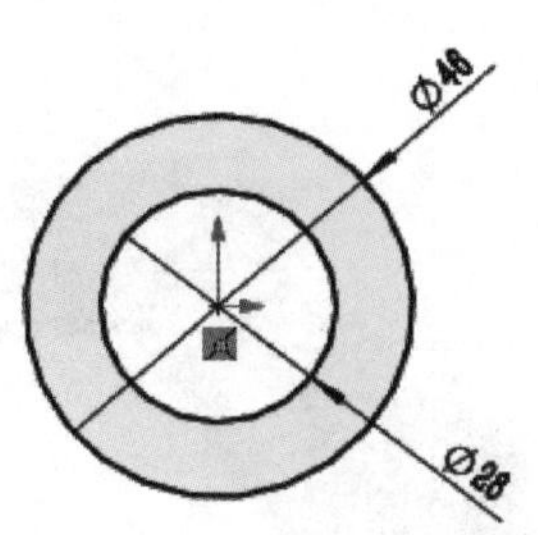

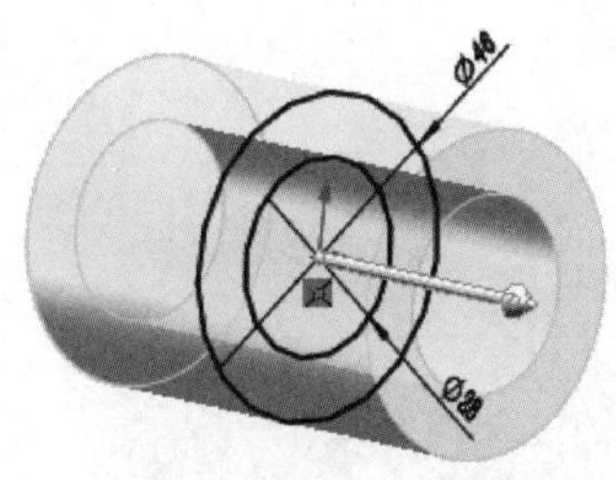

图（c）

步骤三：单击“拉伸凸台/基体”按钮，拉伸如图所示的草图圆筒，草图选择右视基准面绘制，拉伸方向1的给定深度设置为“52.00 mm”，方向2的给定深度设置为“24.00 mm”，草图及拉伸特征如图（d）所示。

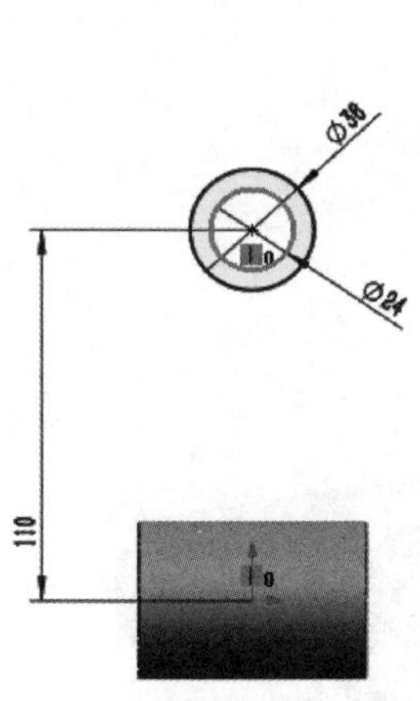

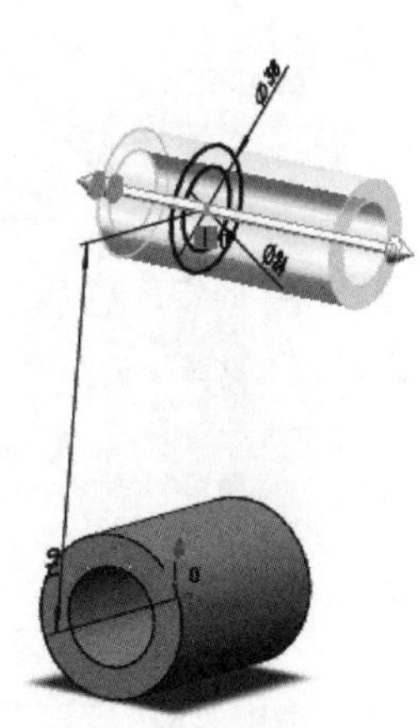

图（d）

步骤四：单击“拉伸凸台/基体”按钮，拉伸如图（e）所示的草图，草图选择上视基准面绘制，拉伸参数设置为“等距”“30.00 mm”，方向1选择“成形到下一面”选项，方向2选择“成形到一面”选项，成形面选择下圆柱面，拉伸特征如图（e）所示。

步骤五：单击“倒角”按钮，使用倒角特征修剪图形，倒角特征如图（f）所示。

步骤六：选择“基准面”命令创建基准面，创建过程如图（g）所示，前视基准面作为第一参考，角度设置为“150.00度”，第二参考为基准轴，并选择“重合”选项。

续上表

凸台-拉伸7
从(F)
等距
30.00mm
方向 1(1)
成形到下一面
合并结果(M)
向外拔模(O)
方向 2(2)
成形到一面
面<1>
所选轮廓(S)
特征范围(F)
所有实体(A)
所选实体(S)
自动选择(O)
凸台-拉伸5
凸台-拉伸6
倒角2
倒角类型(C)
要倒角化的项目(I)
边线<1>
边线<2>
边线<3>
边线<4>
切线延伸(T)
完整预览(W)
部分预览(P)
无预览(N)
倒角参数(C)
反转方向(F)
1.00mm
45.00度
倒角选项(C)
通过面选择(S)
保持特征(K)
距离: 1mm
角度: 45度

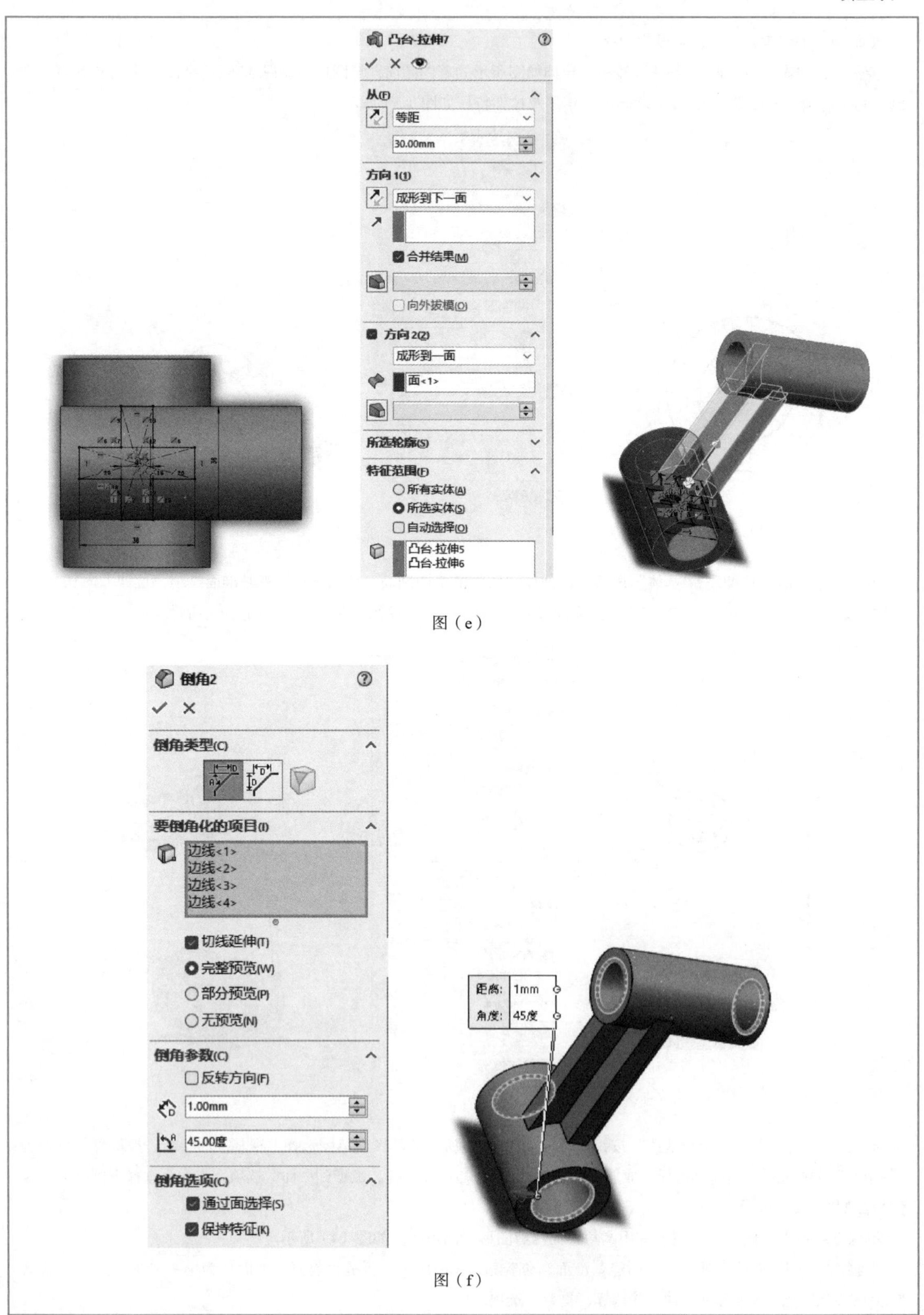

图（e）

图（f）

续上表

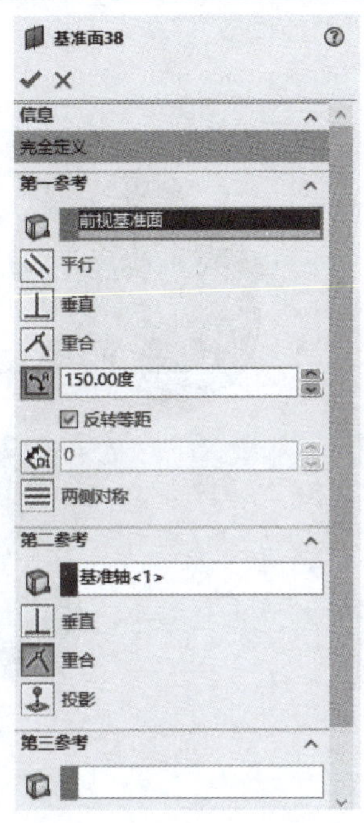

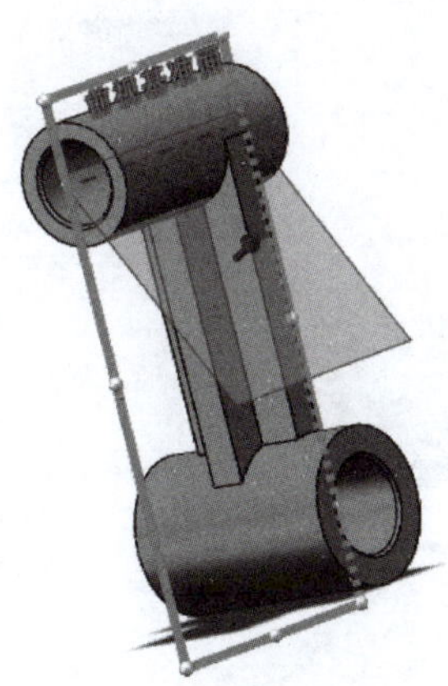

图（g）

步骤七：选择“基准面”命令，再创建基准面，前面创建的基准面作为第一参考，偏移距离设置为“22.00 mm”，创建过程如图（h）所示。

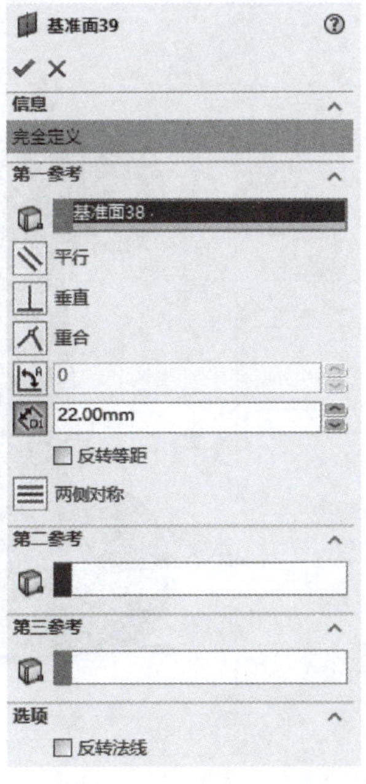

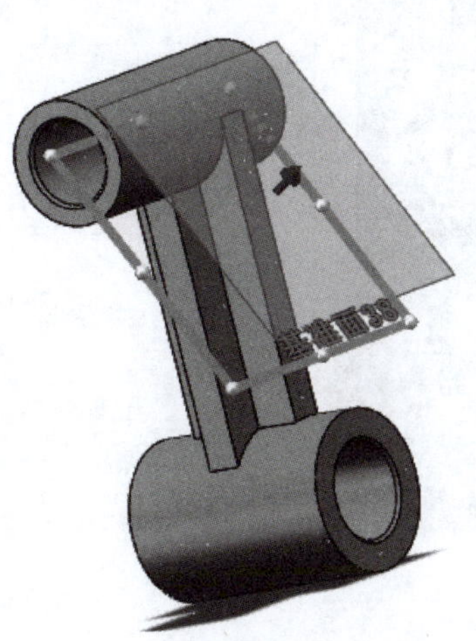

图（h）

步骤八：单击“拉伸凸台/基体”按钮，拉伸如图（i）所示的草图，草图选择第七步创建的基准面绘制，拉伸方向1选择“成形到下一面”选项，拉伸特征如图（i）所示。

续上表

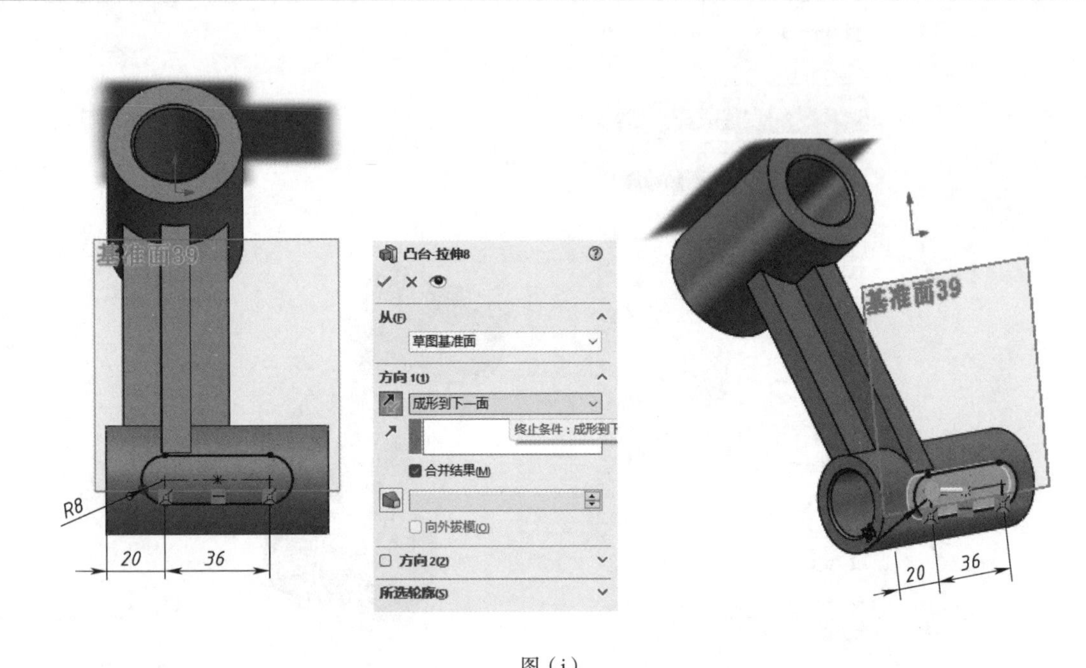

图（i）

步骤九：单击“拉伸切除”按钮，拉伸切除如图（j）所示的草图，拉伸方向1选择“成形到下一面”选项，拉伸切除特征如图（j）所示。

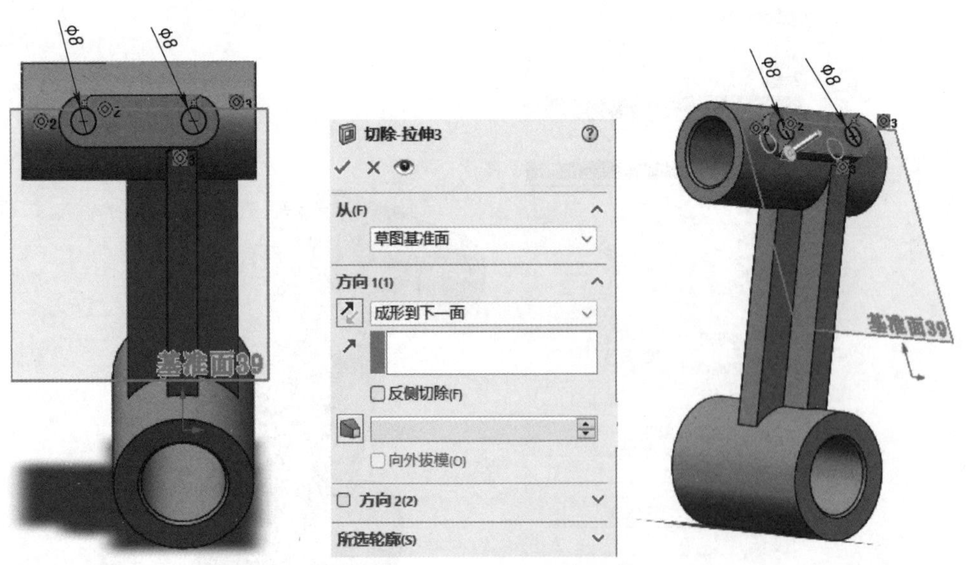

图（j）

步骤十：单击“拉伸切除”按钮，拉伸切除如图（k）所示的草图，拉伸方向1和方向2分别选择“完全贯穿”选项，拉伸切除特征如图（k）所示。

步骤十一：保存模型，关闭窗口，最终效果如图（l）所示

续上表

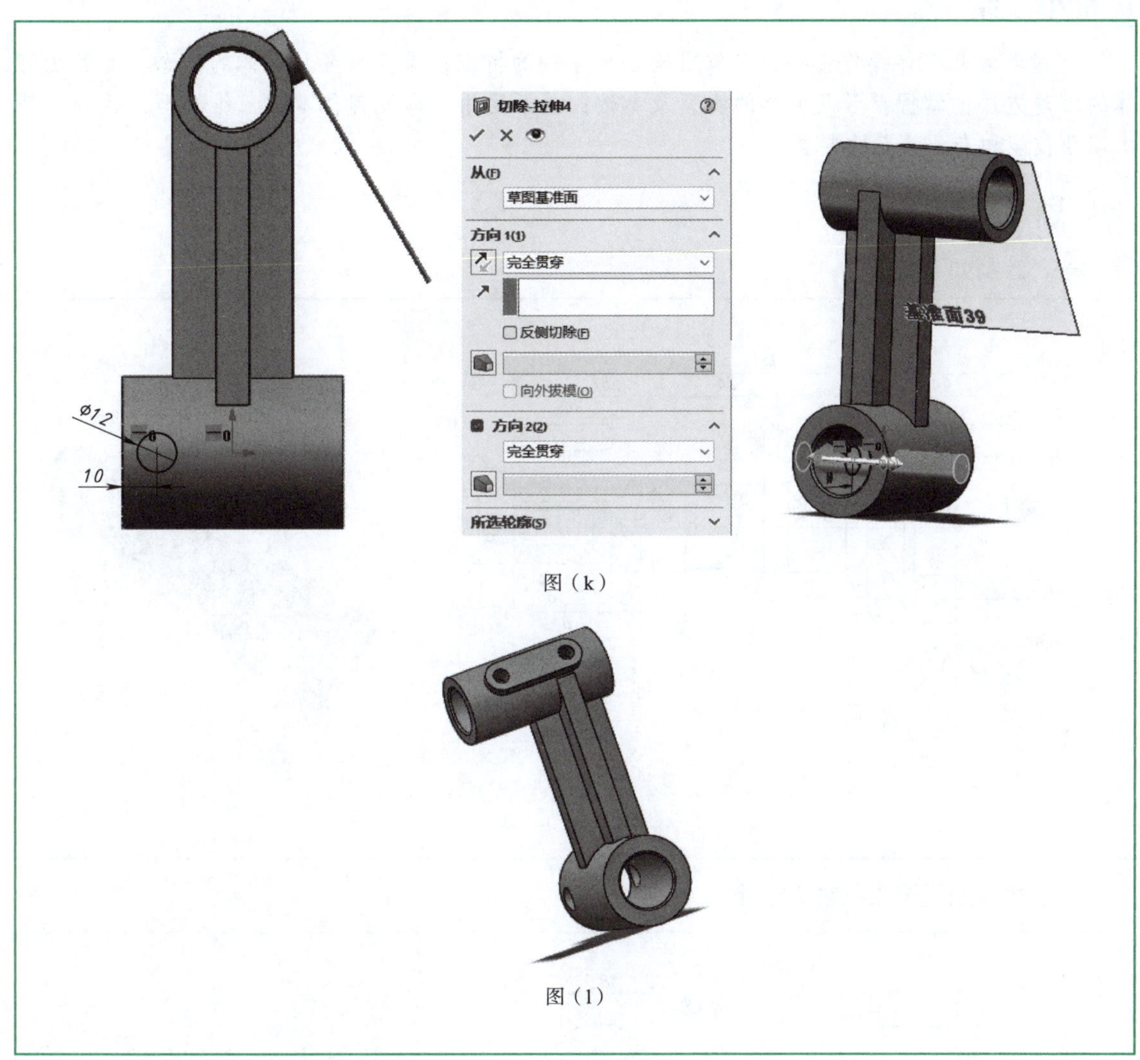

图（k）

图（l）

考核与评价

参考几何体工作任务考核与评价见表2.3.7。

表 2.3.7　考核与评价

班级：		姓名：	日期：	
	评价内容	自评	互评	教师
任务活动评价	（1）学习准备情况			
	（2）小组计划完成情况			
	（3）操作安全性、规范性			
	（4）沟通、协作能力			
	（5）职业能力			

小　结

通过参考几何体操作任务，能够准确分析零件的特征；掌握参考几何体的概念与参考几何体的创建方法；掌握参考几何体的类型及参数；灵活运用参考几何体建立三维模型，达到了基本职业技能和专业素养的要求。

思考与练习

一、绘制如下特征

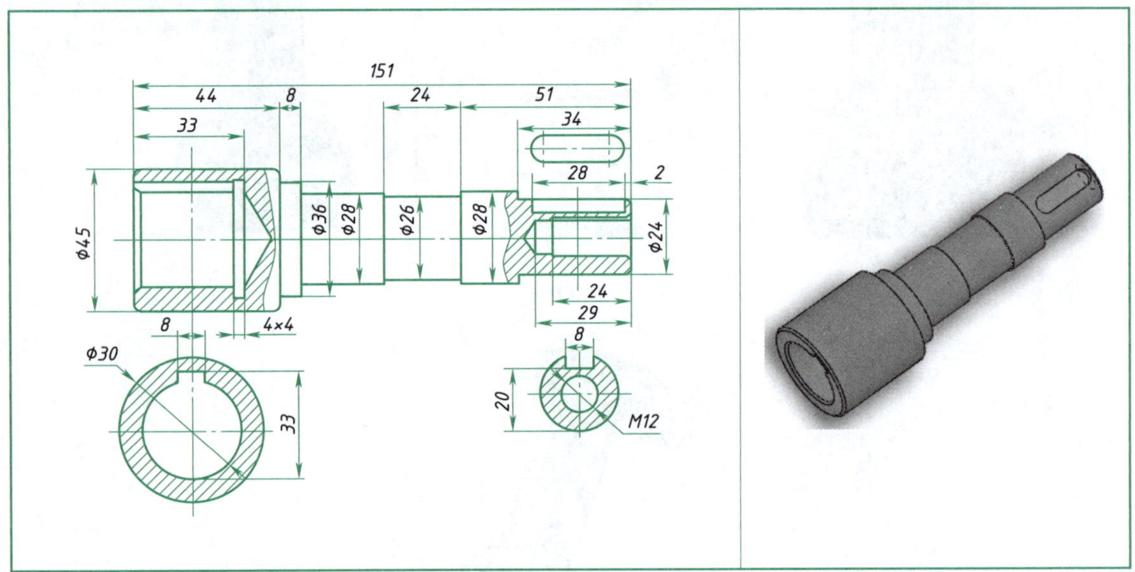

二、根据三视图绘制轴类零件

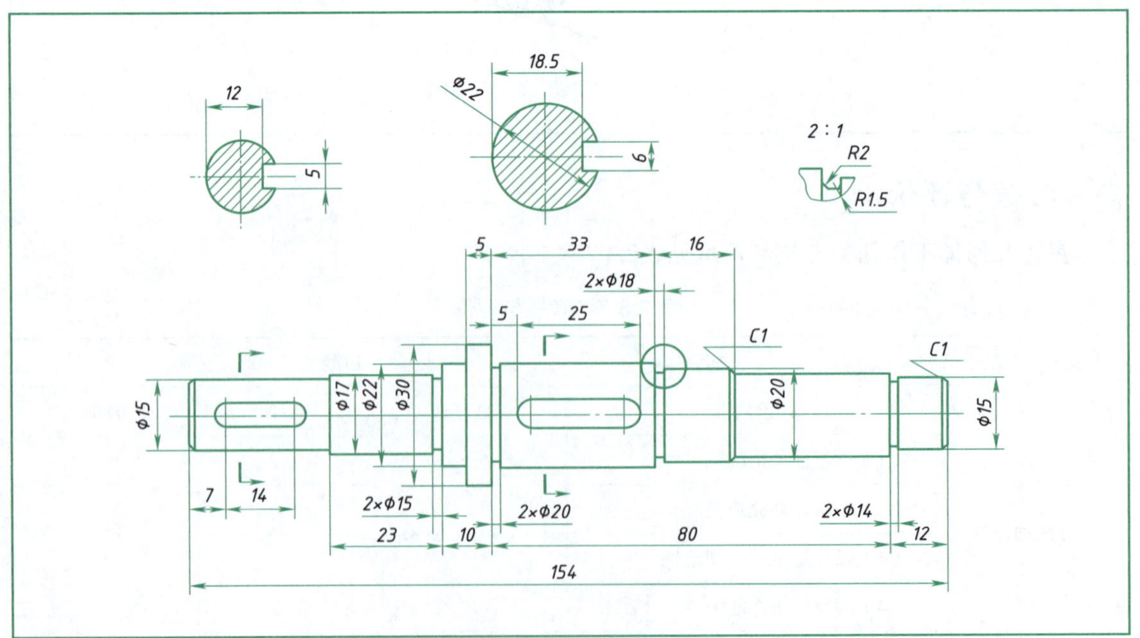

续上表

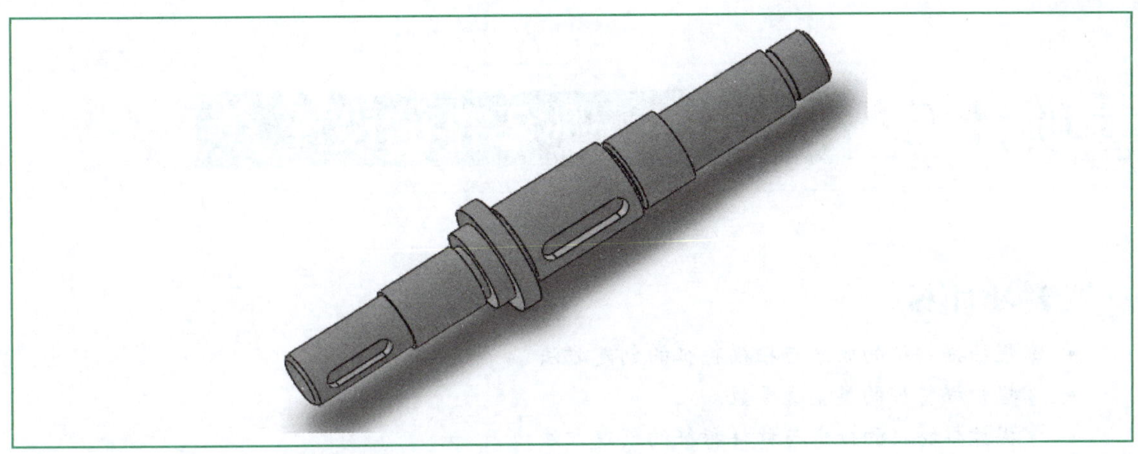

三、选择题

（1）▮此命令的名称是（　　）。

A. 基准坐标系　　B. 基准面

C. 基准轴　　D. 基准点

（2）在 FeatureManager 设计树中，有几个默认的基准面？（　　）

A. 2 个　　B. 3 个　　C. 4 个　　D. 1 个

（3）下面几种情况中，哪组条件不能满足建立一个新基准面的条件？（　　）

A. 一个面和一个距离　　B. 一个面和一条轴线

C. 一段螺旋线　　D. 两个面

（4）建模基准不包括（　　）。

A. 基准点　　B. 基准面

C. 基准轴　　D. 基准坐标系

项目三 千斤顶装配体零件的设计

学习目标

- 掌握扫描特征的概念与扫描特征的创建方法。
- 掌握扫描特征的类型及参数。
- 掌握放样特征的概念与放样特征的创建方法。
- 掌握放样特征的类型及参数。
- 了解装配体的装配过程。
- 养成良好的学习习惯，培养高效的绘图思路。

项目描述

图3.0.1所示为靠螺纹自锁作用工作的螺旋千斤顶，它由底座、螺旋杆、螺套、绞杠、顶垫以及两种规格的螺钉M10×12、M8×12组成。千斤顶零件及装配体见表3.0.1。装配的过程从底座开始，螺套嵌压在底座中，一边用螺钉固定以防止螺套和底座之间的相对运动；螺旋杆的球面形顶部套上一个顶垫，用螺钉连接，以防止顶垫脱落或随螺旋杆一起旋转。

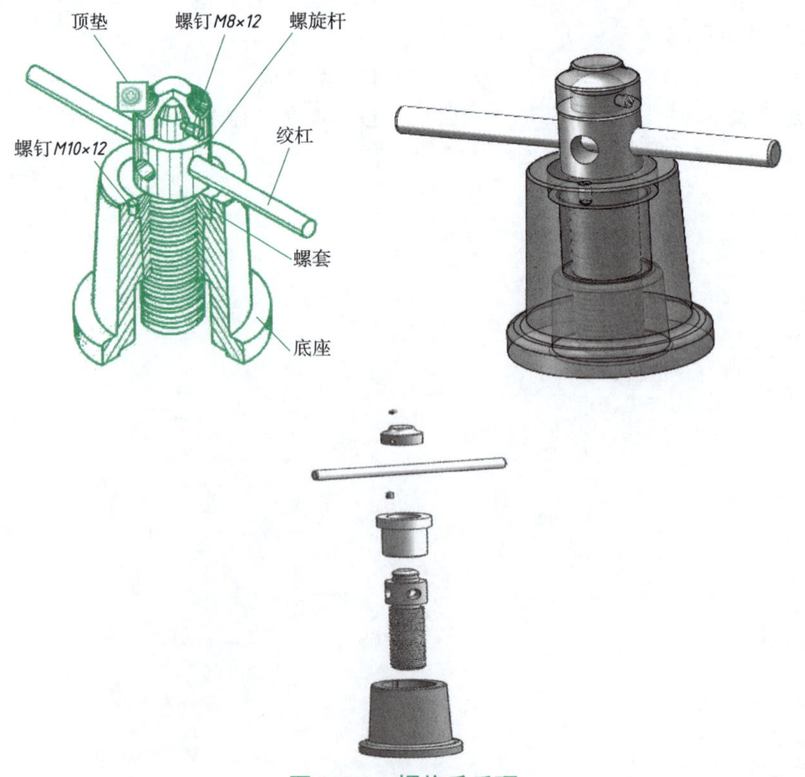

图 3.0.1　螺旋千斤顶

表 3.0.1　千斤顶零件及装配体

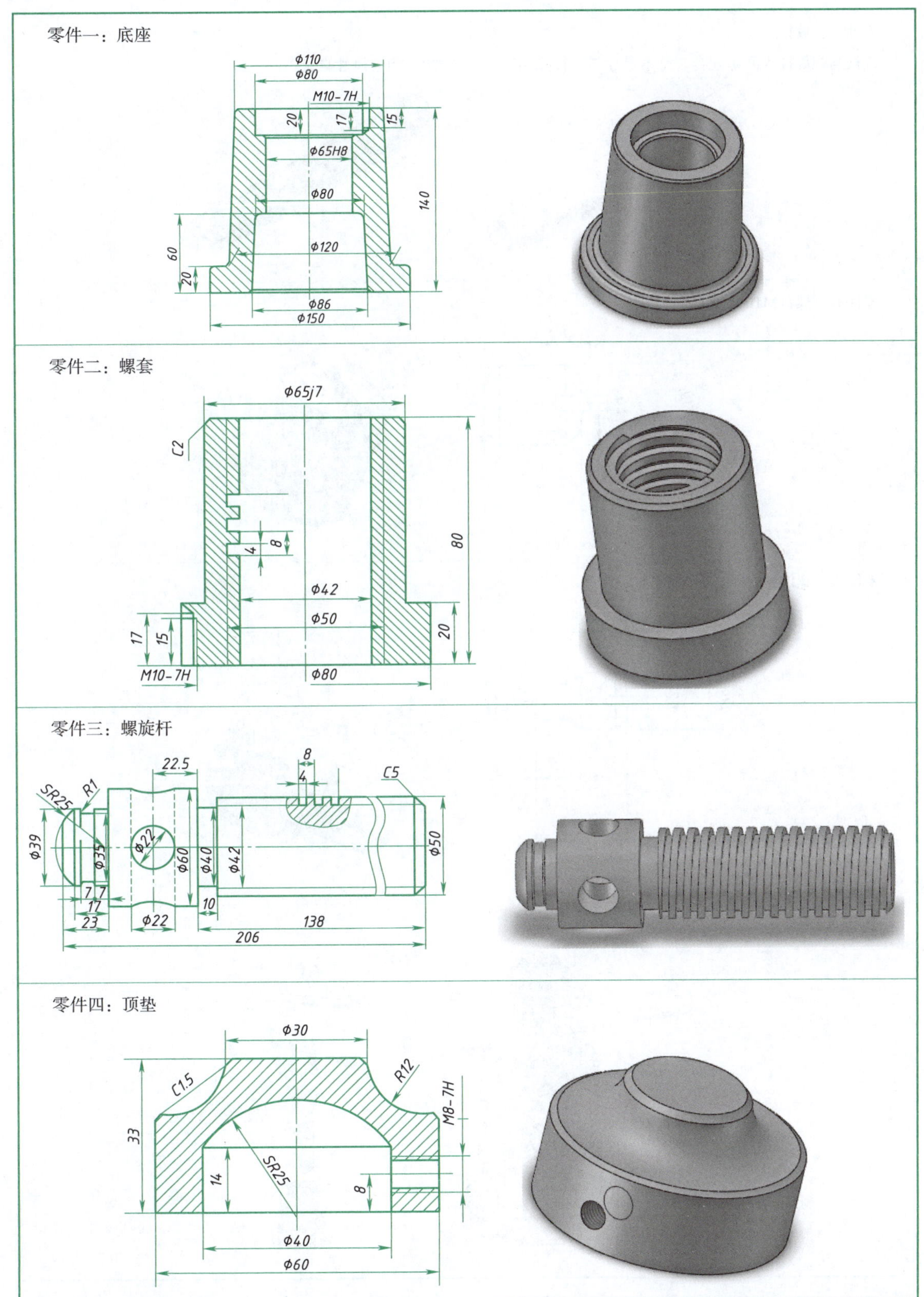

续上表

零件五：绞杠

绞杠与螺旋杆为间隙配合，基本尺寸与绞杠孔相同。长度220，倒角尺寸自定

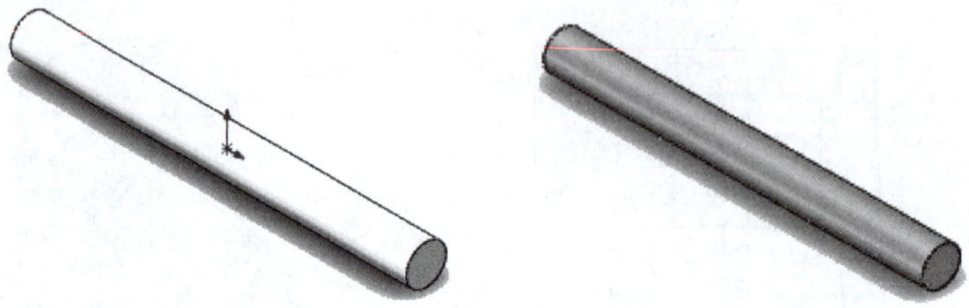

零件五：螺钉M10×12

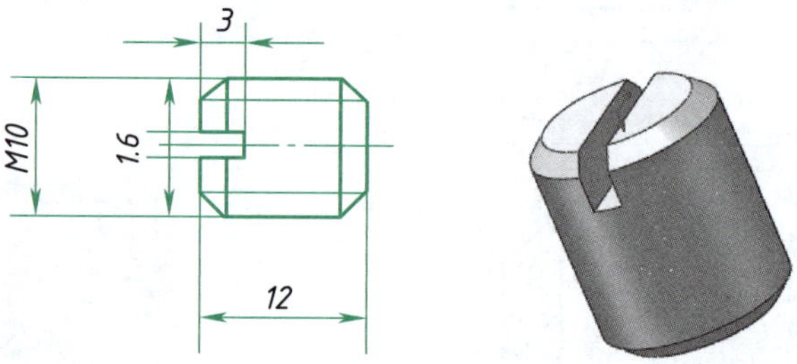

M10
1.6
3
12

零件六：螺钉M8×12

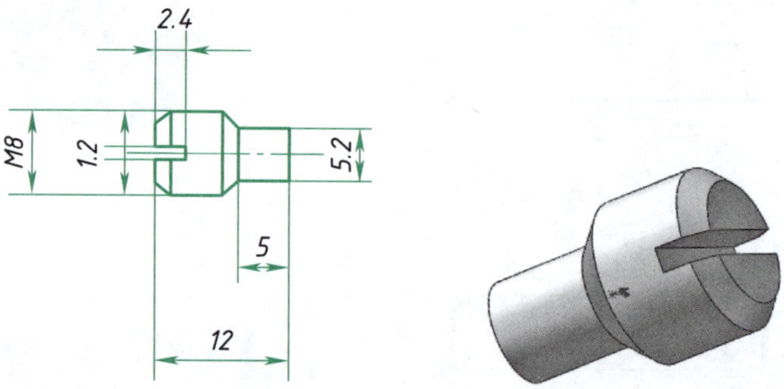

2.4
M8
1.2
5.2
5
12

千斤顶装配体：

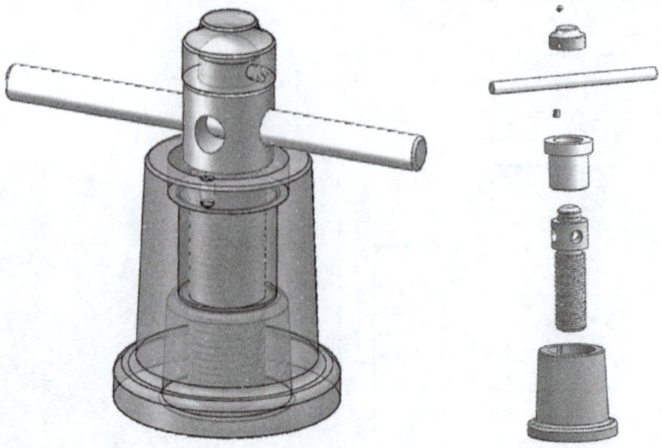

设计流程如图3.0.2所示。

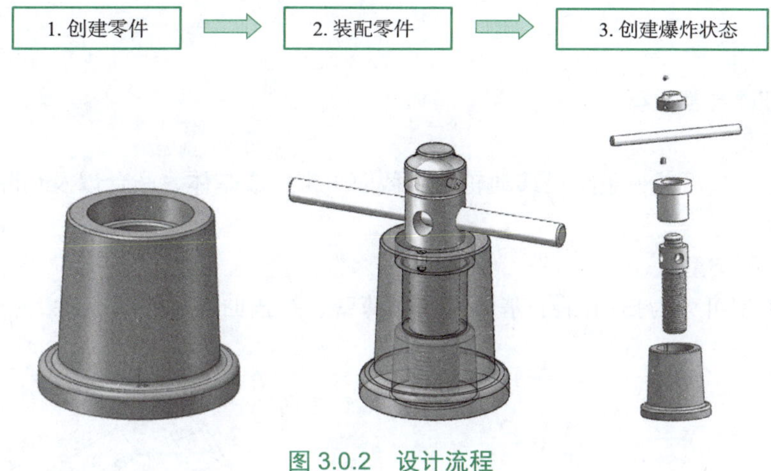

图 3.0.2　设计流程

任务一　扫描特征与基本操作

观察与思考

（1）扫描特征的概念是什么？扫描特征的建立方法有哪些？

（2）扫描特征的类型有几种？扫描特征的参数如何设置？

任务要点

掌握扫描特征的概念与扫描特征的创建方法；掌握扫描特征的类型及参数；通过本次任务能够准确分析零件的特征，灵活运用扫描特征建立三维模型。

任务安排

任务安排见表3.1.1。

表 3.1.1　任务安排

班级＿＿＿＿＿＿＿＿ 第＿＿＿＿＿＿＿＿组 姓名＿＿＿＿＿＿＿＿	任务地点＿＿＿＿＿＿＿＿ 任务日期＿＿＿＿＿＿＿＿
任务具体安排	（1）查找相关资料，弄清楚扫描特征概念及类型，了解扫描特征的创建方法。 （2）查找资料或教材，了解扫描特征的参数。 （3）了解扫描特征的案例及特点。 （4）全班分成四个小组，每个小组选一名组长，进行5~10分钟PPT介绍

相关知识

一、扫描特征

1. 扫描特征概念及类型

（1）扫描特征

扫描特征是通过沿着一条路径移动轮廓（截面）来生成基体、凸台以及切除实体，扫描特征如图3.1.1所示。

（2）扫描特征类型

扫描特征类型可分为扫描凸台/基体、扫描薄壁、扫描曲面和扫描切除，扫描特征类型见表3.1.2。

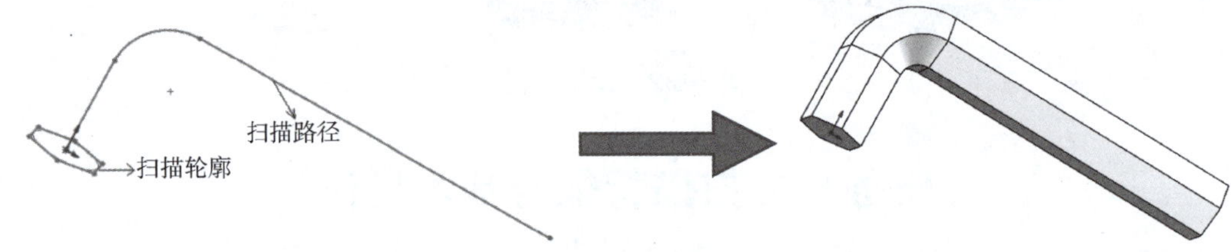

图 3.1.1 扫描特征

表 3.1.2 扫描特征类型

扫描切除（去除材料）	扫描凸台 / 基体（增加材料）	扫描薄壁（增加材料）	切除薄壁（去除材料）	扫描曲面（增加材料）

2. 扫描参数

（1）扫描要素

要创建或重新定义一个扫描特征，必须给定两大特征要素，即路径和轮廓。

①轮廓：扫描凸台，轮廓必须是封闭环；曲面扫描，则轮廓可以是开环也可以是闭环。

②路径：路径可以是一张草图、一条曲线或模型边线。

路径的起点必须位于轮廓的基准面上。不论是截面、路径还是所要形成的实体，都不能出现自相交的情况。

（2）扫描特征选项

扫描菜单栏特征选项如图3.1.2所示，可以扫描凸台和薄壁两种特征。

3. 扫描类型

扫描类型主要分为：简单扫描、扫描切除、引导线扫描。

类型一：简单扫描。简单扫描案例如图3.1.3所示。

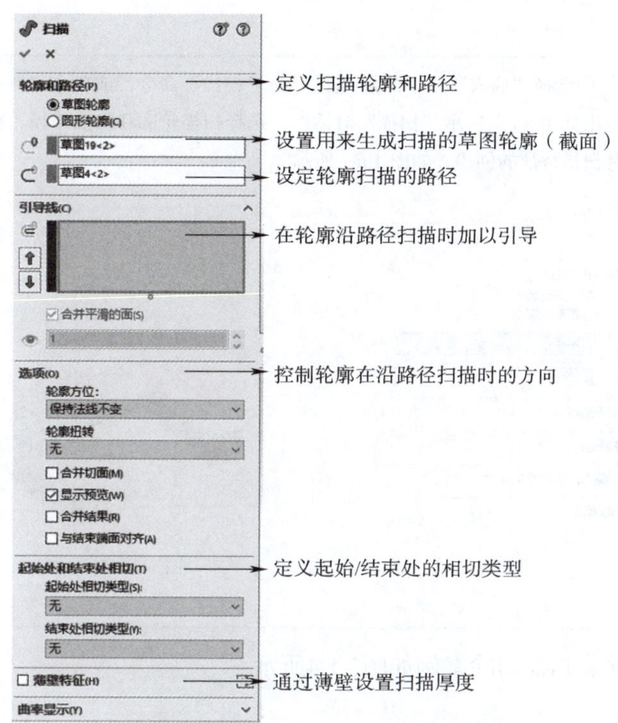

图 3.1.2　扫描菜单栏特征选项

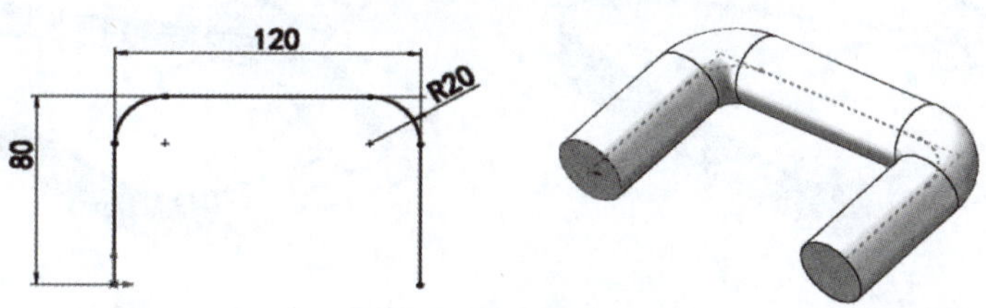

图 3.1.3　简单扫描案例

边学边练：

<table>
<tr><td>班级</td><td></td><td>姓名</td><td></td><td>成绩</td><td></td></tr>
<tr><td colspan="6">绘制步骤</td></tr>
<tr><td colspan="6">步骤一：新建文件。
步骤二：绘制轮廓草图。在菜单栏中选择“插入”→“草图绘制”命令，基准面选择“上视基准平面”，绘制草图如图（a）所示。
步骤三：绘制路径。在菜单栏中选择“插入”→“草图绘制”命令，基准面选择“前视基准平面”，绘制草图如图（b）所示。
Ø30
图（a）
120　R20　80
图（b）</td></tr>
</table>

续上表

步骤四：扫描。在菜单栏中选择“插入”→“凸台/基体”→“扫描”命令，或单击“特征”工具栏，单击工具条中的“扫描”按钮，系统弹出如图（c）所示“扫描”对话框。选择扫描轮廓和扫描路径，在“扫描”对话框左上角单击“√”按钮，完成凸台扫描特征的创建，如图（d）所示。

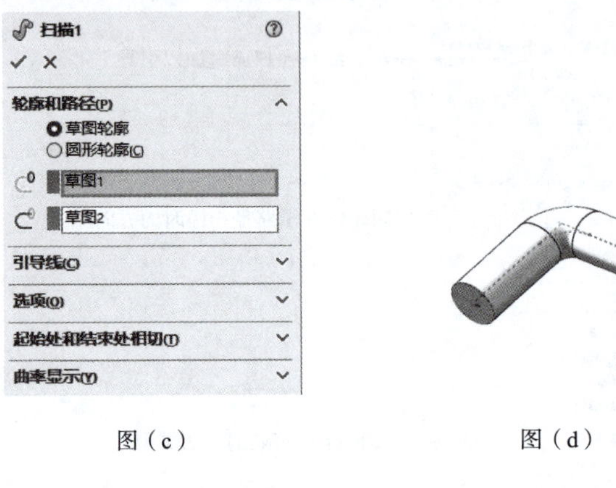

图（c）　　图（d）

步骤五：保存文件

类型二：扫描切除。扫描切除案例如图3.1.4所示。

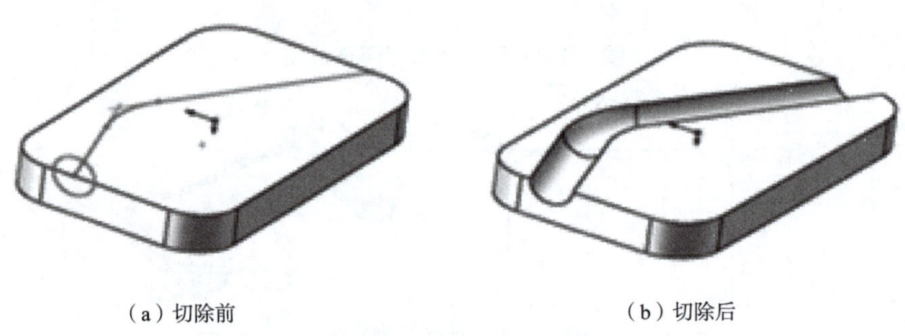

（a）切除前　　（b）切除后

图 3.1.4　扫描切除案例

边学边练：

<table>
<tr><td>班级</td><td></td><td>姓名</td><td></td><td>成绩</td><td></td></tr>
<tr><td colspan="6">绘制步骤</td></tr>
<tr><td colspan="6">步骤一：新建文件。
步骤二：拉伸凸台/基体。在菜单栏中选择“插入”→“草图绘制”命令，基准面选择“上视基准平面”，绘制草图如图（a）所示。再选择“插入”→“拉伸凸台/基体”命令，深度设置为“10.00 mm”。
步骤三：绘制路径。在菜单栏中选择“插入”→“草图绘制”命令，选择长方体上表面，绘制草图如图（b）所示。
步骤四：绘制轮廓草图。在菜单栏中选择“插入”→“草图绘制”命令，选择长方体左端面，绘制草图如图（c）所示。
步骤五：扫描切除。在菜单栏中选择“插入”→“切除”→“扫描”命令，系统弹出“切除—扫描”对话框，选择图（c）所示的扫描轮廓，选择图（b）所示的扫描路径。在“切除-扫描”对话框中单击“√”按钮，完成切除扫描的创建，扫描切除结果如图（d）所示。</td></tr>
</table>

续上表

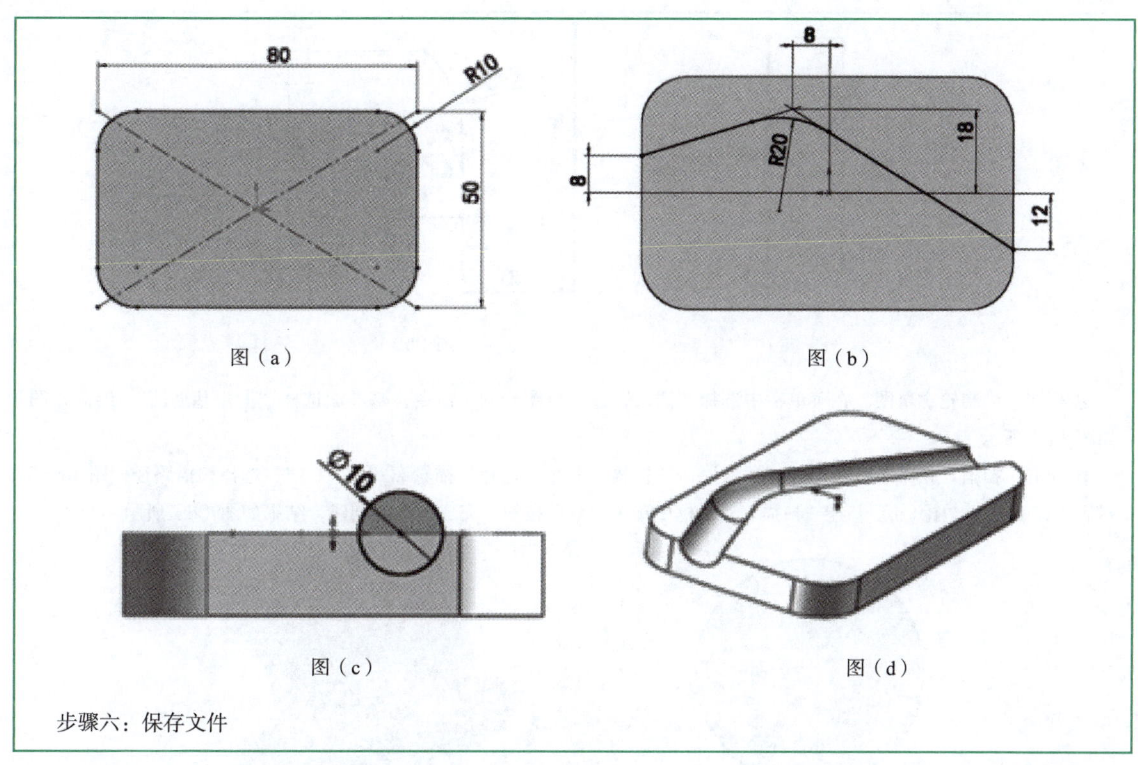

图（a）　　图（b）

图（c）　　图（d）

步骤六：保存文件

类型三：一条引导线扫描（两条引导线扫描就是多绘制一条引导线）。一条引导线扫描案例如图3.1.5所示。

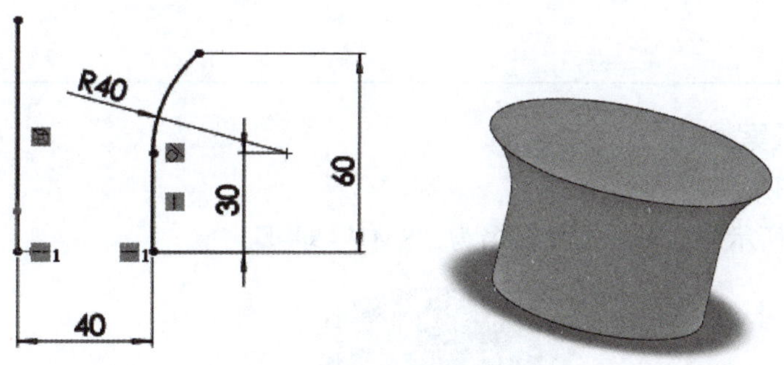

图 3.1.5　一条引导线扫描案例

边学边练：

班级		姓名		成绩	
绘制步骤					
步骤一：新建文件。 步骤二：绘制路径。在菜单栏中选择“插入”→“草图绘制”命令，基准面选择“前视基准面”绘制草图如图（a）所示。 步骤三：绘制引导线。在菜单栏中选择“插入”→“草图绘制”命令，基准面选择“前视基准面”绘制草图如图（b）所示。					

续上表

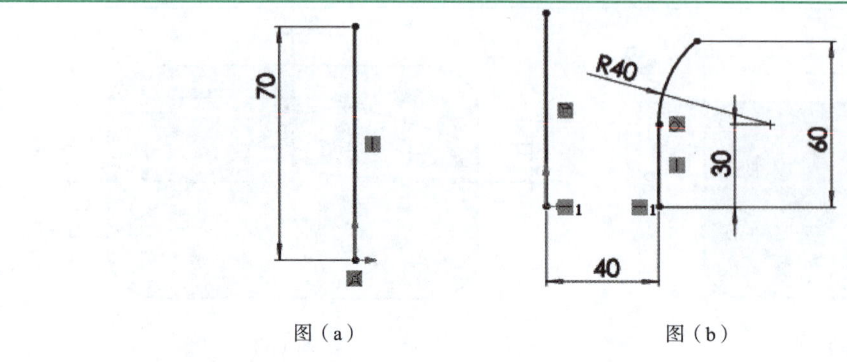

图（a）　　图（b）

步骤四：绘制轮廓草图。在菜单栏中选择“插入”→“草图绘制”命令，基准面选择“上视基准面”，绘制草图如图（c）所示。

步骤五：扫描。在菜单栏中选择“插入”→“扫描”命令。选择扫描轮廓“图（c）”、选择扫描路径“图（a）”然后选择引导线“图（b）”，在“扫描”对话框中单击“√”按钮，完成扫描的创建，结果如图（d）所示。

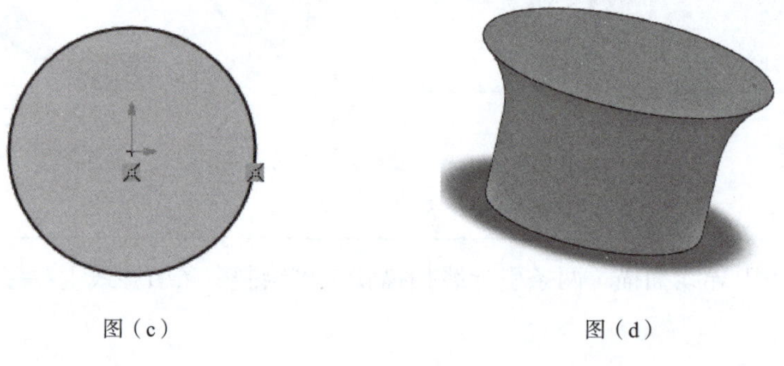

图（c）　　图（d）

步骤六：保存文件

二、扫描特征案例

1. 扫描特征案例一

绘制如图3.1.6所示的水壶，文件命名为“SM1”即可。

图 3.1.6　案例一

边学边练：

班级		姓名		成绩	
绘制步骤					

步骤一：新建文件。打开Solidworks，单击标准工具栏中的“新建” 按钮，然后单击“零件”→“确定”按钮。

步骤二：绘制草图。单击“草图”→“草图绘制”按钮。选择“前视基准面”，绘制如图（a）所示草图。

步骤三：旋转凸台/基体。绘制完草图后，单击“旋转凸台/基体”按钮，“旋转轴”选择“直线1”，在“旋转类型”下拉列表框中选择“给定深度”选项，在“角度”文本框内输入“360.00度”，单击“√”按钮完成旋转。效果如图（b）所示。

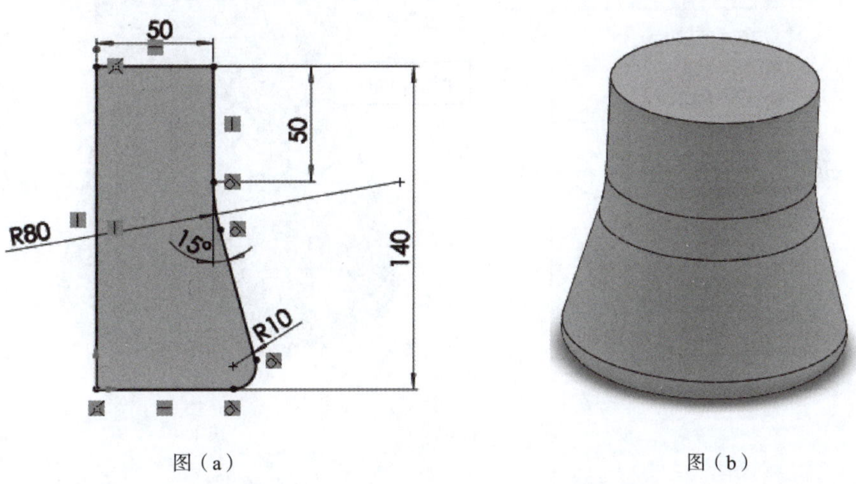

图（a）　　图（b）

步骤四：绘制草图。单击“草图”→“草图绘制”按钮，选择“前视基准面”，绘制如图（c）所示草图。

步骤五：旋转凸台/基体。绘制完草图后，单击“旋转凸台/基体”按钮，“旋转轴”选择“直线1”，在“旋转类型”下拉列表框中选择“两侧对称”选项，在“角度”文本框中输入“180.00度”，单击“√”按钮完成旋转。效果如图（d）所示。

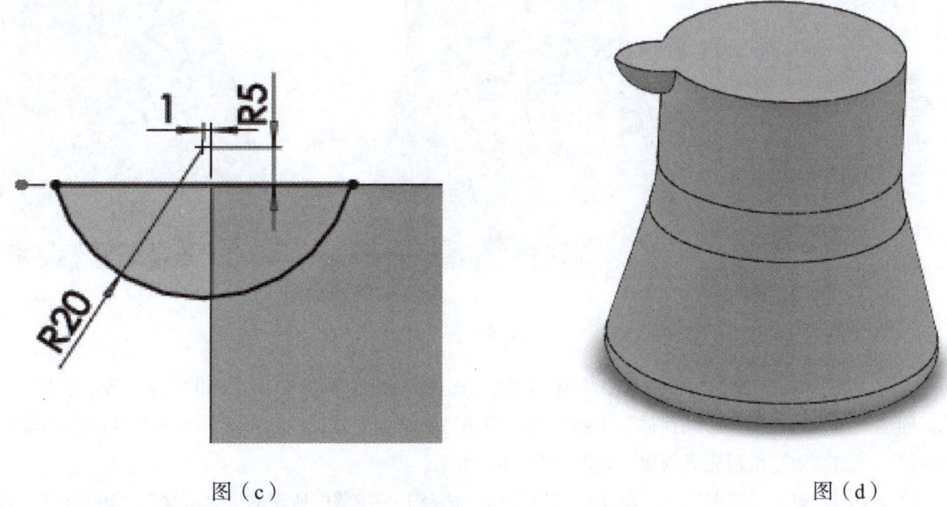

图（c）　　图（d）

步骤六：倒圆角。单击“圆角”按钮，选择如图（e）所示边线，圆角半径设置为“8.00 mm”。

步骤七：抽壳。单击“抽壳”按钮，选择如图f所示移除面，厚度设置为“1.00 mm”。

续上表

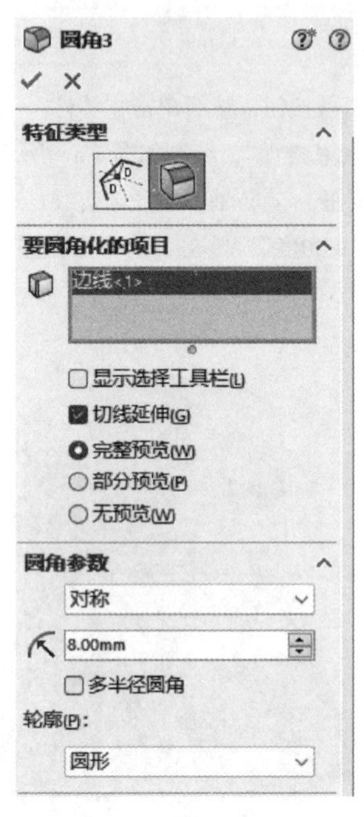

图（e）

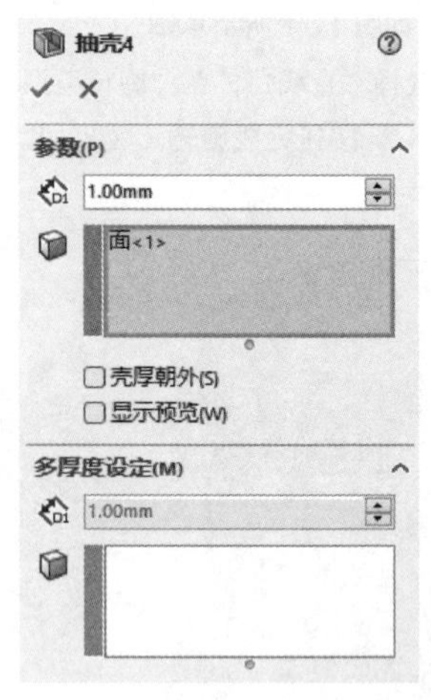

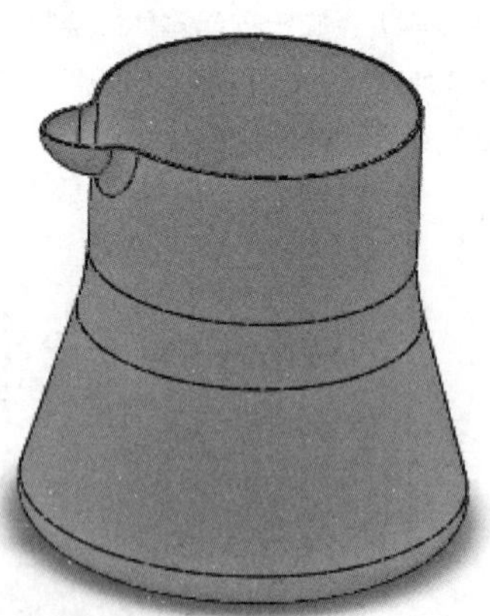

图（f）

步骤八：绘制草图。单击“草图”→“草图绘制”按钮，选择“前视基准面”，绘制如图（g）所示草图。

步骤九：创建基准面。在“参考几何体”下拉菜单中单击“基准面”按钮，选择第一参考“草图线端点”，第二参考“草图线”，单击“√”按钮完成创建，效果如图（h）所示。

步骤十：绘制草图。单击“草图”→“草图绘制”按钮，选择上一步骤中所建的“基准面”，绘制如图（i）所示草图。

步骤十一：扫描把手。单击“扫描”按钮，选择草图轮廓及路径，如图（j）所示。扫描效果如图（k）所示。

续上表

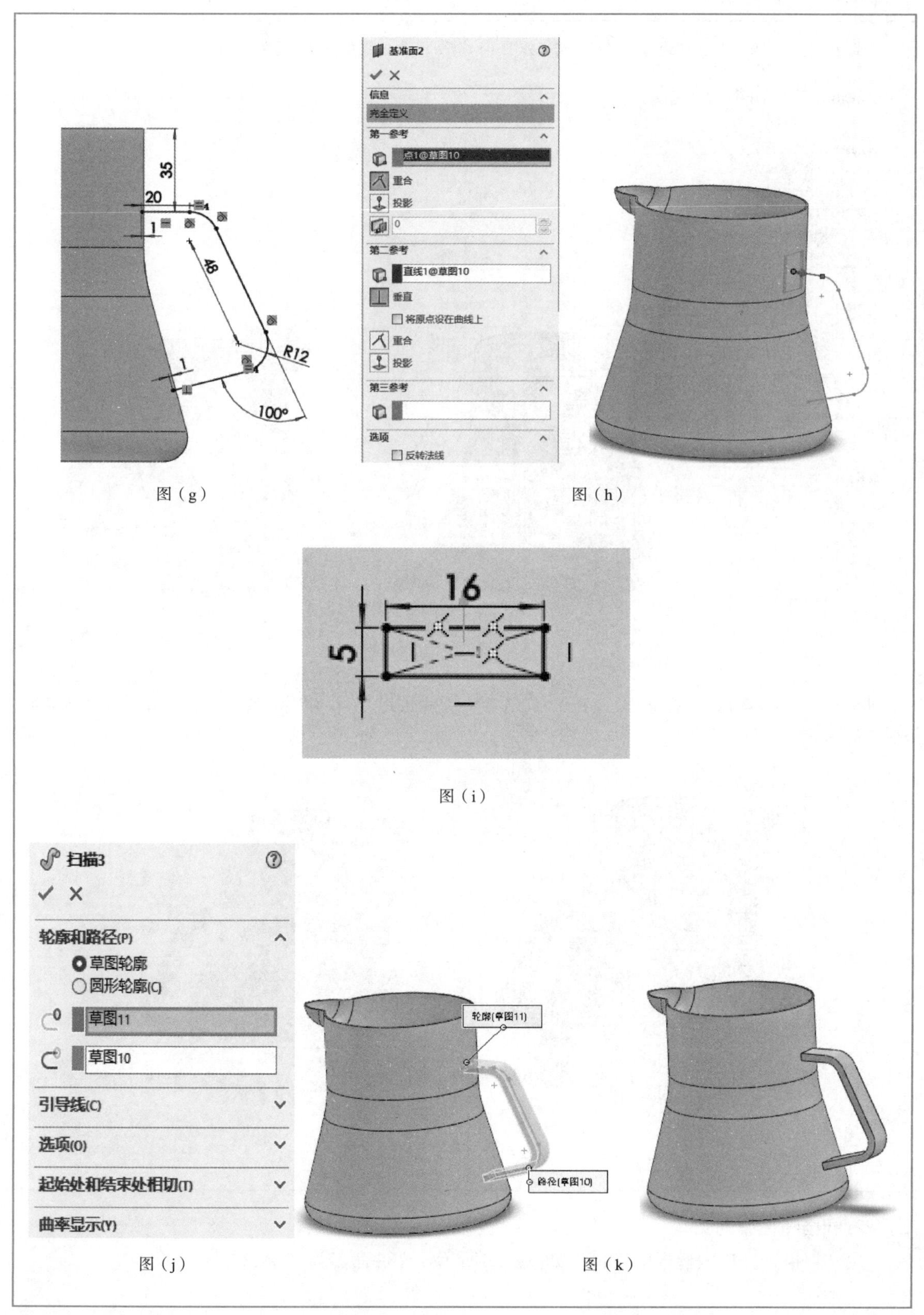

图（g）　图（h）

图（i）

图（j）　图（k）

续上表

步骤十二：倒圆角。单击“圆角”按钮，选择如图（l）所示边线，圆角半径设置为“4.00 mm”。

图（l）

步骤十三：保存零件。单击标准工具栏中的“保存”按钮或“另存为”按钮，保存文件，最终效果如图（m）所示

图（m）

2. 扫描特征案例二

用“扫描”完成内丝杆的建模，如图3.1.7所示，文件命名为“SM2”。

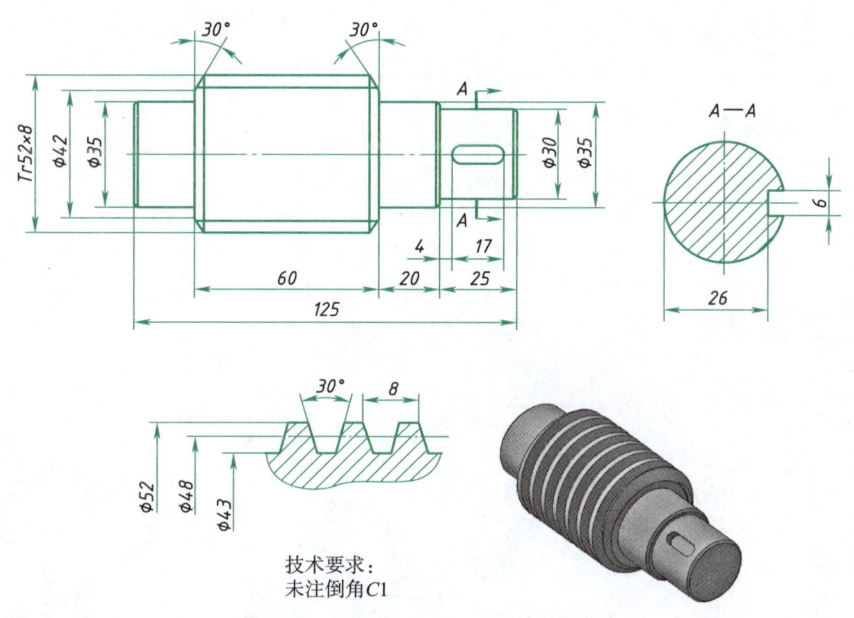

图 3.1.7　案例二

边学边练：

班级		姓名		成绩	
绘制步骤					

步骤一：新建文件。打开Solidworks，单击标准工具栏中的“新建”按钮，然后单击“零件”→“确定”按钮。

步骤二：绘制草图。单击“草图”→“草图绘制”按钮，选择“前视基准面”，绘制如图（a）所示草图。

步骤三：旋转凸台/基体。绘制完草图后，单击“旋转凸台/基体”按钮，“旋转轴”选择“直线1”，在“旋转类型”下拉列表框内选择“单向”选项，在“角度”文本框内输入“360.00度”，单击“√”按钮完成旋转。效果如图（b）所示。

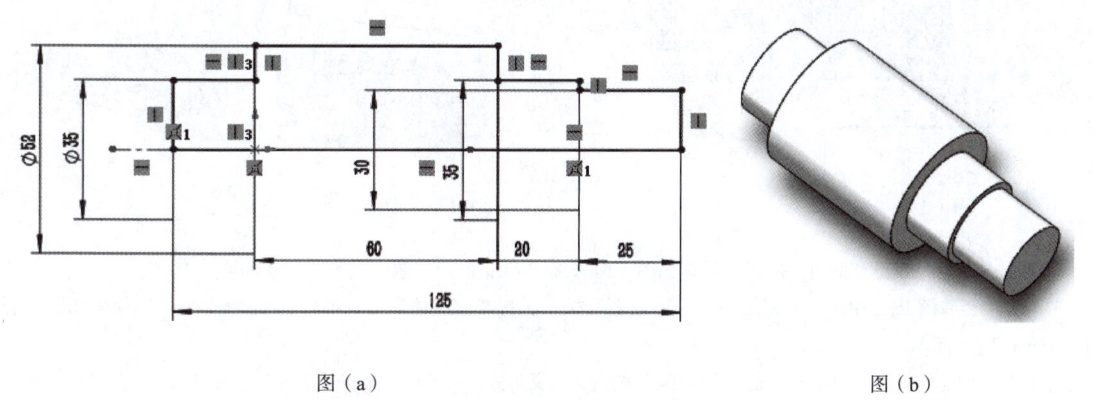

图（a）　　图（b）

步骤四：倒角。单击“倒角”按钮，选择如图（c）所示边线，倒角参数设置为“5.00 mm”“30.00度”。

步骤五：绘制草图。单击“草图”→“草图绘制”按钮，选择“上视基准面”，绘制如图（d）所示草图。

步骤六：拉伸切除凸台/基体。单击“特征”→“拉伸切除凸台/基体”按钮，切除参数及拉伸效果如图（e）所示。

续上表

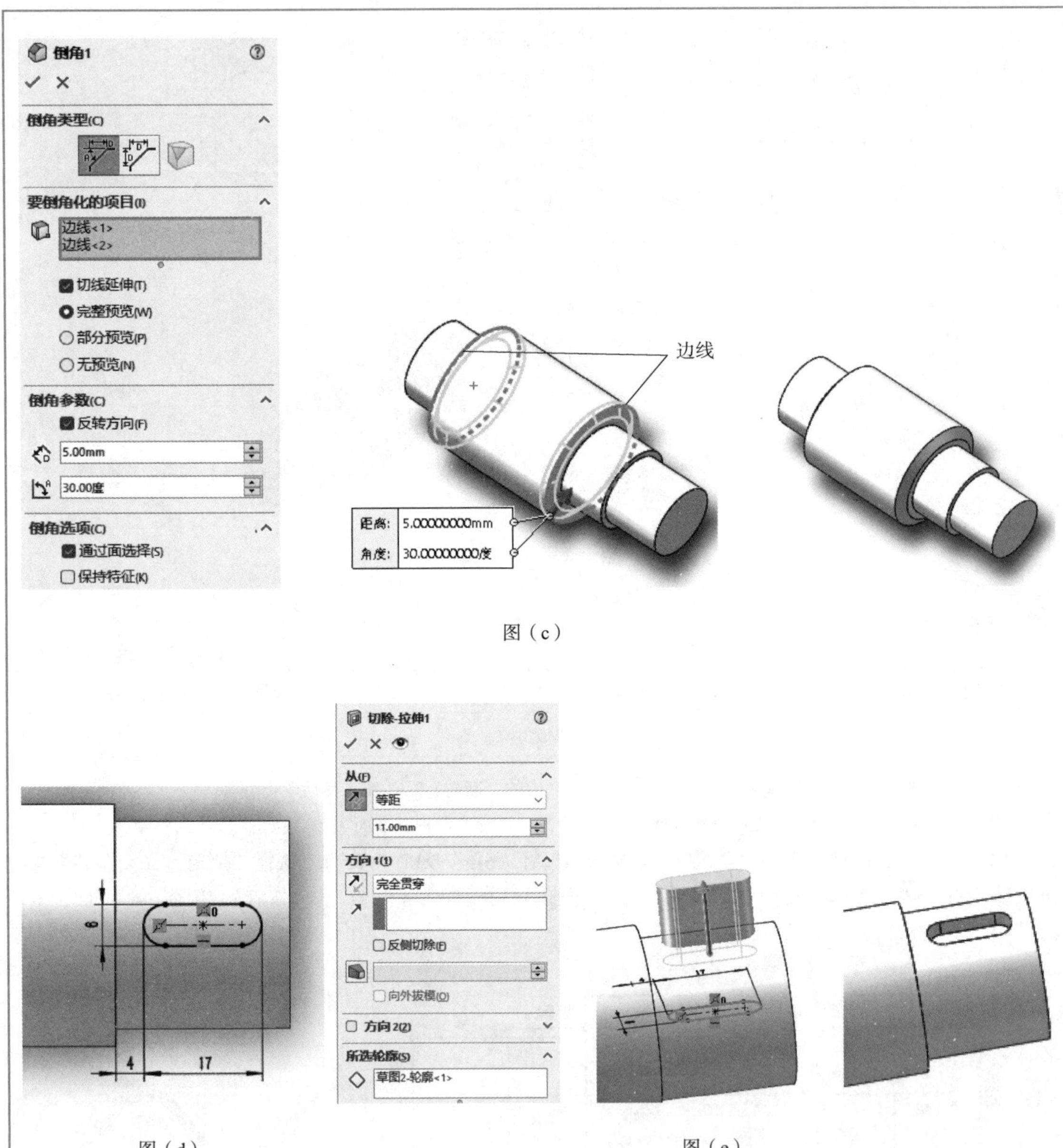

图（c）

图（d）

图（e）

步骤七：倒角。单击“倒角”按钮，选择如图（f）所示边线，倒角参数设置为“1.00 mm”“45.00度”。

步骤八：绘制草图。单击“草图”→“草图绘制”按钮，选择“实体右端基准面”，选择“实体转换引用”绘制圆，如图（g）所示。

步骤九：创建螺旋线。单击“螺旋线/涡状线”按钮，定义方式选择“螺距和圈数”选项，螺距设置为“8.00 mm”，圈数设置为“8”，如图（h）所示。

步骤十：绘制草图。单击“草图”→“草图绘制”按钮，选择“前视基准面”，绘制如图（i）所示草图。

步骤十一：扫描切除螺纹。单击“扫描切除”按钮，选择“轮廓及路径”，如图（j）所示。扫描效果如图（k）所示。

步骤十二：保存零件。单击标准工具栏中的“保存”按钮或“另存为”按钮，保存文件

续上表

倒角2
倒角类型(C)
要倒角化的项目(I)
边线<1>
边线<2>
边线<3>
切线延伸(T)
完整预览(W)
部分预览(P)
无预览(N)
倒角参数(C)
反转方向(F)
1.00mm
45.00度
倒角选项(C)
通过面选择(S)
保持特征(K)
距离: 1.00000000mm
角度: 45.00000000度
边线

图（f）

图（g）

螺旋线/涡状线1
定义方式(D):
螺距和圈数
参数(P)
恒定螺距(C)
可变螺距(L)
螺距(I):
8.00mm
反向(V)
圈数(R):
8
起始角度(S):
0.00度
顺时针(C)
逆时针(W)
锥形螺纹线(T)
0.00度
锥度外张(O)
螺距: 8.00mm
圈数: 8
高度: 64.00mm
直径: 52.00mm
螺距: 8.00mm
圈数: 0
高度: 0.00mm
直径: 52.00mm

图（h）

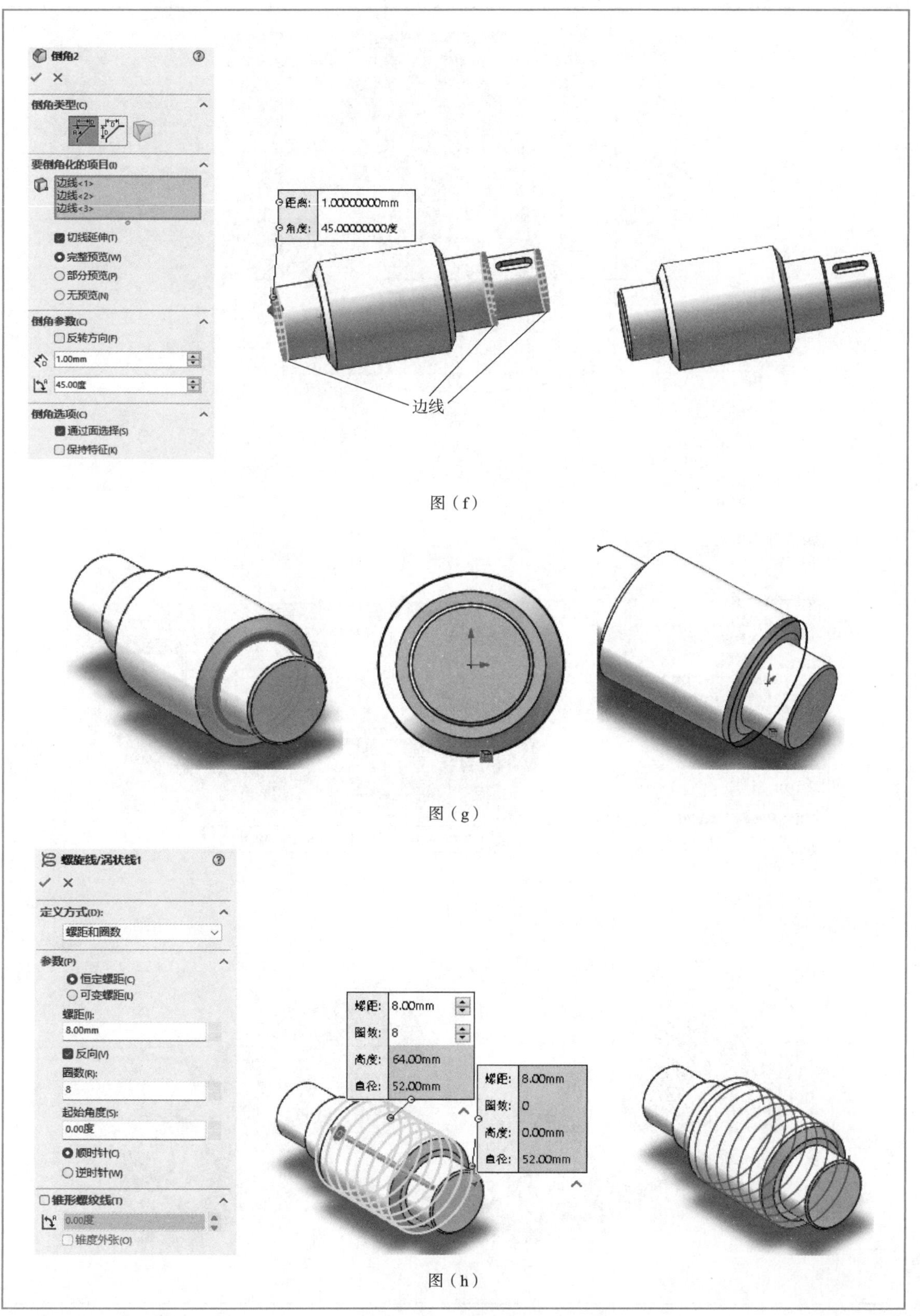

续上表

4
4.50
2
30°
切除-扫描1
轮廓和路径(P)
草图轮廓
圆形轮廓(C)
实体轮廓
草图11
螺旋线/涡状线1
引导线(C)
选项(O)
起始处和结束处相切(T)
曲率显示(Y)
轮廓(草图11)
路径(螺旋线/涡状线1)

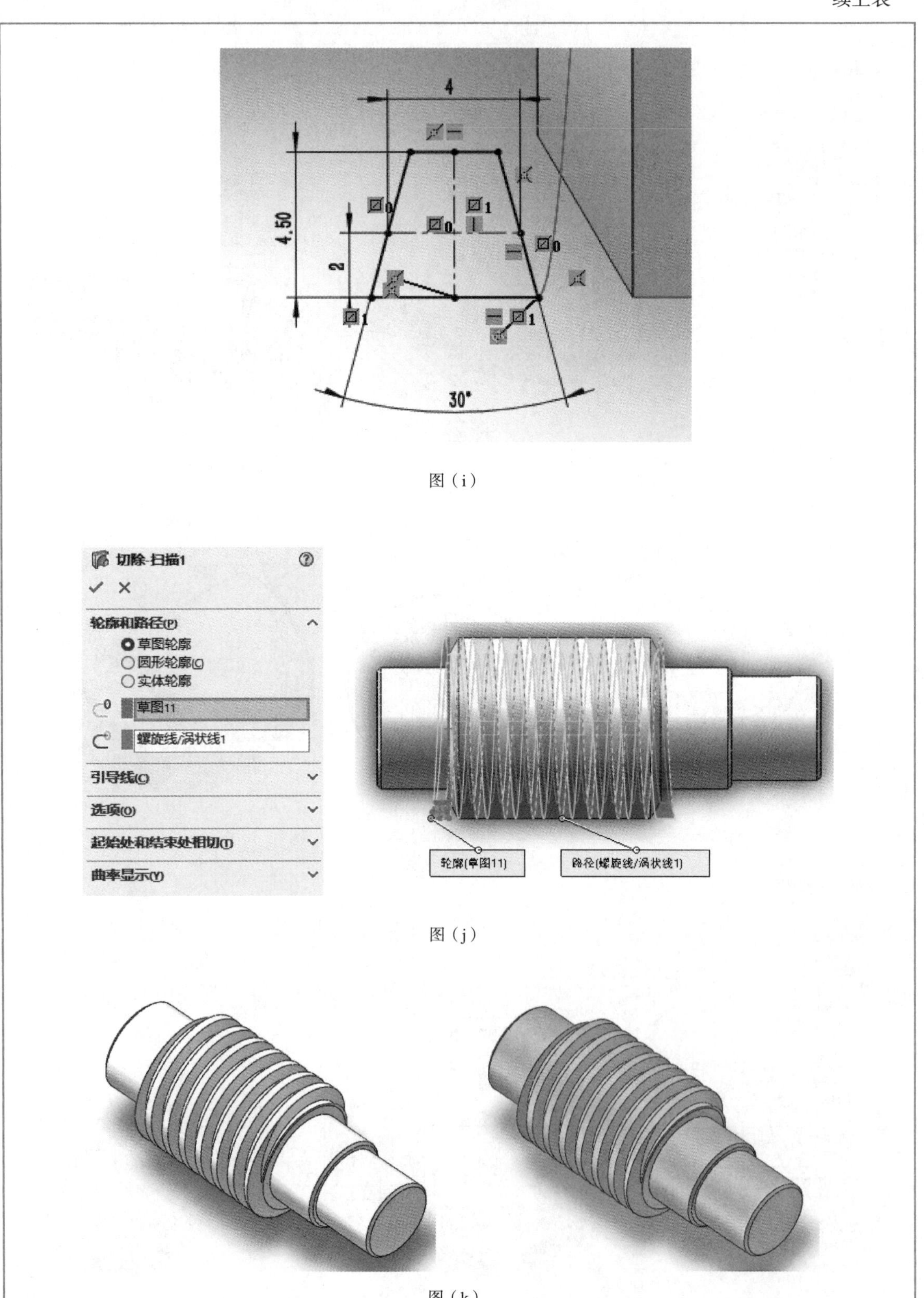

图（i）

图（j）

图（k）

3. 扫描特征案例三

绘制如图3.1.8所示模型，文件命名为“SM3”。

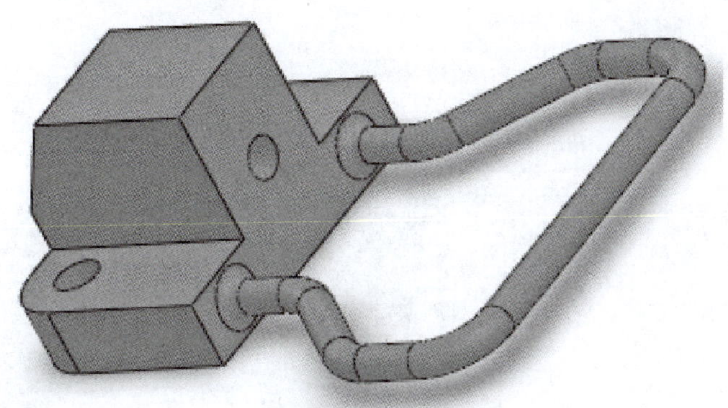

图 3.1.8　案例三

边学边练：

班级		姓名		成绩	
绘制步骤					

步骤一：新建文件。打开Solidworks，单击标准工具栏中的“新建”按钮，然后单击“零件”→“确定”按钮。

步骤二：绘制草图。单击“草图”→“草图绘制”按钮，选择“上视基准面”，绘制如图（a）所示草图。

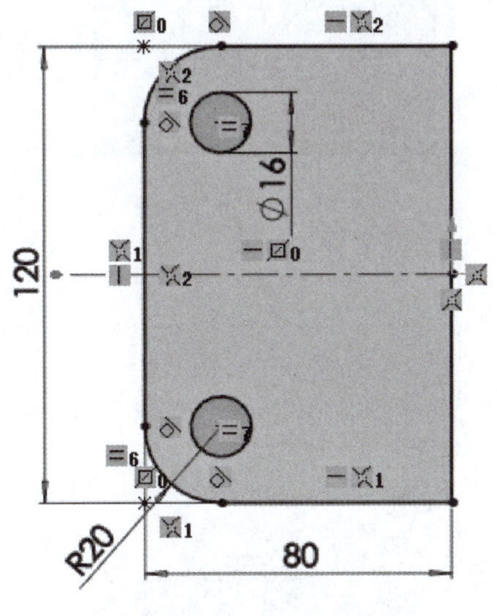

图（a）

步骤三：拉伸凸台/基体。拉伸草图，单击“特征”→“拉伸凸台/基体”按钮，方向选择“两侧对称”选项，给定深度设置为“25.00 mm”，拉伸效果如图（b）所示。

步骤四：绘制草图。单击“草图”→“草图绘制”按钮，选择“前视基准面”，绘制如图（c）所示草图。

步骤五：拉伸凸台/基体。拉伸草图，单击“特征”→“拉伸凸台/基体”按钮，方向选择“两侧对称”选项，“给定深度”设置为“50.00 mm”，拉伸效果如图（d）所示。

步骤六：绘制草图。单击“草图”→“草图绘制”按钮，选择“前视基准面”，绘制如图（e）所示草图。

续上表

凸台-拉伸2
从(F)
草图基准面
方向 1(1)
两侧对称
25.00mm
向外拔模(O)
所选轮廓(S)
120
R20
80
20
30°
50
凸台-拉伸3
从(F)
草图基准面
方向 1(1)
两侧对称
50.00mm
合并结果(M)
向外拔模(O)
所选轮廓(S)
20
30°

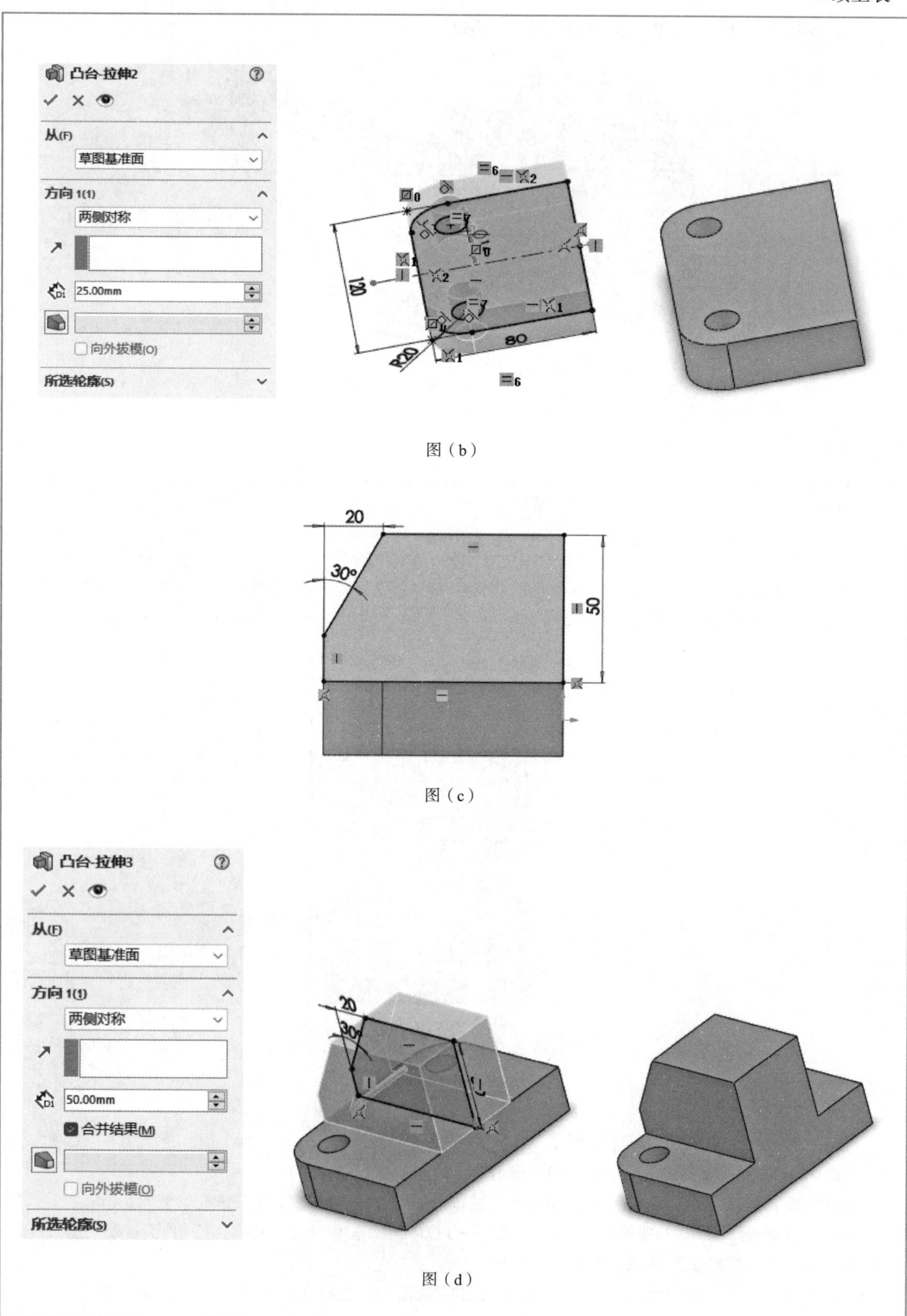

图（b）

图（c）

图（d）

续上表

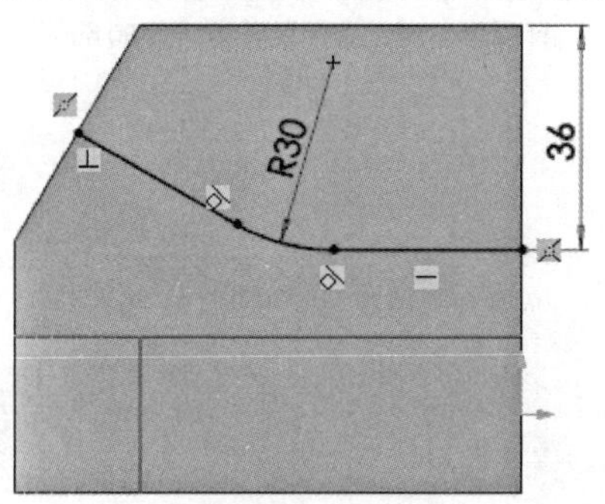

图（e）

步骤七：扫描切除。单击“扫描切除”按钮，选择圆形轮廓，直径设置为“15.00 mm”，选择路径及扫描效果如图（f）所示。

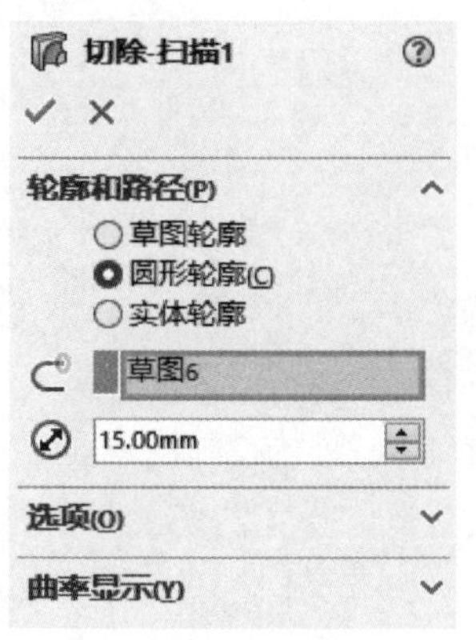

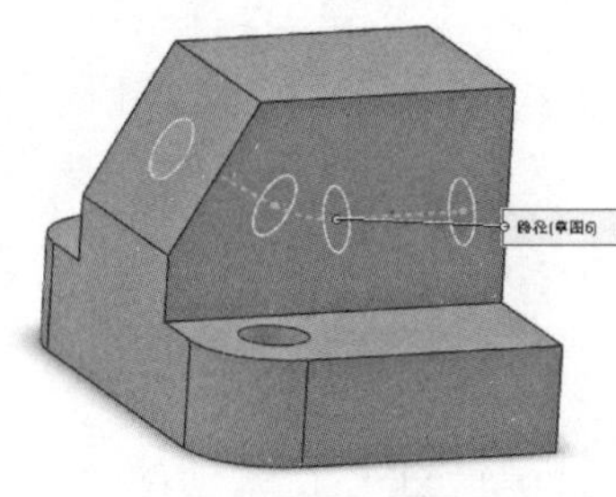

图（f）

步骤八：绘制草图。单击“草图”→“草图绘制”按钮，选择“前视基准面”，绘制如图（g）所示草图。

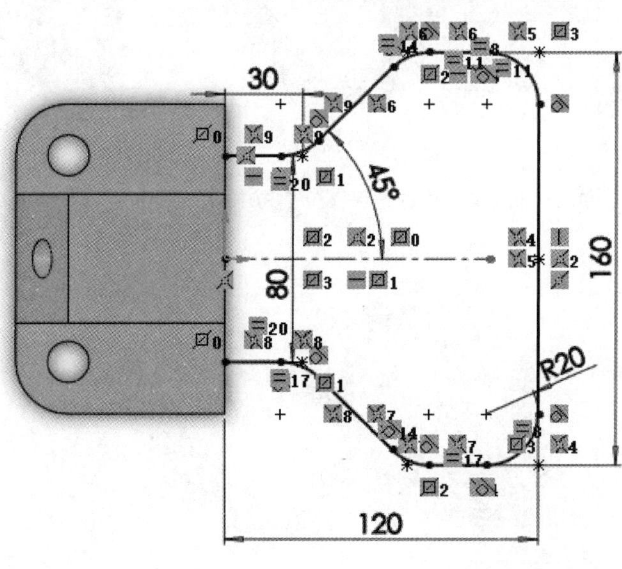

图（g）

续上表

步骤九：扫描。单击“扫描”按钮，选择圆形轮廓，直径设置为“12.00 mm”，选择路径及扫描效果如图（h）所示。

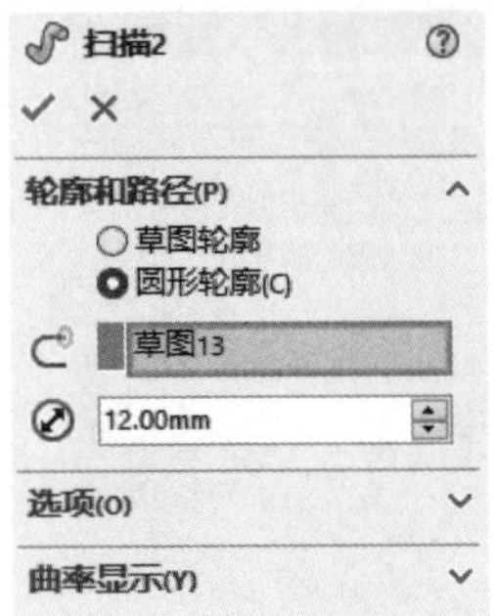

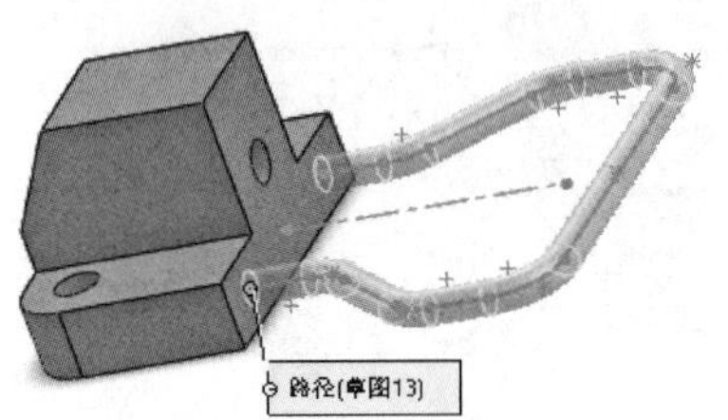

图（h）

步骤十：倒圆角。单击“圆角”按钮，选择如图（i）所示边线，圆角半径设置为“5.00 mm”。

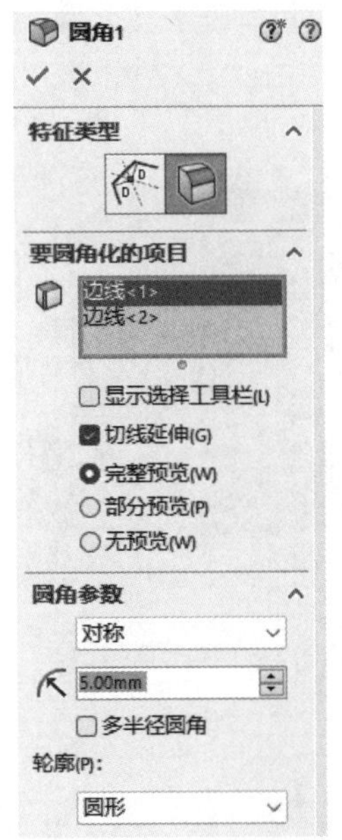

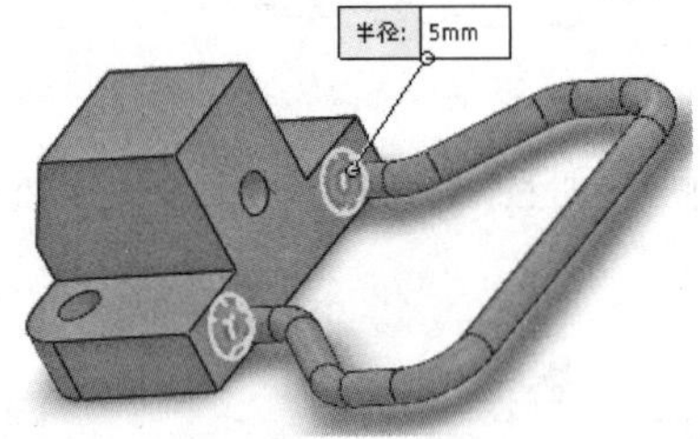

图（i）

步骤十一：保存零件。单击标准工具栏中的“保存”按钮或“另存为”按钮，保存文件，最终效果如图（j）所示

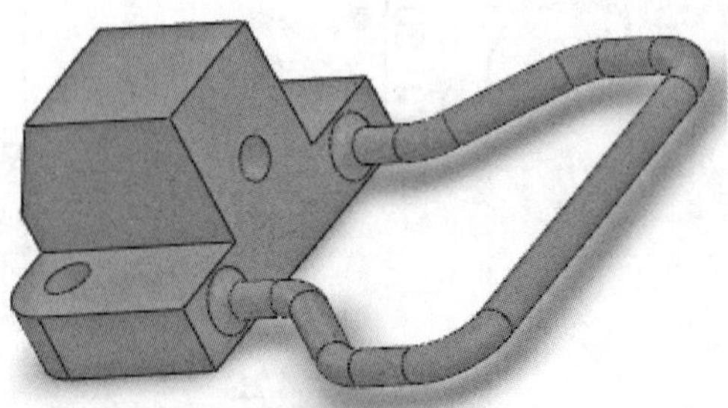

图（j）

任务实施

任务实施见表3.1.3～表3.1.8。

表 3.1.3　子任务一

姓名		班级		成绩	
任务目标	（1）掌握扫描特征的概念与扫描特征的创建方法； （2）掌握扫描特征的类型及参数； （3）通过学习能够准确分析零件特征，灵活运用学过的特征建立三维模型				
操作要求	（1）绘制任务扫描特征； （2）保存文件； （3）提交源文件				
子任务一	千斤顶中零件底座如图（a）所示，绘制特征如图（b）所示 图（a）　图（b）				
实施步骤					

步骤一：创建一个新的工作目录。

步骤二：创建零件，零件命名为“底座”。

步骤三：单击“旋转凸台/基体”按钮，创建一个旋转特征，草图及特征参数如图（c）和图（d）所示。

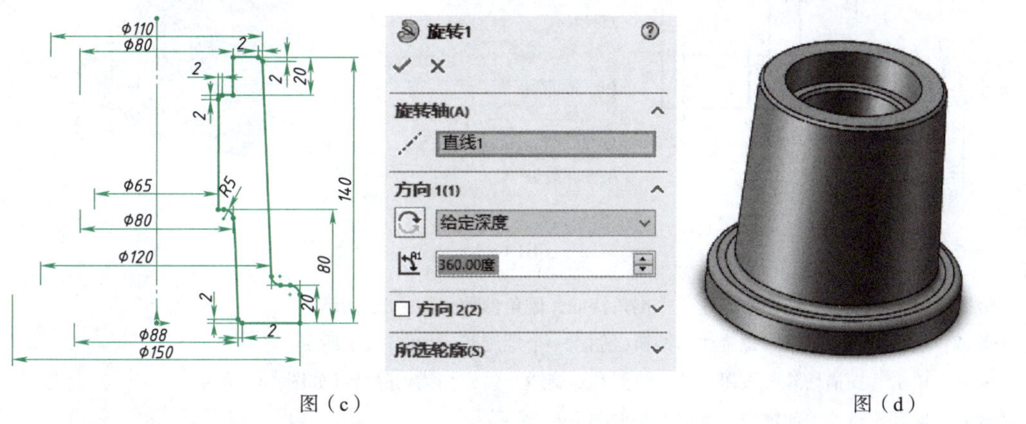

图（c）　图（d）

步骤四：保存模型，关闭窗口

表 3.1.4　子任务二

<table>
<tr><td>姓名</td><td></td><td>班级</td><td></td><td>成绩</td><td></td></tr>
<tr><td colspan="2">任务目标</td><td colspan="4">（1）掌握扫描特征的概念与扫描特征的创建方法；
（2）掌握扫描特征的类型及参数；
（3）通过学习能够准确分析零件特征，灵活运用学过的特征建立三维模型</td></tr>
<tr><td colspan="2">操作要求</td><td colspan="4">（1）绘制任务扫描特征；
（2）保存文件；
（3）提交源文件</td></tr>
<tr><td colspan="2">子任务二</td><td colspan="4">千斤顶中零件螺套如图（a）所示，绘制特征如图（b）所示
图（a）　　图（b）</td></tr>
<tr><td colspan="6">实施步骤</td></tr>
<tr><td colspan="6">步骤一：创建零件，零件命名为“螺套”。
步骤二：单击“旋转凸台/基体”按钮，创建旋转特征草图及参数如图（c）所示。
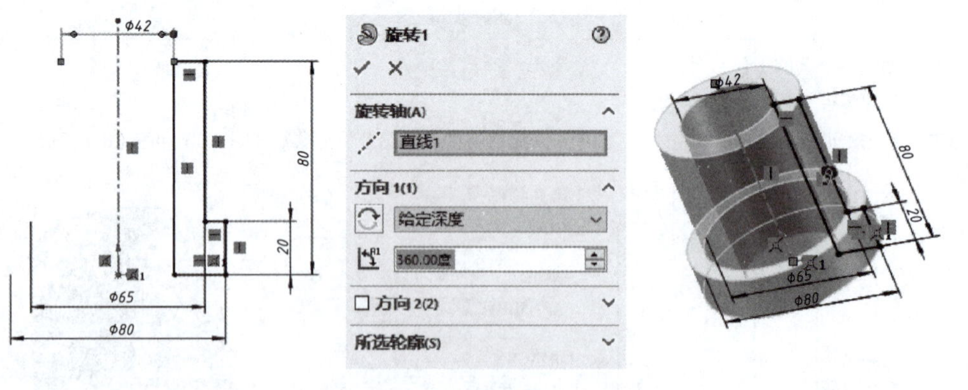

图（c）
步骤三：单击“倒角”按钮，创建一个倒角特征，倒角参数如图（d）所示。
步骤四：绘制草图，单击“螺旋线”按钮，创建一个螺旋线，如图（e）所示。
步骤五：单击“扫描切除”按钮，选择草图和螺旋线，生成扫描切除特征如图（f）所示。
步骤六：保存模型，关闭窗口。最终效果如图（g）所示</td></tr>
</table>

续上表

倒角1
倒角类型(C)
要倒角化的项目(I)
边线<1>
切线延伸(T)
完整预览(W)
部分预览(P)
无预览(N)
倒角参数(C)
反转方向(F)
2.00mm
45.00度
倒角选项(C)
通过面选择(S)
保持特征(K)
距离: 2mm
角度: 45度
螺旋线/涡状线1
定义方式(D):
螺距和圈数
参数(P)
恒定螺距(C)
可变螺距(L)
螺距(I):
8.00mm
反向(V)
圈数(R):
11
起始角度(S):
0.00度
顺时针(C)
逆时针(W)
锥形螺纹线(T)
0.00度
锥度外张(O)
切除-扫描1
轮廓和路径(P)
草图轮廓
圆形轮廓(C)
实体轮廓
草图3
螺旋线/涡状线1
引导线(C)
选项(O)
起始处和结束处相切(T)
曲率显示(Y)
φ50
42
轮廓(草图3)
路径(螺旋线/涡状线1)
图（d）
图（e）
图（f）

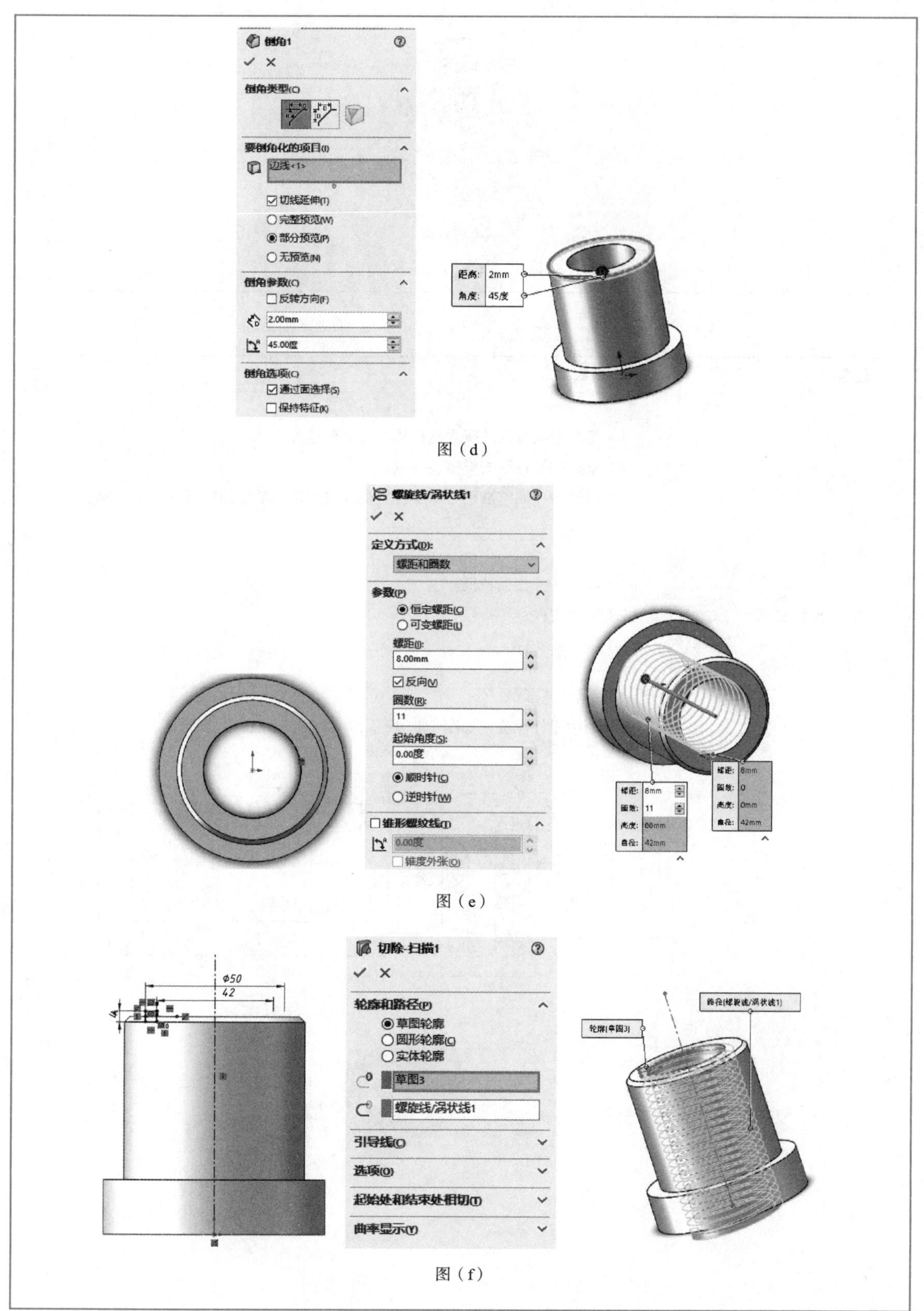

续上表

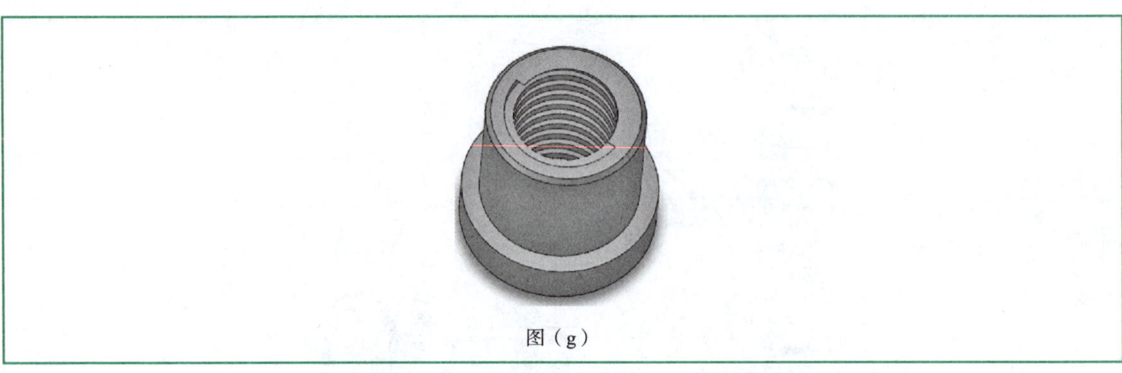

图（g）

表 3.1.5　子任务三

姓名		班级		成绩	
任务目标	（1）掌握扫描特征的概念与扫描特征的创建方法； （2）掌握扫描特征的类型及参数； （3）通过学习能够准确分析零件特征，灵活运用学过的特征建立三维模型				
操作要求	（1）绘制任务扫描特征； （2）保存文件； （3）提交源文件				
子任务三	千斤顶中零件螺旋杆如图（a）所示，绘制特征如图（b）所示 图（a） 图（b）				

续上表

步骤一：创建零件，零件命名为“螺旋杆”。

步骤二：单击“旋转凸台/基体”按钮，创建旋转特征，如图（c）所示。

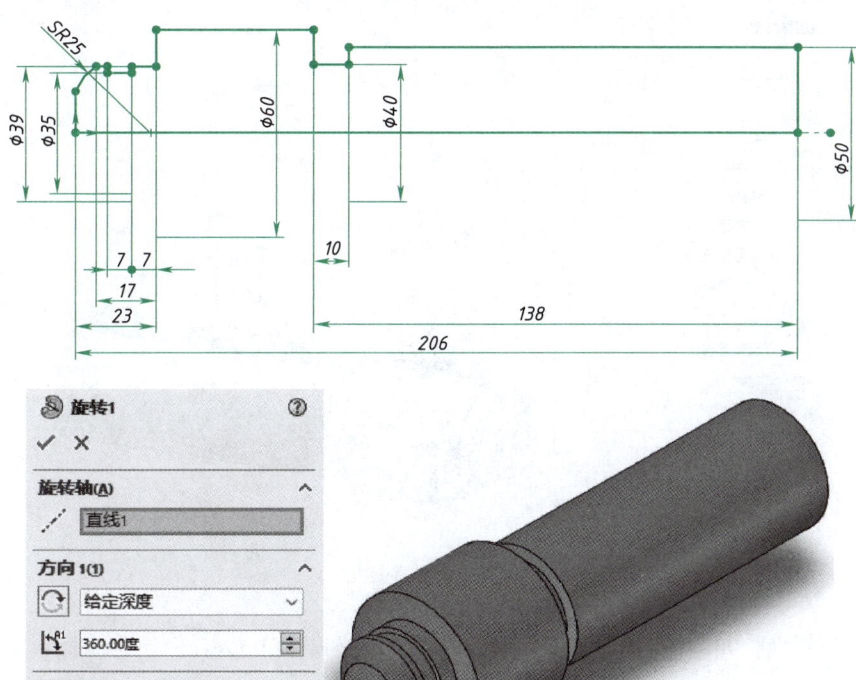

图（c）

步骤三：单击“拉伸切除”按钮，创建拉伸切除特征，拉伸高度选择“完全贯穿”选项，如图（d）所示。

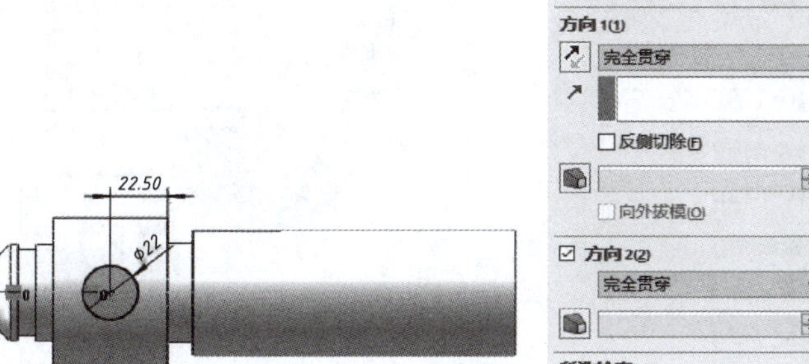

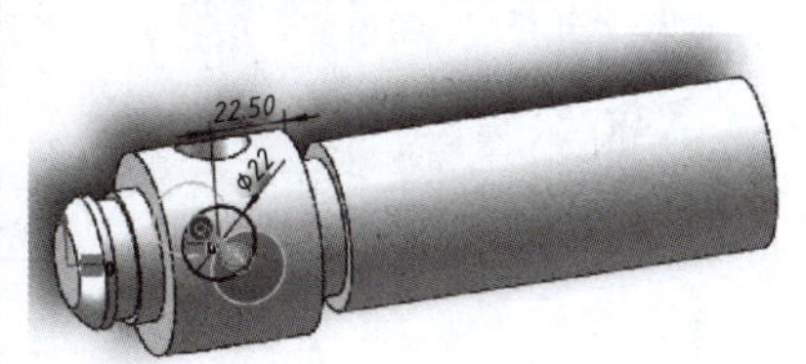

图（d）

步骤四：单击“倒角”按钮，创建倒角特征，倒角参数如图（e）所示。

续上表

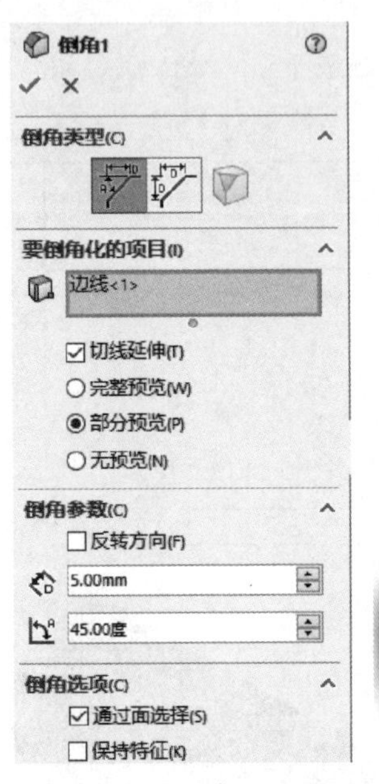

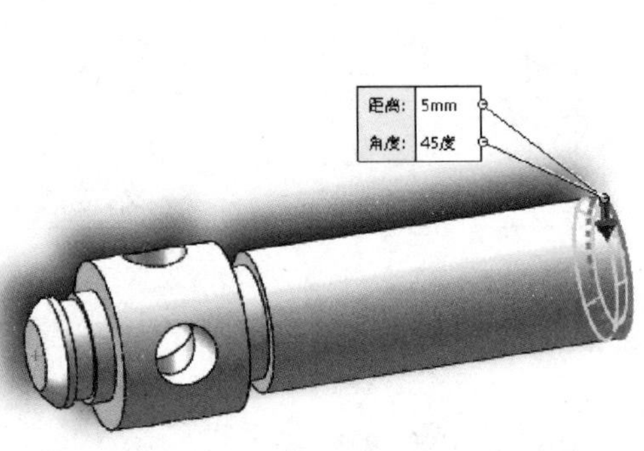

图（e）

步骤五：绘制草图圆，单击“螺旋线”按钮，创建一个螺旋线，如图（f）所示。

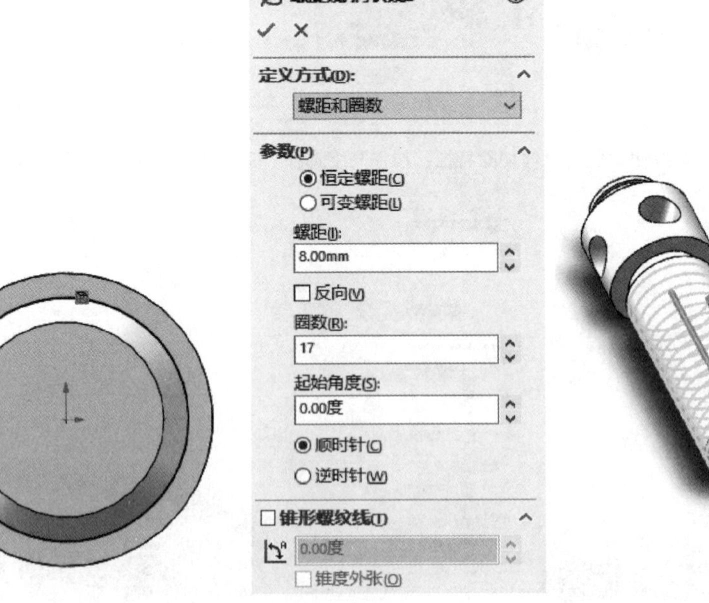

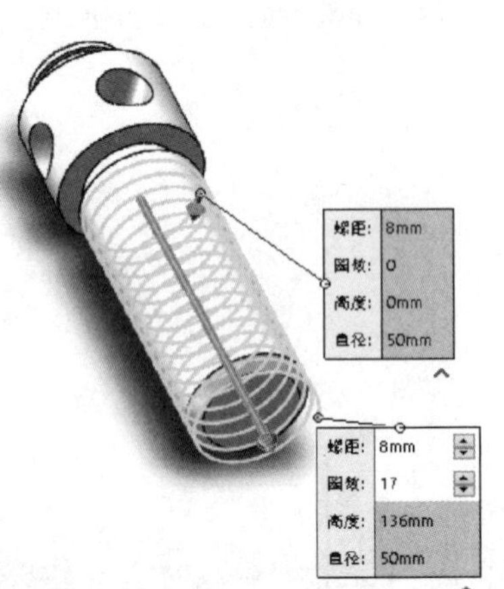

图（f）

步骤六：单击“扫描切除”按钮，选择草图和螺旋线，生成螺旋扫描切除特征，如图（g）所示。

步骤七：单击“圆角”按钮，创建一个圆角特征，圆角特征如图（h）所示。

步骤八：保存模型，关闭窗口。最终效果如图（i）所示

续上表

切除-扫描5
轮廓和路径(P)
草图轮廓
圆形轮廓(C)
实体轮廓
草图10
螺旋线/涡状线2
引导线(C)
选项(O)
起始处和结束处相切(T)
曲率显示(Y)
轮廓(草图10)
路径(螺旋线/涡状线2)
圆角1
特征类型
要圆角化的项目
边线<1>
边线<2>
显示选择工具栏(L)
切线延伸(G)
完整预览(W)
部分预览(P)
无预览(W)
圆角参数
对称
1.00mm
多半径圆角
轮廓(P):
圆形
半径: 1mm

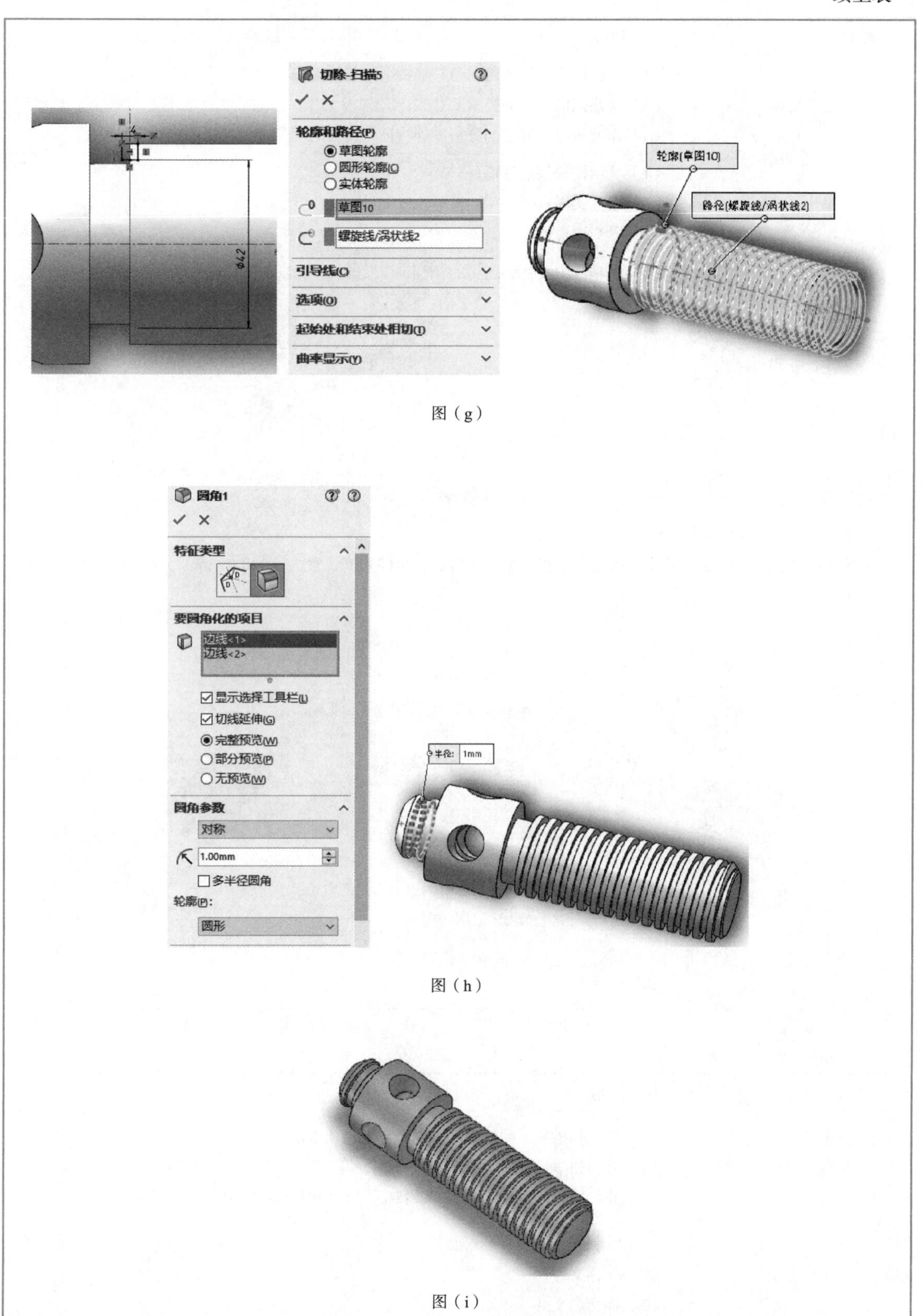

图（g）

图（h）

图（i）

表 3.1.6　子任务四

姓名		班级		成绩	
任务目标	（1）掌握扫描特征的概念与扫描特征的创建方法； （2）掌握扫描特征的类型及参数； （3）通过学习能够准确分析零件特征，灵活运用学过的特征的建立三维模型				
操作要求	（1）绘制任务扫描特征； （2）保存文件； （3）提交源文件				
子任务四	千斤顶零件中绞杠如图（a）所示 图（a）				
实施步骤					

步骤一：创建第四个零件，零件命名为“绞杠”。

步骤二：单击“拉伸凸台/基体”按钮，创建一个拉伸特征，拉伸高度设置为“220.00 mm”，拉伸草图及特征如图（b）所示。

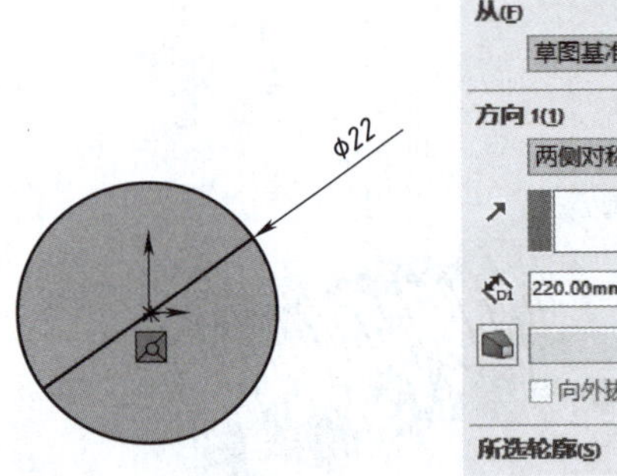

图（b）

步骤三：保存模型，关闭窗口

表 3.1.7　子任务五

姓名		班级		成绩	
任务目标	（1）掌握扫描特征的概念与扫描特征的创建方法； （2）掌握扫描特征的类型及参数； （3）通过学习能够准确分析零件特征，灵活运用学过的特征建立三维模型				
操作要求	（1）绘制任务扫描特征； （2）保存文件； （3）提交源文件				

续上表

<table>
<tr><td>子任务五</td><td>千斤顶中零件顶垫如图（a）所示，绘制特征如图（b）所示
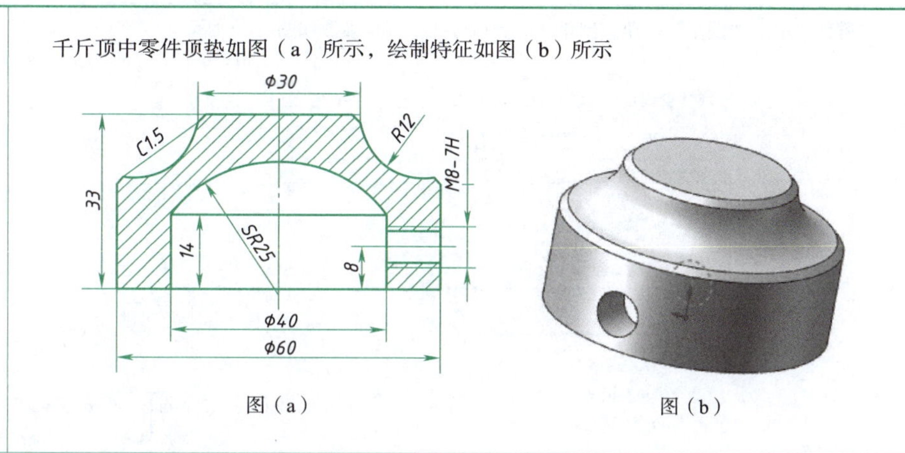

图（a）　图（b）</td></tr>
<tr><td colspan="2">实施步骤</td></tr>
<tr><td colspan="2">步骤一：创建第五个零件，零件命名为“顶垫”。
步骤二：单击“旋转凸台/基体”按钮，创建一个旋转特征，如图（c）所示。
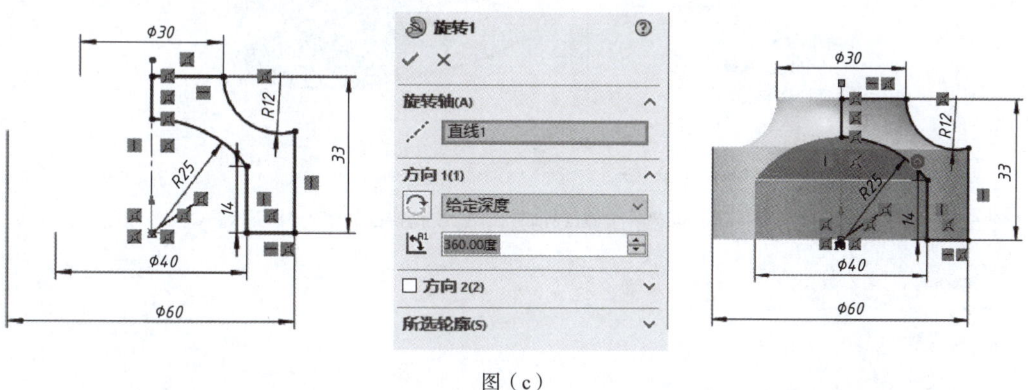

图（c）
步骤三：单击“拉伸切除”按钮，创建一个拉伸切除特征，拉伸方式选择“完全贯穿”选项，拉伸切除特征如图（d）所示。
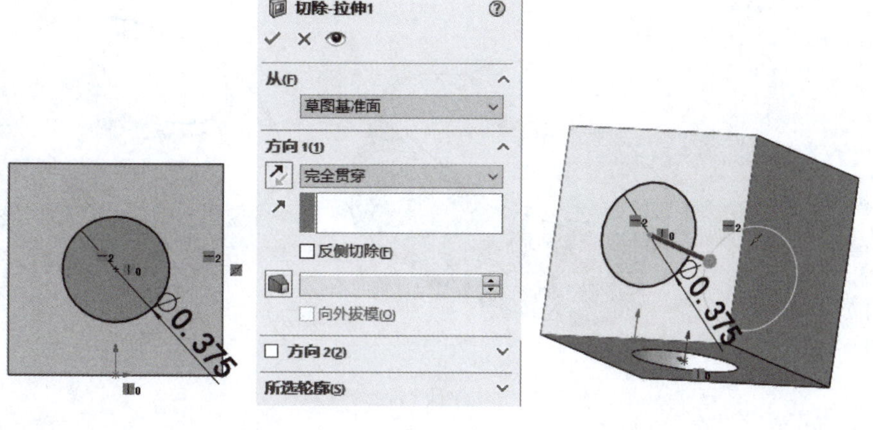

图（d）</td></tr>
</table>

续上表

步骤四：单击“倒角”按钮，创建一个倒角特征，倒角参数如图（e）所示。

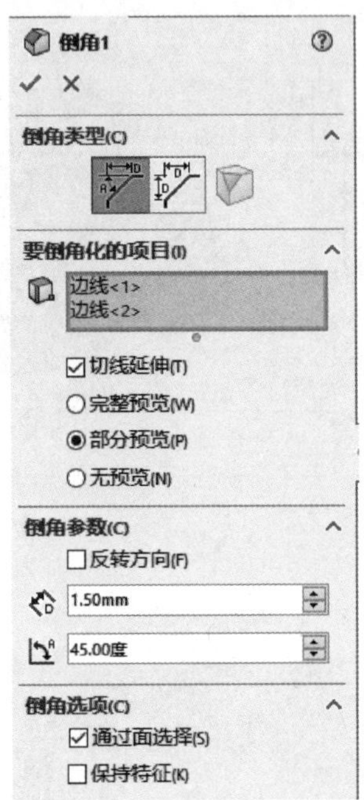

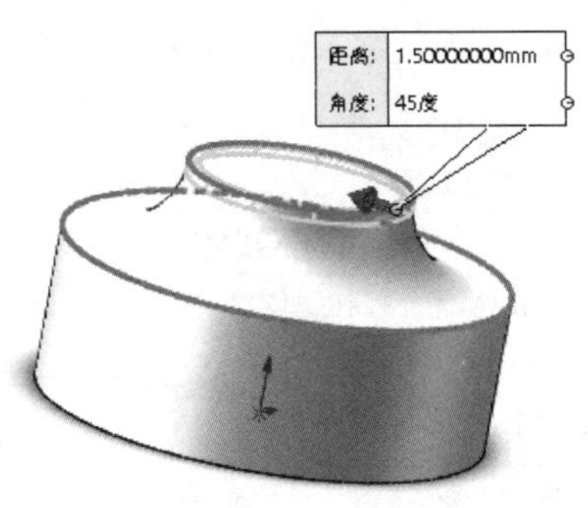

图（e）

步骤五：单击“异型孔向导”按钮，创建一个螺纹孔特征，螺纹孔特征如图（f）所示。

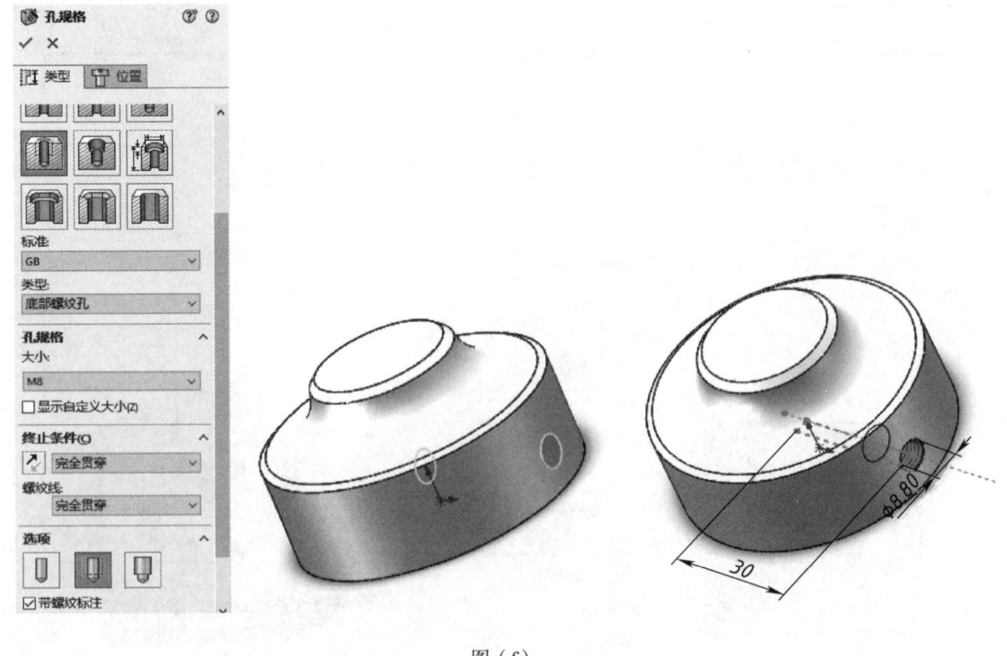

图（f）

步骤六：保存模型，关闭窗口

表 3.1.8　子任务六

<table>
<tr><td>姓名</td><td></td><td>班级</td><td></td><td>成绩</td><td></td></tr>
<tr><td colspan="2">任务目标</td><td colspan="4">（1）掌握扫描特征的概念与扫描特征的创建方法；
（2）掌握扫描特征的类型及参数；
（3）通过学习能够准确分析零件特征，灵活运用学过的特征建立三维模型</td></tr>
<tr><td colspan="2">操作要求</td><td colspan="4">（1）绘制任务扫描特征；
（2）保存文件；
（3）提交源文件</td></tr>
<tr><td colspan="2">子任务六</td><td colspan="4">千斤顶中零件螺钉M10 × 12、M8 × 12的设计如图（a）和图（b）所示
图（a）　图（b）</td></tr>
<tr><td colspan="6">实施步骤</td></tr>
<tr><td colspan="6">步骤一：创建两个零件，零件分别命名为“螺钉M10 × 12”、“螺钉M8 × 12”。
步骤二：单击“设计库”按钮，创建螺钉标准件。选择“GB”→“screws”选项，选择类型如图（c）所示，并输入参数，在装配体中直接拉出并装配即可。
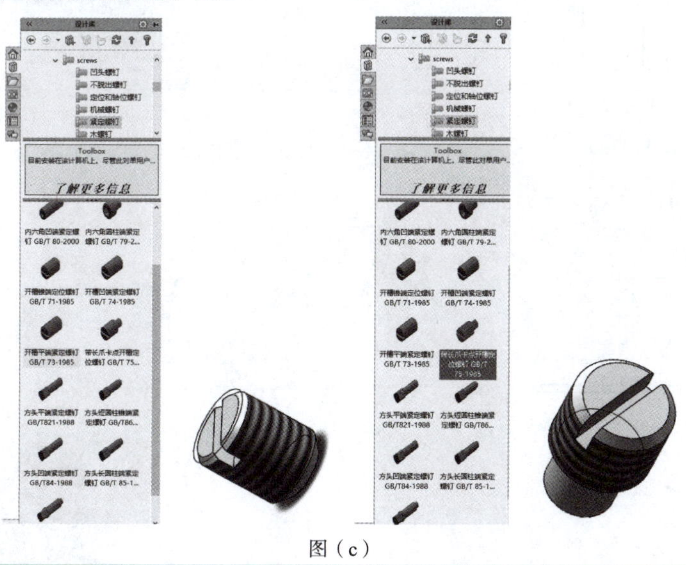
图（c）</td></tr>
</table>

考核与评价

扫描特征工作任务考核与评价见表3.1.9。

表 3.1.9　考核与评价表

班级：		姓名：	日期：	
任务活动评价	评价内容	自评	互评	教师
	（1）学习准备情况			
	（2）小组计划完成情况			
	（3）操作安全性、规范性			
	（4）沟通、协作能力			
	（5）职业能力			

小　结

通过扫描特征操作任务，能够准确分析零件的特征；掌握扫描特征的概念与扫描特征的创建方法；掌握扫描特征的类型及参数；灵活运用扫描特征建立三维模型，达到了基本职业技能和专业素养的要求。

思考与练习

一、绘制如下特征

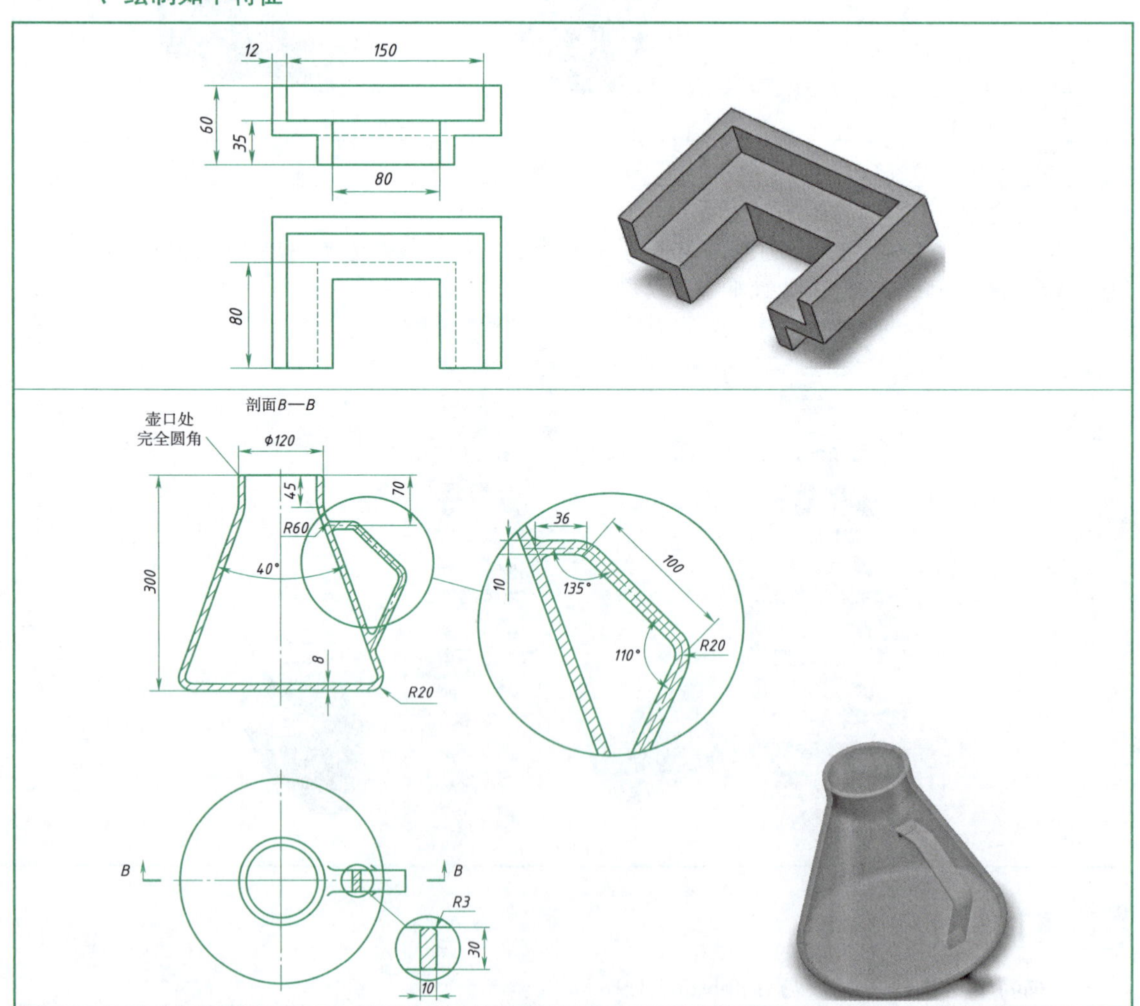

二、扫描特征创建

40
28
40
28
R5
Φ24
6
4×Φ5
Φ14
30
R15
60
R15
40
6
R7
Φ8
36
Φ30
60
32
60
40
150
45
沿各条红线剖切，
剖面均为椭圆形态
80
50
150
90
35
60
60
50
A
14
25
6
R29
30
55
Φ170
12
R5
Φ25
4
16
10
45
A
剖面A—A
局部视图
比例1：1

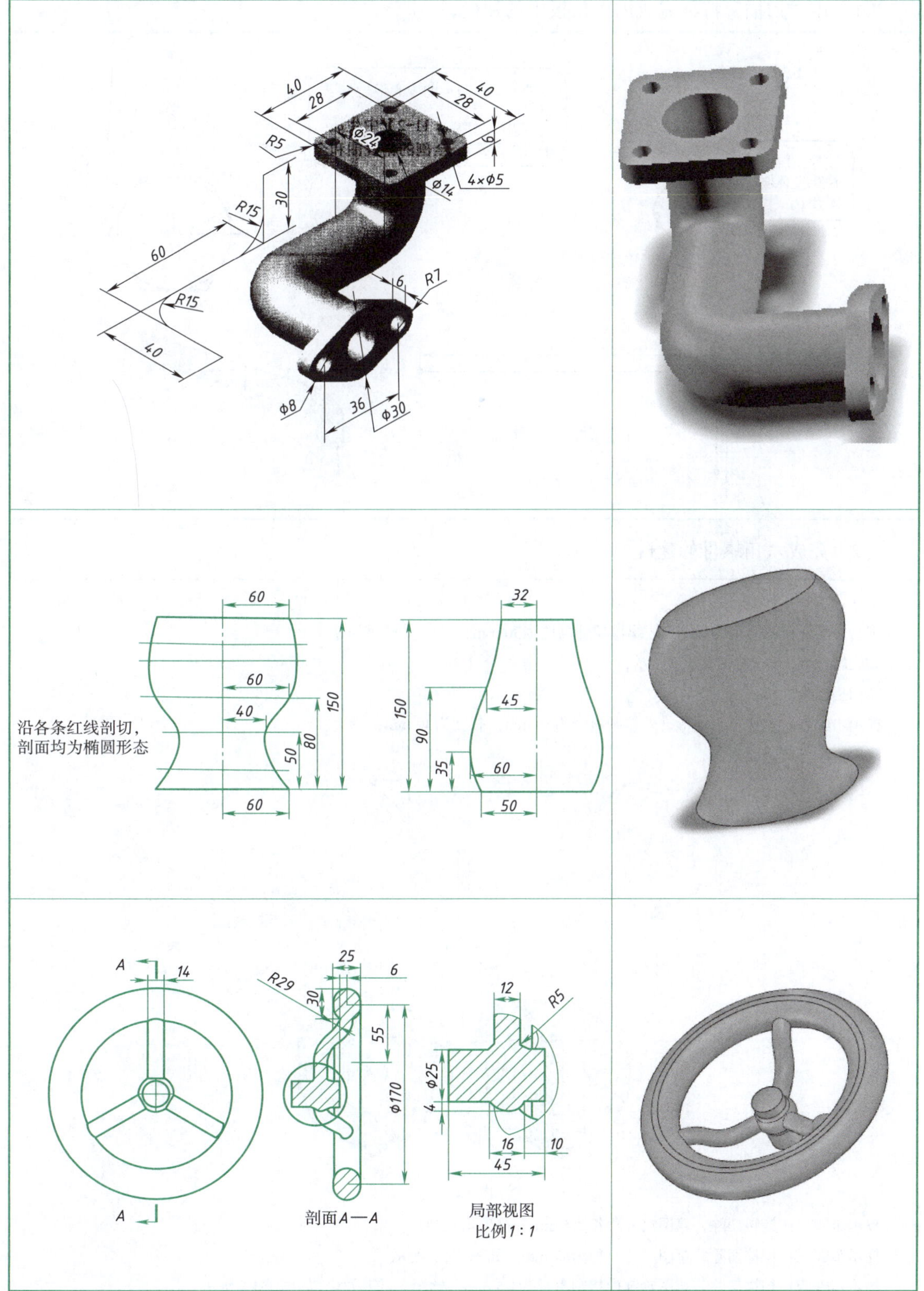

三、完成如下零件三维建模

（1）用“扫描”特征完成内六角扳手的建模

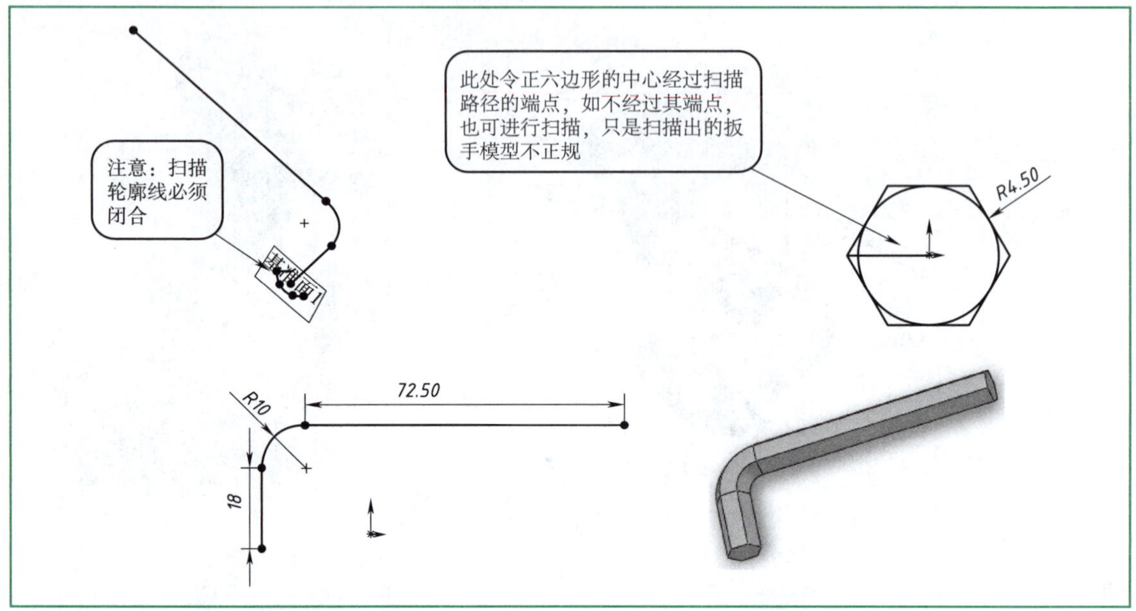

（2）完成六角螺母的建模

条件：

①六边形外接圆直径为50 mm，螺母拉伸高度为30 mm，如图（a）所示；

②旋转切除，草图如图（b）所示；

③扫描切除螺纹。

提示步骤一：拉伸正六边形，外接圆直径为50 mm，高度为30 mm；

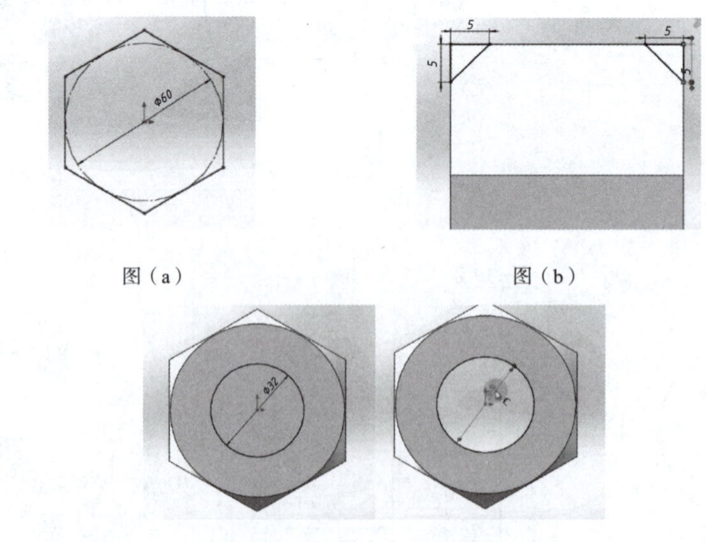

图（a）　图（b）

图（c）

提示步骤二：旋转切除，草图尺寸边长为5 mm等腰直角三角形。

提示步骤三：拉伸切除，草图尺寸直径为32 mm，如图（c）所示。

提示步骤四：扫描切除，草图轮廓内接圆直径为1.5 mm，螺距3，圈数10，如图（d）所示

续上表

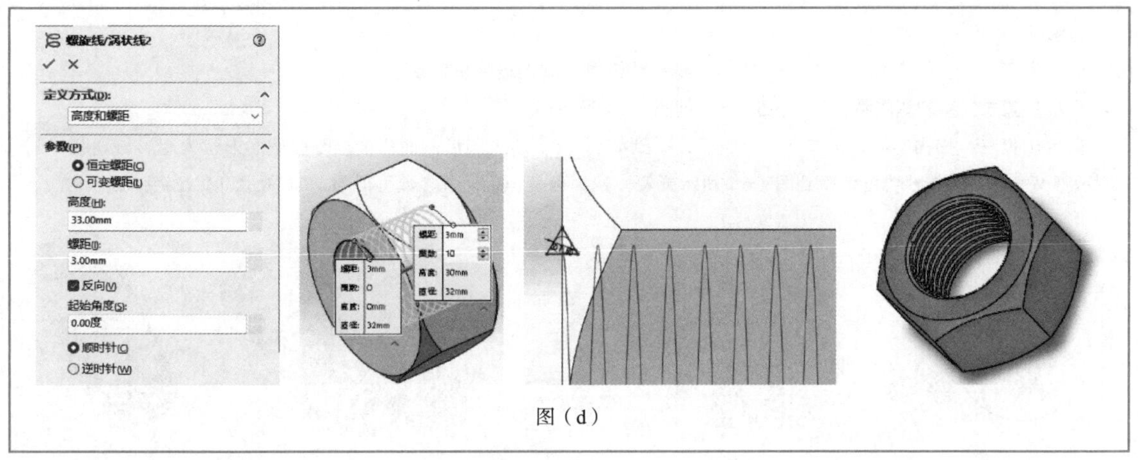

图（d）

（3）完成螺栓的建模

条件：

①六边形外接圆直径为50 mm，如图（b）所示；

②旋转切除，倒圆角半径为5 mm；草图如图（c）所示；

③扫描切除螺纹。

提示步骤一：旋转图（a）截面生成主特征；

提示步骤二：拉伸移除材料，如图（b）所示，生成六角。

提示步骤三：旋转除料如图（c）所示，生成顶面，然后倒圆角。

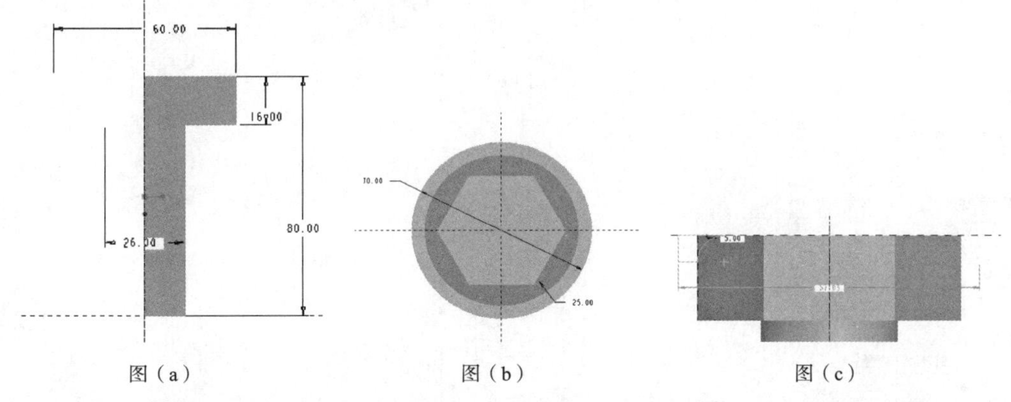

图（a）　　图（b）　　图（c）

提示步骤四：扫描切除，草图轮廓内接圆直径为1.5 mm，螺距3，10圈，如图（d）所示

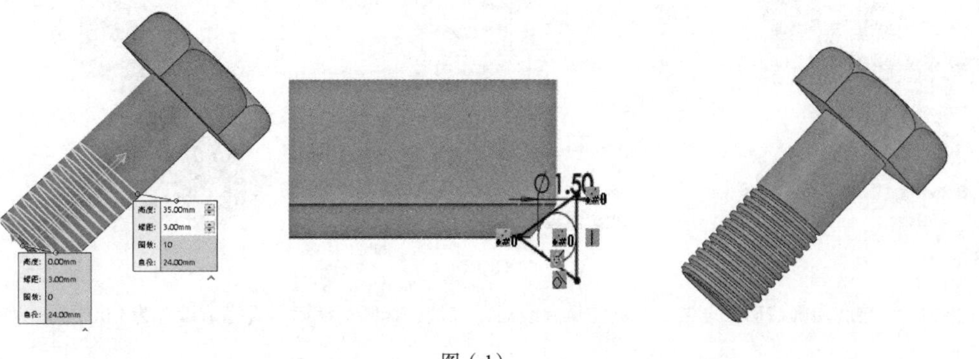

图（d）

（4）完成弹簧的建模

方法一

提示步骤一：绘制草图，如图（a）所示，绘制螺旋线，输入螺距和圈数。

提示步骤二：绘制草图圆，直径为5 mm，如图（b）所示。

提示步骤三：扫描实体。选择截面及路径，得到如图（c）所示圆形截面弹簧。改变截面形状为矩形得到图（d）所示弹簧。改变螺旋线锥度值得到图（e）所示弹簧。选择可变螺距设置参数可得图（f）所示可变螺距弹簧。

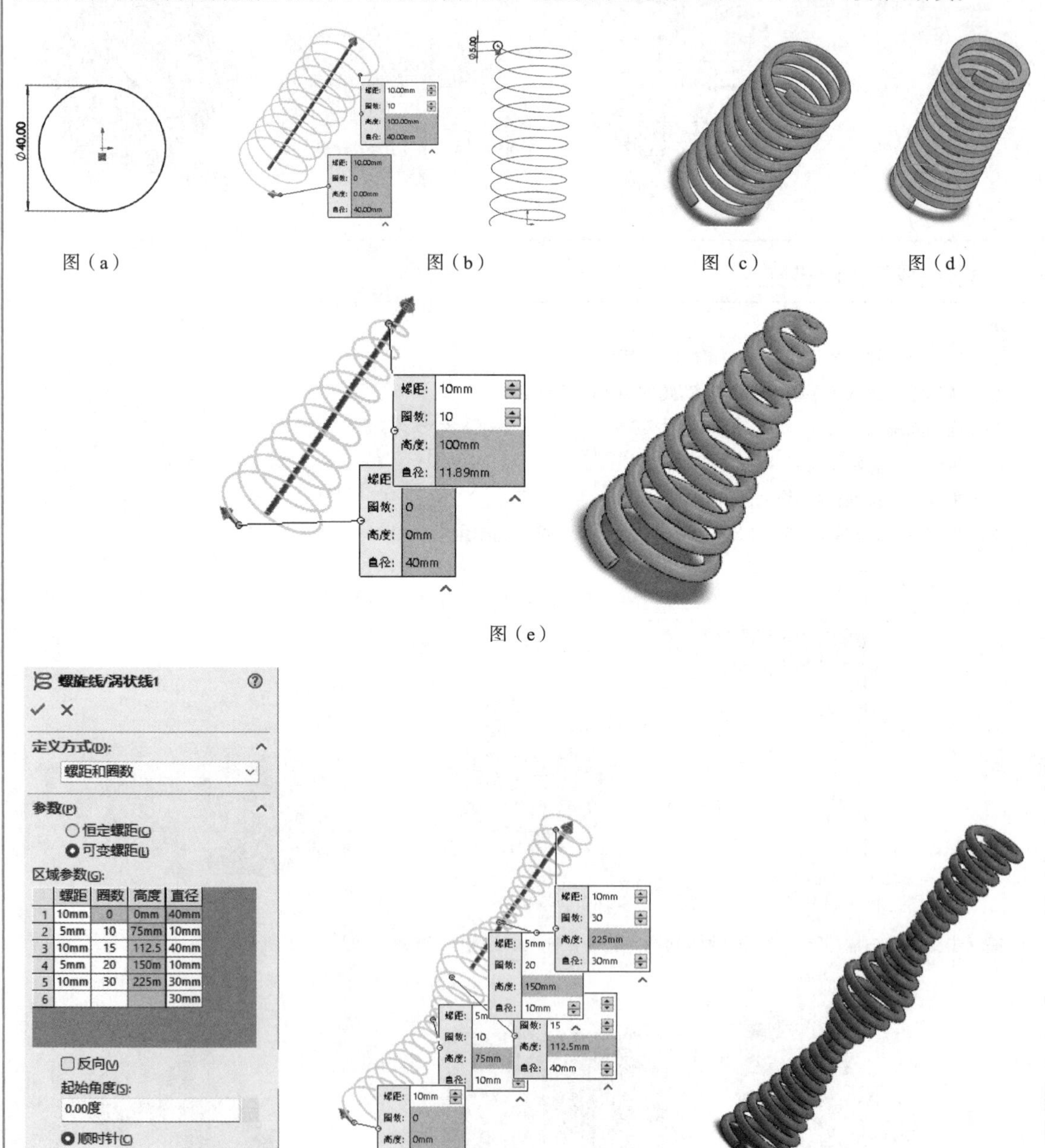

图（a） 图（b） 图（c） 图（d）

图（e）

图（f）

方法二：直接利用圆截面来定义。绘制完螺旋线后，直接选择圆形截面，直径值设置为5.00 mm，如图（g）所示。

续上表

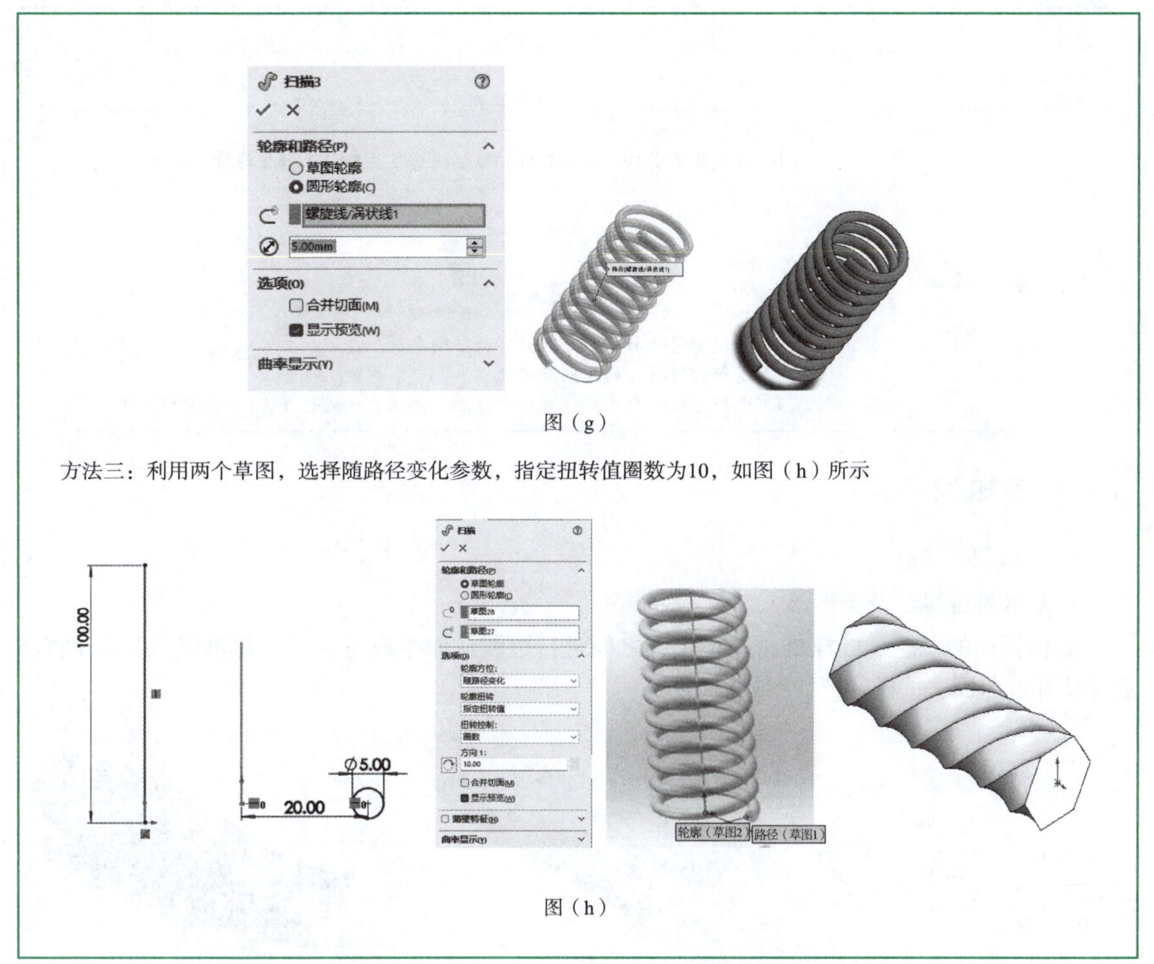

图（g）

方法三：利用两个草图，选择随路径变化参数，指定扭转值圈数为10，如图（h）所示

图（h）

任务二　放样特征与基本操作

观察与思考

（1）放样特征的概念是什么？放样特征的建立方法有哪些？

（2）放样特征的类型有几种？放样特征的参数如何设置？

任务要点

掌握放样特征的概念与放样特征的创建方法；掌握放样特征的类型及参数；通过本章学习能够准确分析零件的特征，灵活运用放样特征建立三维模型。

任务安排

任务安排见表3.2.1。

表 3.2.1　任务安排

班级＿＿＿＿＿＿ 第＿＿＿＿＿＿组 姓名＿＿＿＿＿＿	任务地点＿＿＿＿＿＿ 任务日期＿＿＿＿＿＿
任务具体安排	（1）查找相关资料，弄清楚放样特征概念及类型，了解放样特征的创建方法。 （2）查找资料或教材，了解放样特征的参数。 （3）了解放样特征的案例及特点。 （4）全班分成四个小组，每个小组选一名组长，进行 5~10 分钟 PPT 介绍

相关知识

一、放样特征

1. 放样特征概念及类型

放样特征的概念：放样是通过在轮廓之间进行过渡从而生成特征，放样可以是基体/凸台、放样切除或曲面，放样特征如图3.2.1所示。

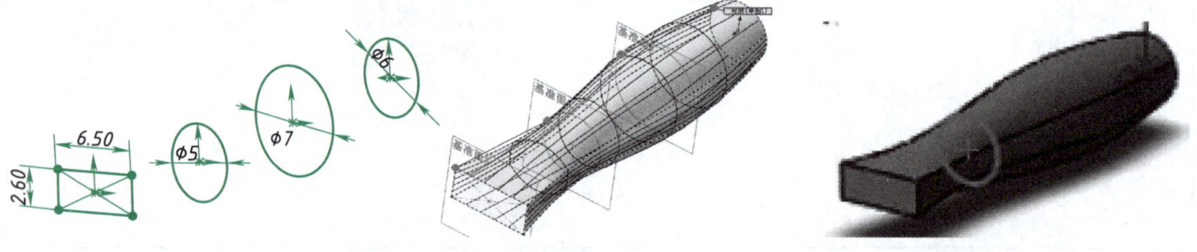

图 3.2.1　放样特征

放样特征的类型：可分为放样凸台/基体、放样曲面和放样切除，放样特征类型见表3.2.1。

表 3.2.2　放样特征类型

放样切除 （去除材料）	放样凸台 / 基体 （增加材料）	放样薄壁 （增加材料）	放样曲面 （增加材料）	放样切除薄壁 （去除材料）
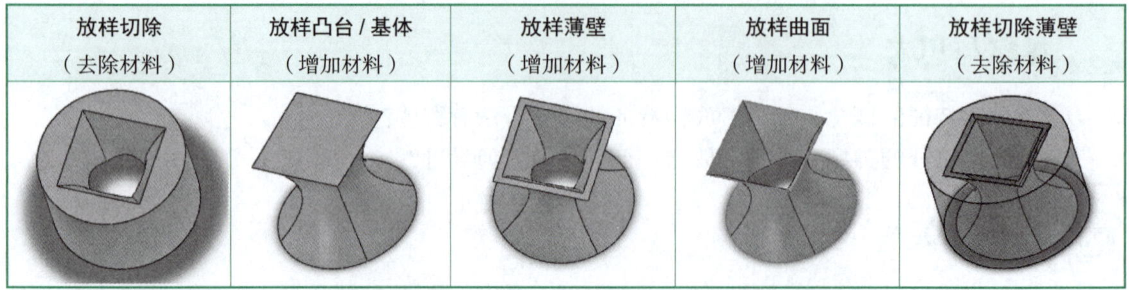				

2. 放样参数

（1）放样要求

- 使用两个或多个轮廓生成放样，仅第一个或最后一个轮廓可以是点，也可以这两个轮廓都是点。
- 放样特征至少需要两个截面，且不同截面应绘制在不同的草图平面上。

- 放样的截面轮廓线可以是草图、曲线、模型边线。

（2）放样特征选项

放样菜单栏特征属性如图3.2.2所示。可以放样凸台和薄壁两种特征。

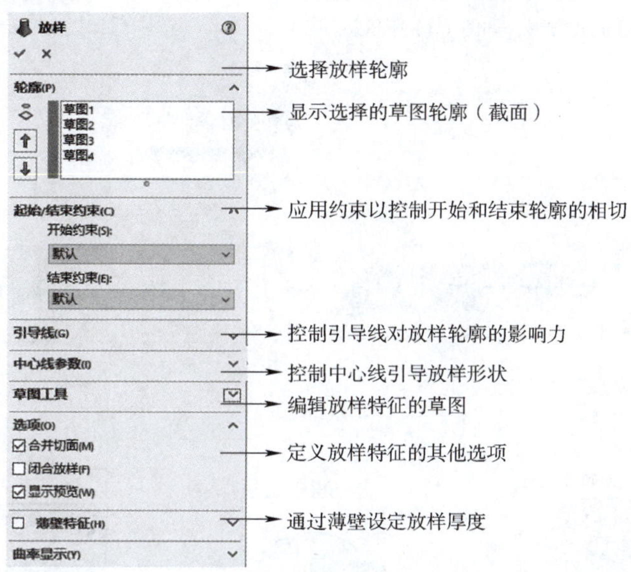

图 3.2.2　放样菜单栏特征属性

3. 放样类型

放样类型主要有：简单放样，引导线放样，中心线放样，放样切割。

①简单放样：不设置引导线及中心线的一种放样方法。简单放样如图3.2.3所示。

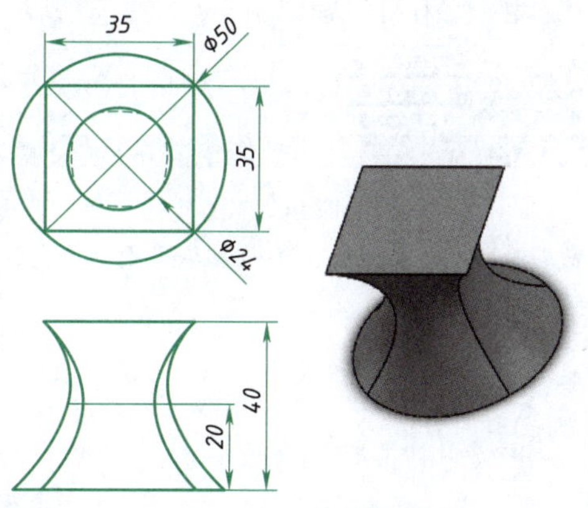

图 3.2.3　简单放样

边学边练：

班级		姓名		成绩	
绘制步骤					
步骤一：新建文件。 步骤二：创建基准面。在“参考几何体”下拉菜单中单击“基准面”按钮，选择第一参考为“上视基准面”，偏移基准面分别输入“20.00 mm”和“40.00 mm”，创建两个基准面，如图（a）所示。					

续上表

步骤三：绘制轮廓草图。在菜单栏中选择“插入”→“草图绘制”命令，选择“上视基准平面”，在原点创建直径50 mm的圆，草图如图（b）所示；单击“基准面1”，在原点创建直径24 mm的圆，如图（c）所示；单击“基准面2”，在原点创建边长为35 mm正方形，如图（d）所示。

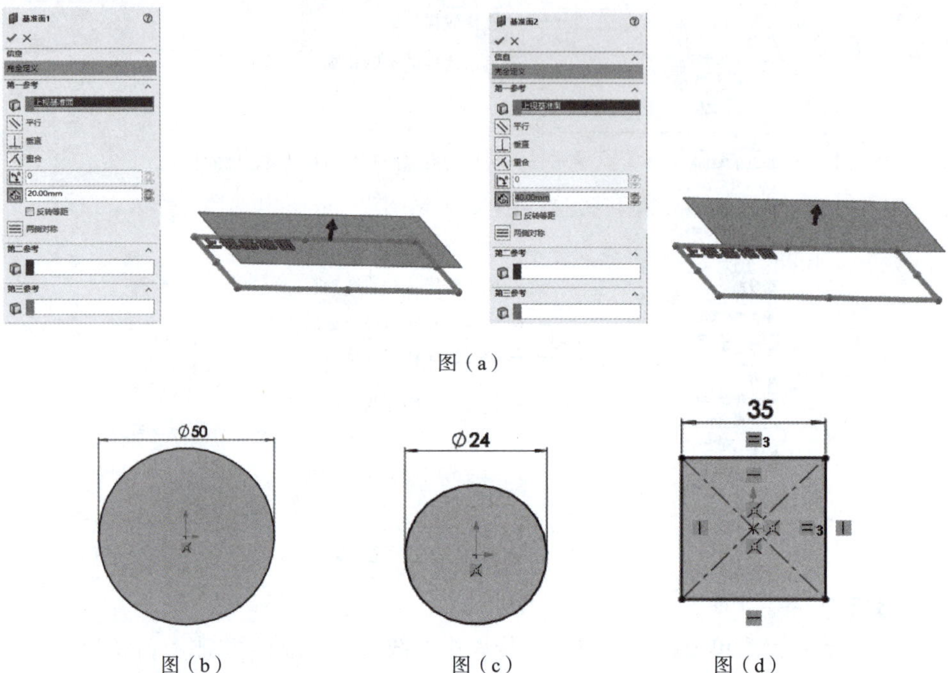

图（a）

图（b） 图（c） 图（d）

步骤四：隐藏基准面1和基准面2，选择“放样凸台/基体”命令，如图（e）所示。

图（e）

步骤五：放样凸台/基体。选择截面轮廓。选择草图1、草图2和草图3作为凸台放样特征的截面轮廓，如图（f）所示，单击“确定”按钮，完成凸台放样特征的定义。

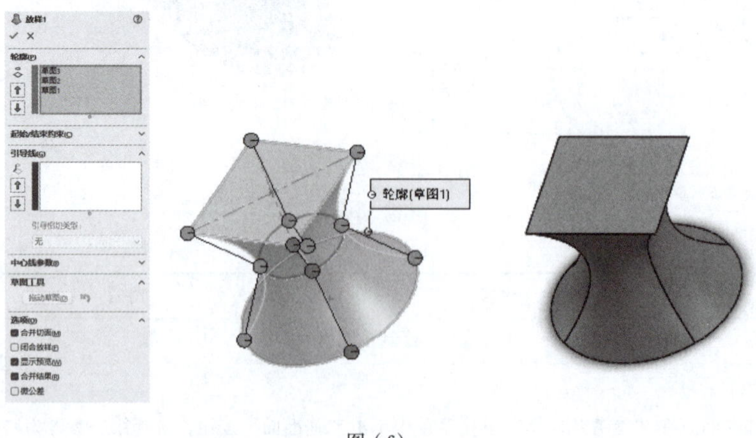

图（f）

步骤六：保存文件

②引导线放样：通过两个或两个以上的草图轮廓并使用一条或多条引导线生成的放样。引导线放样如图3.2.4所示。

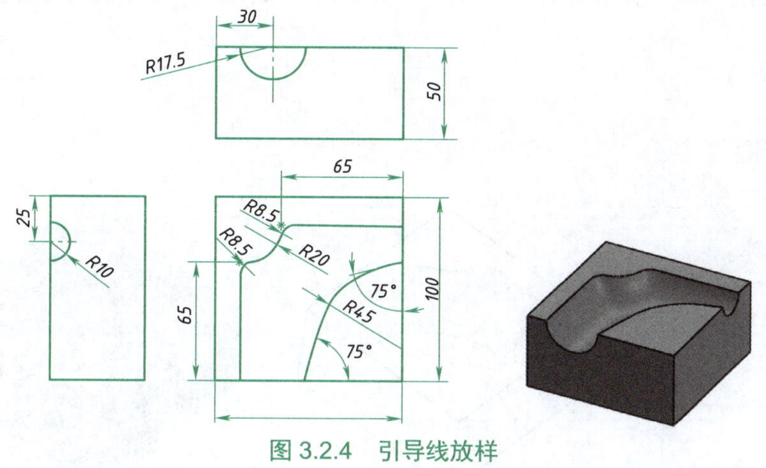

图 3.2.4　引导线放样

边学边练：

班级		姓名		成绩	
绘制步骤					

步骤一：新建文件。

步骤二：新建轮廓草图。在菜单栏中选择“插入”→“草图绘制”→“上视基准平面”，在原点处绘制出一个边长为100 mm的正方形，如图（a）所示。

步骤三：拉伸凸台/基体。拉伸出一个高为50 mm的正方体，如图（b）所示。

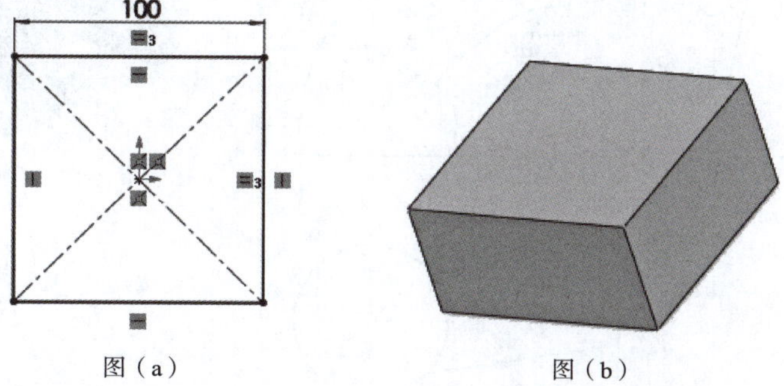

图（a）　　图（b）

步骤四：建立草图轮廓。在正方体的主视图和右视图分别建立半径为17.5 mm和10 mm的半圆（封闭的），如图（c）所示。

步骤五：建立引导线。选择俯视图创建草图，并绘制如图（d）所示草图轮廓。

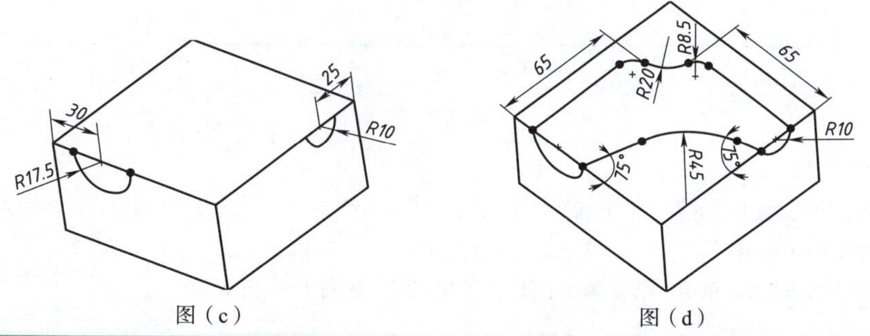

图（c）　　图（d）

续上表

步骤六：放样凸台/基体。选择截面，单击“特征”工具栏中的“放样切割”按钮，选择草图轮廓和引导线，如图（e）所示。 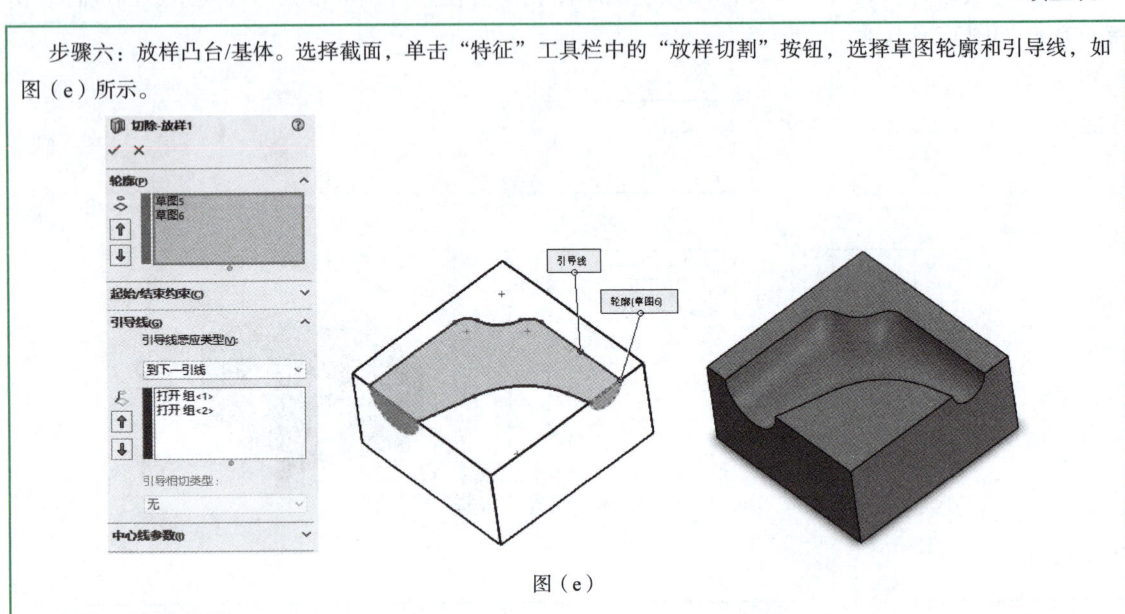 图（e） 步骤七：保存文件

③中心线放样：使用一条变化的引导线作为中心线的放样。所有中间截面的草图基准面都与此中心线垂直。中心线可以是绘制的曲线、模型边线或曲线。中心线放样如图3.2.5所示。

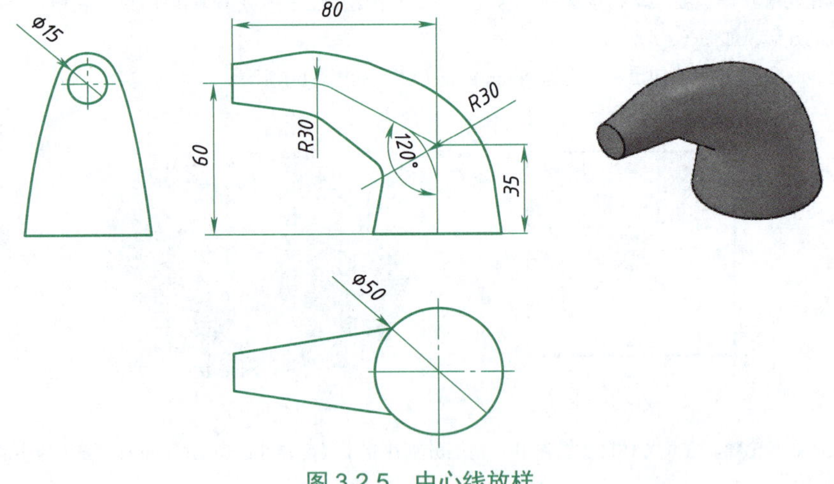

图 3.2.5　中心线放样

边学边练：

班级		姓名		成绩	
绘制步骤					
步骤一：新建文件。 步骤二：新建草图截面1。在菜单栏中选择“插入”→“草图绘制”→“上视基准平面”，在原点处创建直径为50 mm的圆，如图（a）所示。 步骤三：新建草图截面2。单击“前视基准平面”，创建草图，如图（b）所示。					

续上表

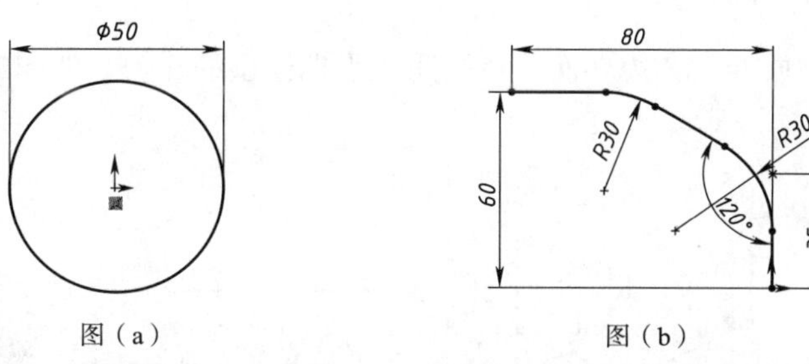

图（a）　　　　图（b）

步骤四：创建基准面。在“参考几何体”下拉菜单中单击“基准面”按钮，第一参考选择草图直线的端点，第二参考选择直线，创建基准面，如图（c）所示。

步骤五：建立草图轮廓。在基准面上创建直径为15 mm的圆。如图（d）所示。

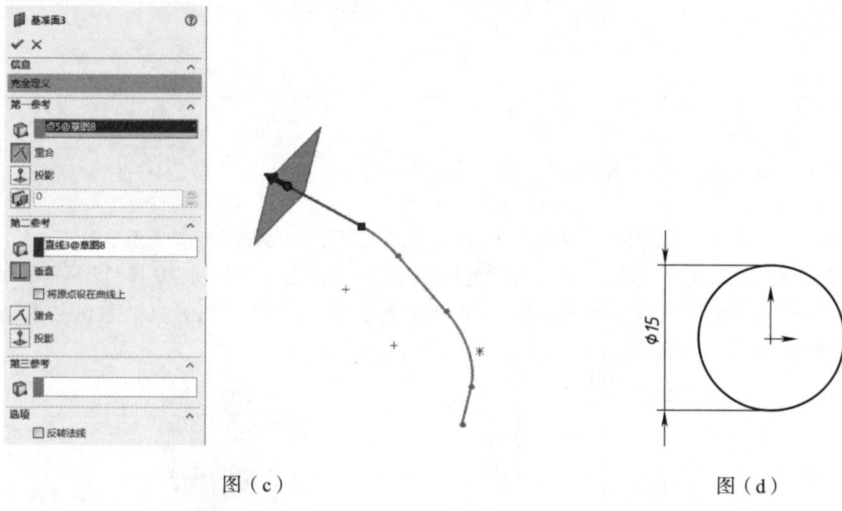

图（c）　　　　图（d）

步骤六：放样凸台/基体。在“特征”工具栏中选择“放样凸台/基体”命令，单击截面轮廓。选择草图1和草图3作为截面轮廓，选择草图二为中心线参数（绿色的点可以用鼠标拖动），如图（e）所示。

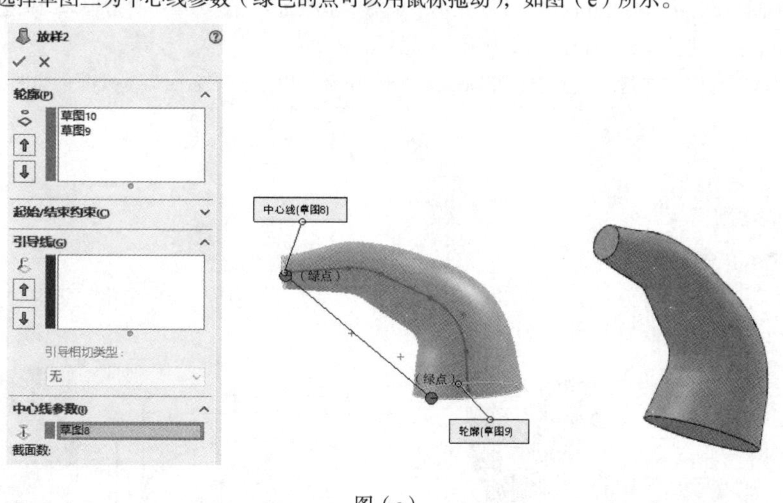

图（e）

步骤七：保存文件

二、放样特征案例

1. 放样特征案例一

尝试用“旋转”、“放样”、“边界面”特征完成手把模型的建模，如图3.2.6所示，文件命名为“FY2”即可。

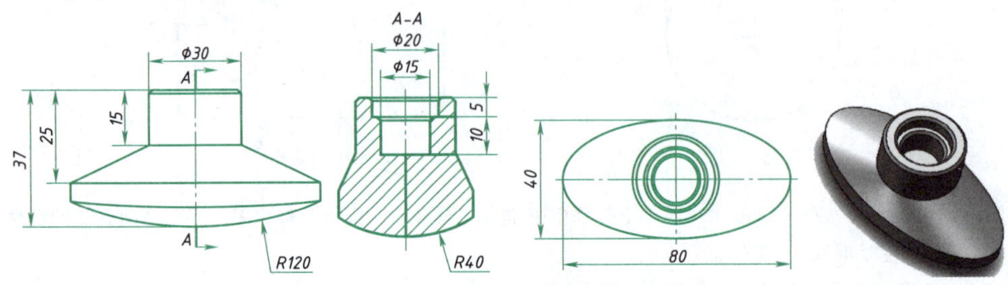

图 3.2.6　放样特征案例一

边学边练：

班级		姓名		成绩	
绘制步骤					

步骤一：新建文件。

步骤二：绘制草图。单击“草图绘制”按钮，选择“前视基准面”，绘制如图（a）所示草图。

步骤三：旋转凸台/基体。绘制完草图后，单击“旋转凸台/基体”按钮，“旋转轴”选择“直线1”，在“旋转类型”下拉列表框内选择“给定深度”选项，在“角度”文本框内输入“360.00度”，单击“√”按钮完成旋转，旋转凸台效果如图（b）所示。

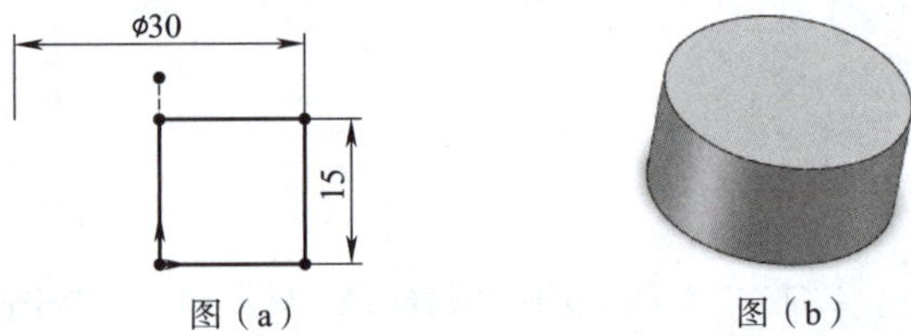

图（a）　　图（b）

步骤四：创建基准面。在“参考几何体”下拉菜单中单击“基准面”按钮，第一参考选择圆柱上表面，反转等距设置为“25.00 mm”，创建基准面，如图（c）所示。

步骤五：建立草图轮廓。在基准面上创建椭圆如图（d）所示。以圆柱下表面为基准面创建圆柱直径大小的圆，如图（e）所示。

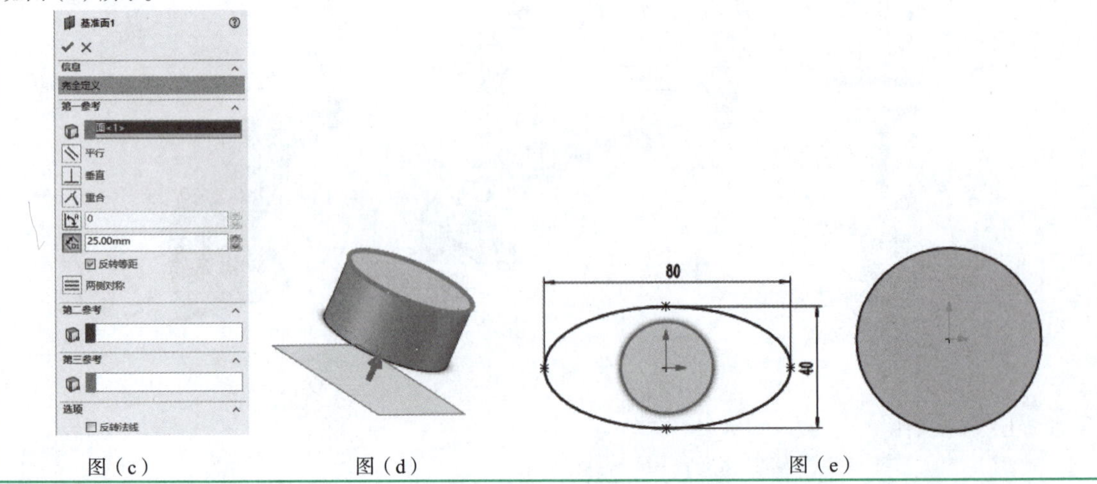

图（c）　　图（d）　　图（e）

续上表

步骤六：放样凸台/基体。在“特征”工具栏中选择“放样凸台/基体”命令，单击截面轮廓。选择草图圆和草图椭圆作为截面轮廓，选择中心线参数（绿色的点可以用鼠标拖动），如图（f）所示。

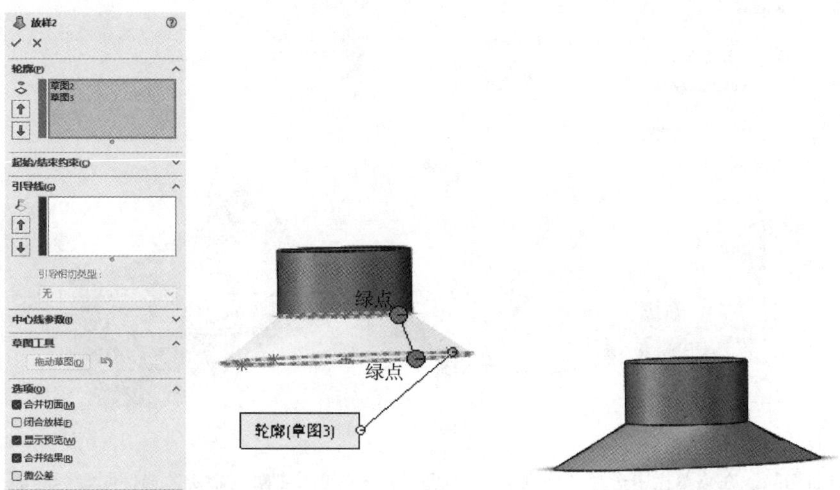

图（f）

步骤七：拉伸凸台/基体。绘制草图轮廓如图（g）所示，单击“拉伸凸台/基体”按钮，选择“给定深度”选项，数值设置为“40.00 mm”，单击“√”按钮完成旋转，拉伸凸台效果如图（h）所示。

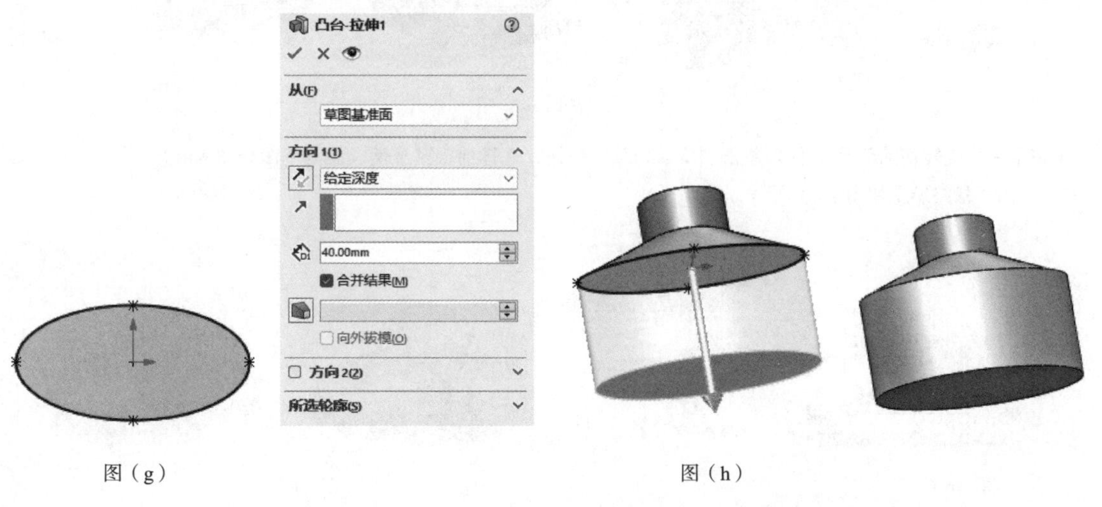

图（g）　　　　图（h）

步骤八：建立草图轮廓。在前视基准面上创建如图（i）所示草图。在右视基准面上创建如图（j）所示草图。

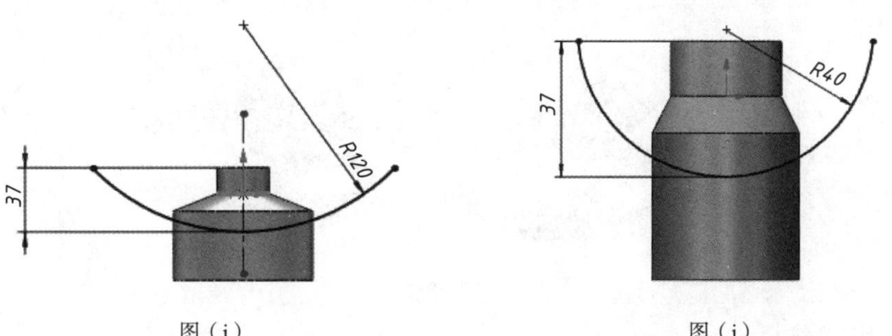

图（i）　　　　图（j）

续上表

步骤九：建立边界曲面。单击“曲面”工具栏中的“边界曲面”按钮，分别在两个方向上选择步骤八绘制的草图，得到曲面如图（k）所示。

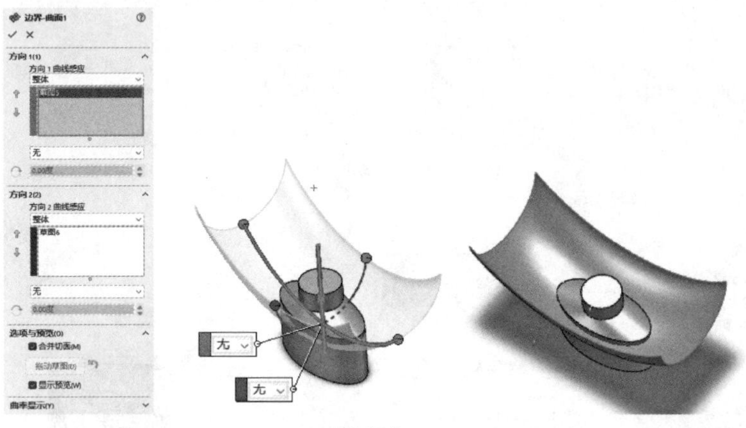

图（k）

步骤十：曲面切除。在菜单栏中选择“插入”→“切除”→“使用曲面”命令，选择刚绘制的曲面，然后单击“确定”按钮（确定方向），切除结果如图（l）所示。

图（l）

步骤十一：旋转切除凸台/基体。单击“旋转切除”按钮，选择前视基准面，绘制草图如图（m），退出草图，旋转切除，所得最终结果如图（n）所示。

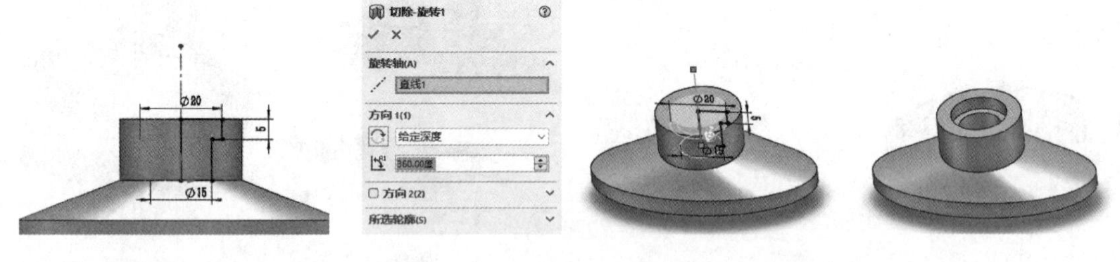

图（m） 图（n）

步骤十二：倒角。单击“倒角”按钮，选择如图所示边线，距离设置为“1.00 mm”，角度设置为“45.00度”，完成建模效果如图（o）所示。

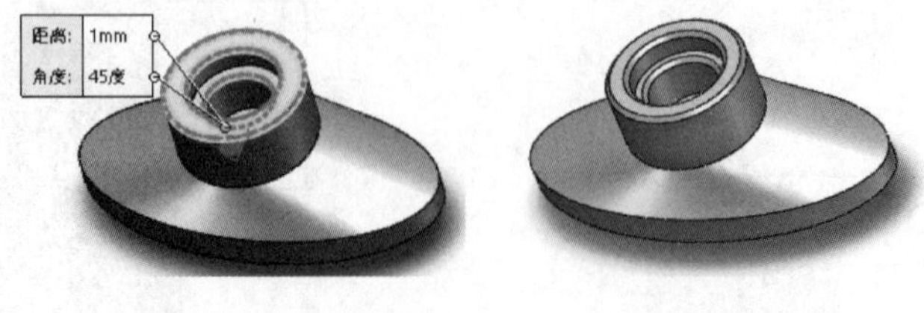

图（o）

步骤十三：保存文件

2. 放样特征案例二

尝试用“旋转”、“放样”、“变半径圆角”特征完成专用扳手的建模，如图3.2.7所示，文件命名为“FY3”即可。

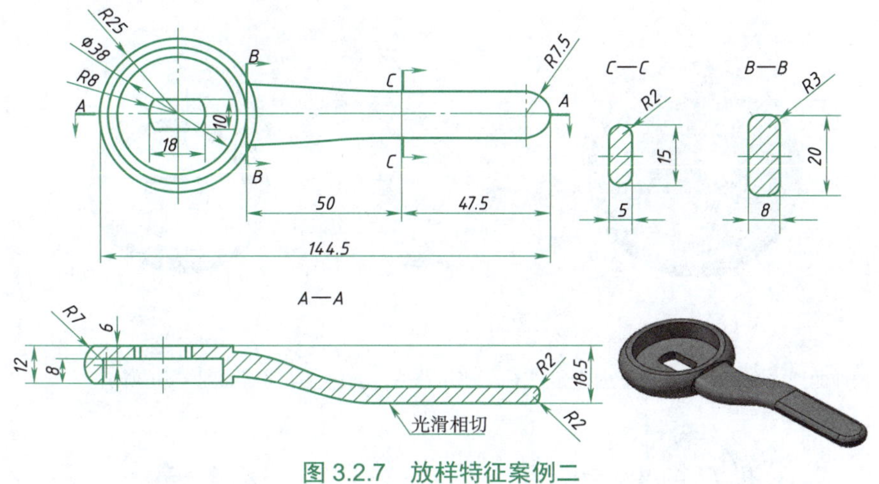

图 3.2.7　放样特征案例二

边学边练

班级		姓名		成绩	
绘制步骤					

步骤一：新建文件。

步骤二：绘制草图。单击“草图绘制”按钮，选择“前视基准面”，绘制如图（a）所示草图。

步骤三：旋转凸台/基体。单击“旋转凸台/基体”按钮，“旋转轴”选择“直线1”，在“旋转类型”下拉列表框内选择“给定深度”选项，在“角度”文本框内输入“360.00度”，单击“√”按钮完成旋转。效果如图（b）所示。

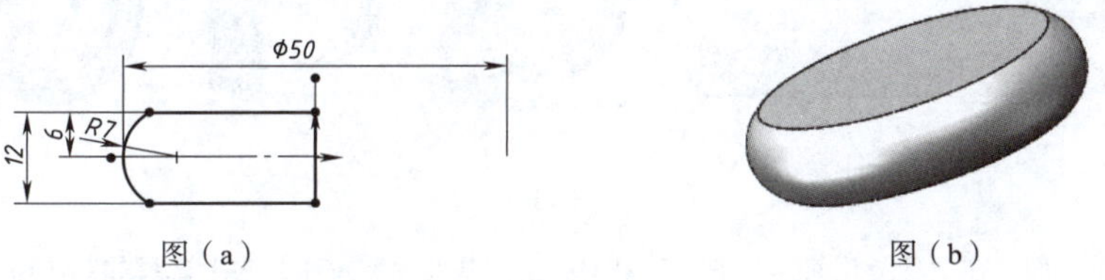

图（a）　　图（b）

步骤四：拉伸切除凸台/基体。选择回转体上表面，创建草图并绘制圆，直径设置为“38.00 mm”，拉伸切除深度设置为“8.00 mm”，结果如图（c）所示。

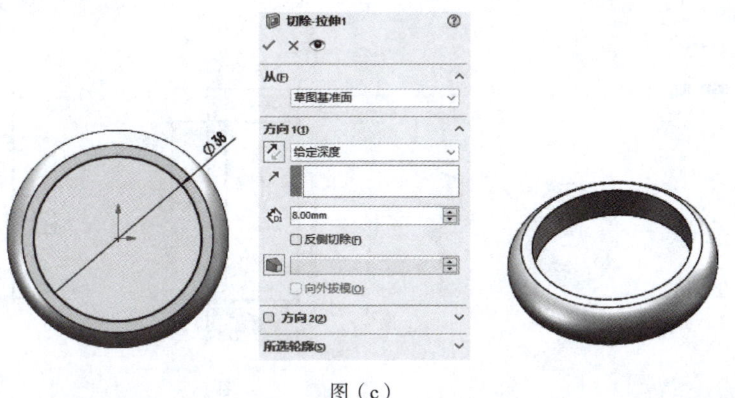

图（c）

续上表

步骤五：拉伸切除凸台/基体。选择回转体下表面，创建草图如图（d）所示，拉伸切除方向选择“完全贯穿”选项，结果如图（e）所示。

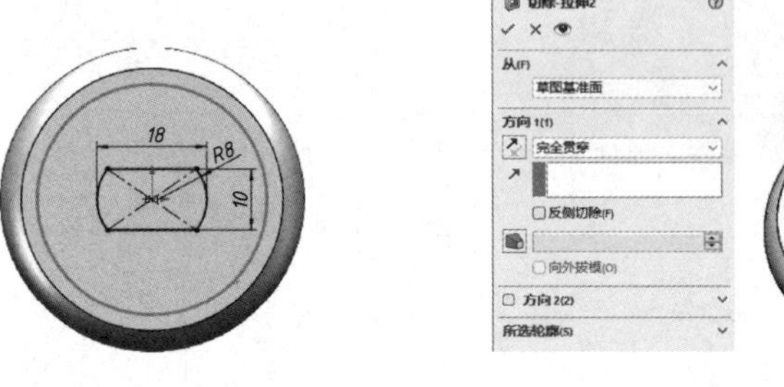

图（d）　　图（e）

步骤六：拉伸曲面。在前视基准面上创建如图（f）所示草图。创建拉伸曲面如图（g）所示。

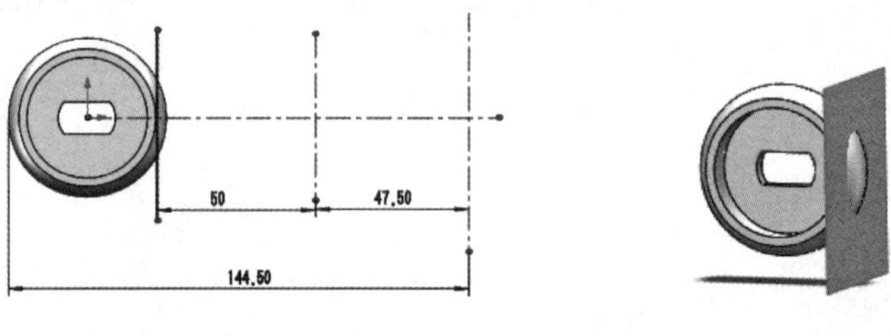

图（f）　　图（g）

步骤七：曲面切除。在菜单栏中选择“插入”→“切除”→“使用曲面”命令，选择刚绘制的曲面，单击“确定”按钮（确定方向），隐藏曲面，切除结果如图（h）所示。

图（h）

步骤八：创建基准面。在“参考几何体”下拉菜单中单击“基准面”按钮，参考选择如图（i）所示，在基准面和原有平面上分别创建两个草图，如图（j）所示。

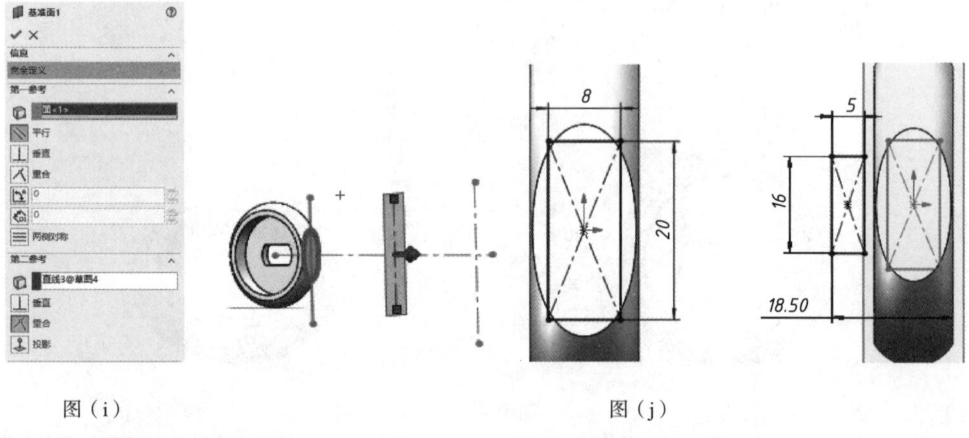

图（i）　　图（j）

续上表

步骤九：放样凸台/基体。单击“放样凸台/基体”按钮，选择两个草图作为截面轮廓，起始/结束约束选择“垂直于轮廓”选项，如图（k）所示。

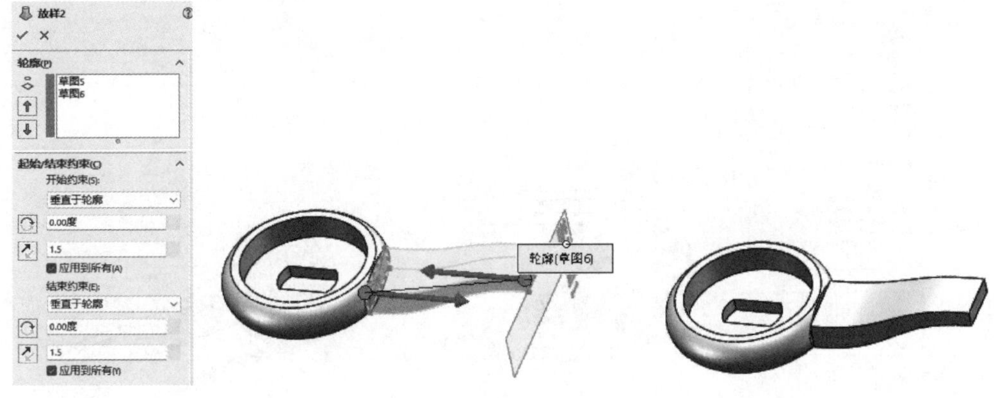

图（k）

步骤十：拉伸凸台/基体。绘制草图如图（l），单击“拉伸凸台/基体”按钮，选择“给定深度”选项，尺寸设置为“47.50 mm”，单击“√”按钮完成拉伸，效果如图（m）所示。

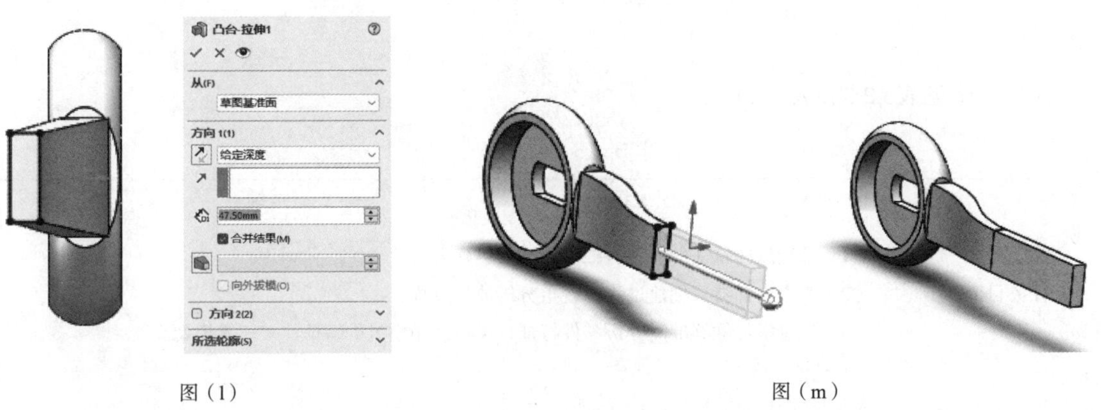

图（l）　　　　图（m）

步骤十一：倒圆角。单击“圆角”按钮，选择如图所示三个平面，完成完全倒角，建模效果如图（n）所示。

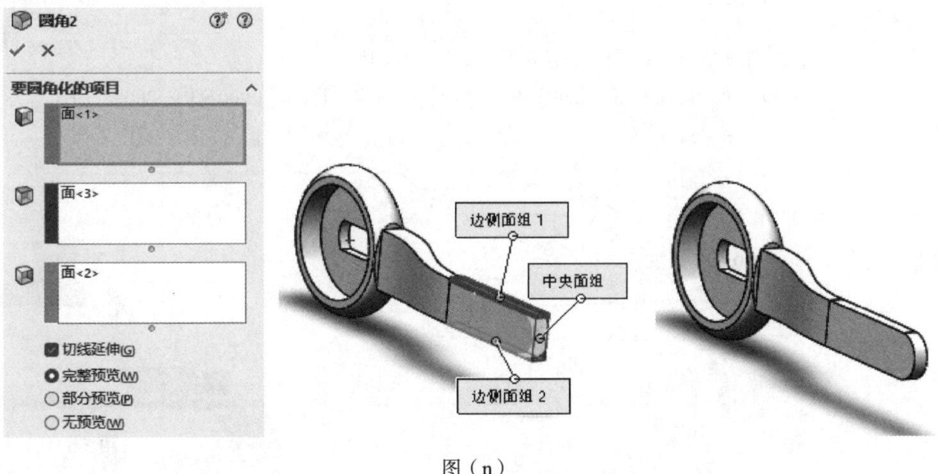

图（n）

续上表

步骤十二：倒圆角。单击“圆角”按钮，设置变化圆角参数，参数及建模效果如图（o）所示。

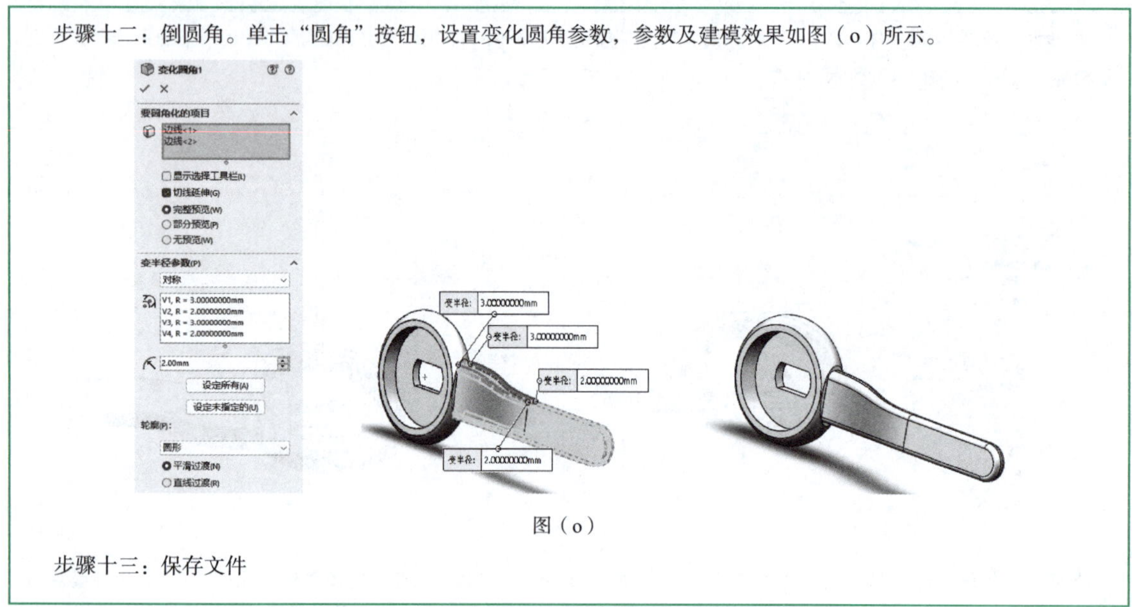

图（o）

步骤十三：保存文件

任务实施

任务实施见表3.2.3和表3.2.4。

表 3.2.3　子任务一

姓名		班级		成绩	
任务目标	（1）掌握放样特征的概念与扫描特征的创建方法； （2）掌握放样特征创建过程，着重分析放样过程。 （3）通过学习能够准确分析零件特征，灵活运用学过的特征建立三维模型				
操作要求	（1）绘制任务放样特征； （2）保存文件； （3）提交源文件				
子任务一	零件图如图（a）所示，绘制特征如图（b）所示。 10：200=1：20，总长200，相似性计算93对应直径8.5，（200-93）：200=8.5/10 20　54　SΦ13　R15　2×Φ6　Φ15　R10　1：20　30　M8　10　14　Φ10　(93) 图（a）　图（b）				

续上表

实施步骤
步骤一：新建文件。 步骤二：新建草图。在菜单栏中选择“插入”→“草图绘制”命令，选择“前视基准平面”，在原点处绘制如图（c）所示草图。 步骤三：新建草图。选择“右视基准平面”，通过原点创建草图，如图（d）所示。 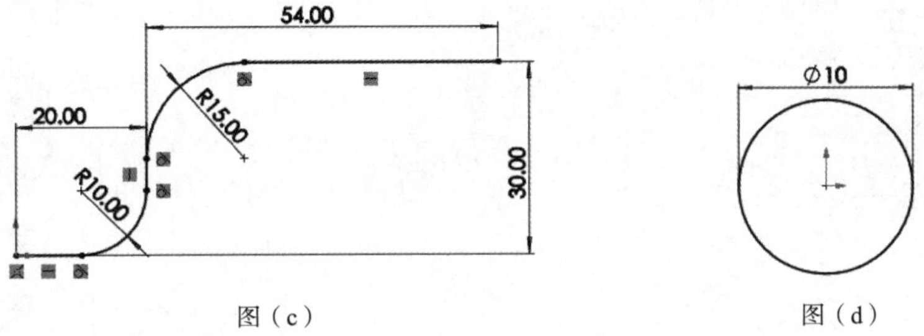 图（c）　　图（d） 步骤四：创建基准面。在“参考几何体”下拉菜单中单击“基准面”按钮，第一参考选择草图直线的端点，第二参考选择直线，创建基准面如图（e）所示。 步骤五：建立草图轮廓。在基准面上创建直径为9 mm的圆，如图（f）所示。 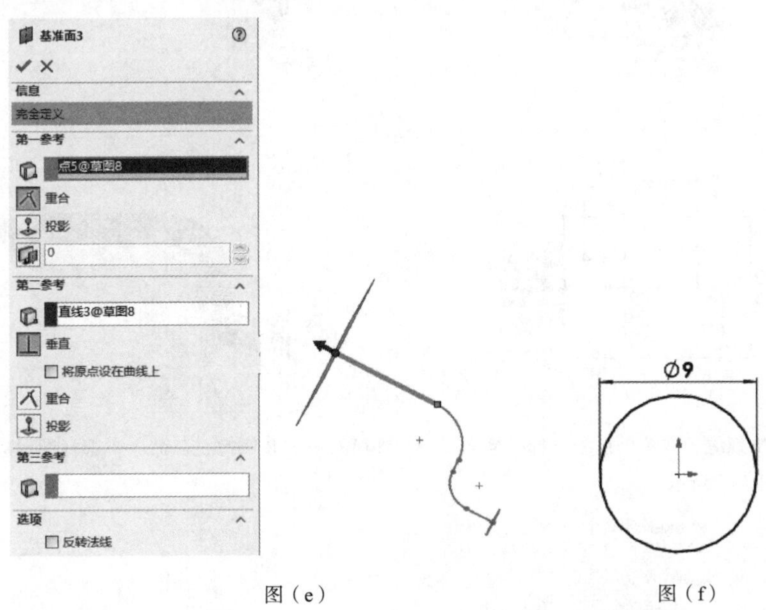 图（e）　　图（f） 步骤六：放样凸台/基体。单击“放样凸台/基体”按钮，选择草图1和草图3作为截面轮廓，选择草图二为中心线参数（绿色的点可以用鼠标拖动），如图（g）所示。 步骤七：建立草图轮廓。在前视基准面上创建直径为13 mm的半圆。如图（h）所示。 步骤八：旋转凸台/基体。绘制完草图后，单击“旋转凸台/基体”按钮，“旋转轴”选择“直线1”，在“旋转类型”下拉列表框内选择“给定深度”选项，在“角度”文本框内输入“360.00度”，单击“√”按钮完成旋转。效果如图（i）所示。 步骤九：建立草图轮廓。在前视基准面上创建如图（j）所示草图。 步骤十：旋转凸台/基体。绘制完草图后，单击“旋转凸台/基体”按钮，“旋转轴”选择“直线1”，在“旋转类型”下拉列表框内选择“给定深度”选项，在“角度”文本框内输入“360.00度”，单击“√”按钮完成旋转，效果如图（k）所示。

续上表

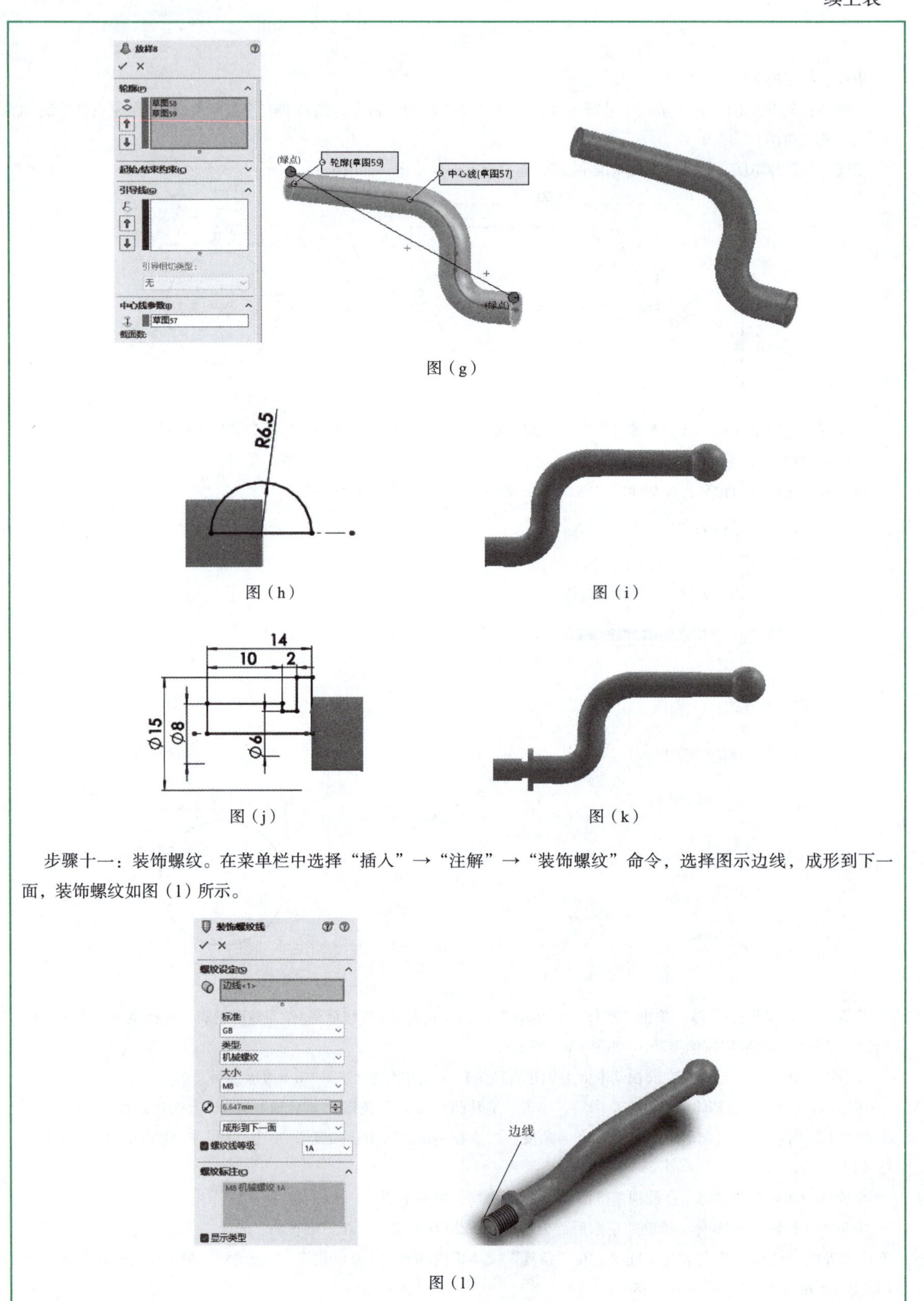

图（g）

图（h）

图（i）

图（j）

图（k）

步骤十一：装饰螺纹。在菜单栏中选择“插入”→“注解”→“装饰螺纹”命令，选择图示边线，成形到下一面，装饰螺纹如图（1）所示。

图（1）

续上表

步骤十二：倒圆角。单击“圆角”按钮，选择如图（m）所示边线，圆角半径设置为“0.50 mm”。完成建模效果如图（n）所示。 步骤十三：保存文件

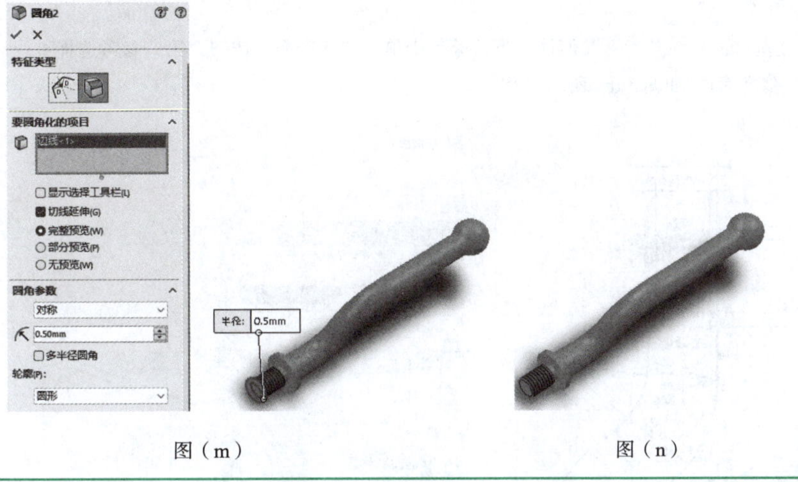

图（m）　　图（n）

表 3.2.4　子任务二

姓名		班级		成绩	
任务目标	（1）掌握放样特征的概念与扫描特征的创建方法； （2）掌握放样特征创建过程，注重分析放样过程。 （3）通过学习能够准确分析零件特征，灵活运用学过的特征建立三维模型				
操作要求	（1）绘制任务放样特征； （2）保存文件； （3）提交源文件				
子任务二	放样零件吊钩如图（a）所示，绘制特征如图（b）所示。 图（a）　图（b）				

续上表

实施步骤
步骤一：新建文件。 步骤二：新建草图。在菜单栏中选择“插入”→“草图绘制”命令，选择“前视基准平面”，在原点处绘制如图（c）所示草图。 步骤三：创建基准面。在“参考几何体”下拉菜单中单击“基准面”按钮，第一参考选择直线，第二参考选择前视基准面，创建基准面1，如图（d）所示。 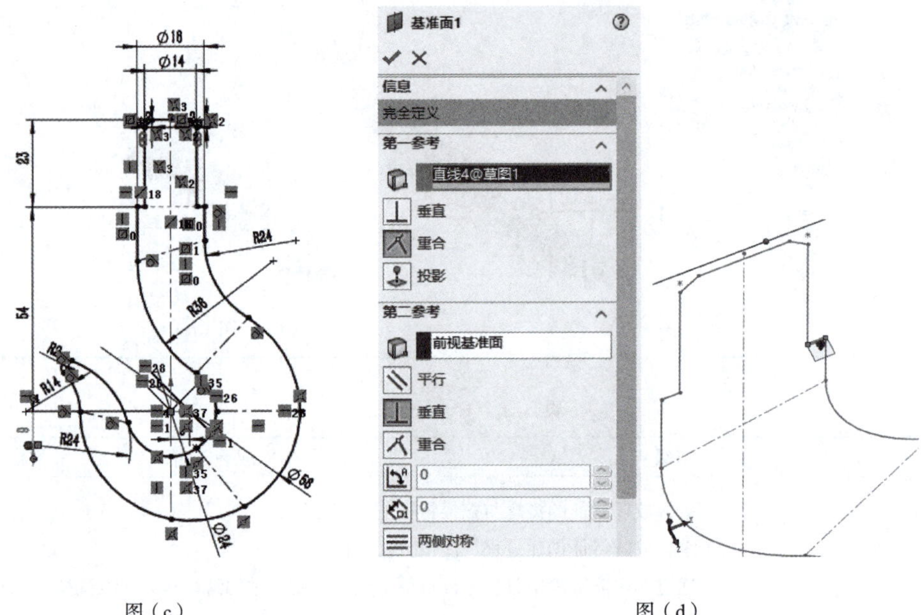 图（c）　　图（d） 步骤四：创建基准面。在“参考几何体”下拉菜单中单击“基准面”按钮，第一参考选择前视基准面，第二参考选择直线，创建基准面2，如图（e）所示。 步骤五：创建基准面。在“参考几何体”下拉菜单中单击“基准面”按钮，第一参考选择前视基准面，第二参考选择直线，创建基准面3，如图（f）所示。同理继续创建基准面4、5、6、7、8五个基准平面，如图（g）所示。 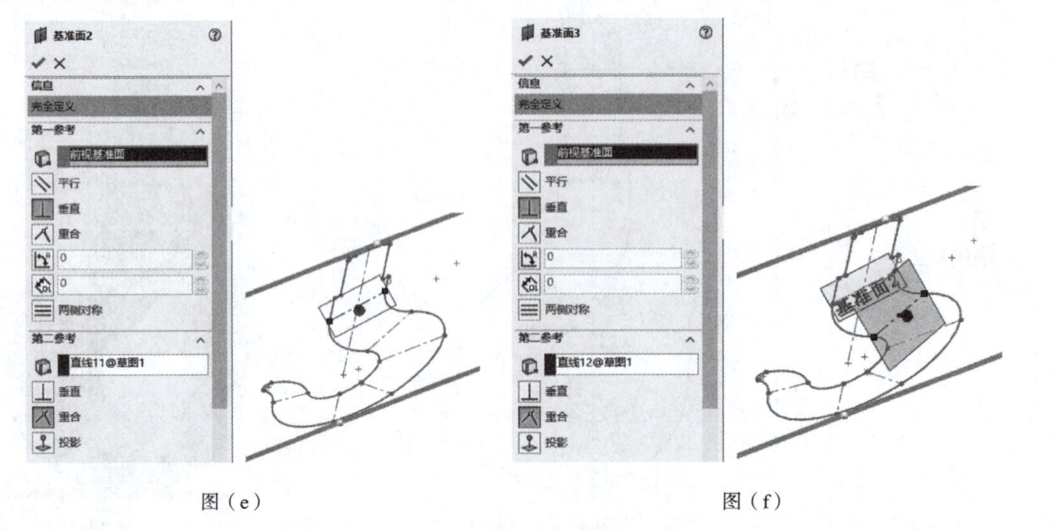 图（e）　　图（f）

续上表

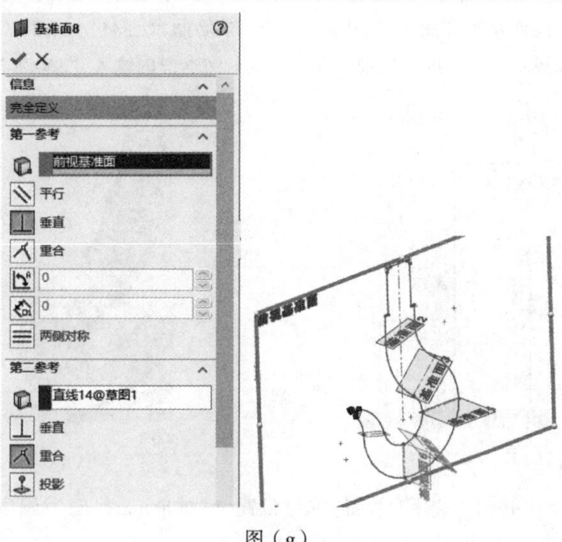

图（g）

步骤六：新建草图。在菜单栏中选择“插入”→“草图绘制”命令，分别选择基准面1~8，分别在原点处绘制草图如图（h）所示。

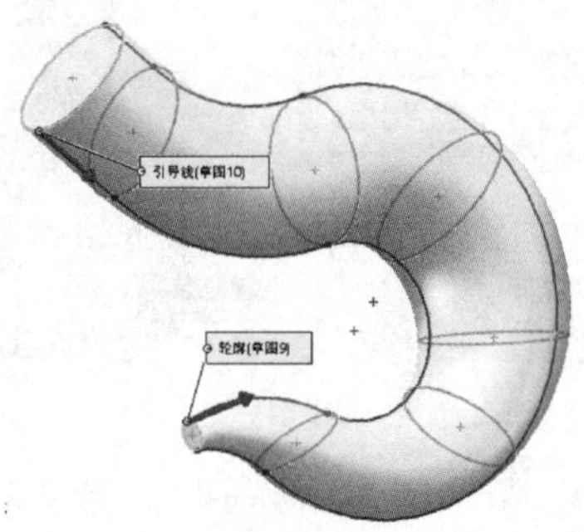

图（h）

步骤七：放样凸台/基体。单击“放样凸台/基体”按钮，选择草图2~草图9作为截面轮廓，选择草图1中两条曲线为引导线，如图（i）所示。

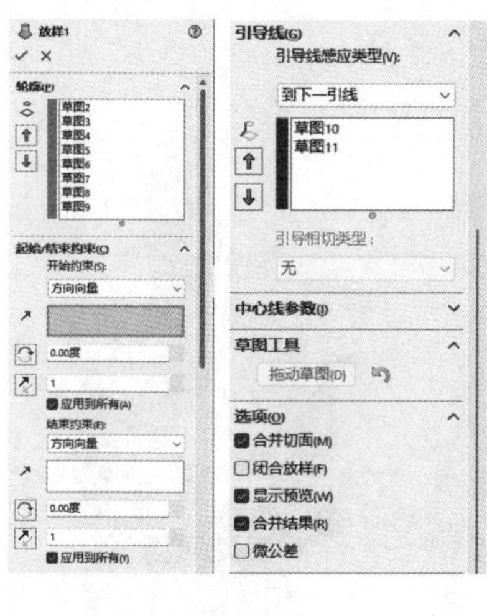

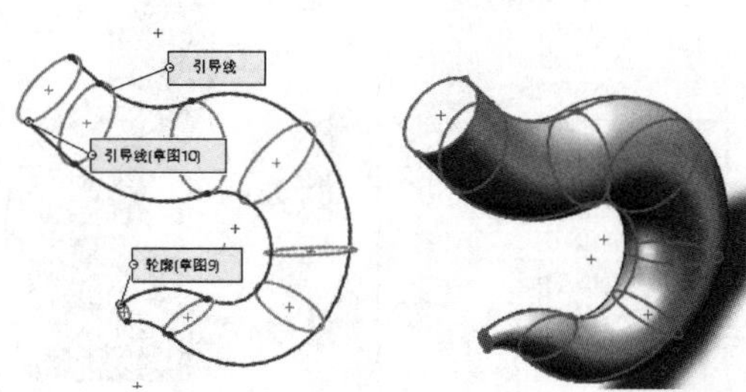

图（i）

续上表

步骤八：旋转凸台/基体。绘制草图如图（j）所示，单击“旋转凸台/基体”按钮，“旋转轴”选择“直线1”，在“旋转类型”下拉列表框内选择“给定深度”选项，在“角度”文本框内输入“360.00度”，单击“√”按钮完成旋转，效果如图（k）所示。

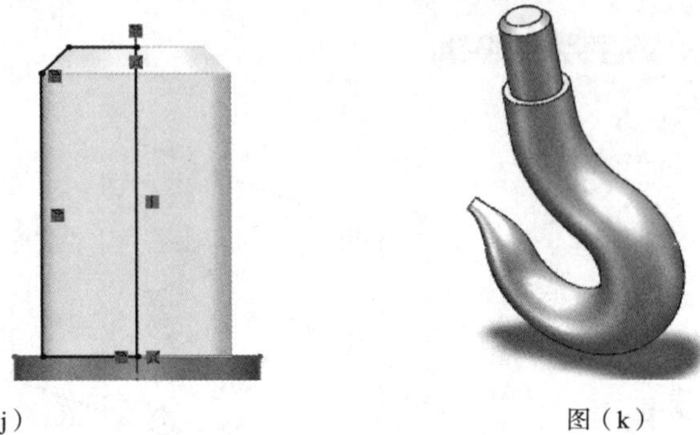

图（j）　　图（k）

步骤九：圆顶。单击“圆顶”按钮，选择参数面，尺寸设置为“2.00 mm”，建立圆顶如图（l）所示。

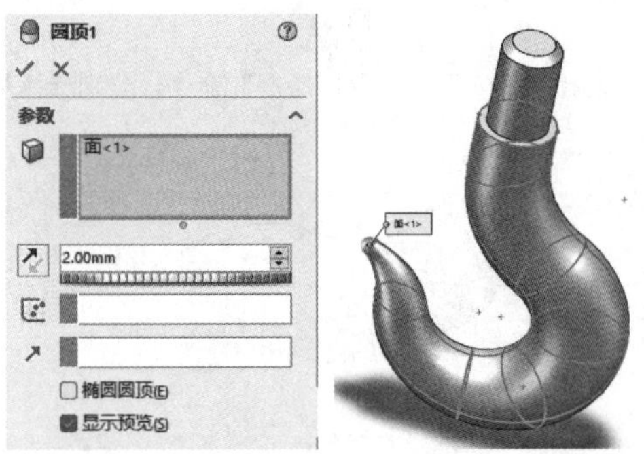

图（l）

步骤十：倒圆角。单击“圆角”按钮，选择如图（m）所示边线，圆角半径设置为“2.00 mm”。完成建模效果如图（n）所示。

步骤十一：保存文件

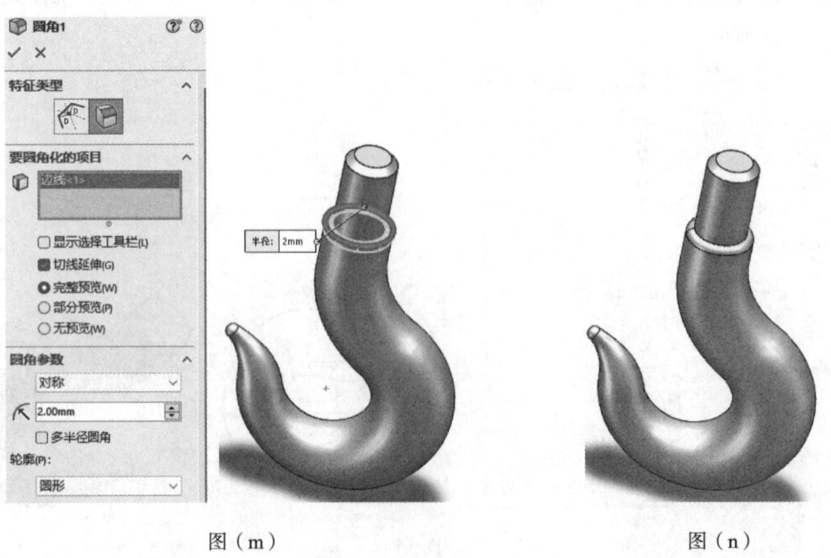

图（m）　　图（n）

考核与评价

放样特征工作任务考核与评价见表3.2.5。

表 3.2.5　考核与评价表

班级：		姓名：		日期：	
任务活动评价	评价内容	自评	互评	教师
	（1）学习准备情况			
	（2）小组计划完成情况			
	（3）操作安全性、规范性			
	（4）沟通、协作能力			
	（5）职业能力			

小　结

通过放样特征操作任务，能够准确分析零件的特征；掌握放样特征的概念与放样特征的创建方法；掌握放样特征的类型及参数；能够灵活运用放样特征建立三维模型，达到了基本职业技能和专业素养的要求。

思考与练习

一、绘制如下特征

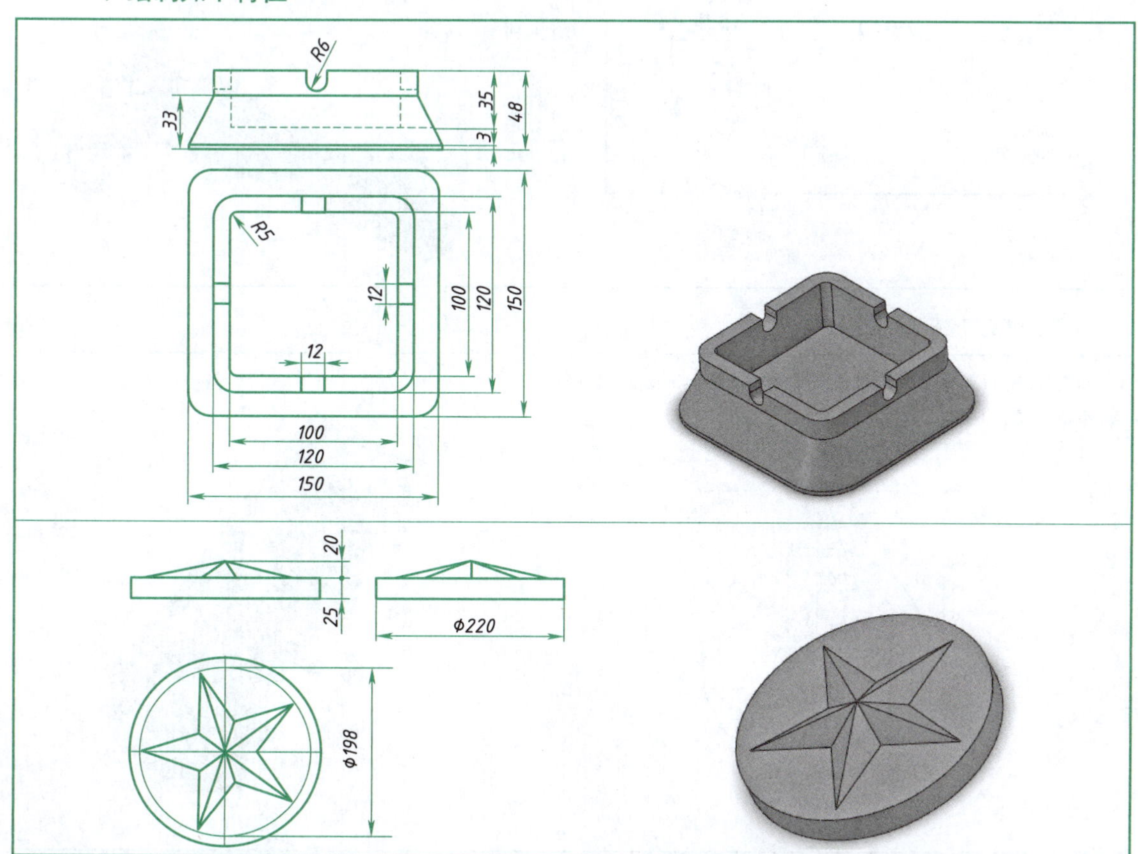

续上表

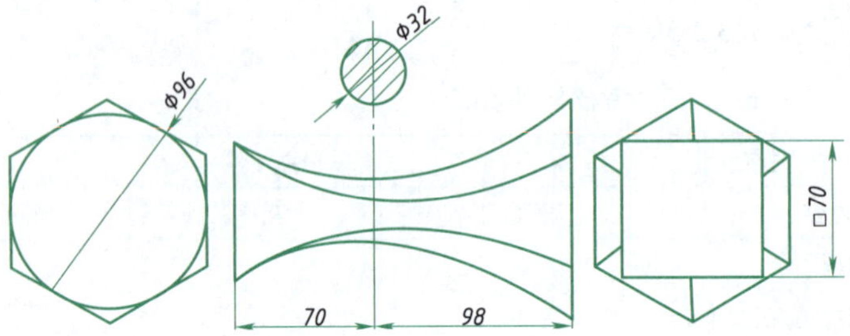

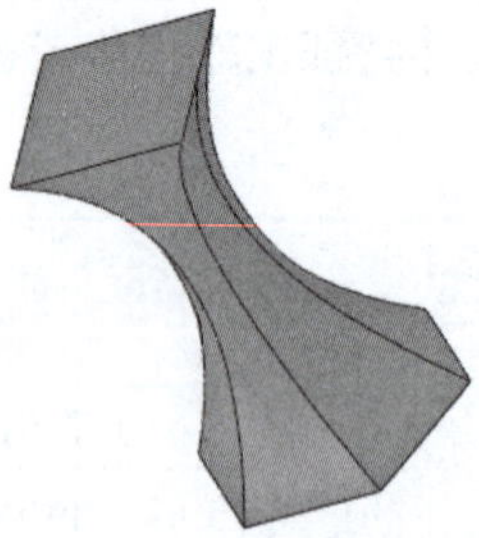

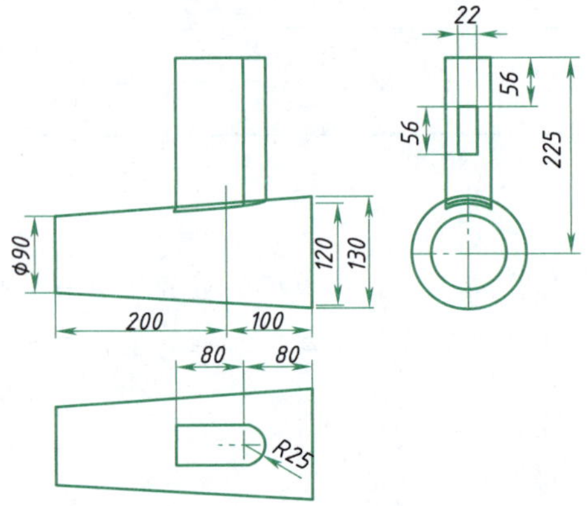

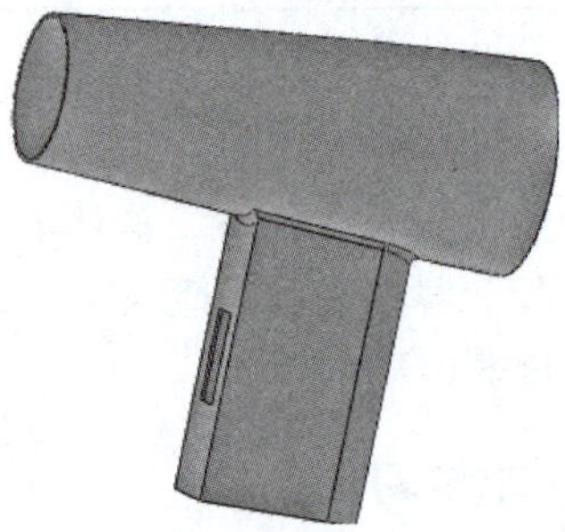

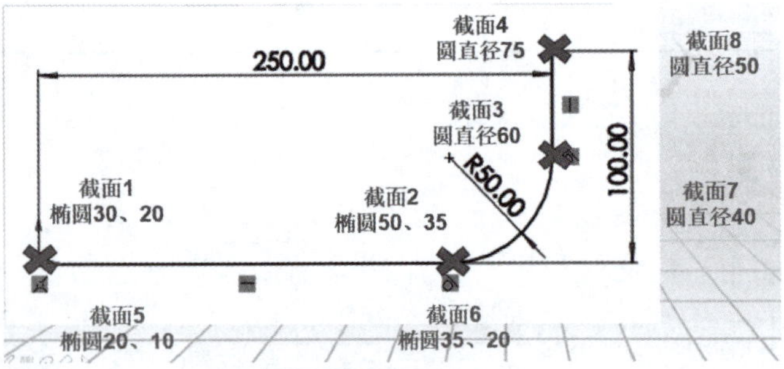

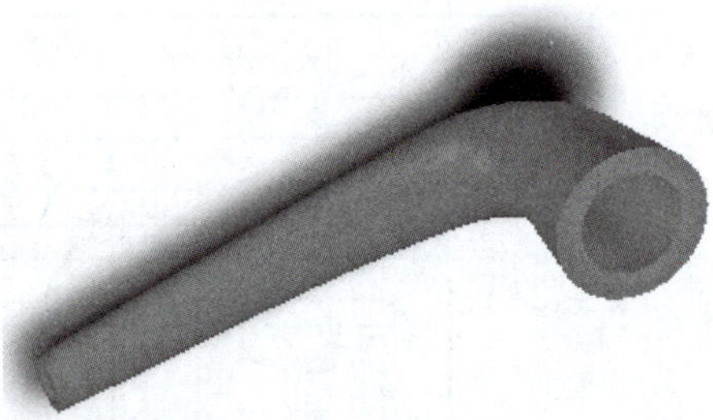

Φ32
Φ96
□70
70
98

22
56
56
225
Φ90
120
130
200
100
80
80
R25

截面4
圆直径75
250.00
截面8
圆直径50
截面3
圆直径60
R50.00
100.00
截面1
椭圆30、20
截面2
椭圆50、35
截面7
圆直径40
截面5
椭圆20、10
截面6
椭圆35、20

二、挑战放样特征创建

①放样铣刀，五个基准面距离分别为1 mm，截面尺寸如图，每个草图旋转45°，依次连接。

0.05
Φ1
0.75
110°
Y
X

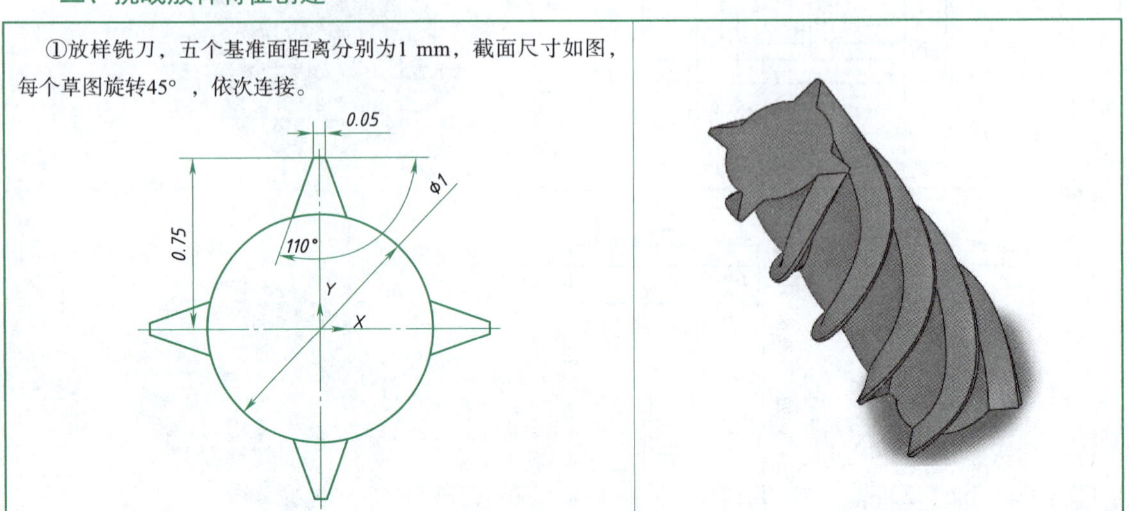

续上表

②根据下图创建特征。

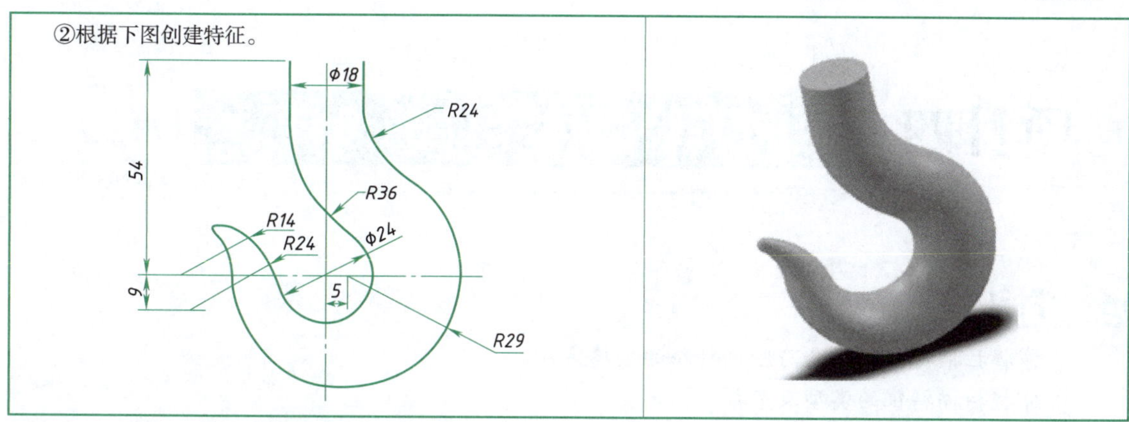

三、对如下零件进行三维建模

（1）用“放样”特征完成吊钩的建模

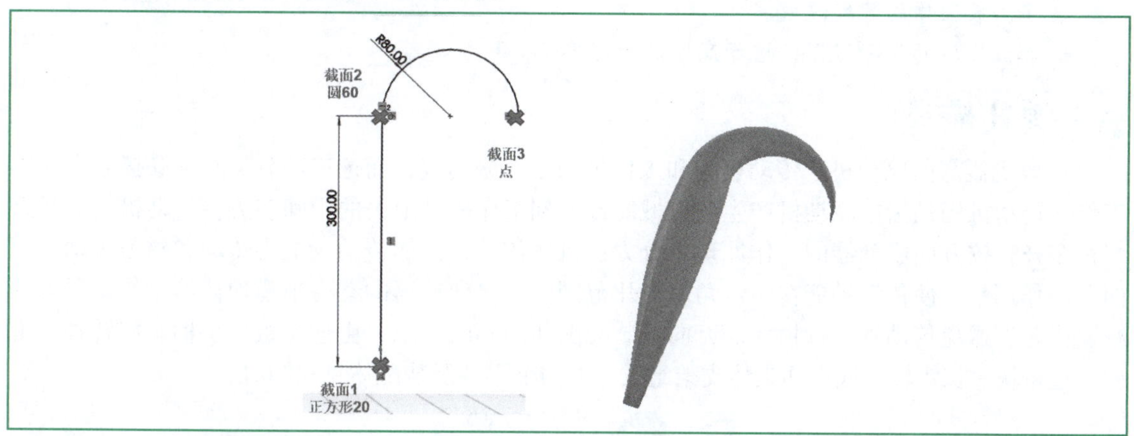

（2）完成弹簧的建模

提示步骤一：新建草图中心线，中心线为螺旋线，草图圆直径100 mm；

提示步骤二：创建基准面两个；

提示步骤三：分别绘制草图点和圆；

提示步骤四：放样凸台

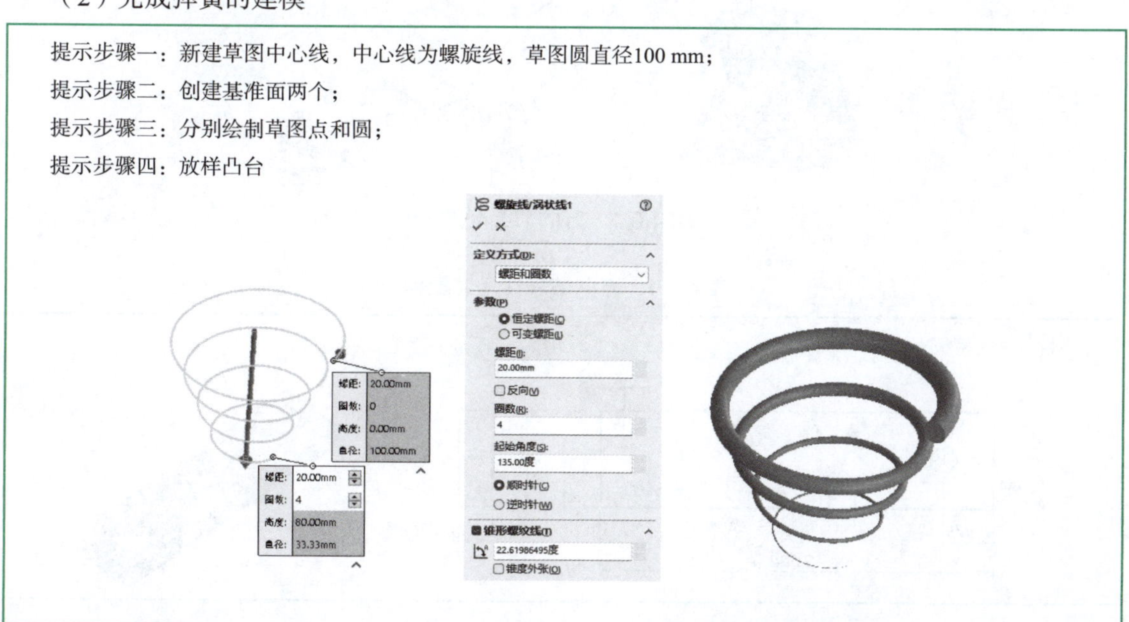

项目四　万向节装配体零件的设计

学习目标

- 掌握扫描特征的概念与扫描特征的创建方法。
- 掌握扫描特征的类型及参数。
- 掌握放样特征的概念与放样特征的创建方法。
- 掌握放样特征的类型及参数。
- 了解装配体的装配过程。
- 养成良好的学习习惯，培养高效的绘图思路。

项目描述

一般机器都由原动机、传动机构和工作机构三部分构成，而这三部分又必须联接起来才能工作。传动机构是指把原动机产生的机械能传递到工作机构上去的中间装置，传动机构的类型多种多样，按万向联轴器的工作原理可分为：机械传动、流体传动、电力传动和磁力传动。万向节的作用是，使传动轴能在一定角度变化范围内，将变速器的动力平衡地传给主传动器内的减速齿轮，避免传动轴机件损坏。万向节装配图如图4.0.1所示，由连接板、手柄、旋转轴、上座、连接块、长短轴、底座和集体支架组成，万向节零件及装配体见表4.0.1。

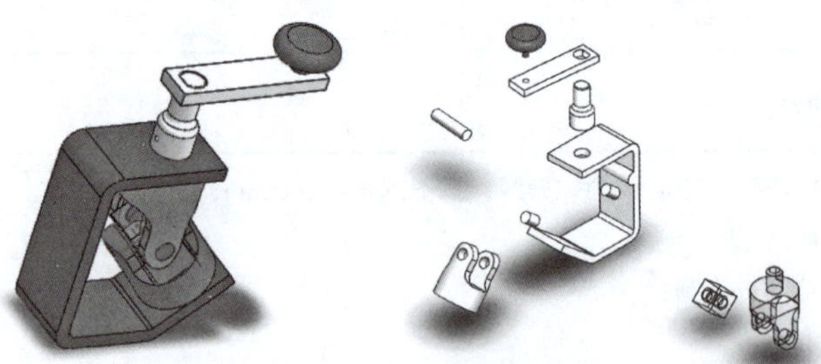

图 4.0.1　万向节装配图

表 4.0.1　万向节零件及装配体

零件一：连接板

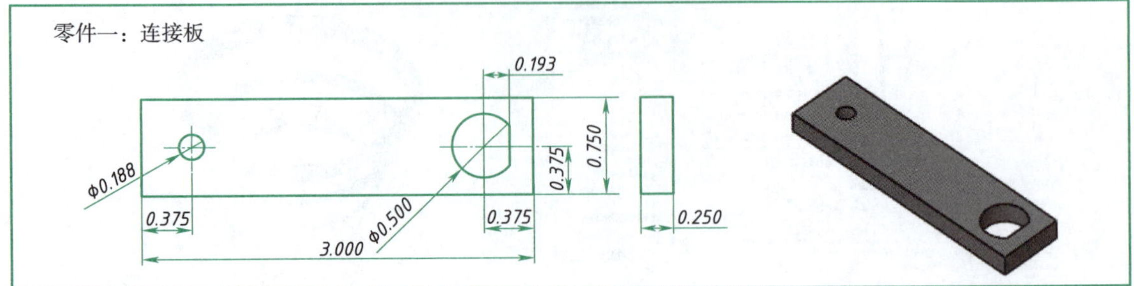

续上表

零件二：手柄

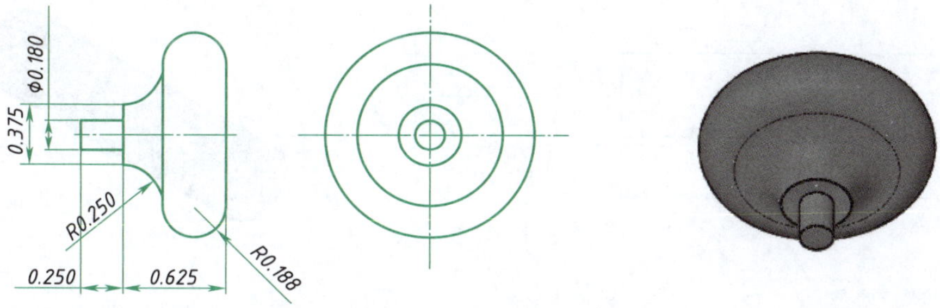

零件三：旋转轴

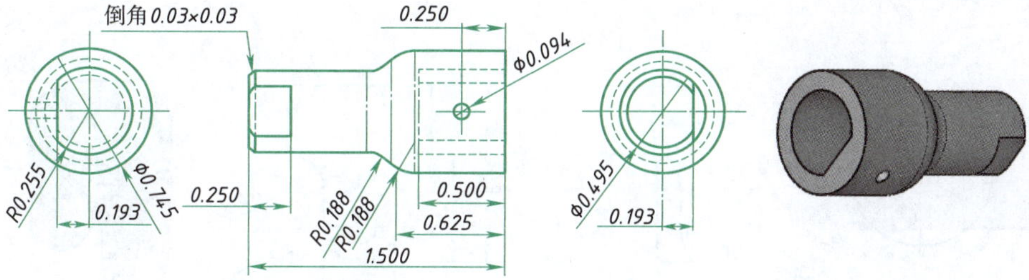

倒角0.03×0.03

零件四：上座

视图A

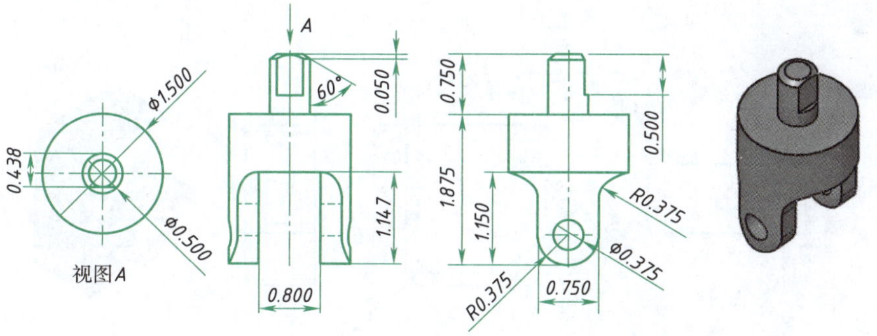

零件五：连接块

Φ0.375通

Φ0.375通

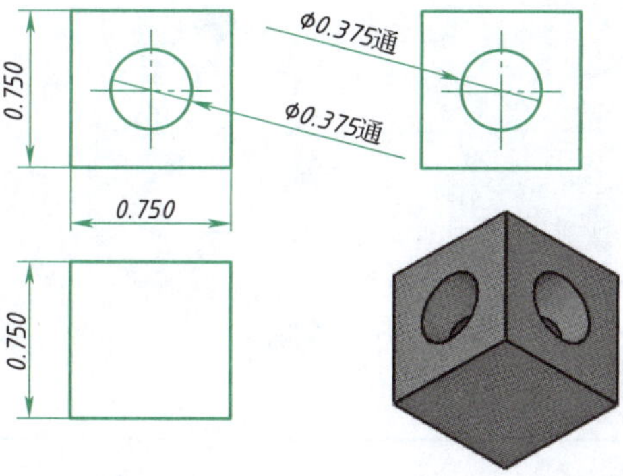

续上表

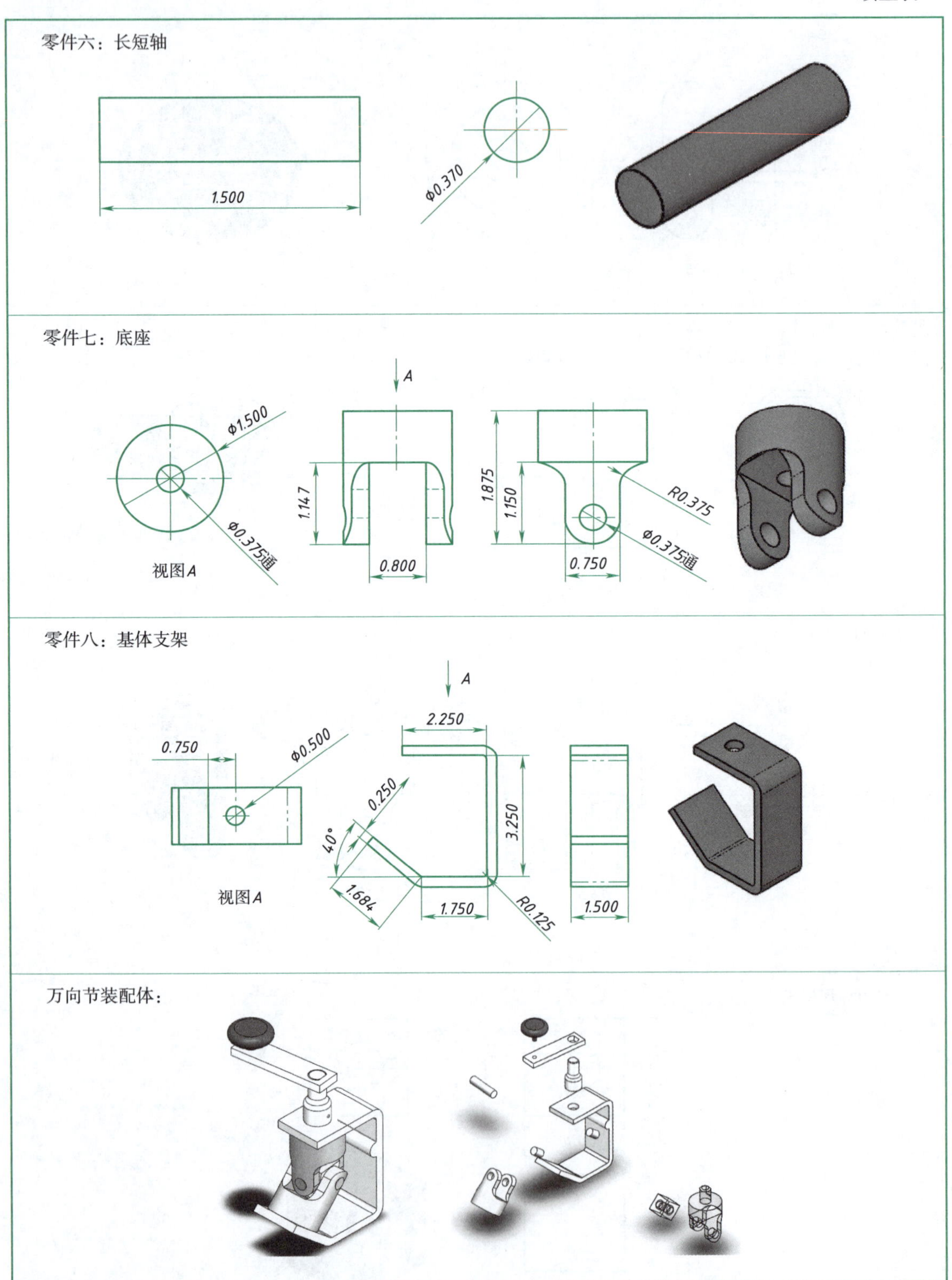

设计流程如图4.0.2所示。

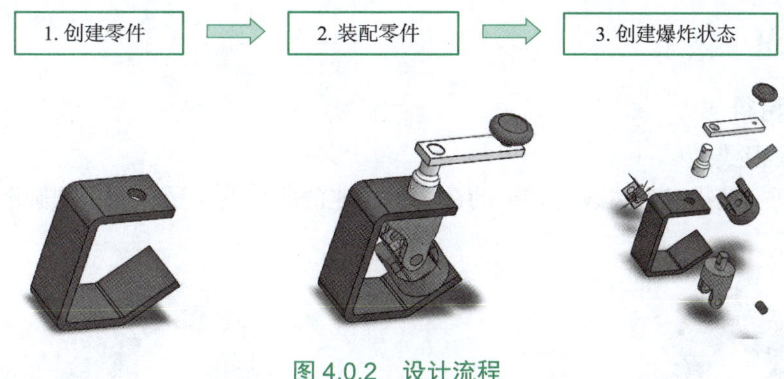

图 4.0.2　设计流程

任务一　附加特征

观察与思考

（1）圆角特征的类型有哪些？圆角特征的建立方法有几种？
（2）倒角特征的类型有哪些？倒角的参数如何设置？
（3）筋特征的类型有哪些？筋参数如何设置？
（4）抽壳、简单孔及异型孔特征如何创建？

任务要点

掌握圆角、倒角特征的概念与圆角、倒角特征的创建方法；掌握筋、抽壳、异型孔特征的创建方法；通过本章学习能够准确分析零件的特征，灵活运用附加特征建立三维模型。

任务安排

任务安排见表4.1.1。

表 4.1.1　任务安排

班级______ 第______组 姓名______	任务地点______ 任务日期______
任务具体安排	（1）查找相关资料，弄清楚附加特征概念及类型，了解附加特征的创建方法。 （2）查找资料或教材，了解附加特征的参数。 （3）了解附加特征的案例及特点。 （4）全班分成四个小组，每个小组选一名组长，进行 5 ～ 10 分钟 PPT 介绍

相关知识

一、圆角特征

1. 圆角特征及类型

①圆角特征：使指定的边线（特征的棱边）相连的两个曲（平）面实现圆滑相切过渡，如图4.1.1所示。

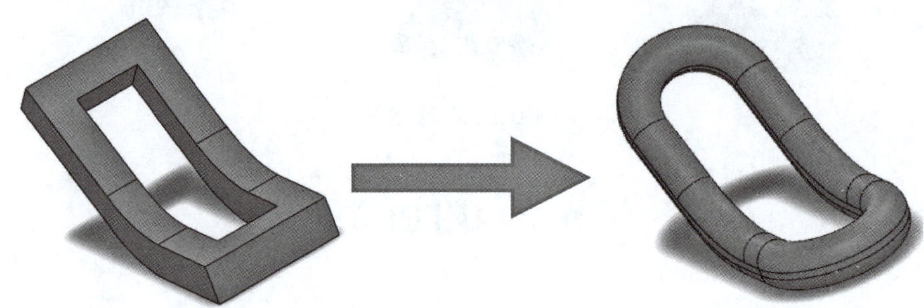

图 4.1.1　圆角特征

②圆角特征类型：恒定大小圆角、变量大小圆角、面圆角、完整圆角，圆角类型如图4.1.2所示，圆角类型示例见表4.1.2。

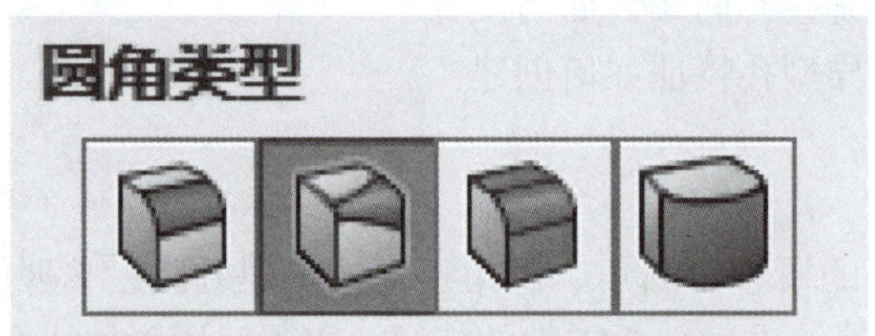

图 4.1.2　圆角类型

表 4.1.2　圆角类型示例

恒定大小圆角	变量大小圆角

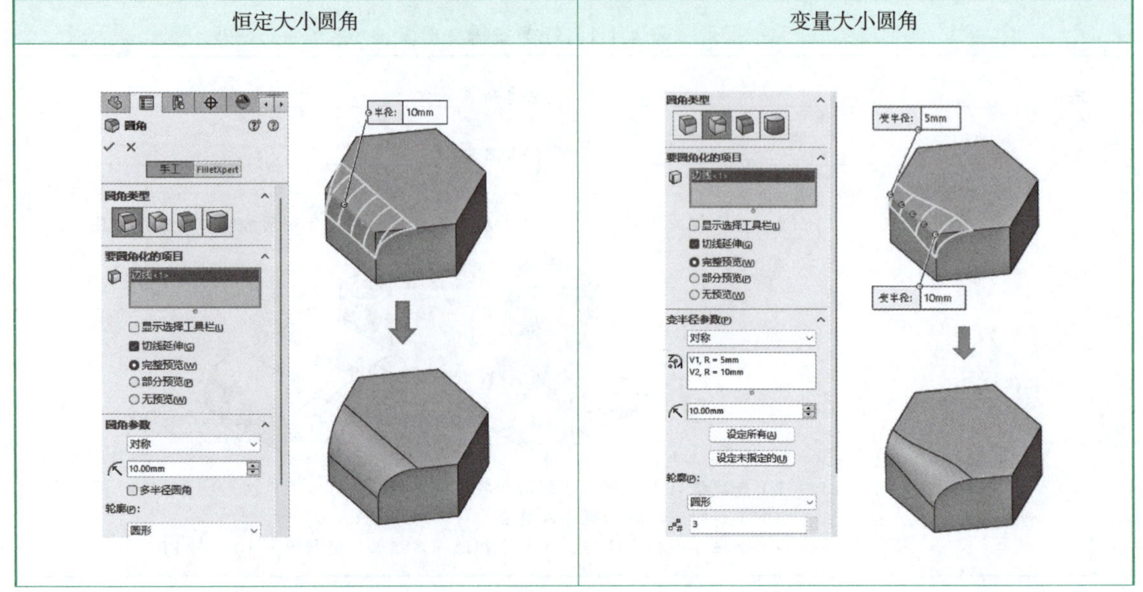

续上表

面圆角	完整圆角
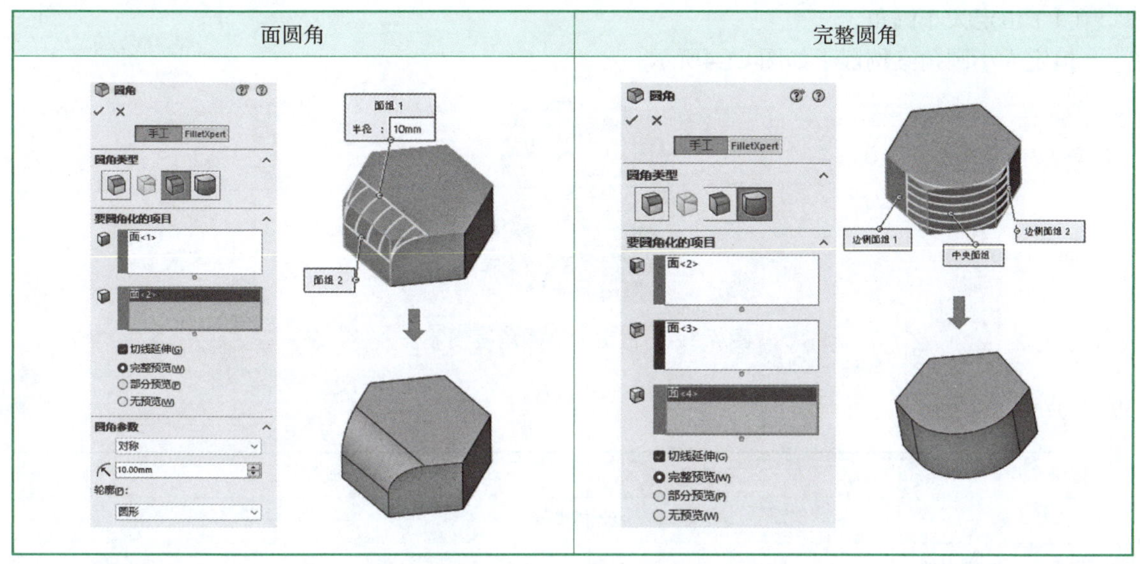	

2. 圆角参数

①圆角参数："圆角"对话框中从上至下有"圆角类型""要圆角化的项目""变半径参数"等内容，"轮廓"中有"圆形""圆锥Rho""圆锥半径""曲率延续"选项，以下将为每个功能选项进行建模练习。

②圆角特征选项：圆角特征属性如图4.1.3所示。

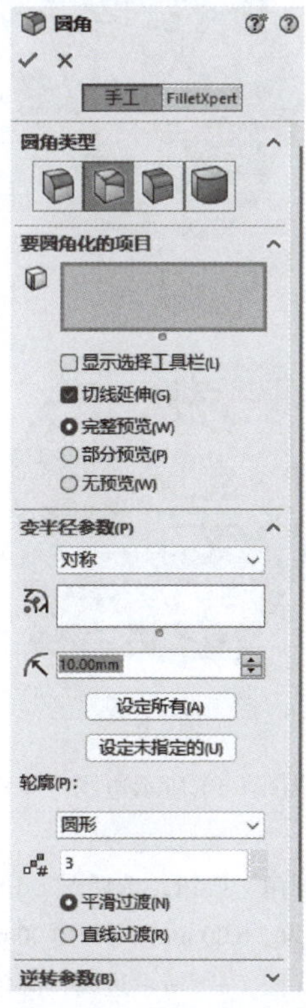

图 4.1.3　圆角特征属性

3. 圆角类型案例

（1）恒定大小圆角

恒定大小圆角案例骰子如图4.1.4所示。

图 4.1.4　恒定大小圆角案例骰子

边学边练：

班级		姓名		成绩	
绘制步骤					

步骤一：新建文件。

步骤二：拉伸凸台/基体。在菜单栏中选择“插入”→“草图绘制”命令，选择“上视基准平面”，绘制草图如图（a）所示。在菜单栏中选择“插入”→“拉伸凸台/基体”命令，选择“两侧对称”选项，深度设置为“50.00 mm”。

步骤三：拉伸切除。选择长方体上表面，绘制草图如图（b）所示，在菜单栏中选择“插入”→“拉伸切除”命令，深度设置为“5.00 mm”。

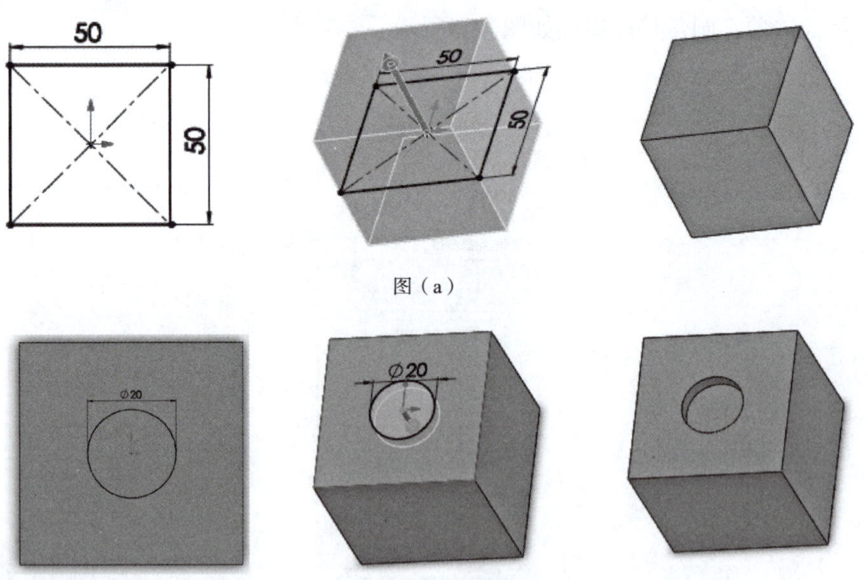

图（a）

图（b）

步骤四：倒圆角。单击“圆角”按钮，选择图（c）所示边线，圆角参数选择“非对称”选项，尺寸圆角半径设置为“4.00 mm”和“2.00 mm”。

补充：倒圆角，尝试多半径圆角。单击“圆角”按钮，选择图（d）所示边线，圆角参数选择“对称”选项，勾选“多半径圆角”复选框，尺寸圆角半径设置为“6.00 mm”和“8.00 mm”。

步骤五：倒圆角。单击“圆角”按钮，选择图（e）所示边线，圆角参数选择“对称”选项，尺寸圆角半径设置为“6.00 mm”，逆转参数选择八个顶点，半径值设置为“8.00 mm”。

续上表

圆角6
特征类型
要圆角化的项目
边线<1>
显示选择工具栏(L)
切线延伸(G)
完整预览(W)
部分预览(P)
无预览(W)
圆角参数
非对称
4.00mm
2.00mm
轮廓(P):
椭圆
半径 1: 4mm
半径 2: 2mm

图（c）

圆角8
特征类型
要圆角化的项目
边线<1>
边线<2>
显示选择工具栏(L)
切线延伸(G)
完整预览(W)
部分预览(P)
无预览(W)
圆角参数
对称
8.00mm
多半径圆角
轮廓(P):
曲率连续
半径: 8mm
半径: 6mm

图（d）

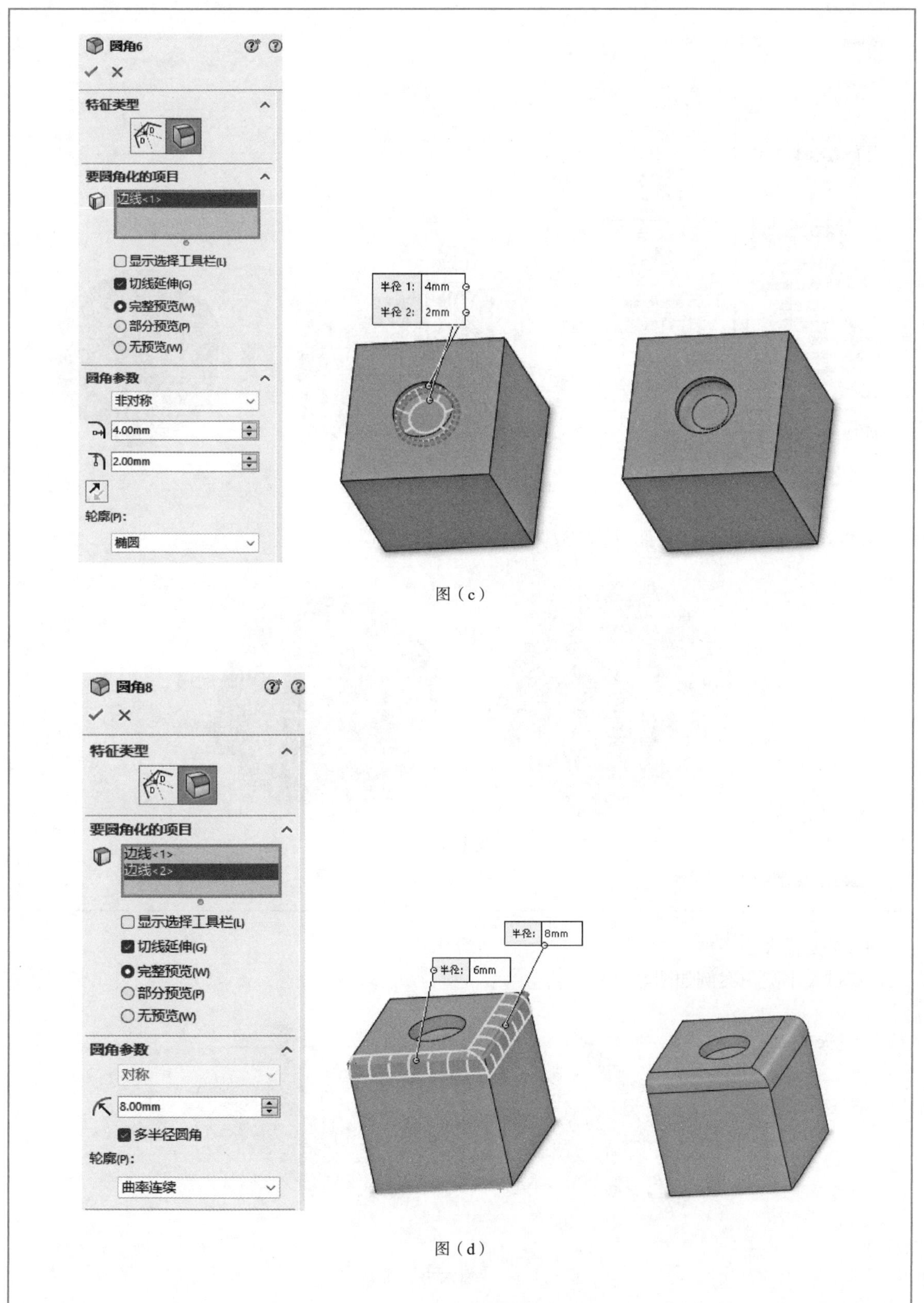

续上表

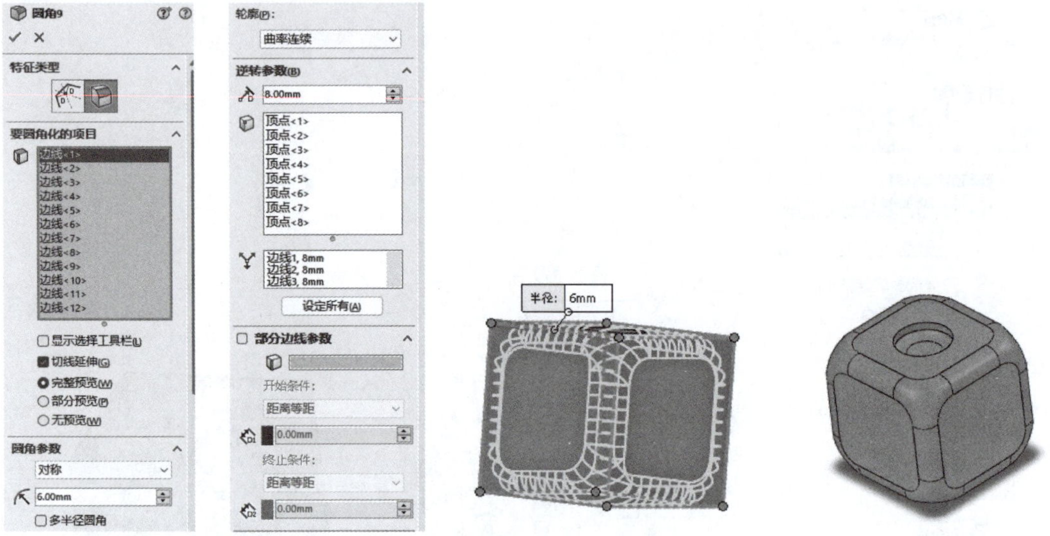

图（e）

步骤六：完成其他面切除及圆角。尺寸自行设计，最终完成效果如图（f）所示。

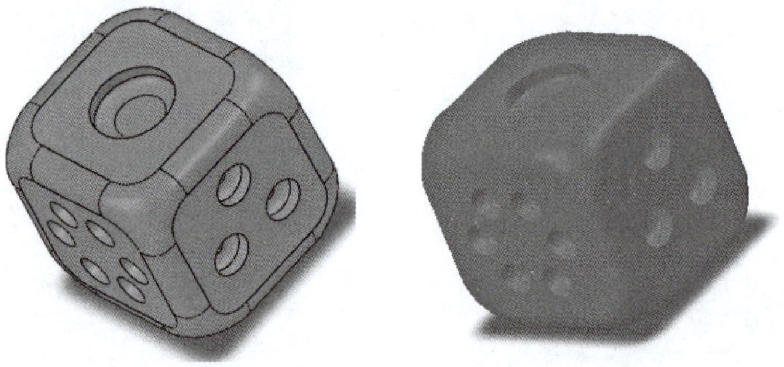

图（f）

步骤七：保存文件

（2）变量大小圆角

变量大小圆角案例如图4.1.5所示。

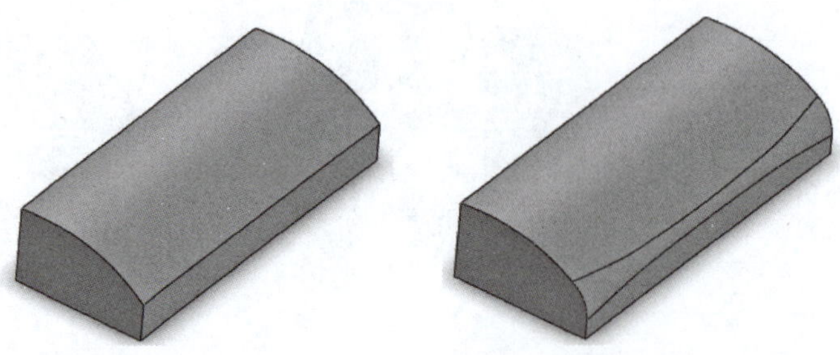

图 4.1.5　变量大小圆角案例

边学边练：

班级		姓名		成绩	
		绘制步骤			

步骤一：新建文件。

步骤二：拉伸凸台/基体。在菜单栏中选择“插入”→“草图绘制”命令，选择“前视基准平面”，绘制草图如图（a）所示。在菜单栏中选择“插入”→“拉伸凸台/基体”命令，深度设置为“182.00 mm”。

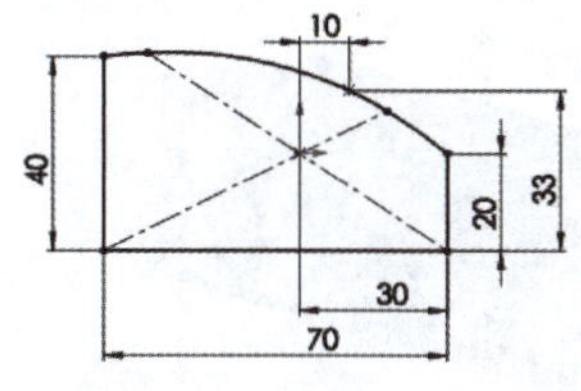

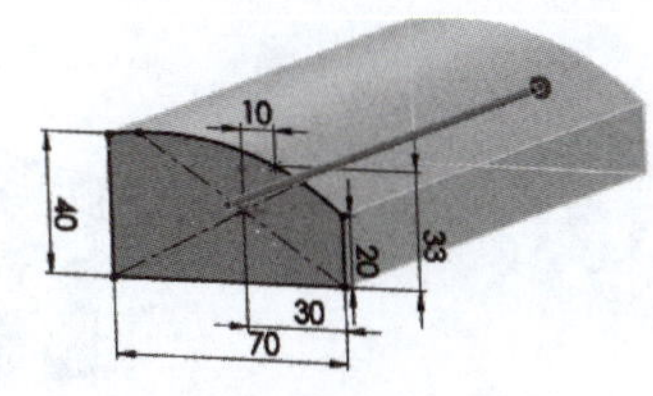

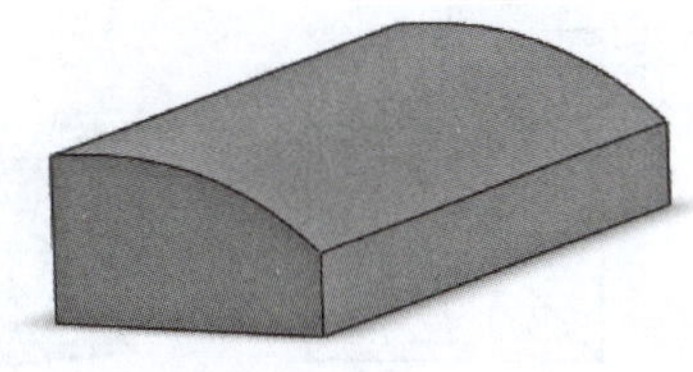

图（a）

步骤三：倒圆角。选择“圆角”→“变化圆角”命令，选择下图所示边线，圆角参数选择“对称”选项，尺寸圆角半径分别设置为20 mm、10 mm、8 mm、10 mm、20 mm，完成效果如图（b）所示。

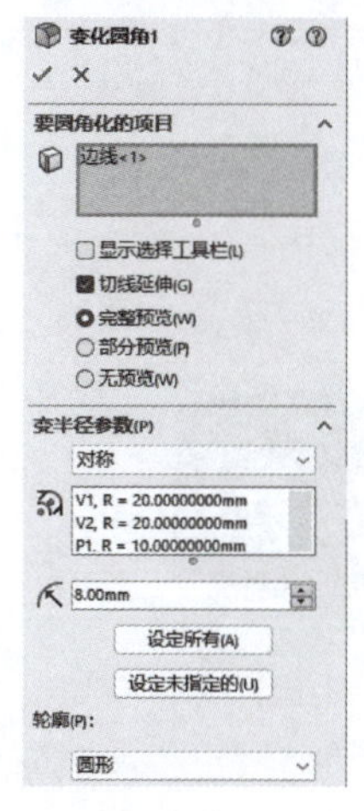

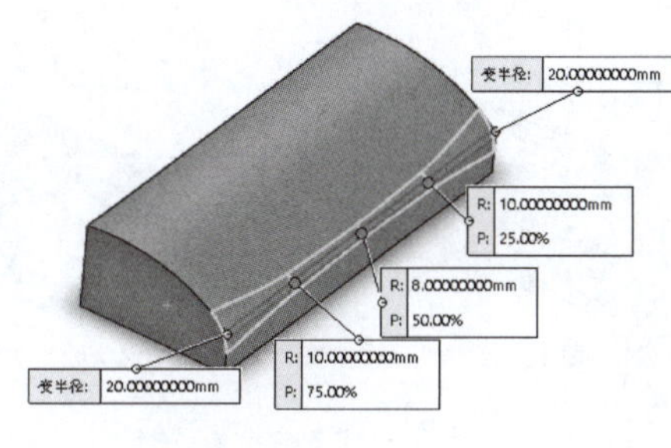

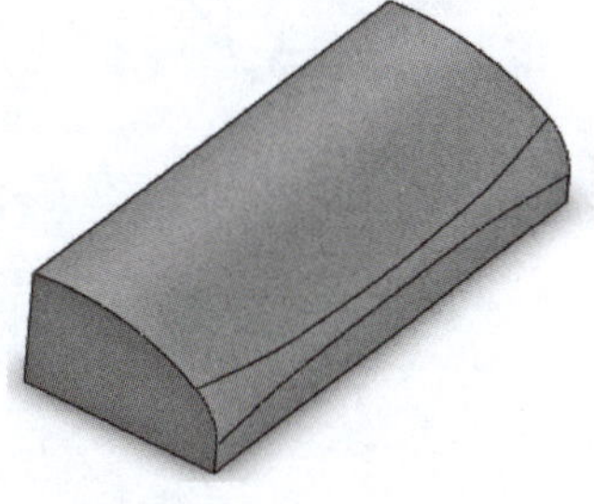

图（b）

步骤四：保存文件

（3）面面倒角—包络线控制

面面倒角—包络线控制案例如图4.1.6所示。

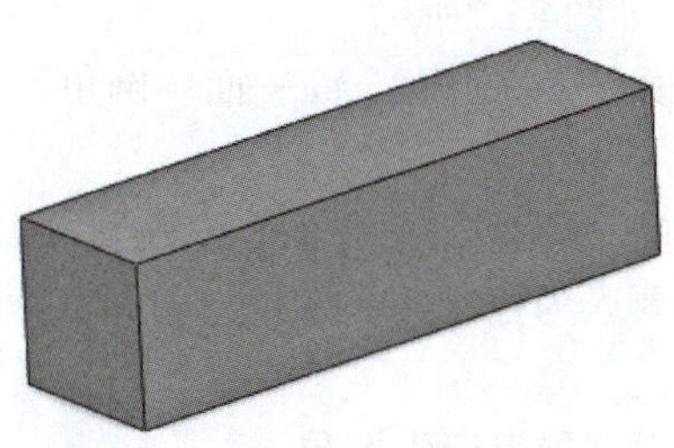

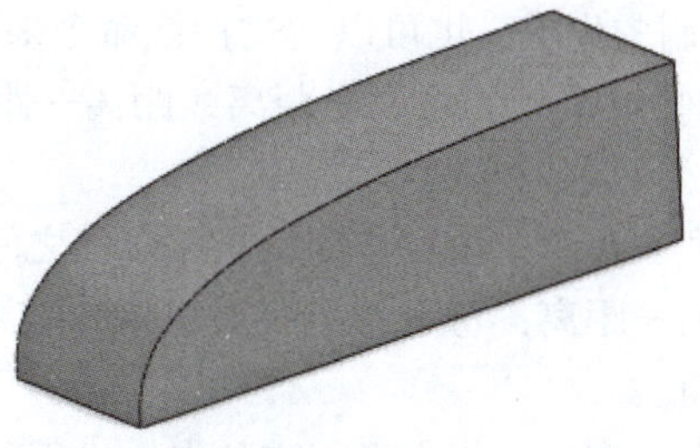

图 4.1.6　面面倒角—包络线控制案例

边学边练：

班级		姓名		成绩	
绘制步骤					

步骤一：新建文件。

步骤二：拉伸凸台/基体。在菜单栏中选择“插入”→“草图绘制”命令，选择“前视基准平面”，绘制草图如图（a）所示。在菜单栏中选择“插入”→“拉伸凸台/基体”命令，深度设置为“182.00 mm”。

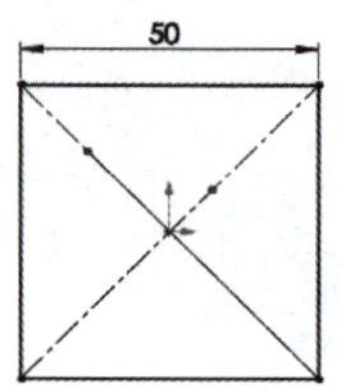

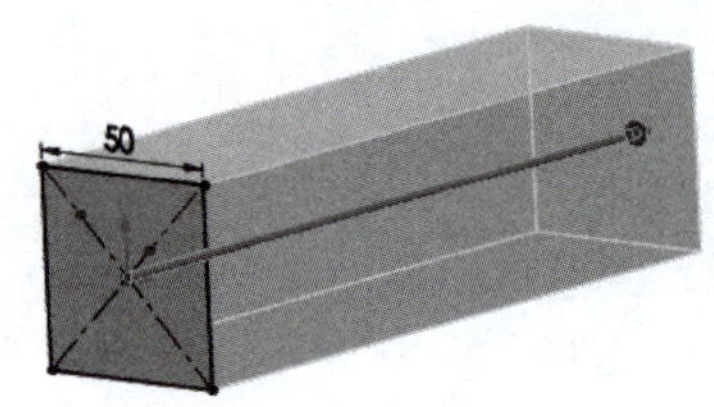

图（a）

步骤三：倒圆角。选择“圆角”→“面圆角”命令，选择下图所示面组1和面组2，圆角参数选择“包络线控制”选项，并选择图（b）所示边线1和边线2，完成效果如图（b）所示。

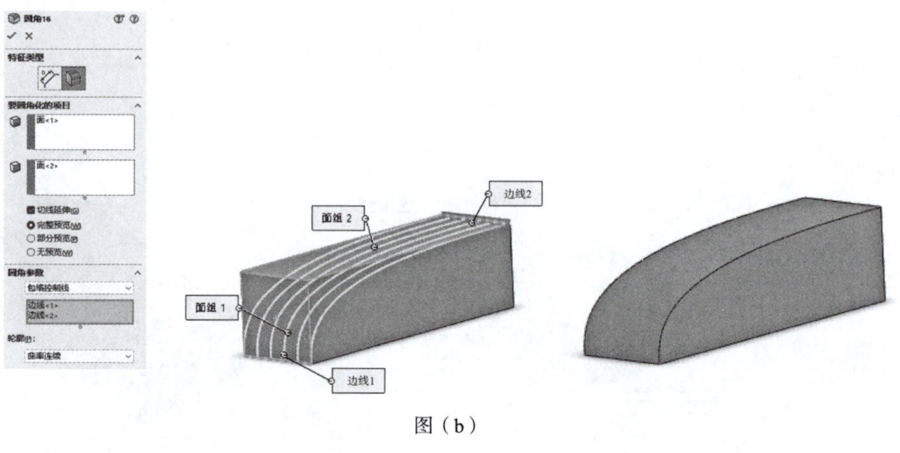

图（b）

步骤四：保存文件

二、倒角特征

1. 倒角特征及类型

①倒角特征：是两个相交面在相交的边建立的斜面特征。同圆角特征一样，倒角特征既可以在草图绘制中生成，也可以通过特征命令来生成，如图4.1.7所示。

②倒角特征类型：角度—距离、距离—距离、顶点、等距面、面—面，倒角类型如图4.1.8所示，倒角类型示例见表4.1.3。

- 角度—距离：角度是倒角与相交面之间的角度，距离则是倒角的宽度。
- 距离—距离：每个相交面须切除的距离是需要人为控制的，设置出两条边的距离来产生倒角。
- 顶点：在三个相交面相交的点上进行，通过设置顶点产生倒角。
- 等距面：通过偏移选定边线相邻的面来求解等距面倒角。
- 面—面：两个混合非相邻、非连续的面。

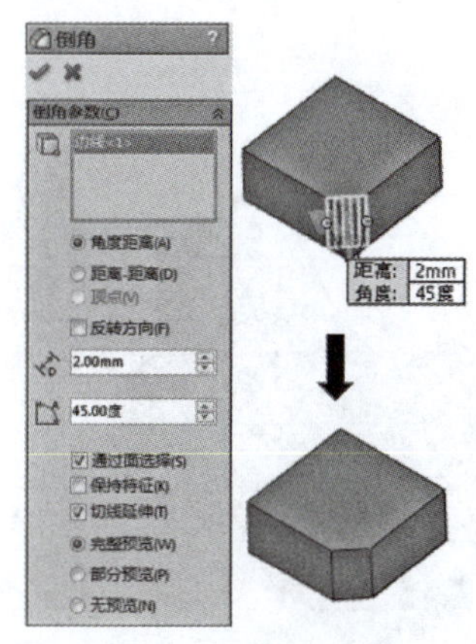

图 4.1.7　倒角特征

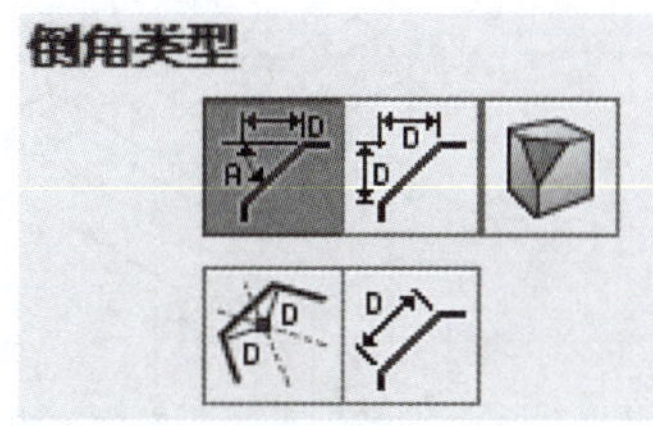

图 4.1.8　倒角类型

表 4.1.3　倒角类型示例

角度 - 距离	距离 - 距离	顶点	等距面	面 - 面

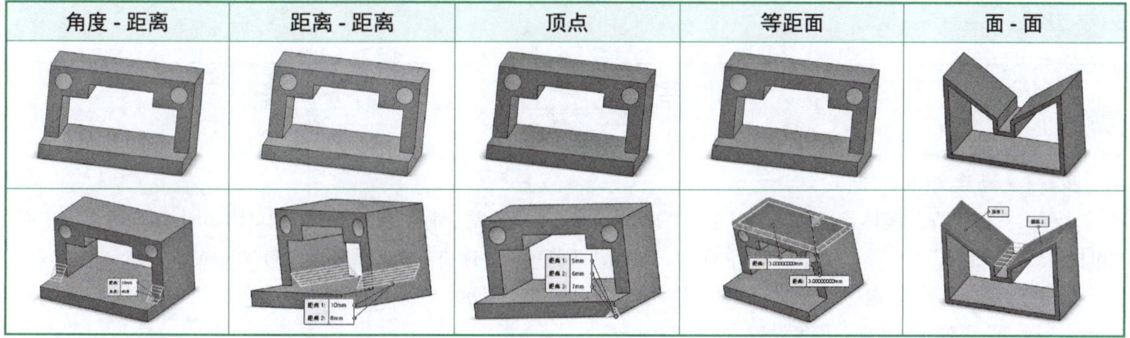

2. 倒角参数

①倒角参数："倒角"对话框从上至下有"倒角类型""要倒角化的项目""倒角参数"等内容，"倒角类型"：选择倒角类型；"要倒角化项目"：选择实体的边线和面；"倒角参数"：输入角度、输入距离。

②倒角特征选项：倒角特征属性如图4.1.9所示。

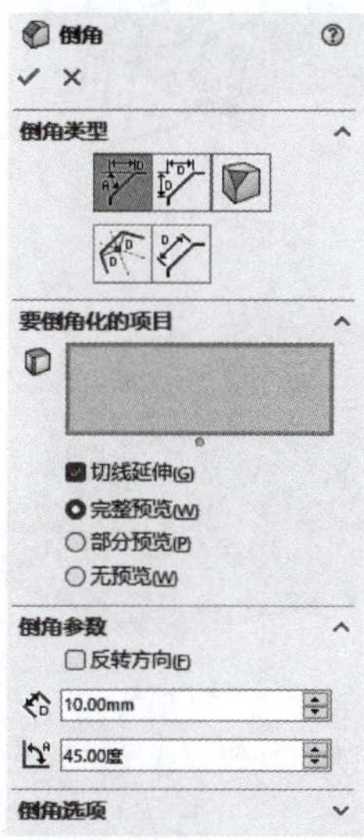

图 4.1.9　倒角特征属性

3. 倒角类型案例

倒角案例如图4.1.10所示。

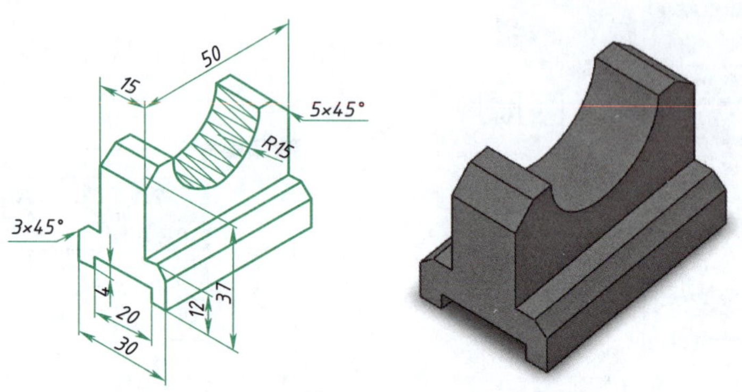

图 4.1.10　倒角案例

边学边练：

班级		姓名		成绩	
绘制步骤					

步骤一：新建文件。

步骤二：拉伸凸台/基体。在菜单栏中选择“插入”→“草图绘制”命令，选择，绘制草图如图（a）所示。在菜单栏中选择“插入”→“拉伸凸台/基体”命令，选择“两侧对称”选项，深度设置为“50.00 mm”。

步骤三：拉伸切除。选择长方体上表面，绘制草图如图（b）所示，在菜单栏中选择“插入”→“拉伸切除”命令，选择“两侧对称”选项，深度设置为“15.00 mm”。

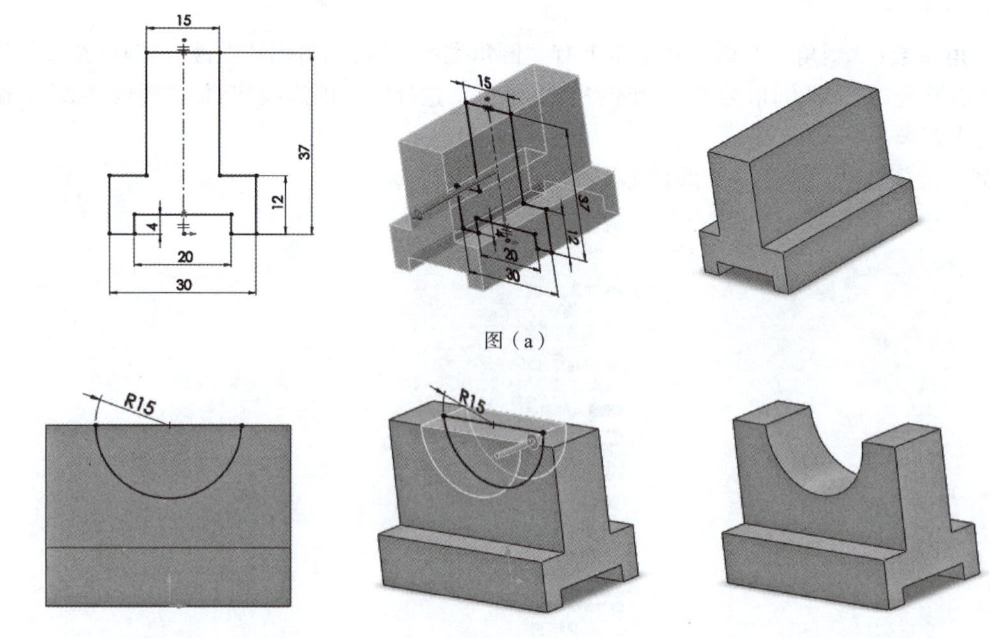

图（a）

图（b）

步骤四：倒角。单击“倒角”→“角度—距离”按钮，选择如图所示边线，倒角距离设置为“5.00 mm”，角度设置为“45.00度”，完成效果如图（c）所示。

续上表

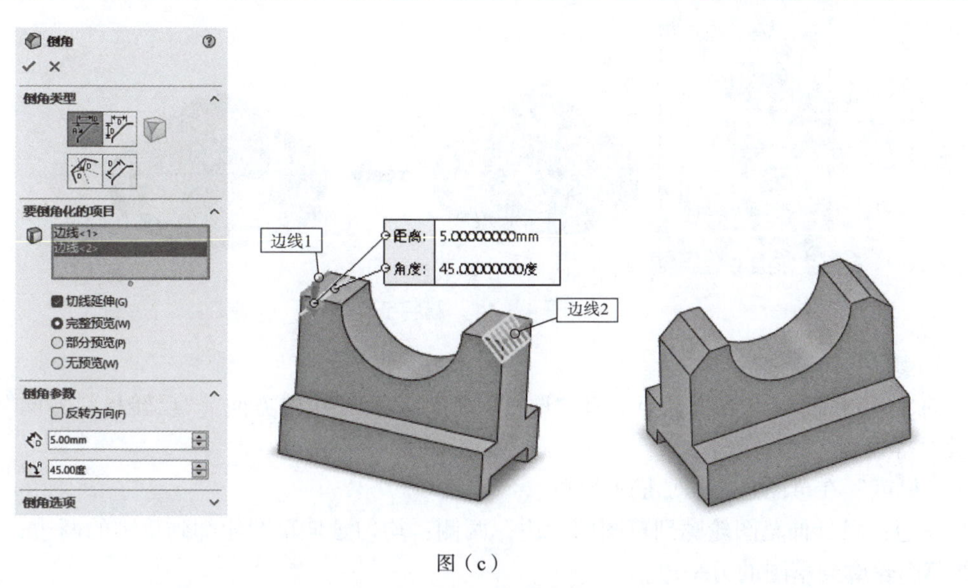

图（c）

步骤五：倒角。单击“倒角”→“角度—距离”按钮，选择如图所示边线，倒角参数距离设置为“3.00 mm”，角度设为“45.00度”，完成效果如图（d）所示。

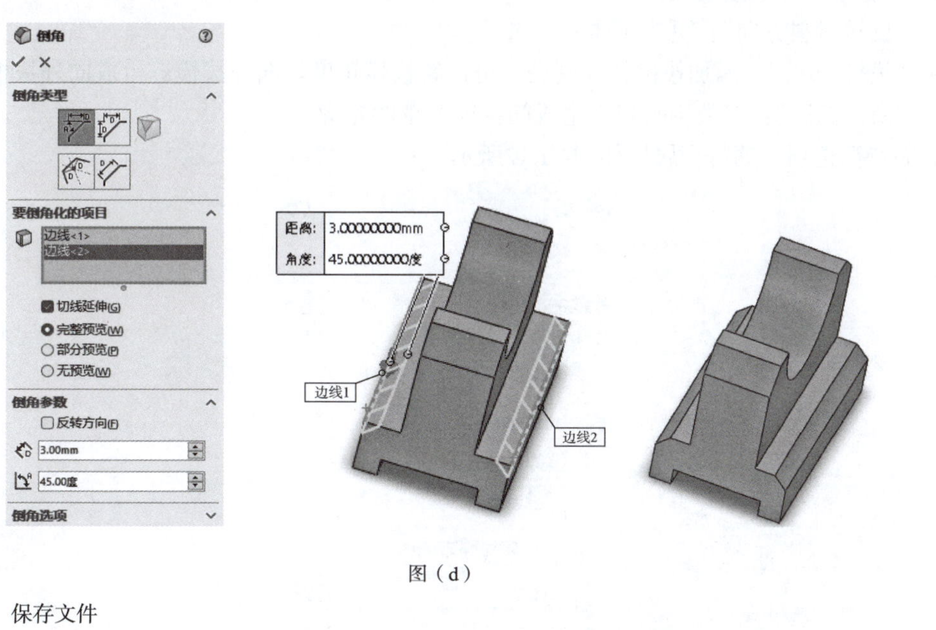

图（d）

步骤六：保存文件

三、筋特征

1. 筋特征

在轮廓与现有零件之间指定方向和厚度以进行延伸，可以使用单一或者多个草图生成筋特征，也可以使用拔模生成筋特征，如图4.1.11所示。

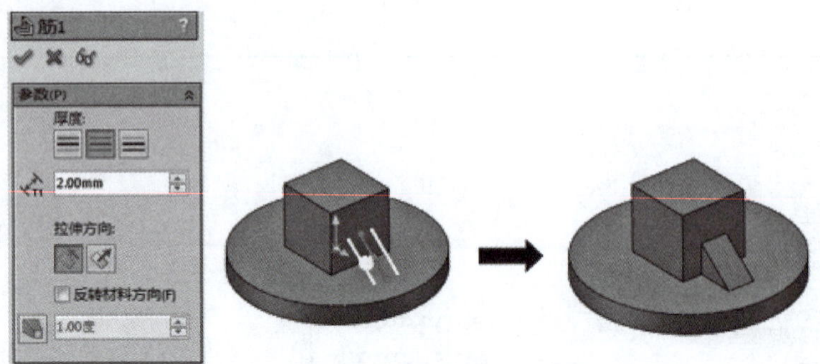

图 4.1.11　筋特征

2. 筋参数

①筋参数："筋"参数从上至下有"厚度""筋厚度""拉伸方向""反转材料方向"和"拔模开/关"等设置。

- "厚度"在草图边缘添加筋的厚度。

第一边：只延伸草图轮廓到草图的一边；两侧：均匀延伸草图轮廓到草图的两边；第二边：只延伸草图轮廓到草图的另一边。

- "筋厚度"：设置筋的厚度。
- "拉伸方向"：设置筋的拉伸方向。平行于草图：平行于草图生成筋拉伸；垂直于草图：垂直于草图生成筋拉伸。
- "反转材料方向"：更改拉伸的方向。
- "拔模开/关"：添加拔模特征到筋，可设置拔模角度。向外拔模：生成向外拔模角度。
- "所选轮廓"：参数用来列举生成筋特征的草图轮廓。

②筋特征选项：筋特征属性如图4.1.12所示。

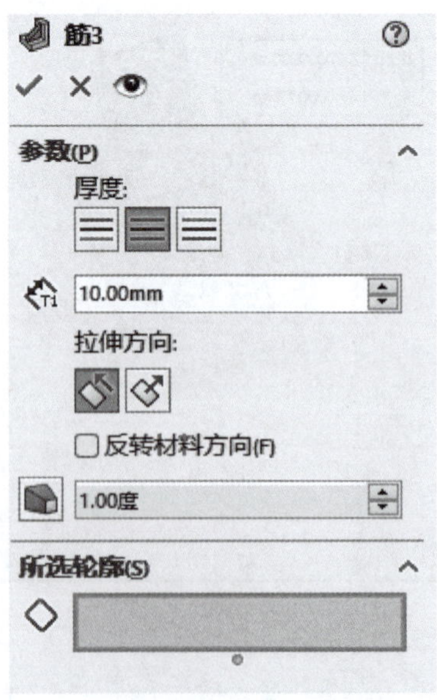

图 4.1.12　筋特征属性

3. 筋特征案例

筋特征案例如图4.1.13所示。

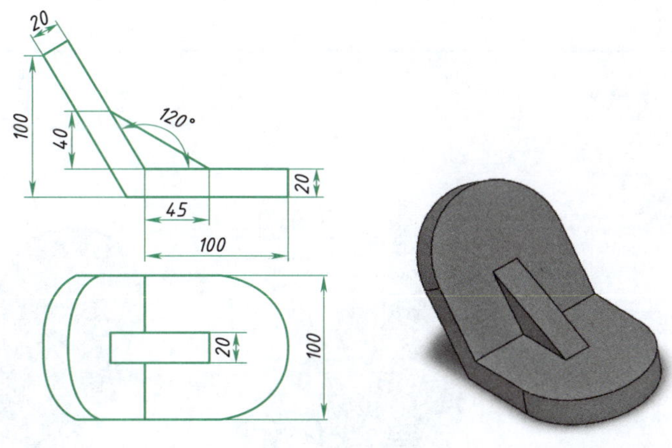

图 4.1.13　筋特征案例

边学边练：

班级		姓名		成绩	
绘制步骤					

步骤一：新建文件。

步骤二：拉伸凸台/基体。在菜单栏中选择“插入”→“草图绘制”命令，选择“右视基准平面”，绘制草图如图（a）所示。在菜单栏中选择“插入”→“拉伸凸台/基体”命令，选择“两侧对称”选项，深度设置为“100.00 mm”。

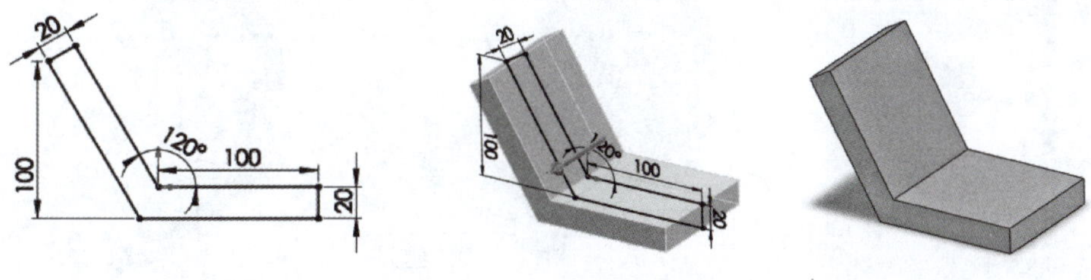

图（a）

步骤三：筋特征。选择“前视基准面”，进入草图绘制环境，绘制筋特征草图，绘制完成后退出草图。弹出“筋”对话框，在“参数”栏中选择“两侧”选项，“厚度”设置为“20.00 mm”，在“拉伸方向”中选择“平行于草图”选项，勾选“反转材料方向（F）”复选框，单击“确定”按钮，生成筋特征，如图（b）所示。

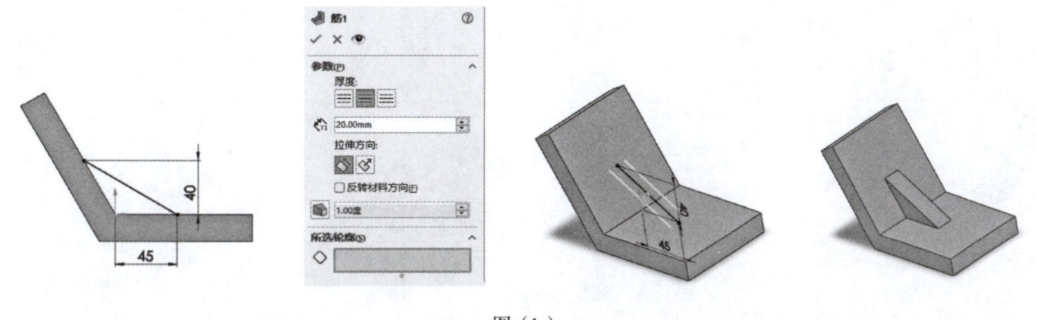

图（b）

步骤四：倒圆角。选择“圆角”→“完全圆角”命令，然后选择下图所示面组，完成效果如图（c）所示。

续上表

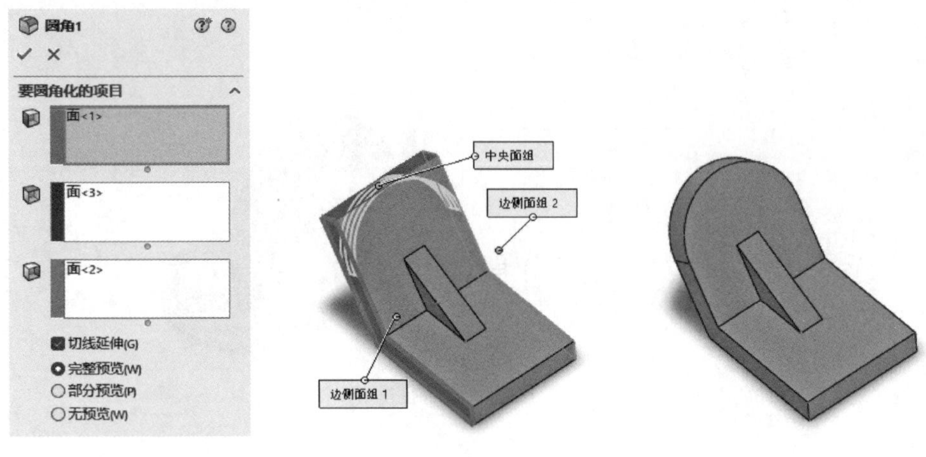

图（c）

步骤五：倒圆角。选择“圆角”→“完全圆角”命令，然后选择下图所示面组，完成效果如图（d）所示。

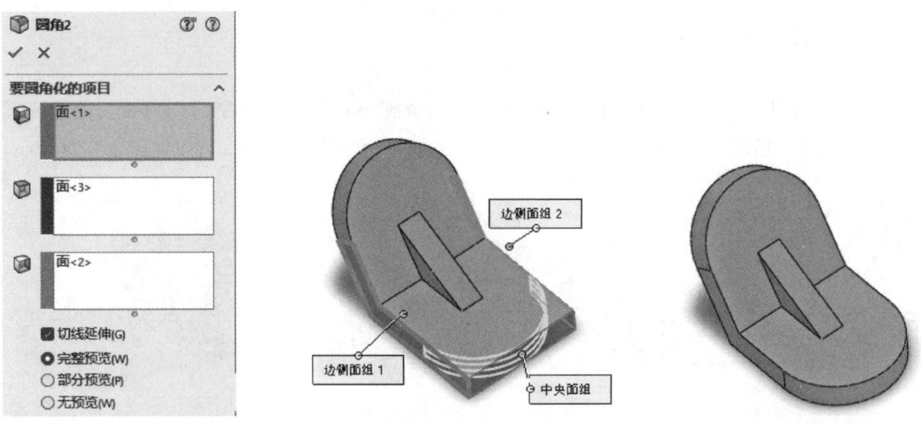

图（d）

步骤六：筋特征。选择“前视基准面”，进入草图绘制环境，绘制筋特征草图，绘制完成后退出草图。弹出“筋”对话框，在“参数”栏中选择“两侧”选项，“厚度”设置为“20.00 mm”，在“拉伸方向”栏中选择“平行于草图”选项，勾选“反转材料方向（F）”复选框，单击“确定”按钮，生成筋特征，如图（e）所示。

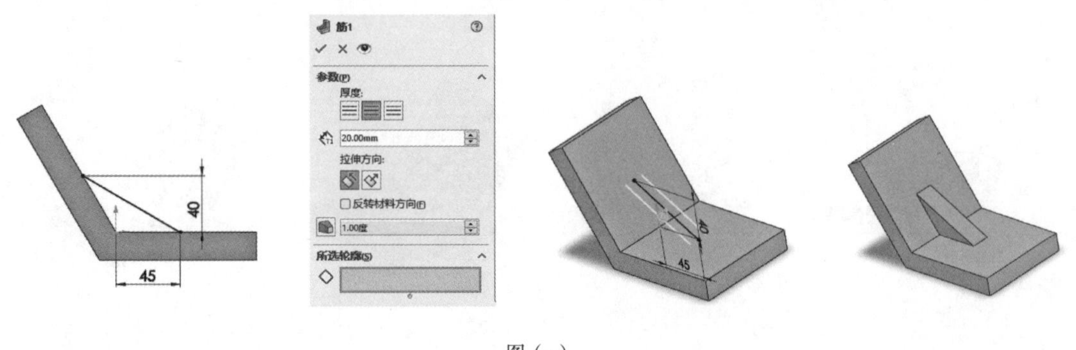

图（e）

步骤七：保存文件

四、抽壳特征

1. 抽壳特征及类型

①抽壳特征：将实体的内部掏空，留下一定壁厚（等壁厚或多壁厚）的空腔，如图4.1.14所示。

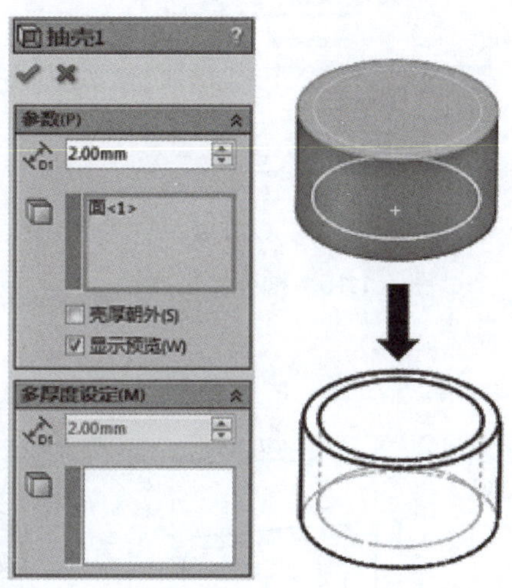

图 4.1.14　抽壳特征

②抽壳特征类型：等壁厚、多壁厚，见表4.1.4。

表 4.1.4　抽壳类型

等壁厚	多壁厚

2. 抽壳参数

①抽壳参数："抽壳"对话框从上至下有"参数""多厚度设定"等内容。

"参数"

厚度：设置保留面的厚度；移除的面：在图形区域可以选择一个或者多个面；壳厚朝外：增加模型的外部尺寸；显示预览：显示抽壳特征后的预览。

"多厚度"

多厚度面：在图形区域选择一个面，为所选的面设置多厚度的数值。

②抽壳特征选项：抽壳特征属性如图4.1.15所示。

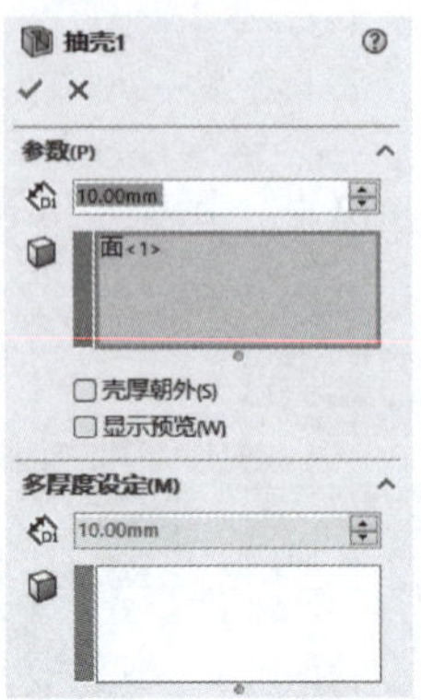

图 4.1.15　抽壳特征属性

3. 抽壳案例

抽壳案例如图4.1.16所示。

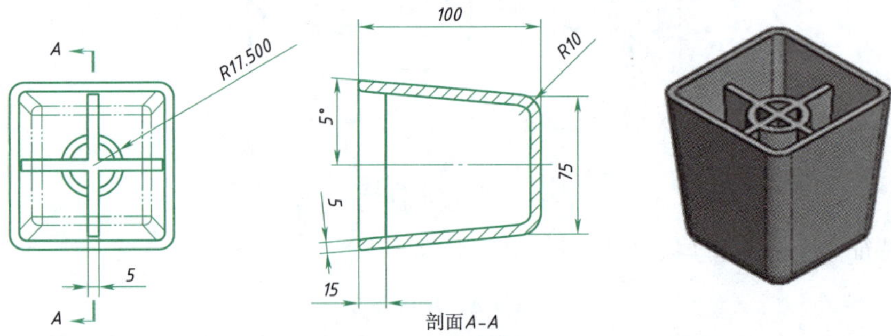

图 4.1.16　抽壳案例

边学边练：

<table>
<tr><td>班级</td><td></td><td>姓名</td><td></td><td>成绩</td><td></td></tr>
<tr><td colspan="6">绘制步骤</td></tr>
<tr><td colspan="6">步骤一：新建文件。
步骤二：拉伸凸台/基体。在菜单栏中选择“插入”→“草图绘制”命令，选择“上视基准面”，绘制草图如图（a）所示。在菜单栏中选择“插入”→“拉伸凸台/基体”命令，选择“给定深度”选项，深度设置为“100.00 mm”，勾选“向外拔模”复选框，角度设置为“5.00度”。
图（a）</td></tr>
</table>

续上表

步骤三：倒圆角。单击“圆角”按钮，选择下图所示边线，圆角半径设置为“10.00 mm”，完成效果如图（b）所示。

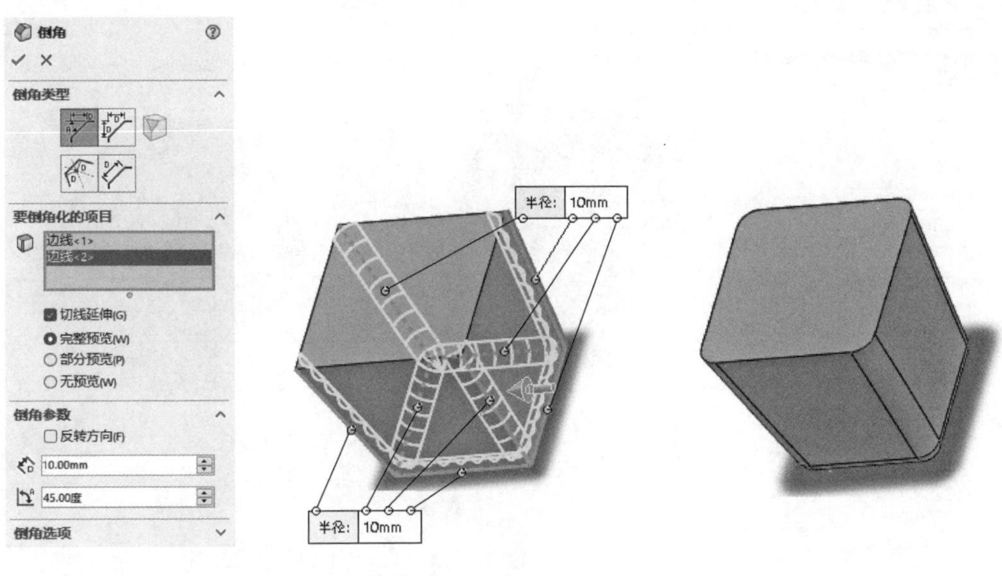

图（b）

步骤四：单击“特征”工具栏中的“抽壳”按钮，系统弹出“抽壳”对话框，选择需移除的面，厚度距离设置为“5.00 mm”，单击“确定”按钮，生成等壁厚特征如图（c）所示。

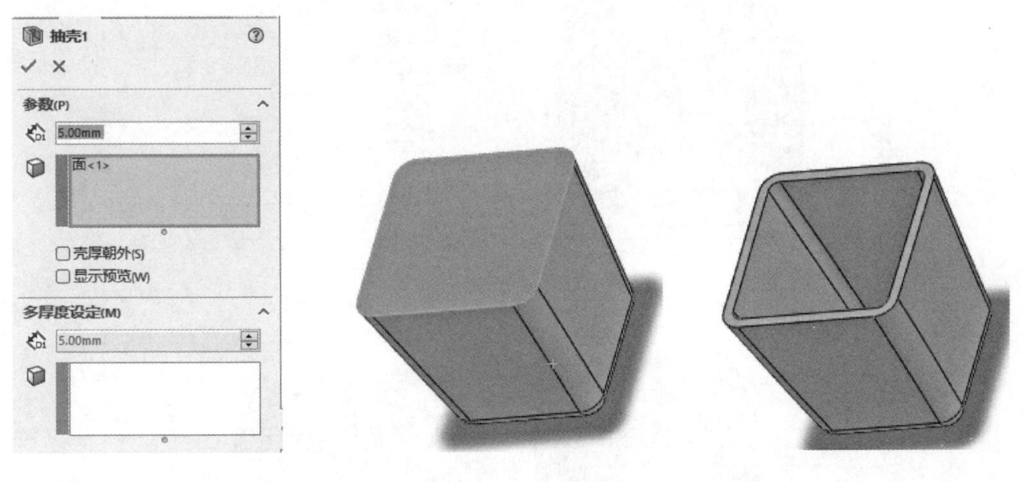

图（c）

步骤五：创建基准面。在“参考几何体”下拉菜单中单击“基准面”按钮，选择第一参考为“上视基准面”，偏移基准面，距离设置为“85.00 mm”，创建一个基准面，如图（d）所示。

步骤六：筋特征。选择刚创建的基准面，进入草图绘制环境，绘制筋特征草图，绘制完成后退出草图。弹出“筋”对话框，在“参数”栏中选择“两侧”选项，“厚度”设置为“5.00 mm”，在“拉伸方向”栏中选择“垂直于草图”选项，如图（e）所示，单击“确定”按钮，生成筋特征，最终效果如图（f）所示。

续上表

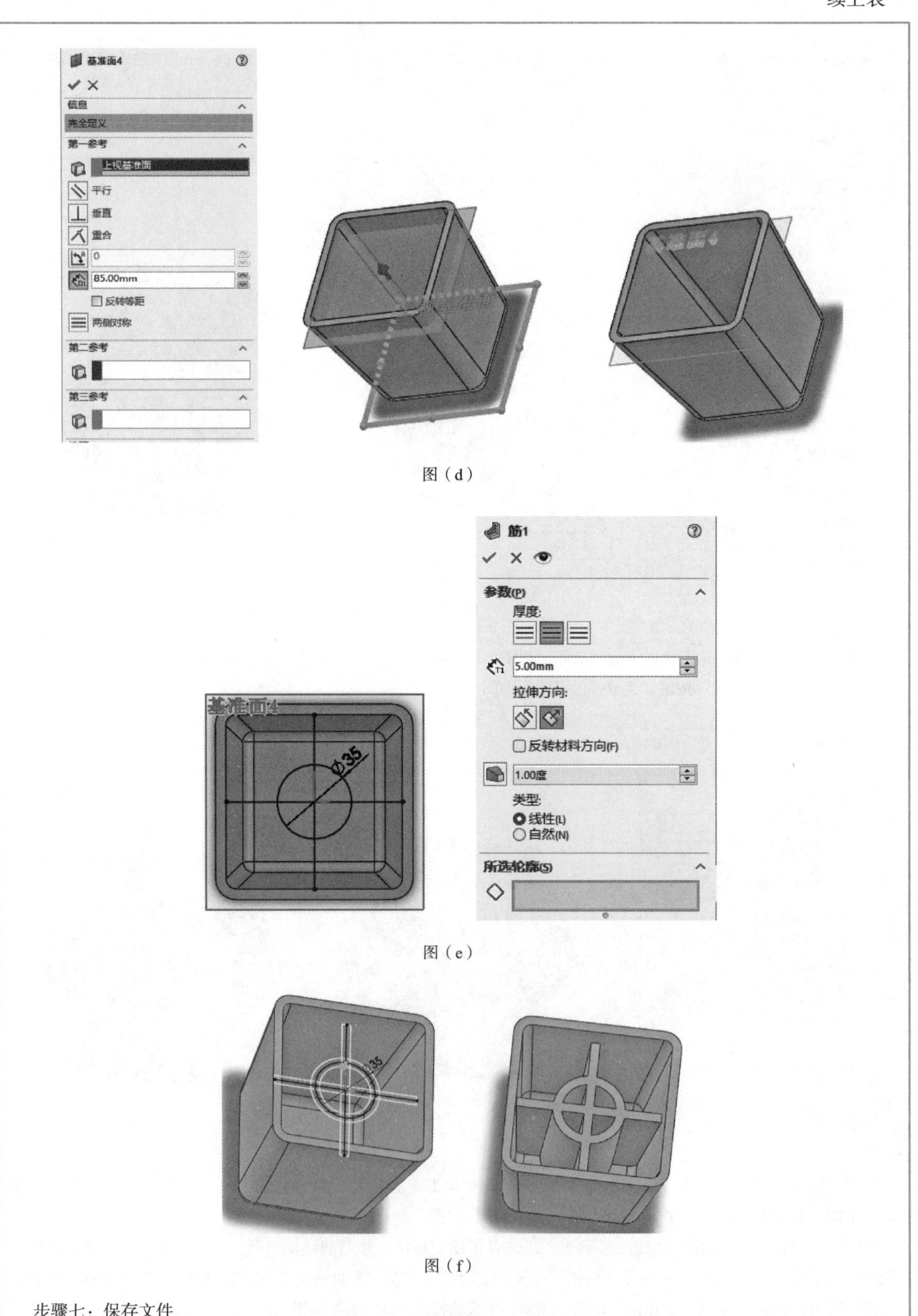

图（d）

图（e）

图（f）

步骤七：保存文件

五、拔模特征

1. 拔模特征及类型

①拔模特征：以指定的角度斜削模型中所选的面，如图4.1.17所示。

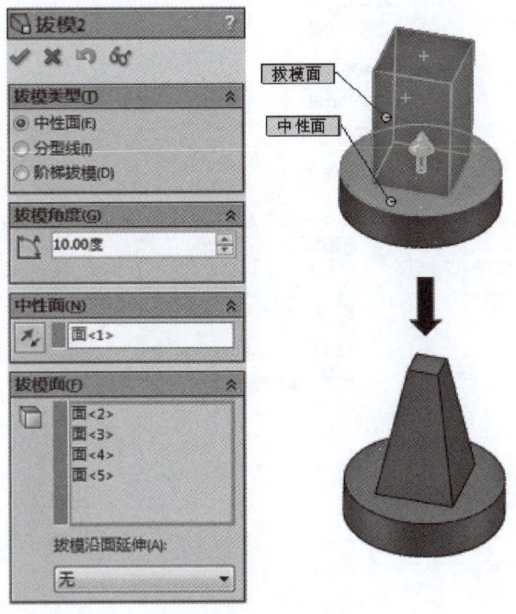

图 4.1.17　拔模特征

②拔模特征类型：中性面拔模、分型线拔模，见表4.1.5。

表 4.1.5　拔模类型

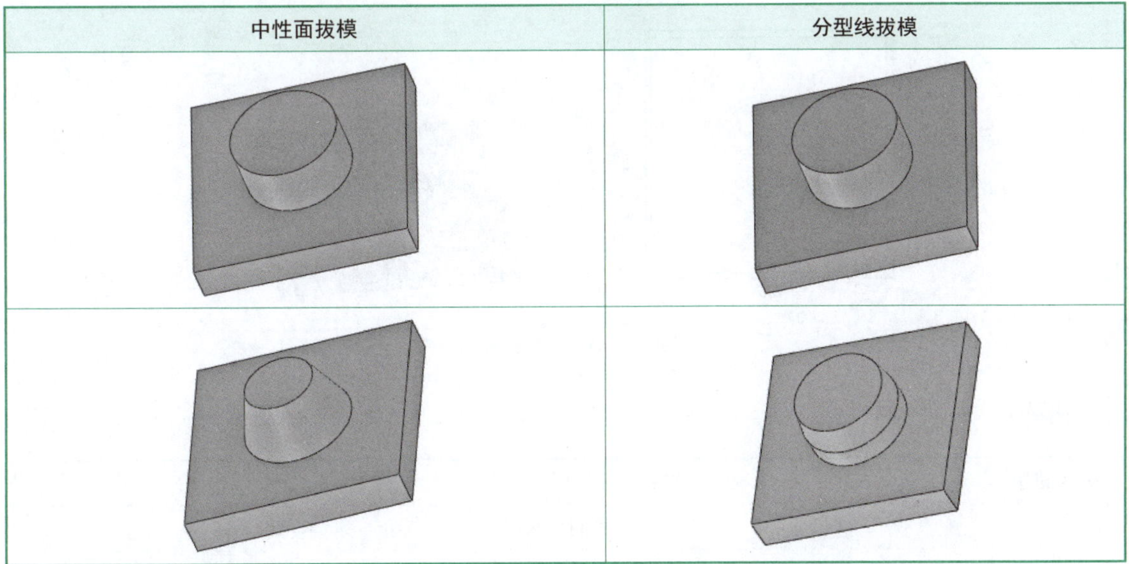

中性面拔模	分型线拔模

2. 拔模参数

①拔模参数："拔模"对话框从上至下包括"拔模类型""拔模角度""中性面""拔模面"等内容。

②拔模特征选项：拔模特征属性如图4.1.18所示。

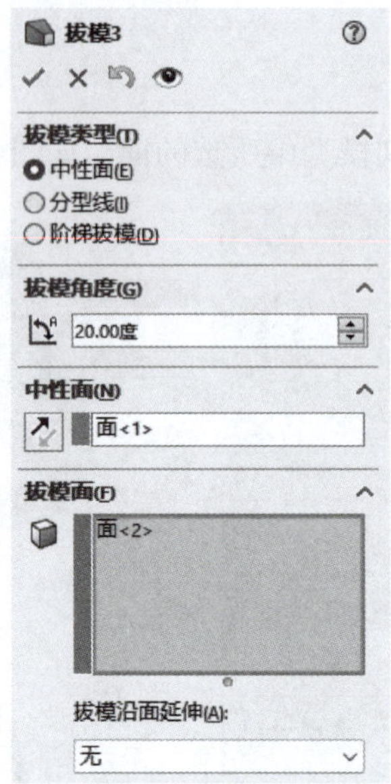

图 4.1.18　拔模特征属性

3. 拔模案例

拔模案例如图4.1.19所示。

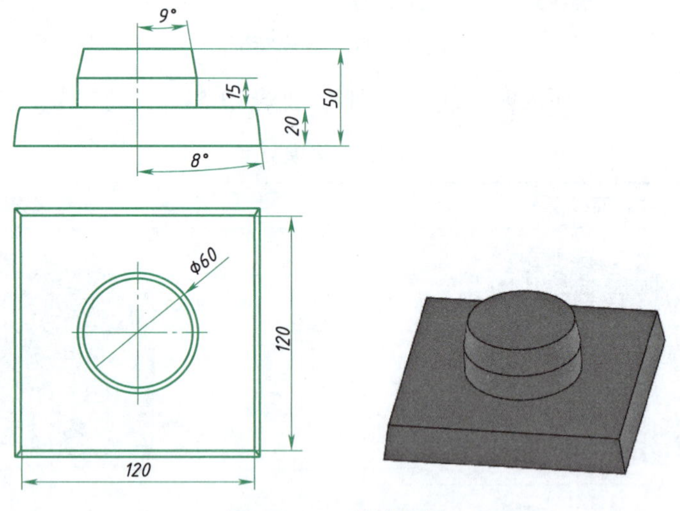

图 4.1.19　拔模案例

边学边练：

班级		姓名		成绩	
绘制步骤					
步骤一：新建文件。 步骤二：拉伸凸台/基体。在菜单栏中选择“插入”→“草图绘制”命令，选择“上视基准面”，绘制草图，在菜单栏中选择“插入”→“拉伸凸台/基体”命令，选择草图轮廓为整个矩形，给定深度设置为“20.00 mm”，拉伸效果如图（a）所示；再对绘制草图选择圆形区域进行拉伸，给定深度设置为“50.00 mm”，拉伸效果如图（b）所示；					

续上表

绘制步骤
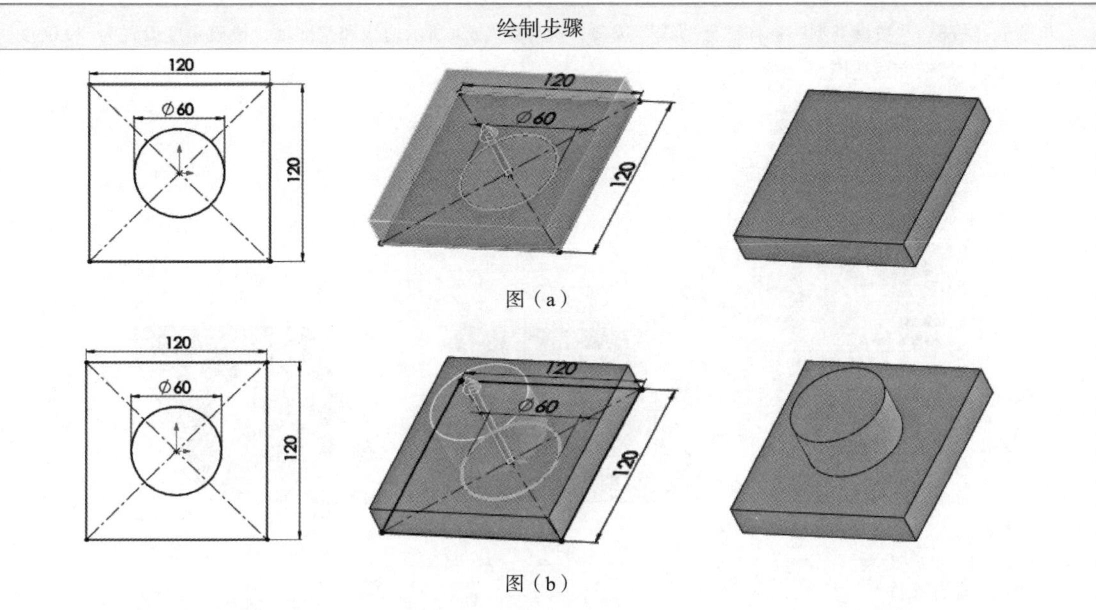 图（a） 图（b） 步骤三：拔模。单击“拔模”按钮，选择图（c）所示面，拔模角度设置为“8.00度”，单击“确定”按钮完成拔模。 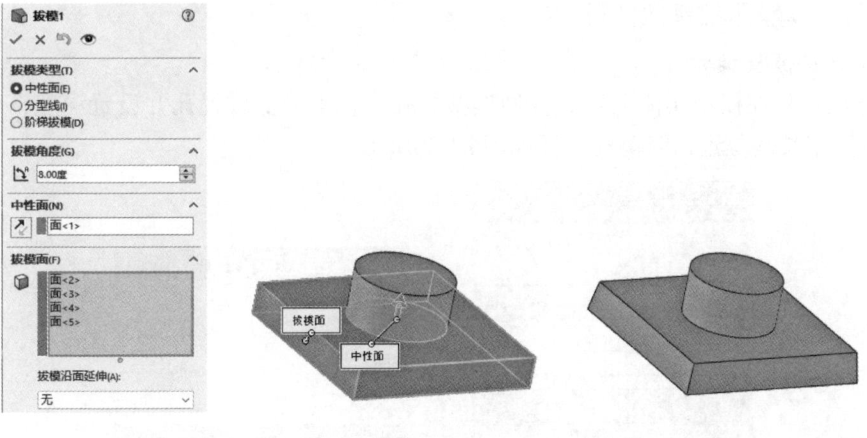 图（c） 步骤四：分割线。选择“前视基准面”，绘制下图所示草图，在菜单栏中选择“插入”→“曲线”→“分割线”命令，选择如图（d）所示的面和草图直线，生成分割线。 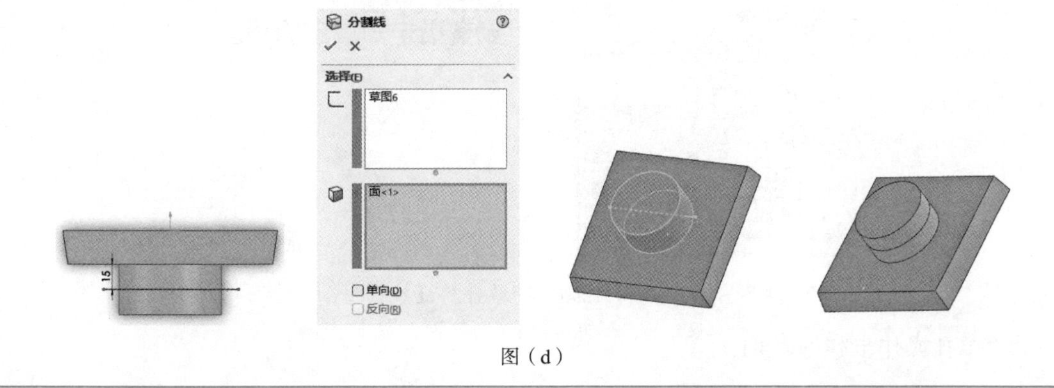 图（d）

续上表

步骤五：拔模。“拔模类型”选择“分型线”选项，选择图（e）所示边线和基准轴，拔模角度设置为“9.00度”，单击“确定”按钮完成建模。

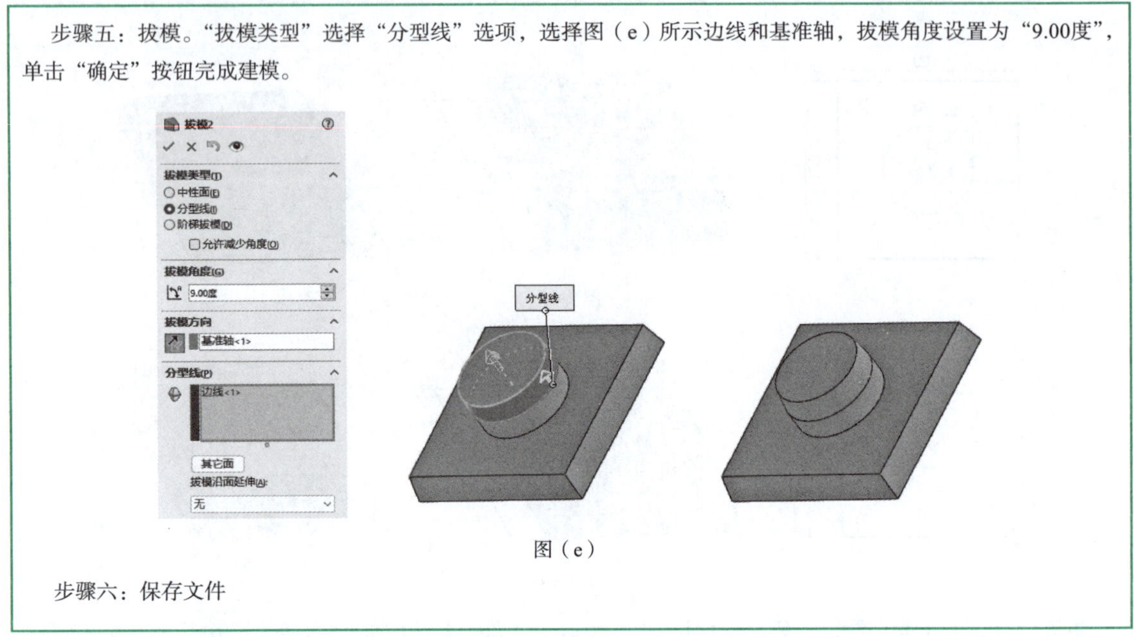

图（e）

步骤六：保存文件

六、孔、异型孔和其他特征

1. 简单孔特征及步骤

①孔特征：是在模型实体上生成各种类型的孔。在平面上放置孔并设置深度，可以通过标注尺寸的方法定义其位置，简单孔特征如图4.1.20所示。

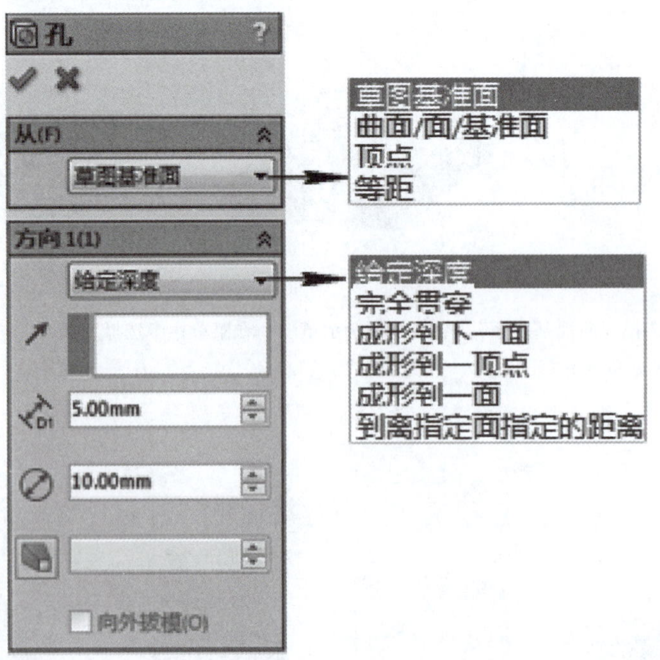

图 4.1.20　简单孔特征

②简单孔操作步骤见表4.1.6。

表 4.1.6　简单孔操作步骤

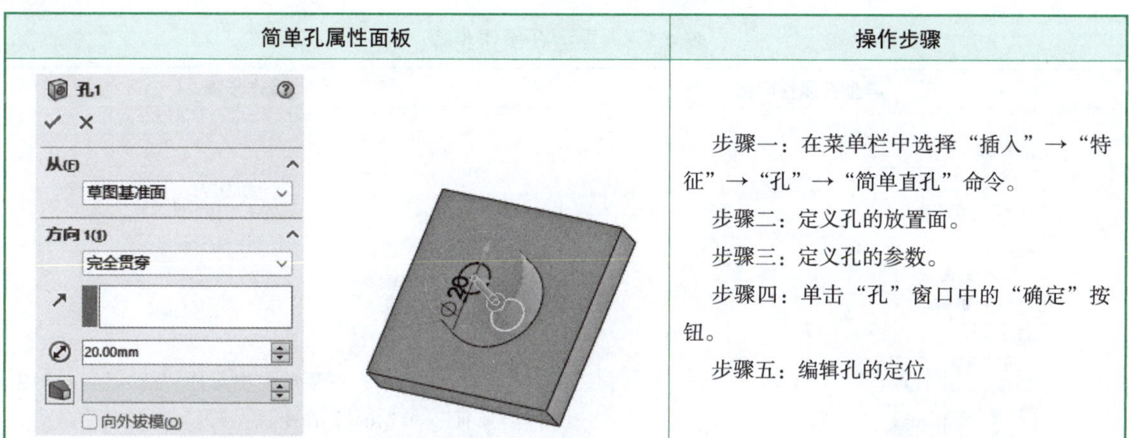

简单孔属性面板	操作步骤
	步骤一：在菜单栏中选择“插入”→“特征”→“孔”→“简单直孔”命令。 步骤二：定义孔的放置面。 步骤三：定义孔的参数。 步骤四：单击“孔”窗口中的“确定”按钮。 步骤五：编辑孔的定位

2. 异型孔特征及步骤

①异型孔特征：生成各种标准的孔以及各种类型的自定义孔。异型孔类型包括：柱形沉头孔、锥形沉头孔、孔、直螺纹孔、锥形螺纹孔、旧制孔，根据需要可以选定异型孔的类型。

当使用异形孔向导生成孔时，孔的类型和大小出现在“孔规格”属性管理器，如图4.1.21所示。通过使用异型孔向导可以生成基准面上的孔，或者在平面和非平面上生成孔。生成步骤遵循：设定孔类型参数、孔的定位以及确定孔的位置三个过程。

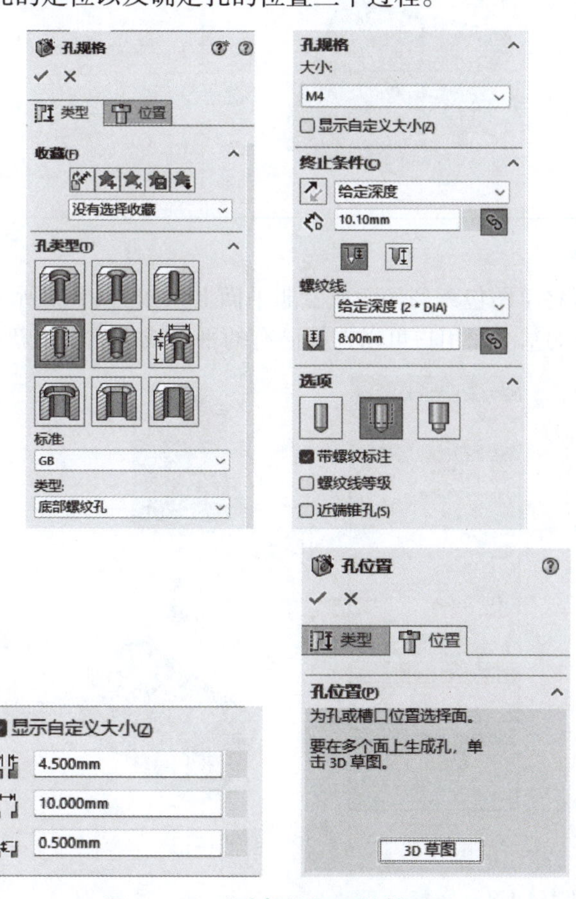

图 4.1.21　“孔规格”属性管理器

②异型孔操作步骤见表4.1.7。

表 4.1.7 异型孔操作步骤

异型孔属性面板	操作步骤
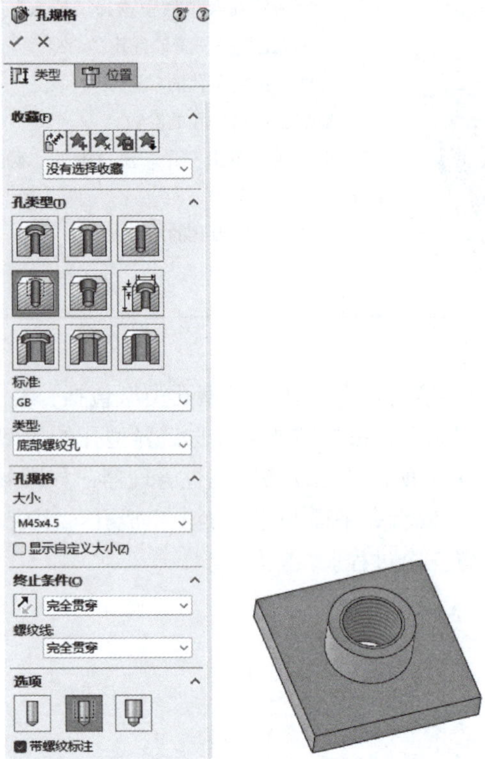	步骤一：在菜单栏中选择“插入”→“特征”→“孔导”命令。 步骤二：定义孔的位置（放置面），按【ESC】键进入草图定义。 步骤三：选择孔类型、标准、参数；显示自定义（参数）；终止条件。 步骤四：单击“异型孔”窗口中的“确定”按钮

3. 包覆特征及步骤

①包覆特征：用于将草图包裹到平面或者非平面上，如图4.1.22所示。其中，包覆的草图必须是封闭的，放置草图的基准面用户可以选择已有的平面或创建一个新的基准面。

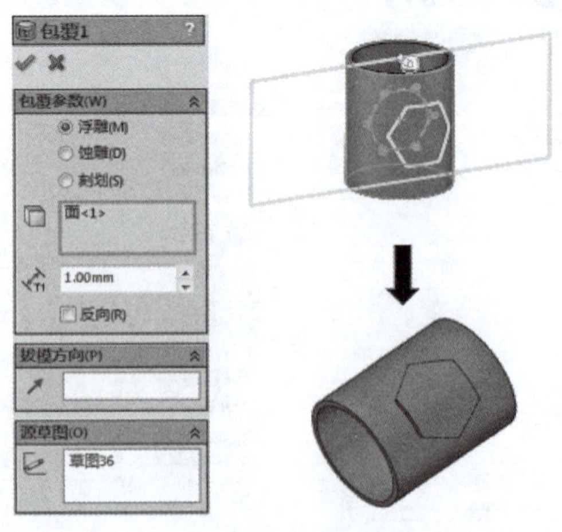

图 4.1.22 包覆特征

②包覆操作步骤见表4.1.8。

表 4.1.8　包覆操作步骤

包覆特征	操作步骤
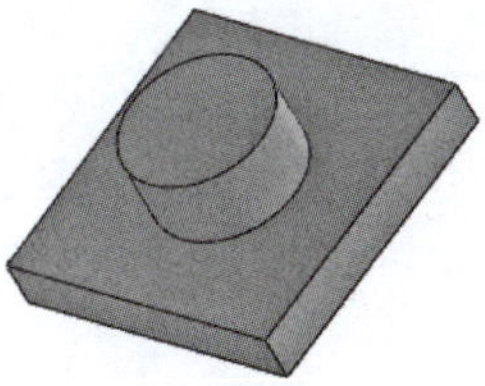 步骤一 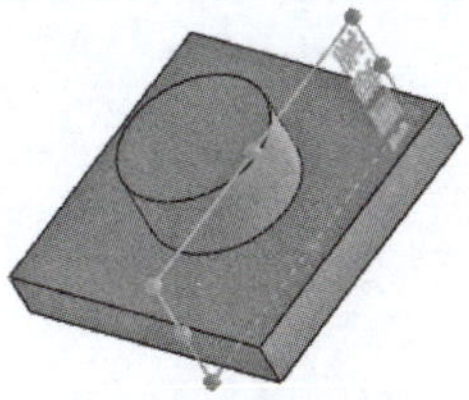　步骤二 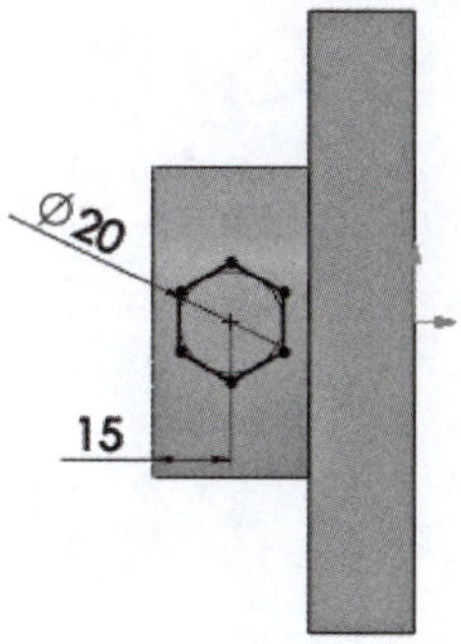 步骤三 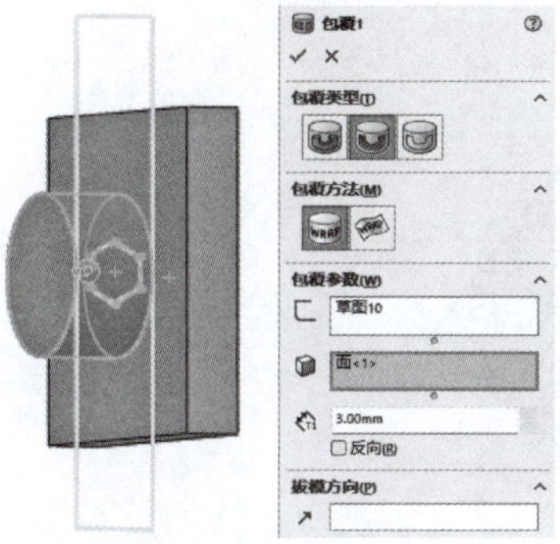　步骤四 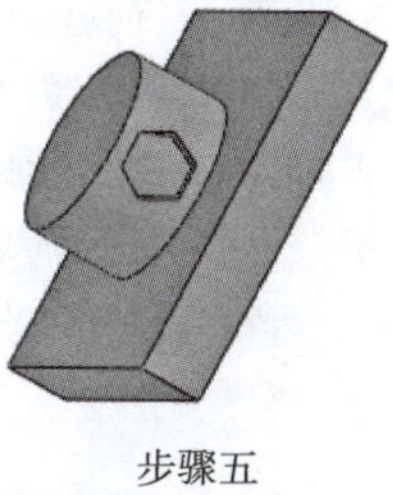 步骤五	步骤一：创建基体特征。 步骤二：创建基准面。 步骤三：绘制草图。 步骤四：在菜单栏中选择“插入”→“特征”→“包覆”命令。 步骤五：保存文件

4. 装饰螺纹线及步骤

①装饰螺纹线：使用装饰螺纹线，首先应打开装饰螺纹线显示选项，具体操作步骤为：在标准工具栏中单击“选项”按钮，选择“文档属性”标签，然后选择“出详图”选项，勾选“上色的装饰螺纹线”复选框，最后单击“确定”按钮，完成设置，如图4.1.23所示。

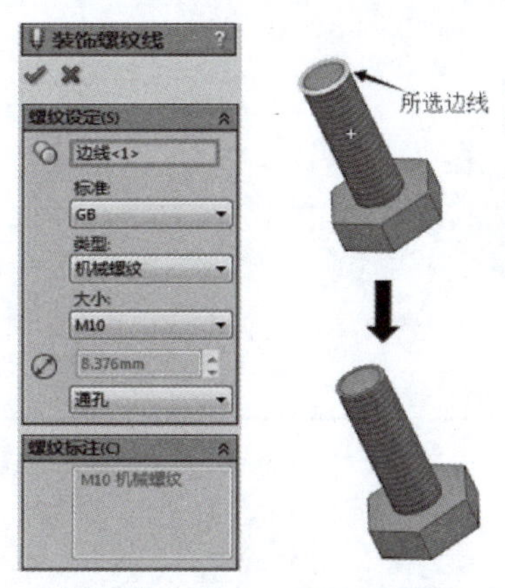

图 4.1.23　装饰螺纹线

②装饰螺纹线操作步骤见表4.1.9。

表 4.1.9　装饰螺纹线操作步骤

包覆特征	操作步骤
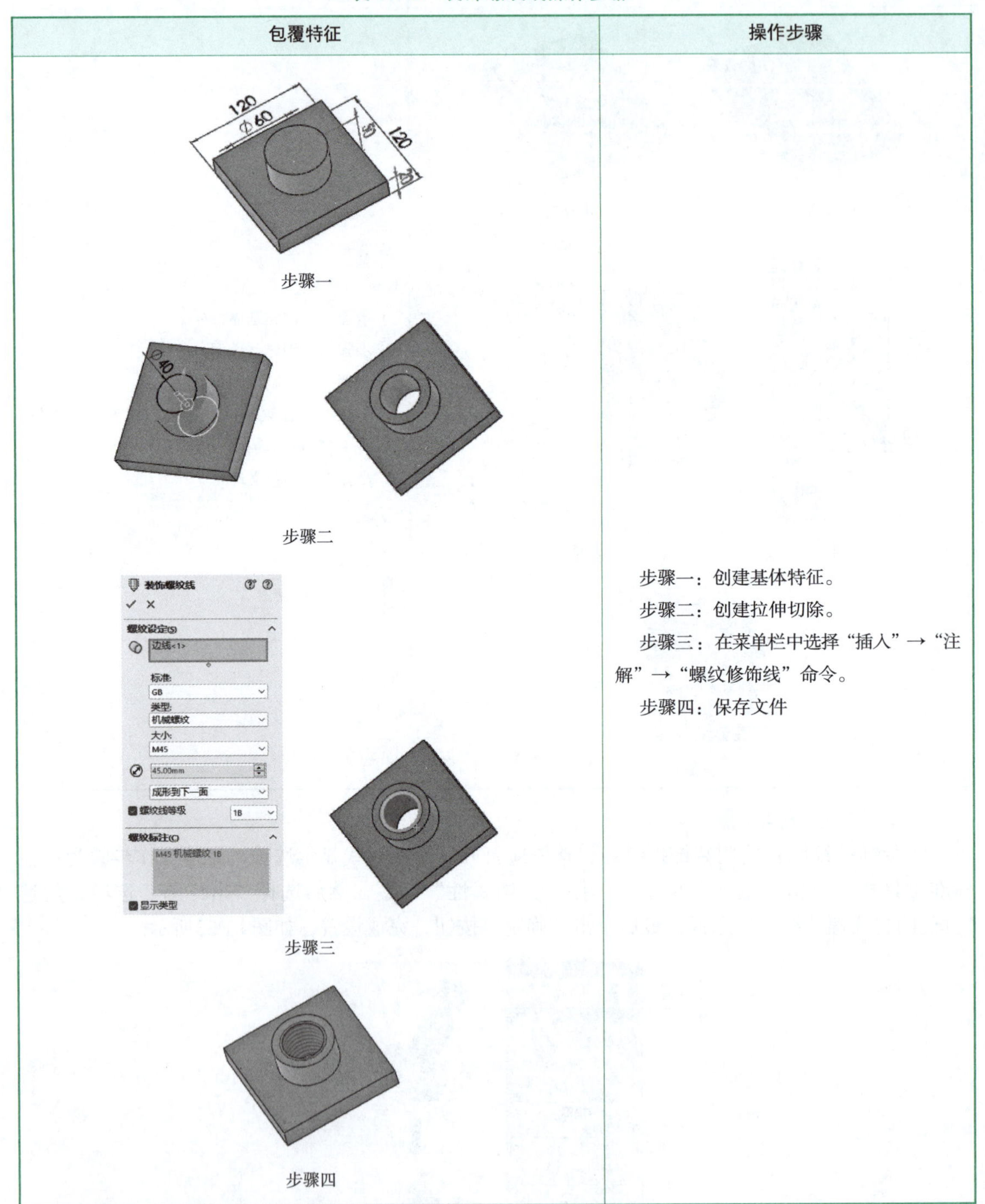步骤一 步骤二 步骤三 步骤四	步骤一：创建基体特征。 步骤二：创建拉伸切除。 步骤三：在菜单栏中选择“插入”→“注解”→“螺纹修饰线”命令。 步骤四：保存文件

七、附加特征案例

1. 附加特征案例一

根据所给尺寸和信息，创建如下零件的三维模型；文件命名为“ZH1”，如图4.1.24所示。

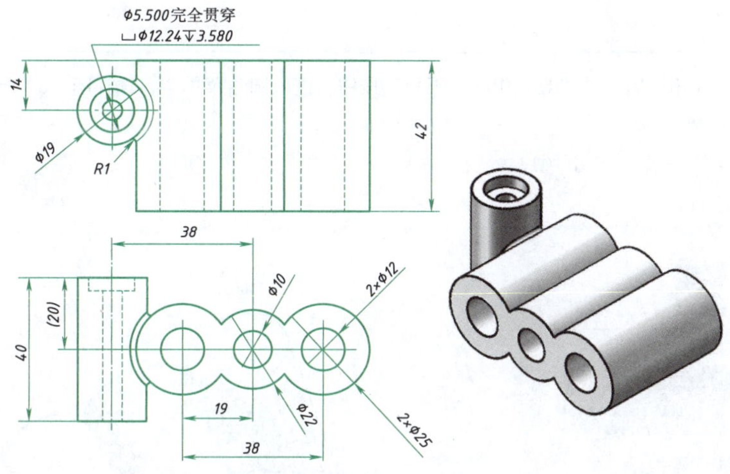

图 4.1.24　附加特征案例一

边学边练：

班级		姓名		成绩	
绘制步骤					

步骤一：新建文件。打开Solidworks，单击标准工具栏中的“新建”按钮，然后单击“零件”→“确定”按钮。

步骤二：拉伸凸台/基体。单击“草图”按钮，选择“前视基准面”，绘制如图（a）所示草图。绘制完草图后，单击“特征”工具栏中的“拉伸凸台/基体”按钮，在“终止条件”下拉列表框内选择“给定深度”选项，在“深度”文本框内输入“42.00 mm”，单击“√”按钮完成拉伸，拉伸效果如图（b）所示。

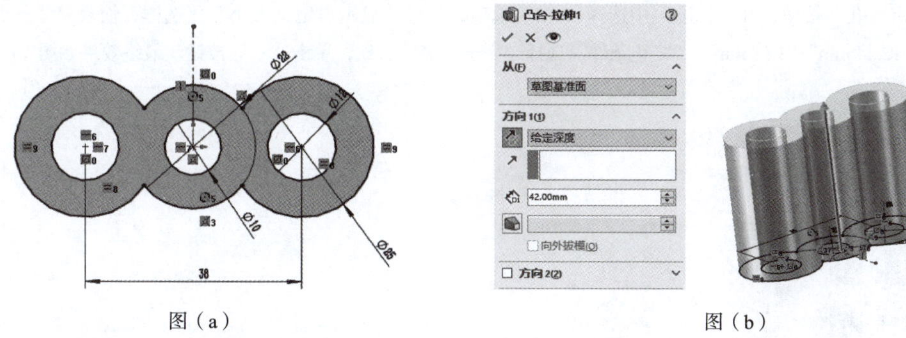

图（a）　图（b）

步骤三：拉伸凸台/基体。单击“草图”按钮，选择“上视基准面”，绘制如图（c）所示草图。绘制完草图后，单击“特征”工具栏中的“拉伸凸台/基体”按钮，在“终止条件”下拉列表框内选择“两侧对称”选项，在“深度”文本框内输入“40.00 mm”，单击“√”按钮完成拉伸，拉伸效果如图（d）所示。

图（c）　图（d）

续上表

步骤四：倒圆角。单击“特征”工具栏中的“圆角”按钮，进入圆角菜单栏，选择图（e）所示边线，半径设置为“1.00 mm”，单击“√”按钮。

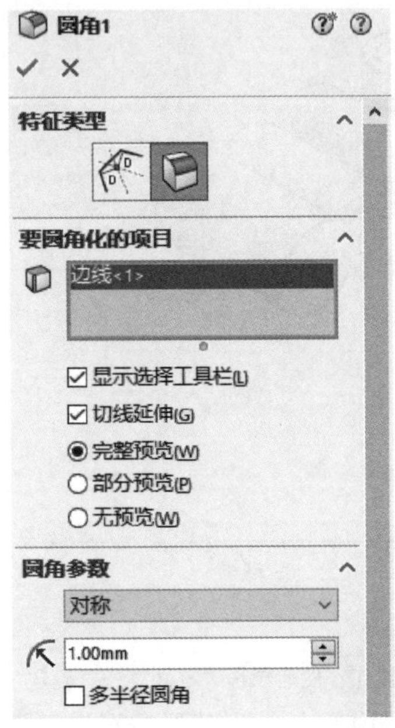

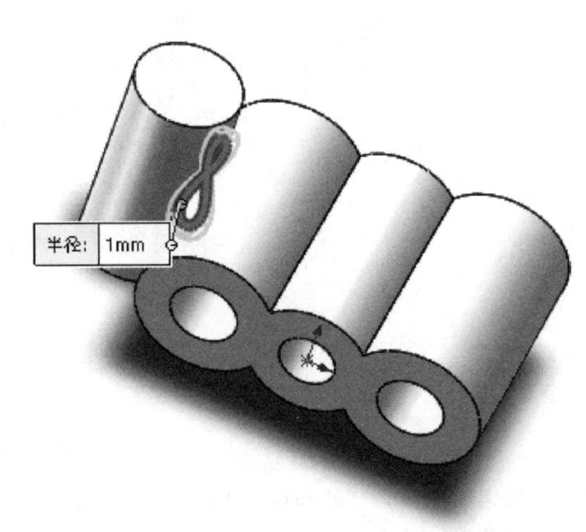

图（e）

步骤五：打孔。单击“特征”工具栏中的“异型孔向导”按钮，出现“异型孔向导”属性管理器，在“孔类型”中单击“柱形沉头孔”按钮，在“标准”中选择“GB”选项，勾选“显示自定义大小”复选框，输入尺寸分别设置为“5.50 mm”“12.24 mm”“3.58 mm”，“终止条件”选择“完全贯穿”选项，单击“√”按钮。最终效果如图（f）所示。

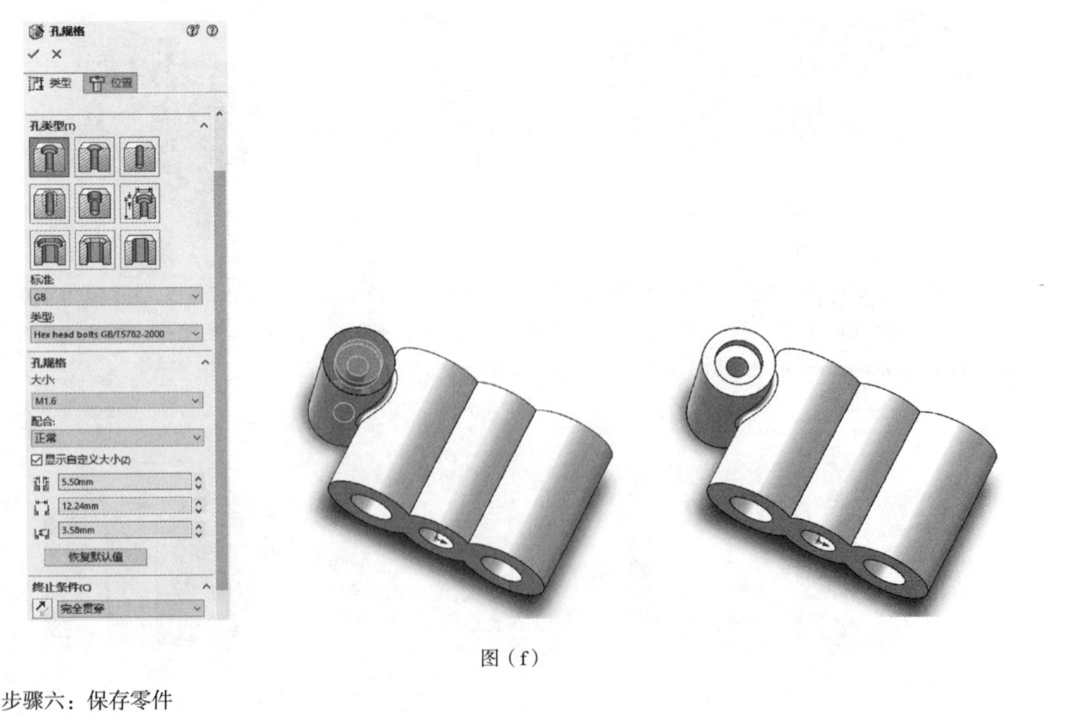

图（f）

步骤六：保存零件

2. 附加特征案例二

尝试运用"拉伸凸台/拉伸切除/筋"特征中各种终止条件&几何关系（多种思路）创建零件模型，文件命名为"ZH2"即可，如图4.1.25所示。

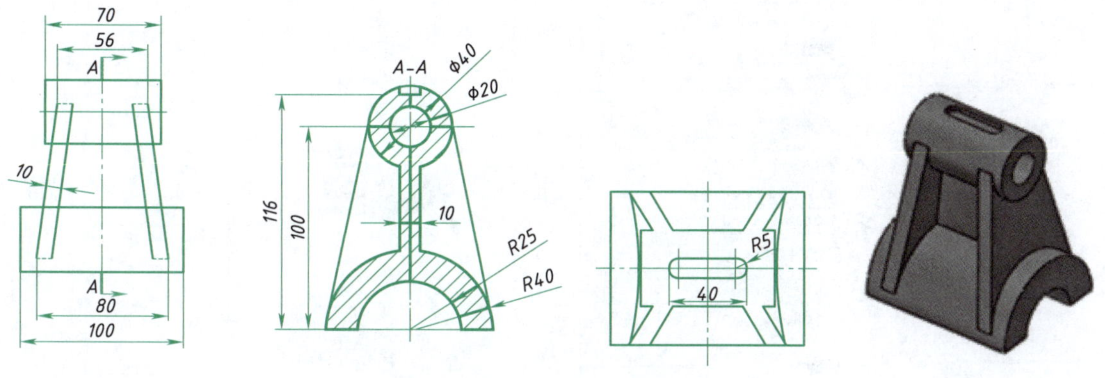

图 4.1.25　附加特征案例二

边学边练：

班级		姓名		成绩	
绘制步骤					

步骤一：新建文件。打开Solidworks，单击标准工具栏中的"新建"按钮，然后单击"零件"→"确定"按钮。

步骤二：拉伸凸台/基体。单击"草图绘制"按钮，选择"前视基准面"，绘制草图。单击"特征"工具栏上的"拉伸凸台/基体"按钮，在"终止条件"下拉列表框内选择"两侧对称"选项，在"深度"文本框内输入"70.00 mm"，"所选轮廓"选择"草图轮廓1"，单击"√"按钮完成拉伸，拉伸效果如图（a）所示。再次单击"拉伸凸台/基体"按钮，在"终止条件"下拉列表框内选择"两侧对称"选项，在"深度"文本框内输入"100.00 mm"，"所选轮廓"选择"草图1轮廓2"，单击"√"按钮完成拉伸，拉伸效果如图（b）所示。

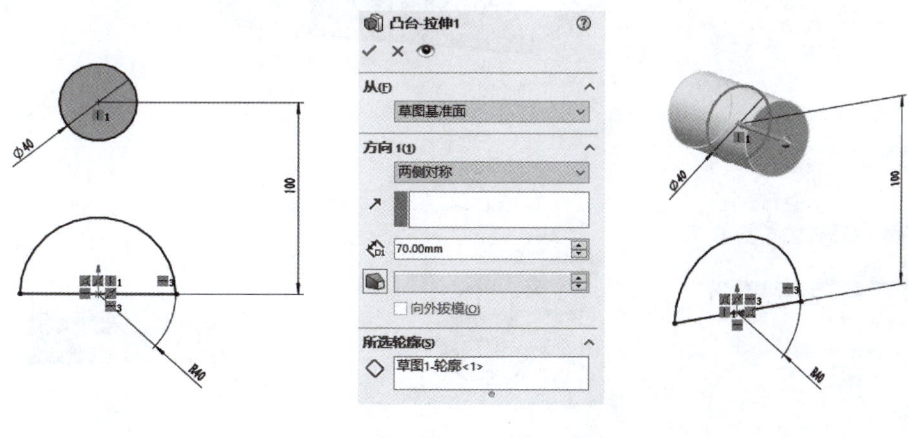

图（a）

步骤三：绘制草图。单击"草图绘制"按钮，选择"前视基准面"，绘制草图如图（c）。

步骤四：创建基准面。在菜单栏中选择"插入"→"参考几何体"→"基准面"命令，将两个圆柱面设置为"相切"，设置参数如图（d）所示。绘制草图，单击"草图"→"草图绘制"按钮，选择创建的基准面绘制草图，草图尺寸如图（e）所示。同理再创建一个基准面，设置参数如图（f）所示。绘制草图如图（g）所示。

续上表

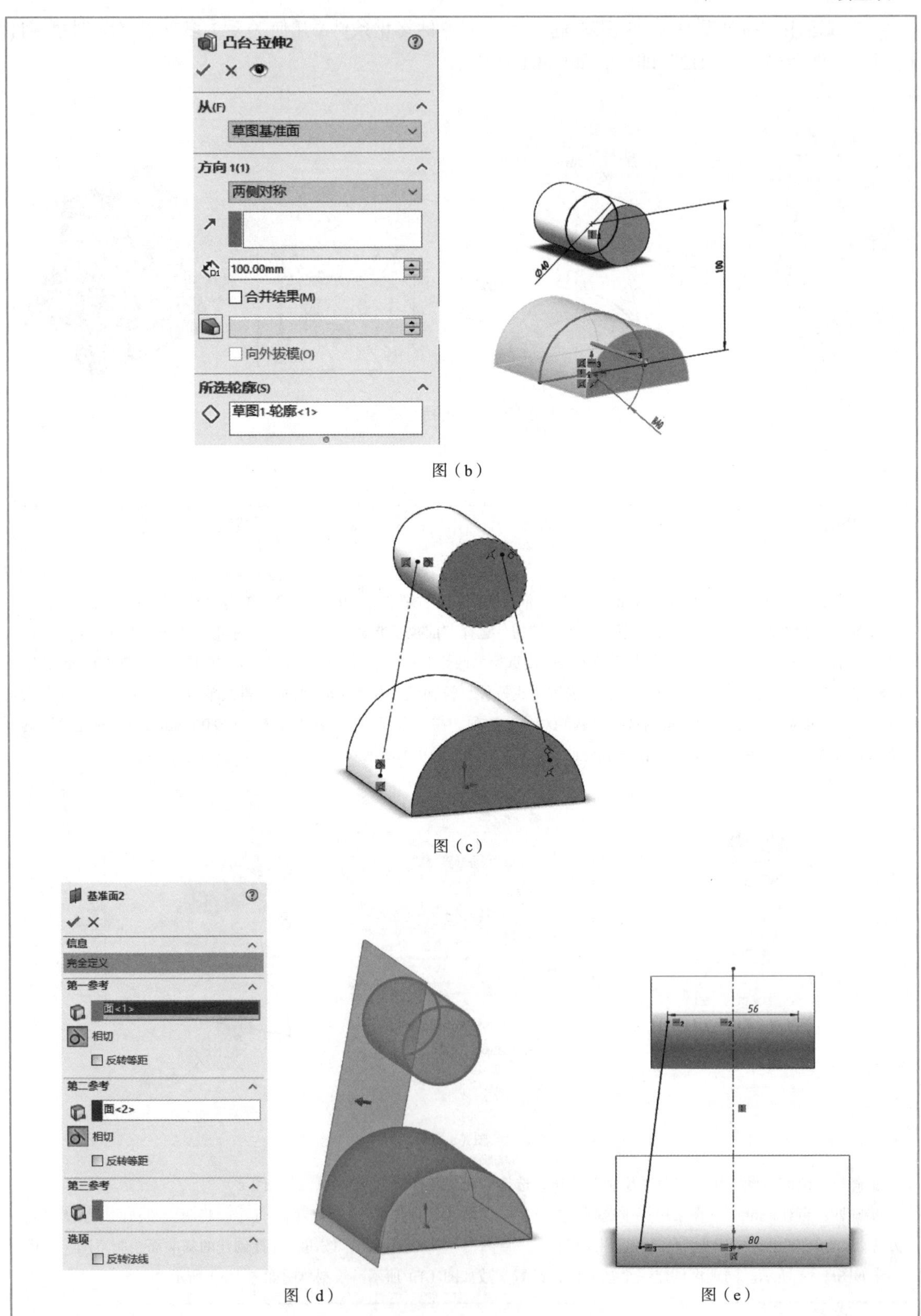

图（b）

图（c）

图（d）

图（e）

续上表

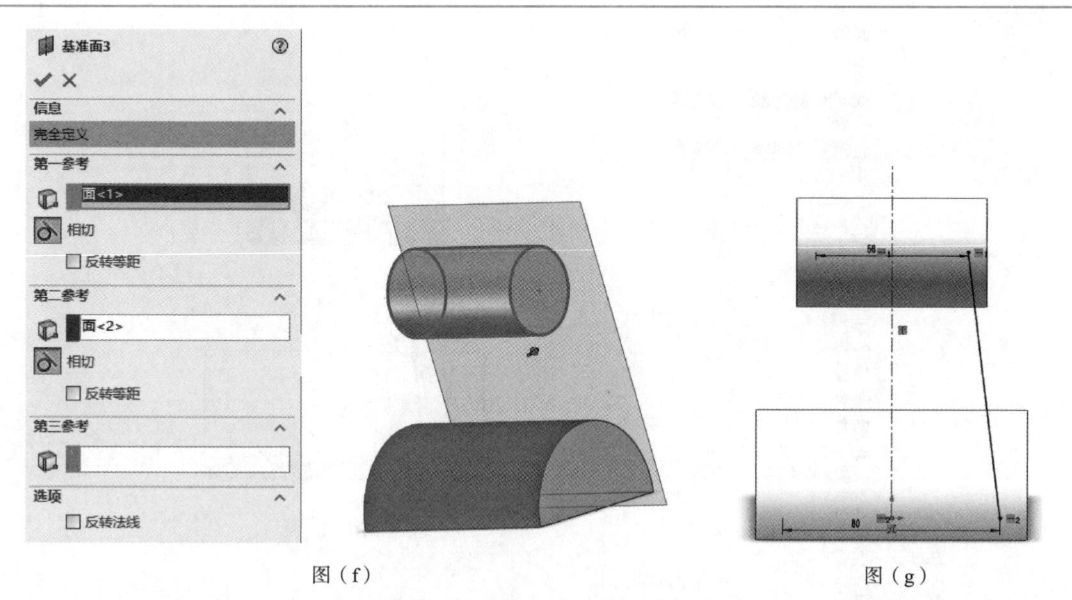

图（f）　　图（g）

步骤五：创建基准面。选择“基准面”命令，选择草图4和草图5，然后分别单击“重合”按钮，设置参数如图（h）所示，创建基准面4如图（i）。继续创建基准面，选择“基准面”命令，选择基准面4，反向等距设置为“10.00 mm”，设置参数如图（j）所示，创建基准面如图（k）所示。

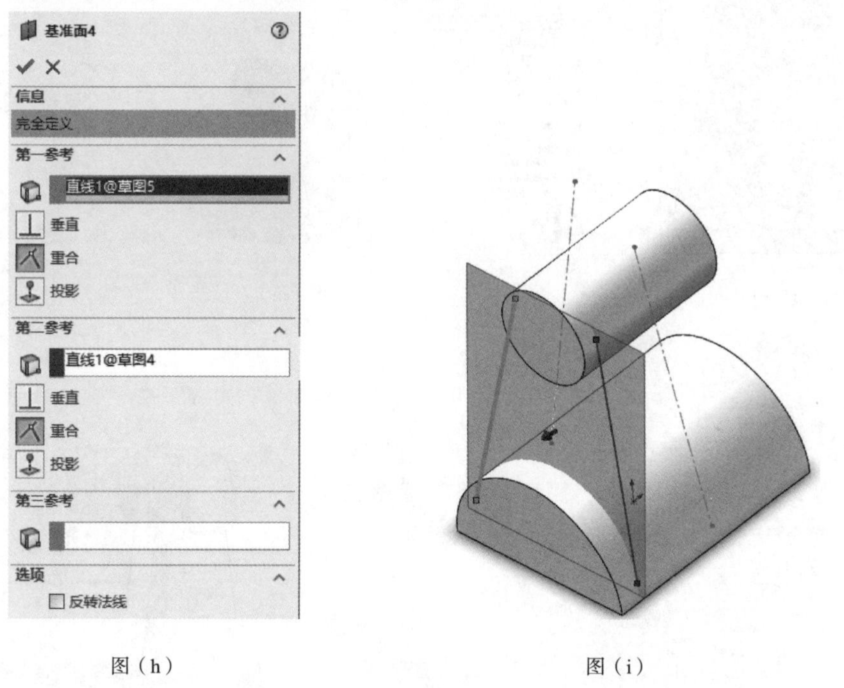

图（h）　　图（i）

步骤六：创建基准面。选择基准面4绘制草图，如图（l）所示，单击“特征”工具栏中的“拉伸凸台/基体”按钮，在“终止条件”下拉列表框内选择“成形到一面”选项，选择基准面5，单击“√”按钮完成拉伸，拉伸效果如图（m）所示。

步骤七：镜像。单击“特征”工具栏中的“镜像”按钮，进入镜像菜单栏，选择“右基准面”作为镜像面，“要镜像的特征”选择“凸台拉伸3”，单击“√”按钮。如图（n）所示。

续上表

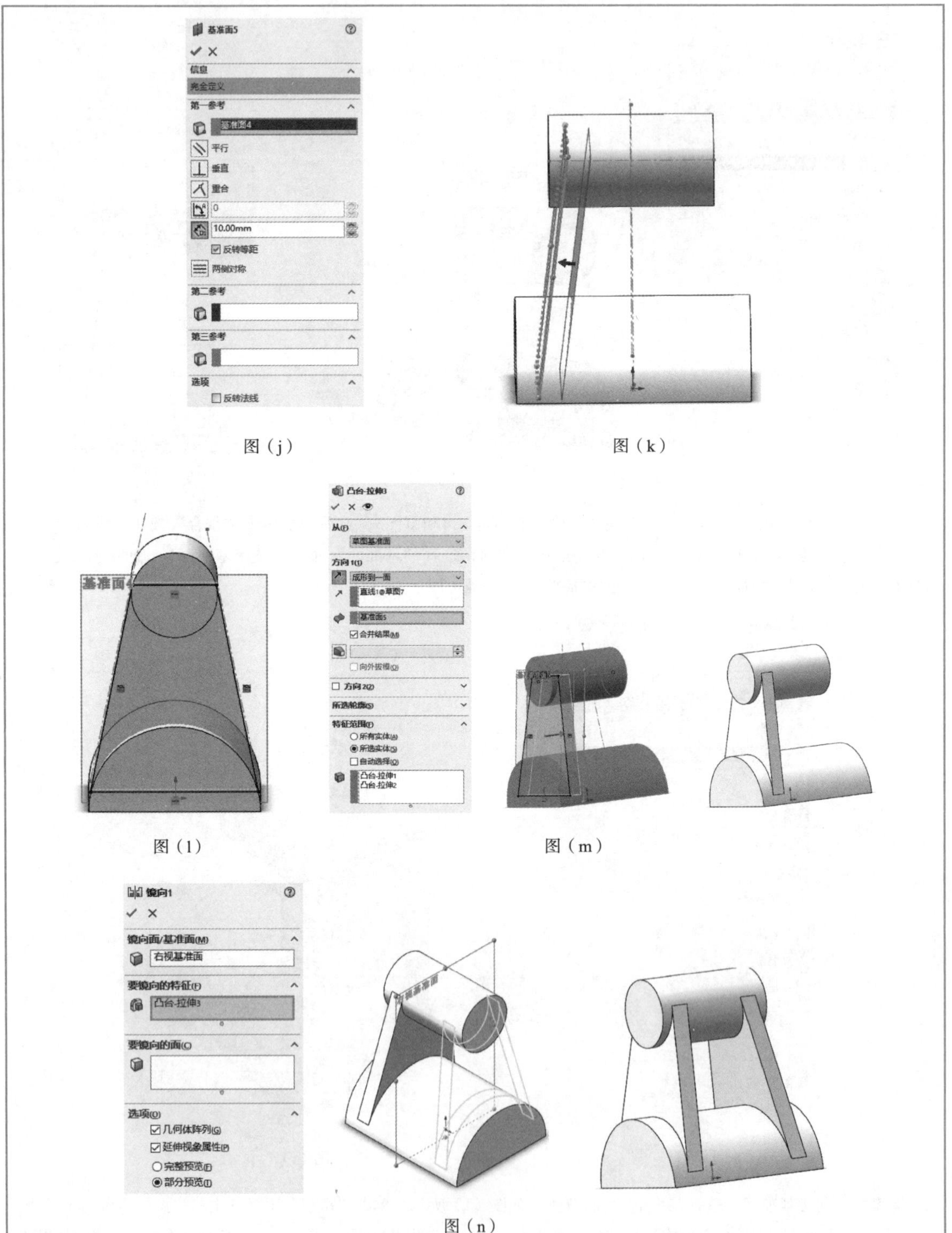

图（j）　　图（k）

图（l）　　图（m）

图（n）

步骤八：筋特征。选择前视基准面绘制草图，单击“特征”工具栏中的“筋”按钮，“厚度”选择“两侧”选项，拉伸距离设置为“10.00 mm”，单击“√”按钮完成拉伸，筋效果如图（o）所示。再单击“特征”工具栏中的“筋”按钮，“厚度”选择“两侧”选项，拉伸距离设置为“10.00 mm”，单击“√”按钮完成拉伸，筋效果如图（p）所示。

续上表

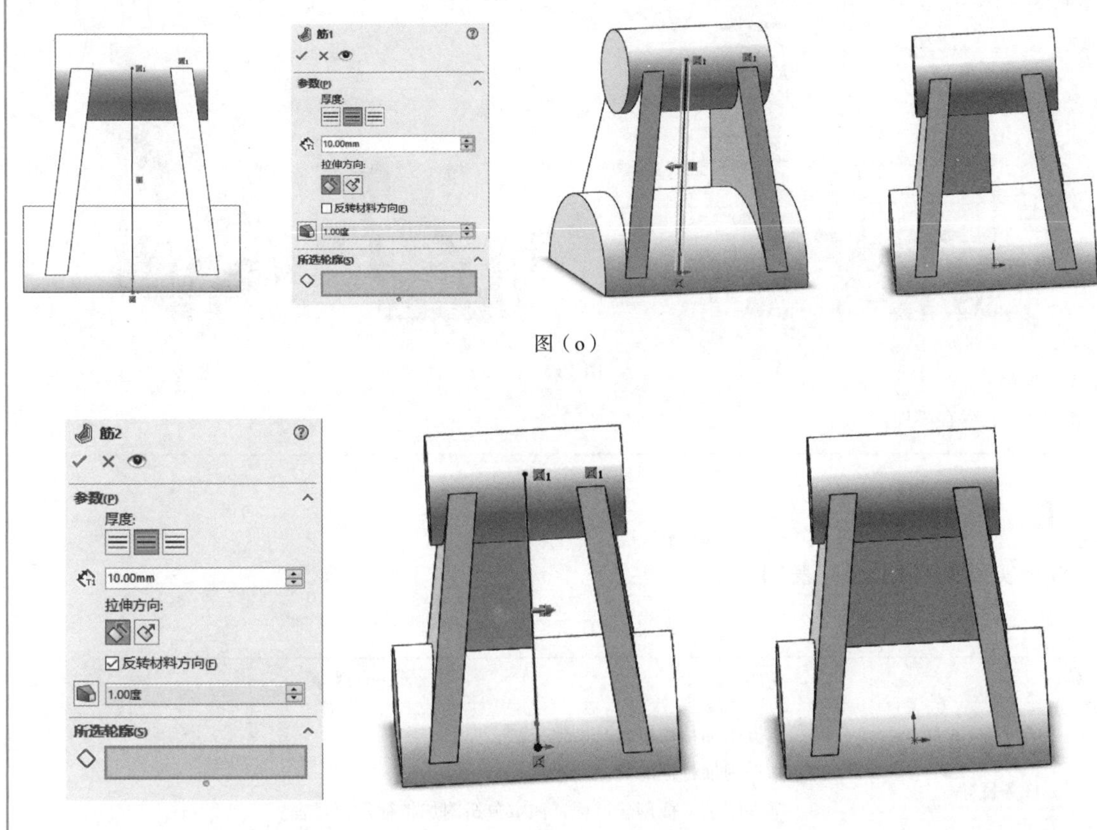

图（o）

图（p）

步骤九：拉伸切除。选择前视基准面绘制草图，单击“特征”工具栏中的“拉伸切除”按钮，“终止条件”方向1选择“完全贯穿”选项，方向2选择“完全贯穿”选项，单击“√”按钮完成拉伸，最终效果如图（q）所示。

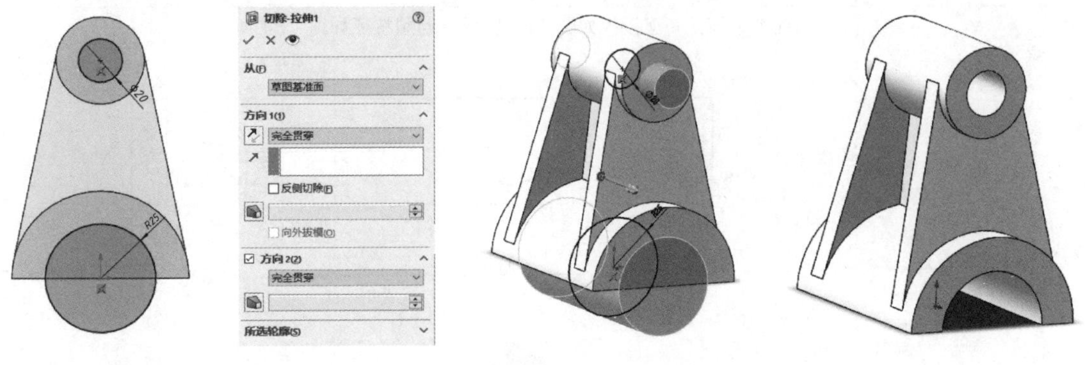

图（q）

步骤十：拉伸切除。选择上视基准面绘制草图，单击“特征”工具栏中的“拉伸切除”按钮，“终止条件”方向1选择“完全贯穿”选项，方向2选择“完全贯穿”选项，单击“√”按钮完成拉伸，最终效果如图（r）所示。

续上表

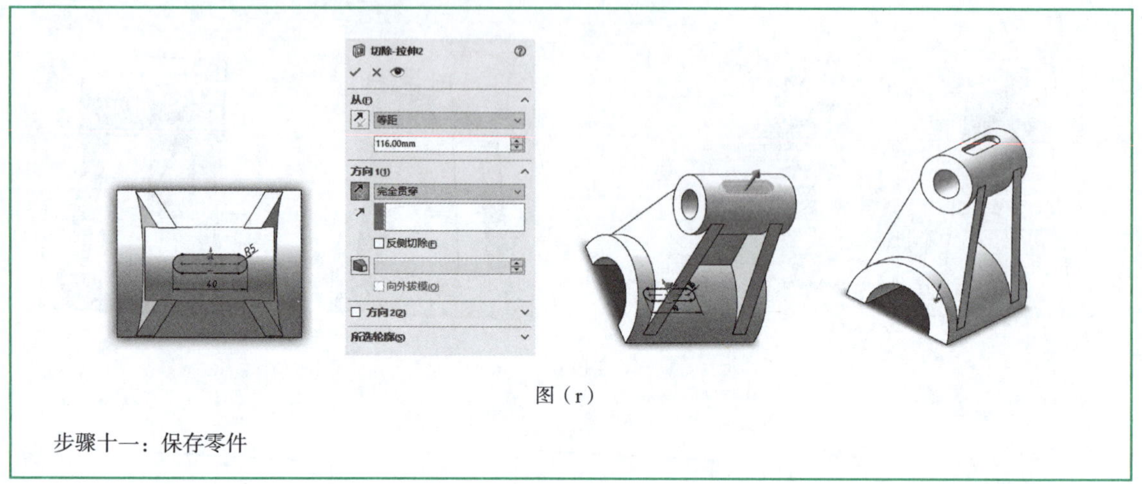

图（r）

步骤十一：保存零件

任务实施

任务实施见表4.1.10 ~ 表4.1.17。

表 4.1.10　子任务一

姓名		班级		成绩	
任务目标	（1）掌握附加特征概念及创建方法； （2）掌握附加特征的类型及参数； （3）掌握附加特征创建过程，注重分析附加特征建模过程。 （4）通过学习能够准确分析零件特征，灵活运用学过的特征建立三维模型				
操作要求	（1）绘制任务附加特征； （2）保存文件； （3）提交源文件				
子任务一	万向节中零件一连接板如图（a）所示，绘制特征如图（b）所示 0.193　φ0.188　0.375　φ0.500　0.375　0.750　0.375　0.250　3.000 图（a） 图（b）				

续上表

实施步骤

步骤一：创建一个新的工作目录。

步骤二：创建一个零件，零件名为“ZPLJ1”，将单位改为英制。

步骤三：单击“拉伸凸台/基体”按钮，创建一个拉伸特征，拉伸高度设置为“0.25 in”，草图及拉伸特征参数如图（c）所示。

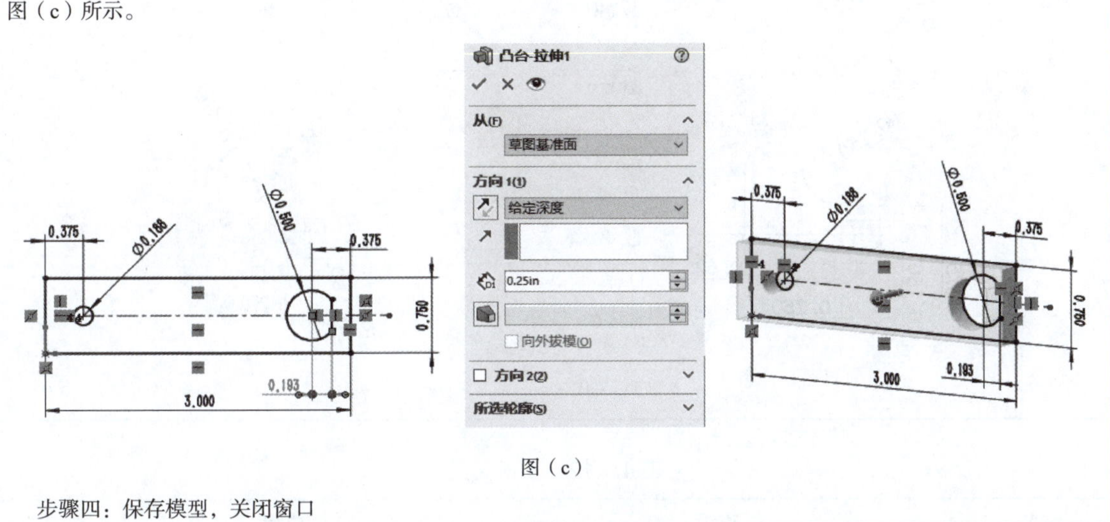

图（c）

步骤四：保存模型，关闭窗口

表 4.1.11　子任务二

<table>
<tr><td>姓名</td><td></td><td>班级</td><td></td><td>成绩</td><td></td></tr>
<tr><td colspan="2">任务目标</td><td colspan="4">（1）掌握附加特征概念及创建方法；
（2）掌握附加特征的类型及参数；
（3）掌握附加特征创建过程，注重分析附加特征建模过程。
（4）通过学习能够准确分析零件特征，灵活运用学过的特征建立三维模型</td></tr>
<tr><td colspan="2">操作要求</td><td colspan="4">（1）绘制任务附加特征；
（2）保存文件；
（3）提交源文件</td></tr>
<tr><td colspan="2">子任务二</td><td colspan="4">万向节中零件二手柄如图（a）所示，绘制特征如图（b）所示
Φ0.180　0.375　R0.250　R0.188　0.250　0.625
图（a）　图（b）</td></tr>
</table>

续上表

实施步骤
步骤一：创建第二个零件，零件名为“ZPLJ2”。 步骤二：单击“旋转凸台/基体”按钮，创建一个旋转特征，草图及拉伸特征参数如图（c）所示。 步骤三：保存模型，关闭窗口 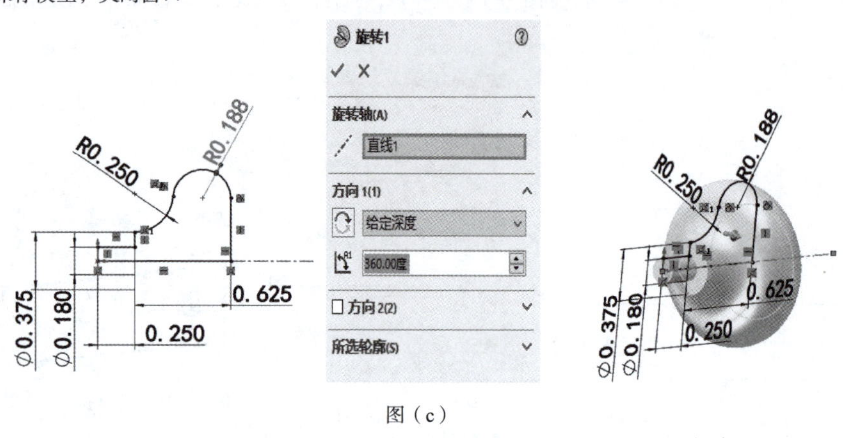 图（c）

表 4.1.12　子任务三

姓名		班级		成绩	
任务目标	（1）掌握附加特征概念及创建方法； （2）掌握附加特征的类型及参数； （3）掌握附加特征创建过程，注重分析附加特征建模过程。 （4）通过学习能够准确分析零件特征，灵活运用学过的特征建立三维模型				
操作要求	（1）绘制任务附加特征； （2）保存文件； （3）提交源文件				
子任务三	万向节中零件三旋转轴如图（a）所示，绘制特征如图（b）所示。 倒角 0.03×0.03　0.250　Φ0.094　R0.255　Φ0.745　0.193　0.250　R0.188　R0.188　0.500　0.625　1.500　Φ0.495　0.193 图（a） 图（b）				

续上表

实施步骤
步骤一：创建第三个零件，零件名为“ZPLJ3”。 步骤二：单击“旋转凸台/基体”按钮，创建一个旋转特征，草图及旋转特征如图（c）所示。 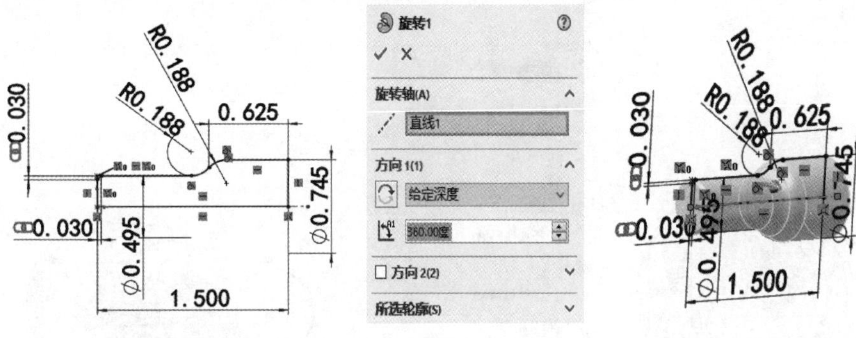 图（c） 步骤三：单击“拉伸切除”按钮，创建一个拉伸切除特征，拉伸高度设置为“0.50 in”，草图及拉伸切除特征如图（d）所示。 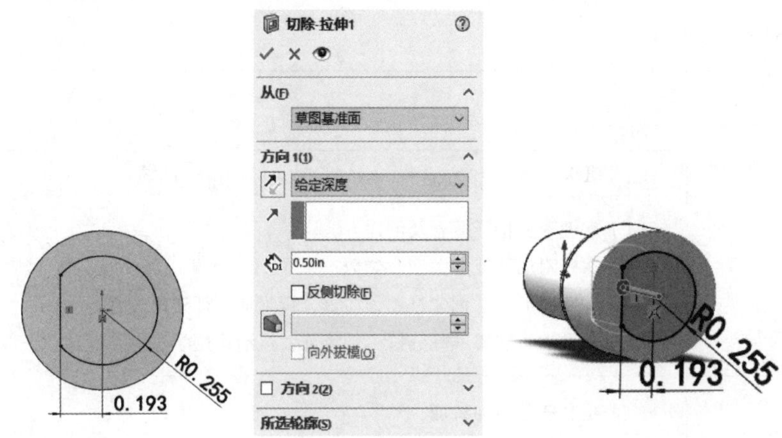 图（d） 步骤四：单击“拉伸切除”按钮，创建一个拉伸切除特征，拉伸高度选择“完全贯穿”选项，草图及拉伸切除特征如图（e）所示。 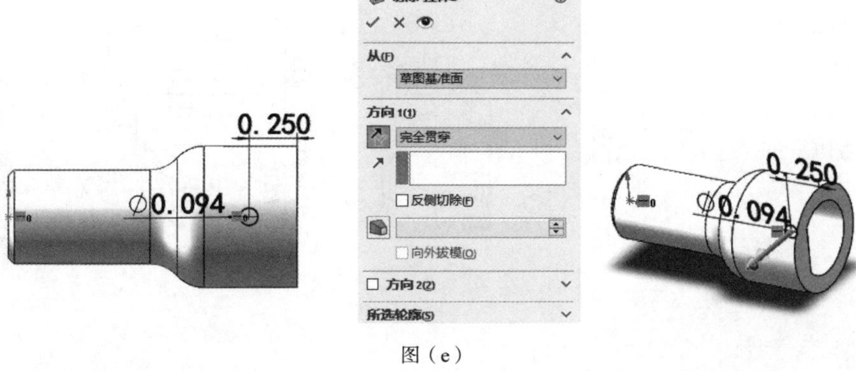 图（e）

续上表

步骤五：单击“拉伸切除”按钮，创建一个拉伸切除特征，拉伸高度设置为“0.25 in”，草图及拉伸切除特征如图（f）所示。

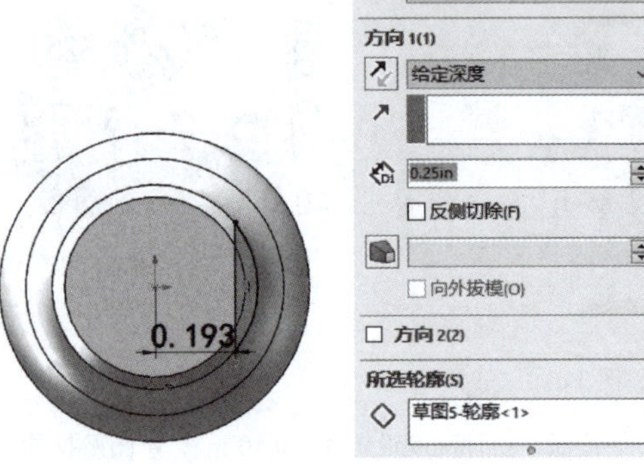

图（f）

步骤六：保存模型，关闭窗口

表 4.1.13　子任务四

姓名		班级		成绩	
任务目标		（1）掌握附加特征概念及创建方法； （2）掌握附加特征的类型及参数； （3）掌握附加特征创建过程，注重分析附加特征建模过程。 （4）通过学习能够准确分析零件特征，灵活运用学过的特征建立三维模型			
操作要求		（1）绘制任务附加特征； （2）保存文件； （3）提交源文件			
子任务四		万向节中零件四中上座如图（a）所示，绘制特征如图（b）所示。 图（a）　图（b）			

续上表

实施步骤
步骤一：创建第四个零件，零件名为“ZPLJ4”。 步骤二：单击“拉伸凸台/基体”按钮，创建一个拉伸特征，拉伸高度设置为“1.875 in”，草图及拉伸特征如图（c）所示。 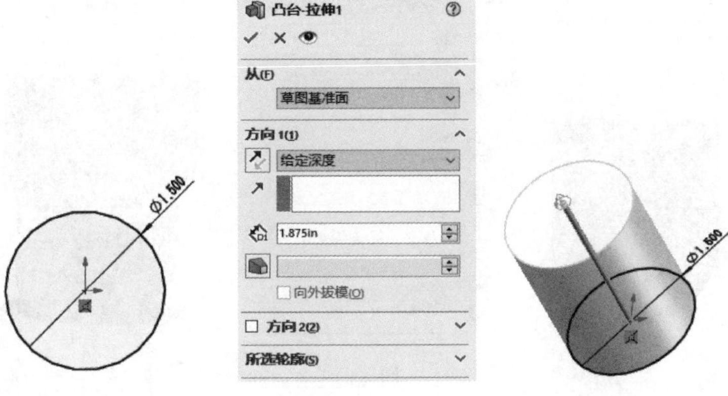 图（c） 步骤三：单击“拉伸切除”按钮，创建一个拉伸切除特征，拉伸方式选择“完全贯穿”选项，草图及拉伸特征如图（d）所示。 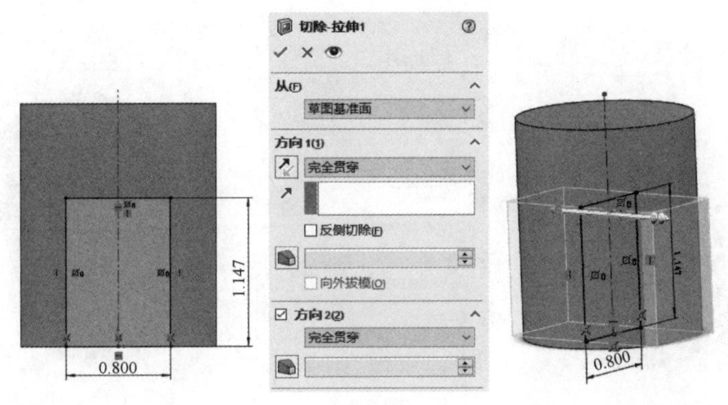 图（d） 步骤四：单击“拉伸切除”按钮，创建一个拉伸切除特征，拉伸方式选择“完全贯穿”选项，草图及拉伸切除特征如图（e）所示。 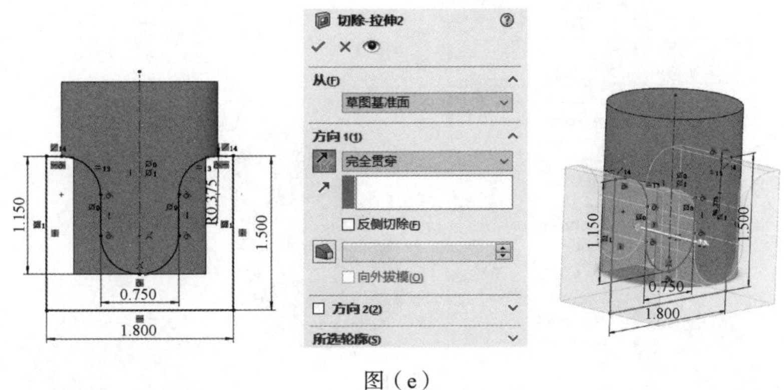 图（e）

续上表

步骤五：单击“拉伸切除”按钮，创建一个拉伸切除特征，拉伸方式选择“完全贯穿”选项，草图及拉伸切除特征如图（f）所示。

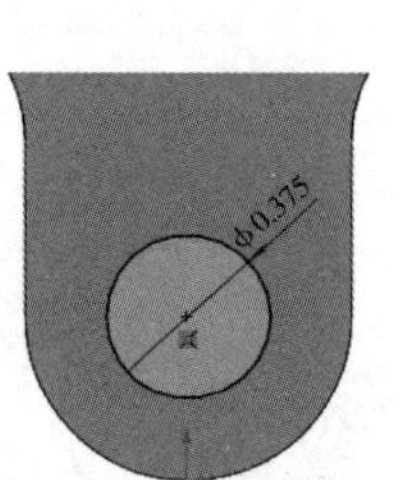

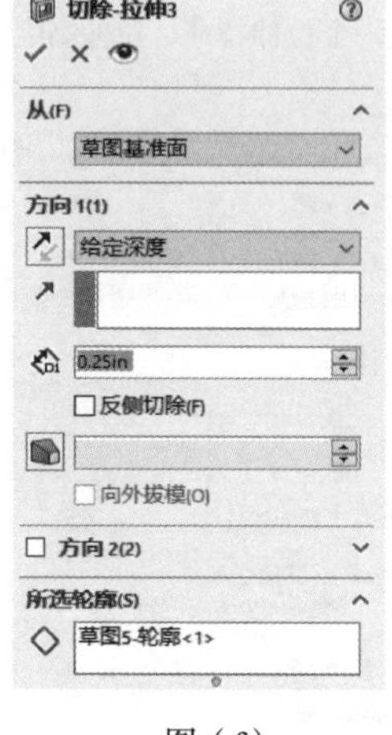

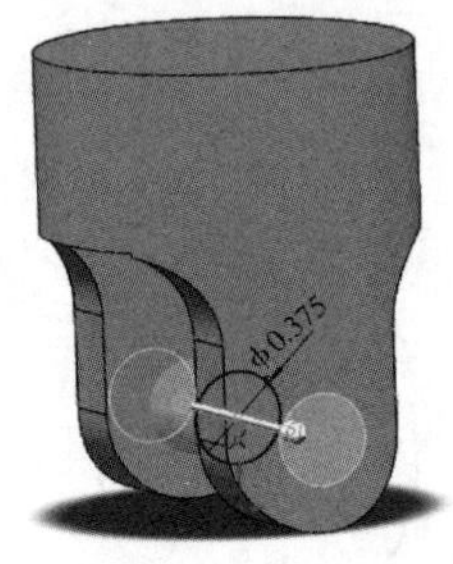

图（f）

步骤六：单击“拉伸凸台/基体”按钮，创建一个拉伸特征，拉伸高度设置为“0.75 in”，草图及拉伸特征如图（g）所示。

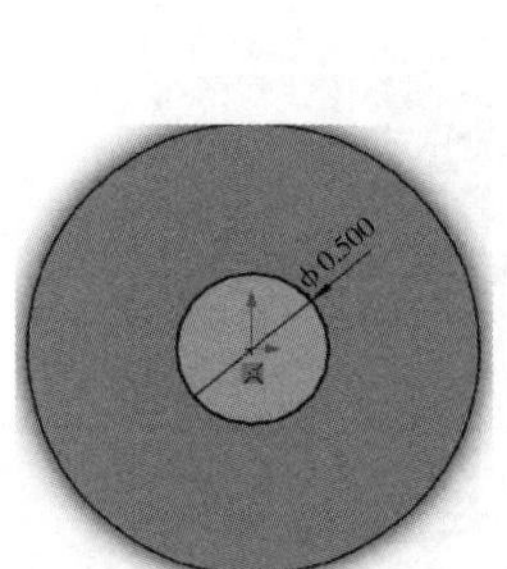

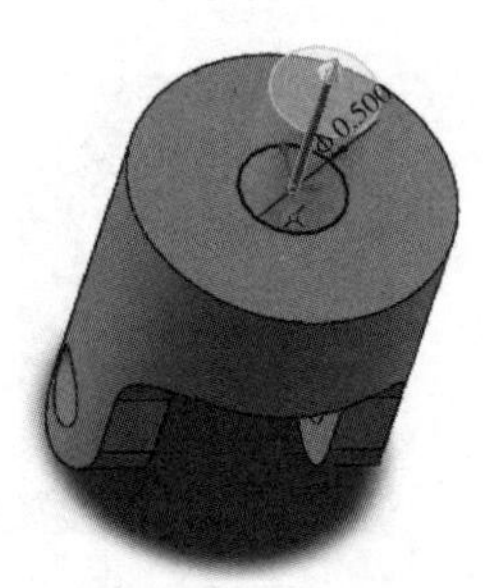

图（g）

步骤七：单击“倒角”按钮，创建一个倒角特征，倒角参数及倒角特征如图（h）所示。

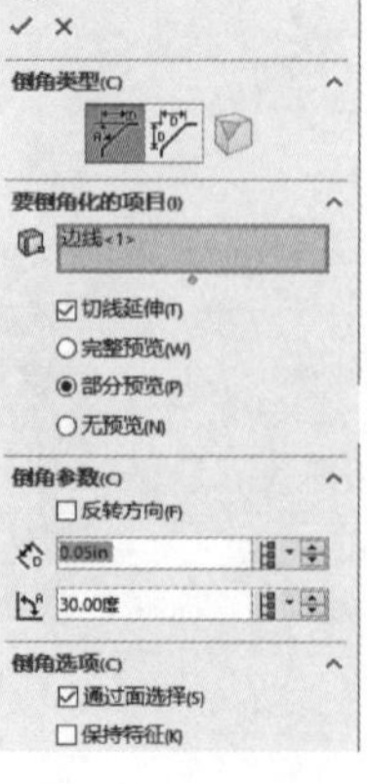

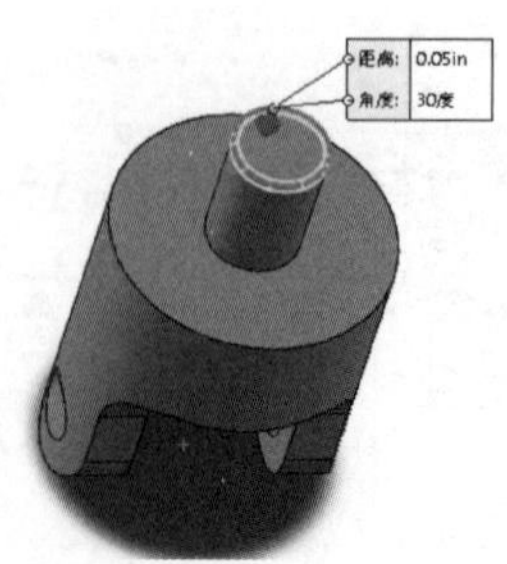

图（h）

续上表

步骤八：单击“拉伸切除”按钮，创建一个拉伸切除特征，拉伸高度设置为“0.50 in”，草图及拉伸切除特征如图（i）所示。

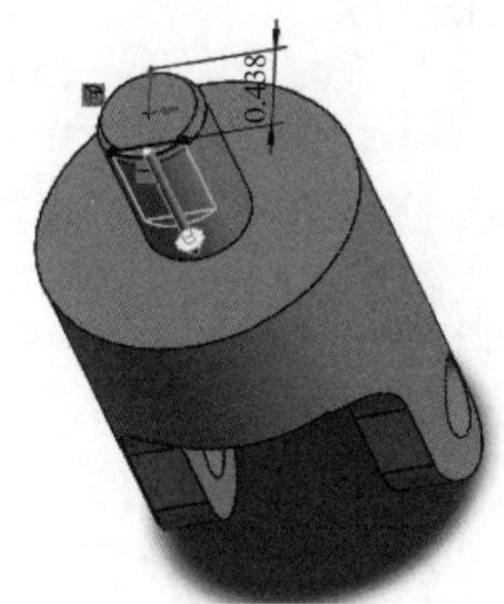

图（i）

步骤九：单击“圆角”按钮，创建一个圆角特征，圆角半径设置为“0.05 in”，圆角特征如图（j）所示。

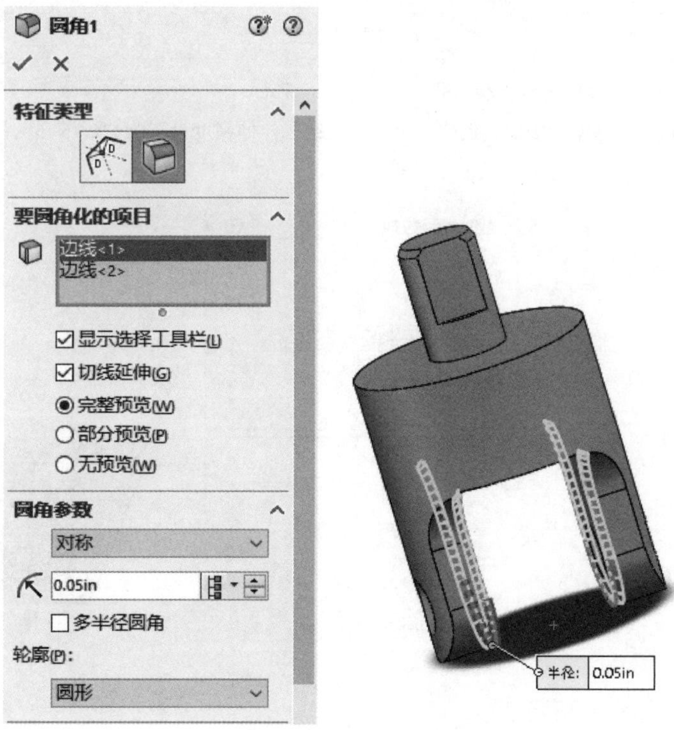

图（j）

步骤十：保存模型，关闭窗口

表 4.1.14　子任务五

姓名		班级		成绩	
任务目标	（1）掌握附加特征概念及创建方法； （2）掌握附加特征的类型及参数； （3）掌握附加特征创建过程，注重分析附加特征建模过程。 （4）通过学习能够准确分析零件特征，灵活运用学过的特征建立三维模型				
操作要求	（1）绘制任务附加特征； （2）保存文件； （3）提交源文件				
子任务五	万向节中零件五连接块如图（a）所示，绘制特征如图（b）所示 0.750　Φ0.375 通　Φ0.375 通　0.750　0.750 图（a）　图（b）				
实施步骤					

步骤一：创建第五个零件，零件名为“ZPLJ5”。

步骤二：单击“拉伸凸台/基体”按钮，创建一个拉伸特征，拉伸高度设置为“0.75 in”，草图及拉伸特征如图（c）所示。

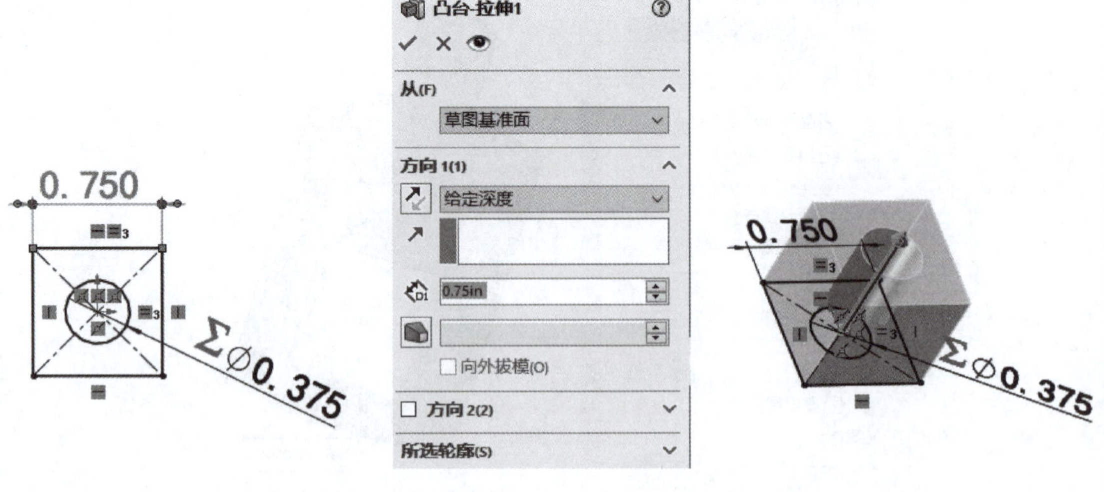

图（c）

步骤三：单击“拉伸切除”按钮，创建一个拉伸切除特征，拉伸方式选择“完全贯穿”选项，草图及拉伸切除特征如图（d）所示。

续上表

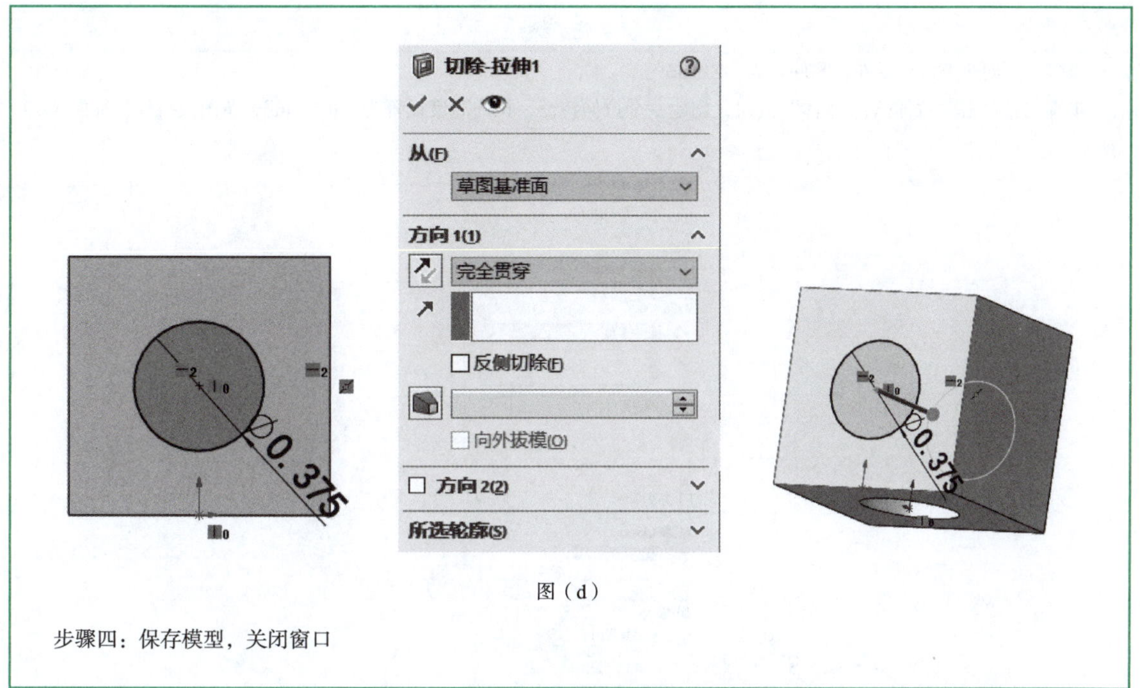

图（d）

步骤四：保存模型，关闭窗口

表 4.1.15　子任务六

<table>
<tr><th>姓名</th><th></th><th>班级</th><th></th><th>成绩</th><th></th></tr>
<tr><td colspan="2">任务目标</td><td colspan="4">（1）掌握附加特征概念及创建方法；
（2）掌握附加特征的类型及参数；
（3）掌握附加特征创建过程，注重分析附加特征建模过程。
（4）通过学习能够准确分析零件特征，灵活运用学过的特征建立三维模型</td></tr>
<tr><td colspan="2">操作要求</td><td colspan="4">（1）绘制任务附加特征；
（2）保存文件；
（3）提交源文件</td></tr>
<tr><td colspan="2">子任务六</td><td colspan="4">万向节中零件六长轴的设计如图（a）和图（b）所示
1.500　φ0.370
图（a）　图（b）</td></tr>
</table>

续上表

实施步骤
步骤一：创建第六个零件，零件名为“ZPLJ6”。 步骤二：单击“拉伸凸台/基体”按钮，创建一个拉伸特征，拉伸高度设置为“0.50 in”，草图及拉伸特征图（c）所示。 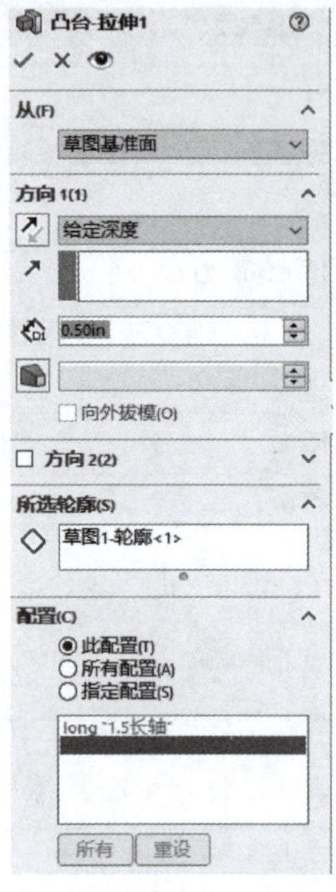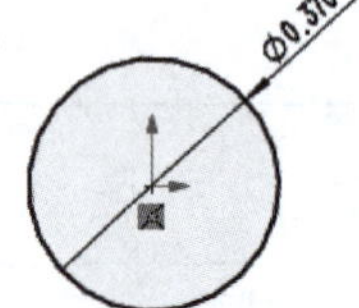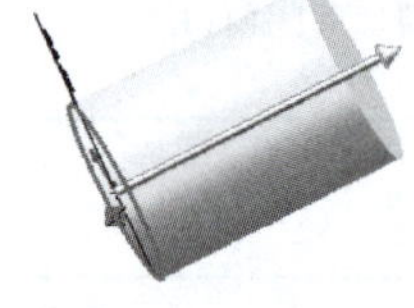 图（c） 步骤三：添加配置，创建长度为1.5 in的长轴，如图（d）所示。 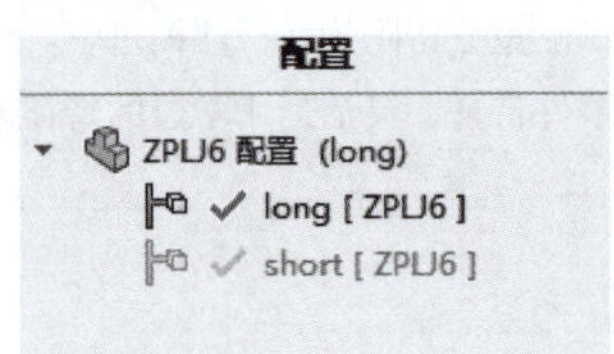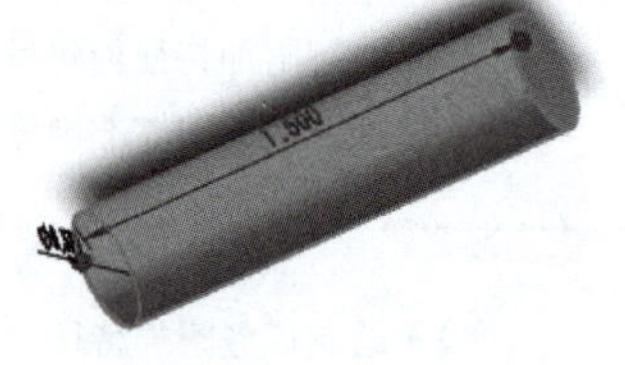 图（d） 步骤四：保存模型，关闭窗口

表 4.1.16　子任务七

姓名		班级		成绩	
任务目标	（1）掌握附加特征概念及创建方法； （2）掌握附加特征的类型及参数； （3）掌握附加特征创建过程，注重分析附加特征建模过程。 （4）通过学习能够准确分析零件特征，灵活运用学过的特征建立三维模型				
操作要求	（1）绘制任务附加特征； （2）保存文件； （3）提交源文件				

续上表

<table>
<tr><td>任务七内容</td><td>万向节中零件七底座的设计如图（a）和图（b）所示
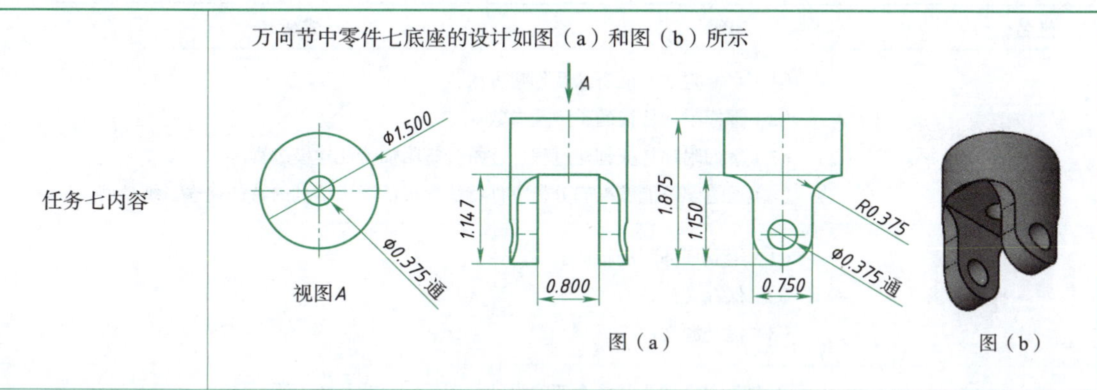

图（a）　图（b）</td></tr>
<tr><td colspan="2">实施步骤</td></tr>
<tr><td colspan="2">步骤一：在零件“ZPLJ4”的基础上添加配置来完成，零件名为“ZPLJ7”。将原有特征“凸台拉伸2”，“倒角1”和“拉伸切除6”压缩，添加“切除拉伸5”，得到“配置ZPLJ7”，如图（c）所示。
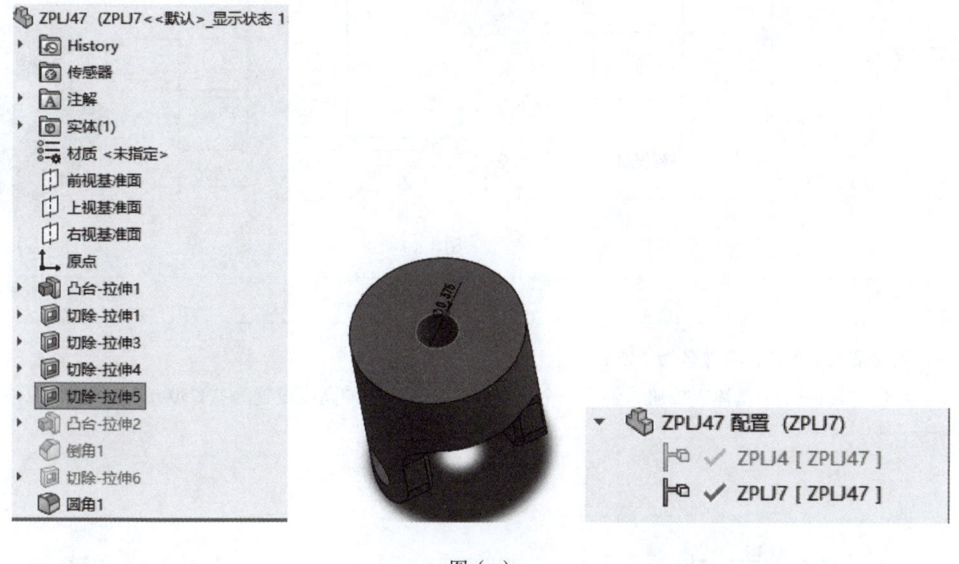

图（c）
步骤二：双击可切换配置，如图（d）所示。
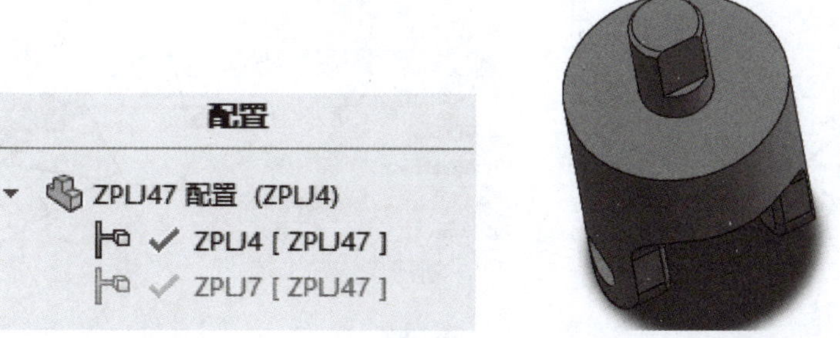

图（d）
步骤三：保存模型，关闭窗口</td></tr>
</table>

表 4.1.17　子任务八

姓名		班级		成绩	
任务目标	（1）掌握附加特征概念及创建方法； （2）掌握附加特征的类型及参数； （3）掌握附加特征创建过程，注重分析附加特征建模过程。 （4）通过学习能够准确分析零件特征，灵活运用学过的特征建立三维模型				
操作要求	（1）绘制任务附加特征； （2）保存文件； （3）提交源文件				
子任务八	万向节中零件八基体支架的设计如图（a）和图（b）所示 A　2.250　0.750　φ0.500　0.250　3.250　40°　视图 A　1.684　1.750　R0.125　1.500 图（a）　图（b）				

实施步骤

步骤一：创建第八个零件，零件名为“ZPLJ8”。

步骤二：单击“拉伸凸台/基体”按钮，创建一个拉伸薄壁特征，拉伸高度设置为“1.50 in”，草图及拉伸特征如图（c）所示。

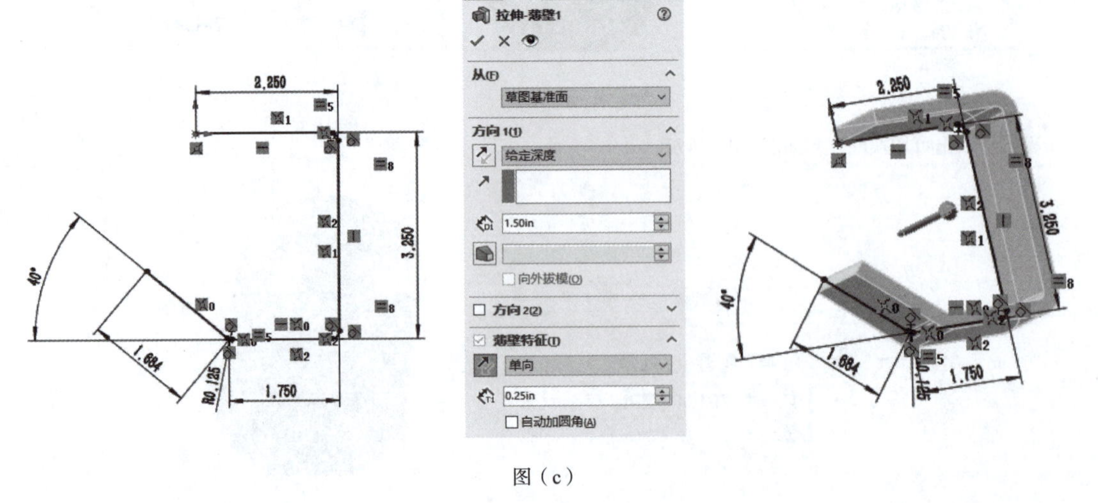

图（c）

步骤三：单击“拉伸切除”按钮，创建一个拉伸切除特征，拉伸方式选择“完全贯穿”选项，草图及拉伸切除特征如图（d）所示。

续上表

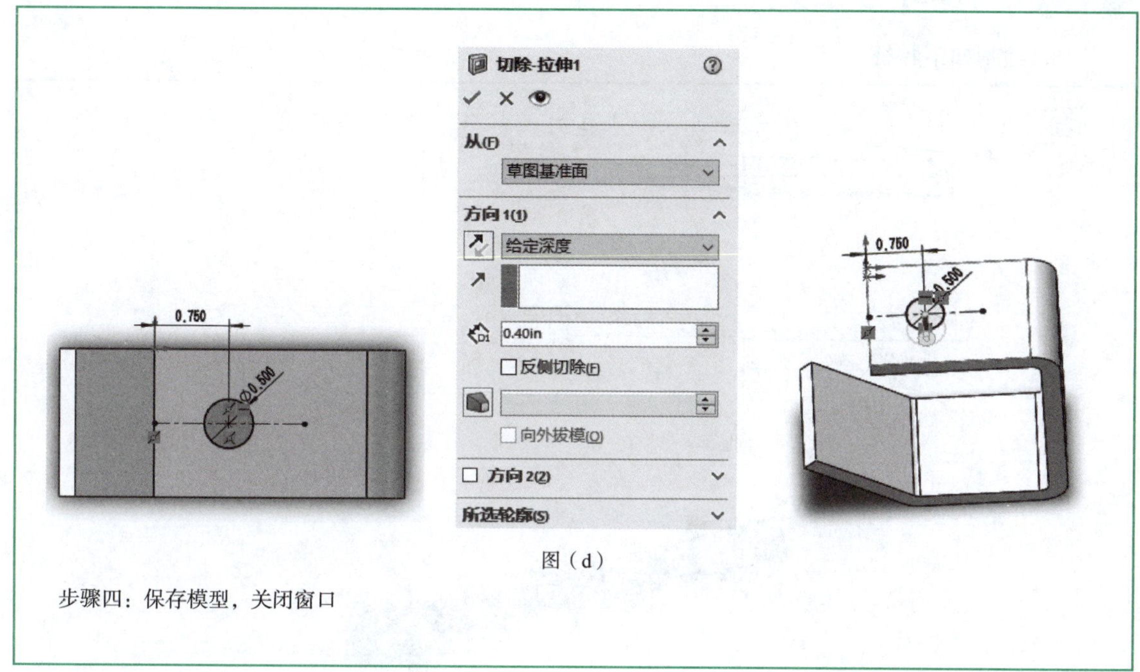

图（d）

步骤四：保存模型，关闭窗口

考核与评价

附加特征工作任务考核与评价见表4.1.18。

表 4.1.18　考核与评价表

班级：		姓名：	日期：	
	评价内容	自评	互评	教师
任务活动评价	（1）学习准备情况			
	（2）小组计划完成情况			
	（3）操作安全性、规范性			
	（4）沟通、协作能力			
	（5）职业能力			

小　结

通过附加特征操作任务，能够准确分析零件的特征；掌握附加特征的概念与附加特征的创建方法；掌握附加特征的类型及参数；灵活运用附加特征建立三维模型，达到了基本职业技能和专业素养的要求。

思考与练习

一、绘制如下特征

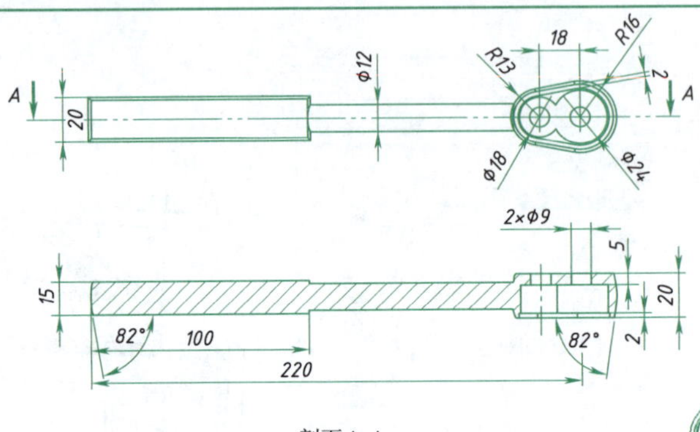

剖面A-A

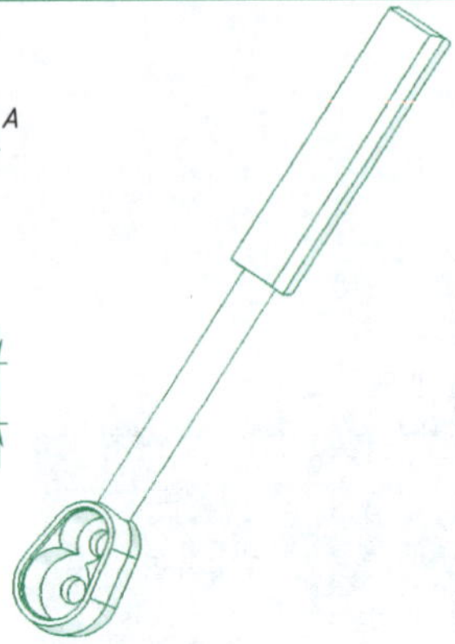

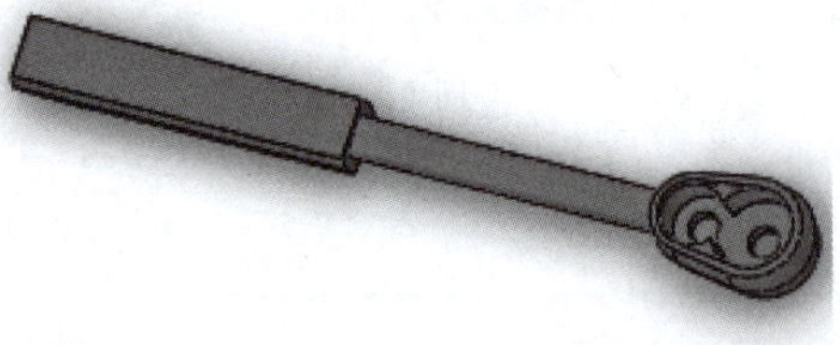

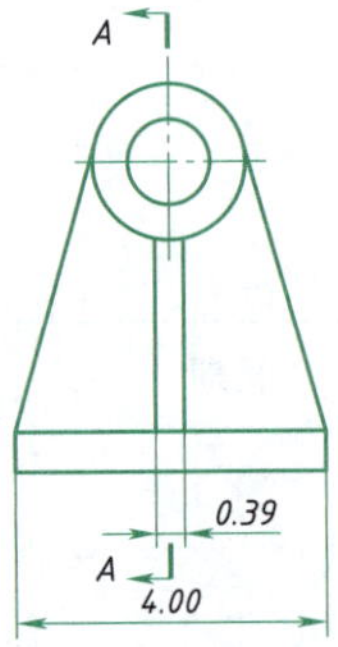

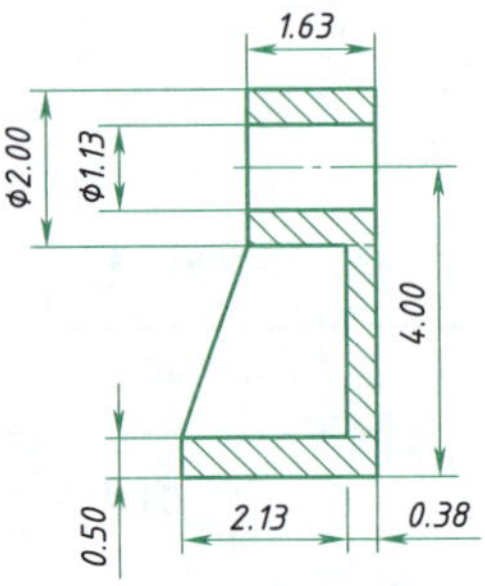

剖面A-A

二、挑战附加特征创建

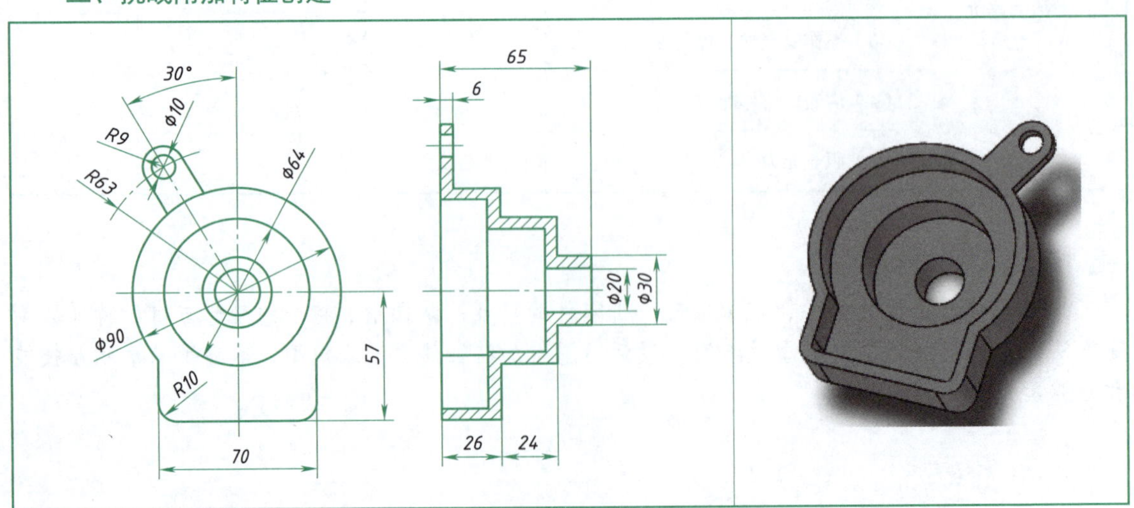

续上表

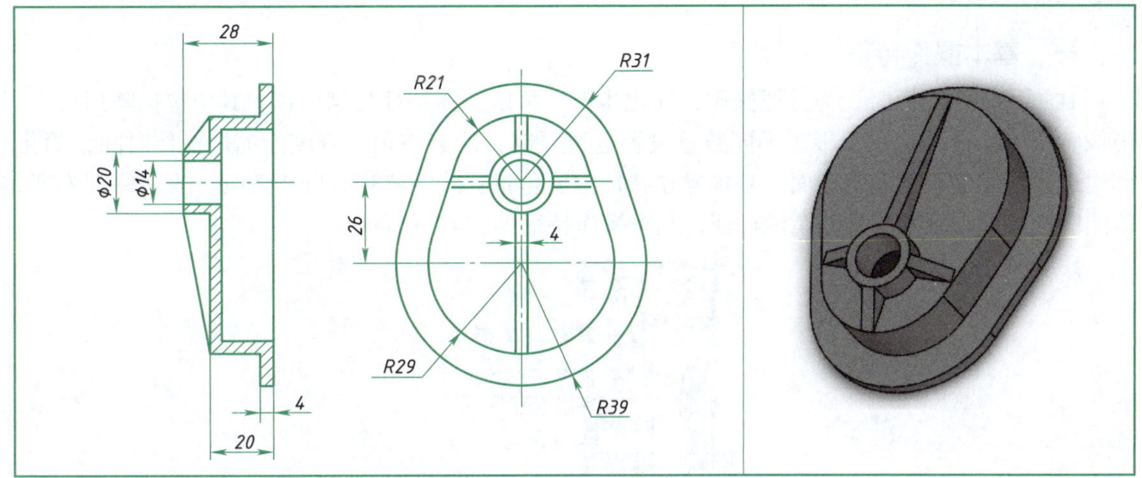

任务二　基本特征操作

观察与思考

（1）基本操作特征的概念是什么？基本操作的建立方法有哪些？

（2）基本操作特征的类型有几种？基本操作特征的参数如何设置？

任务要点

掌握基本操作特征的概念与基本操作特征的创建方法；掌握基本操作特征的类型及参数；通过本章学习能够准确分析零件的特征，灵活运用基本操作特征建立三维模型。

任务安排

任务安排见表4.2.1。

表 4.2.1　任务安排

班级＿＿＿＿ 第＿＿＿＿组 姓名＿＿＿＿	任务地点＿＿＿＿ 任务日期＿＿＿＿
任务具体安排	（1）查找相关资料，弄清楚基本操作特征概念及类型，了解基本操作特征的创建方法。 （2）查找资料或教材，了解基本操作特征的参数。 （3）了解基本操作特征的案例及特点。 （4）全班分成四个小组，每个小组选一名组长，进行 5~10 分钟 PPT 介绍

相关知识

一、基本操作特征

在进行特征建模时，为方便操作，简化步骤，可以选择特征复制操作，其中包括阵列特征、镜像特征等操作，将特征根据不同数量设置进行复制，能够在很大程度上缩短操作时间，简化创建过程，使建模功能更全面。基本操作特征主要包括：线性阵列、圆周阵列、表格驱动阵列、草图驱动阵列、填充阵列和镜像特征，基本操作特征如图4.2.1所示。

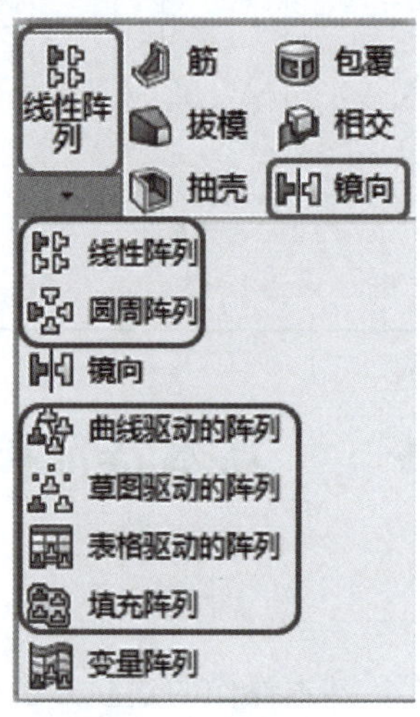

图 4.2.1　基本操作特征

1. 镜像

镜像特征：镜像就是以面或基准面为对称面，生成一个特征/实体的复制。镜像实体特征如图4.2.2所示。

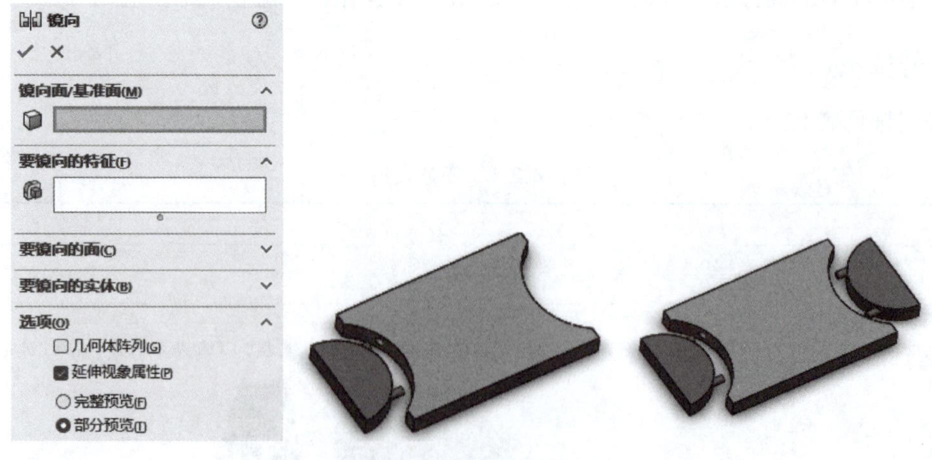

图 4.2.2　镜像实体特征

2. 线性阵列

线性阵列特征：将需要线性阵列的一个或多个特征，沿一个方向或两个方向进行复制，产生多个副本，线性阵列实体特征如图4.2.3所示。

线性阵列类型：均匀线性阵列、跳选、变化及随形变化。

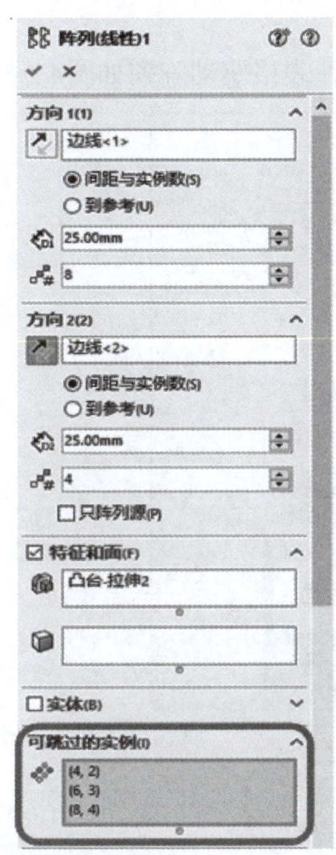

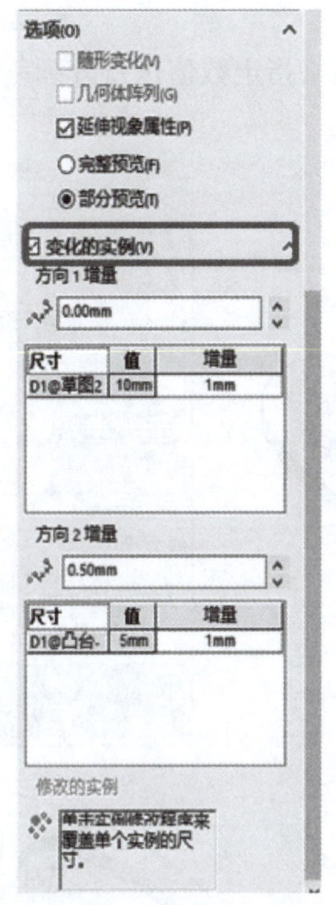

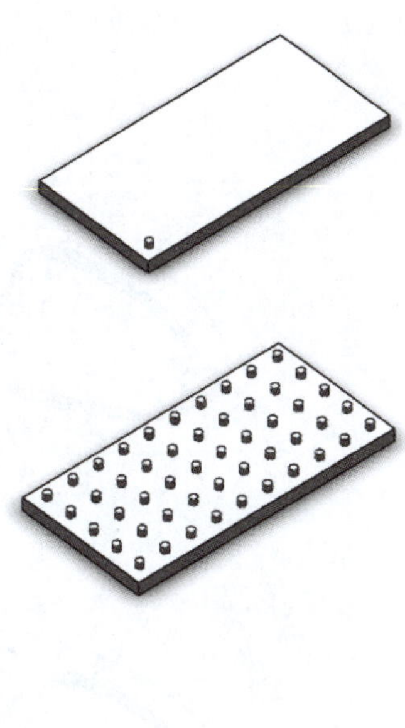

图 4.2.3　线性阵列实体特征

3. 圆周阵列

圆周阵列特征：圆周阵列指的是绕一轴心生成一个或多个特征的多个实例，圆周阵列实体特征如图4.2.4所示。

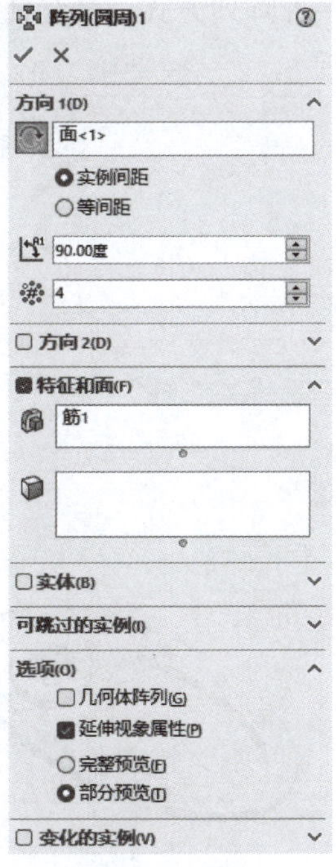

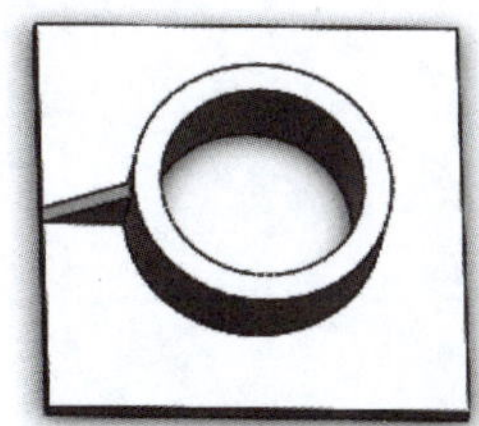

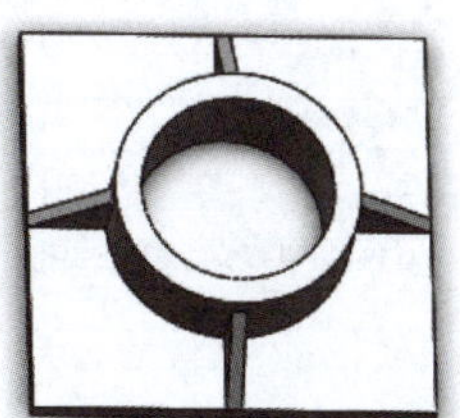

图 4.2.4　圆周阵列实体特征

4. 其他阵列

①表格驱动阵列：将一个部件沿表格指定数值进行阵列复制，表格驱动阵列如图4.2.5所示。

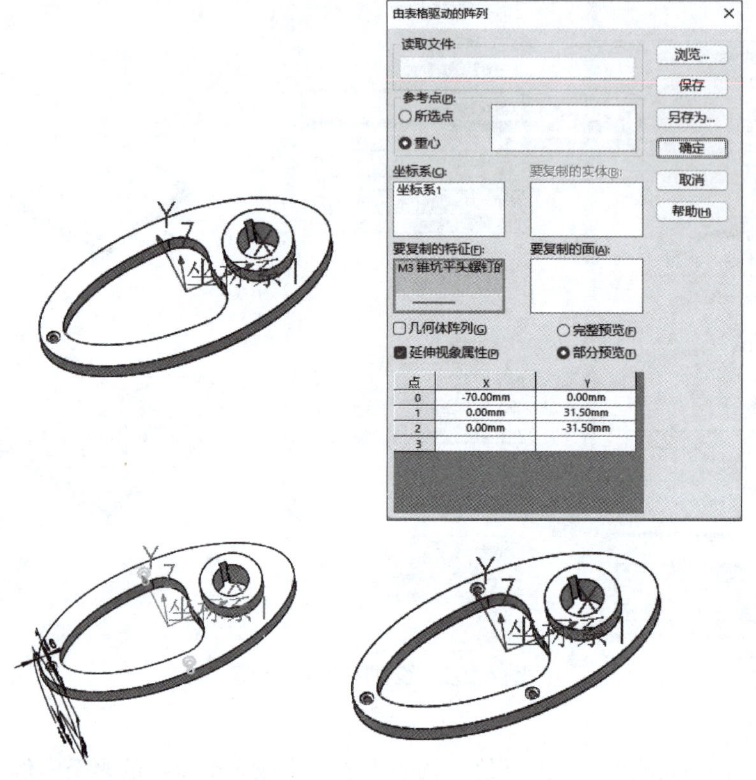

图 4.2.5　表格驱动阵列

②草图驱动阵列：是通过草图中的特征点复制源特征的一种阵列方式，最终使源特征产生多个副本，草图驱动阵列实体如图4.2.6所示。

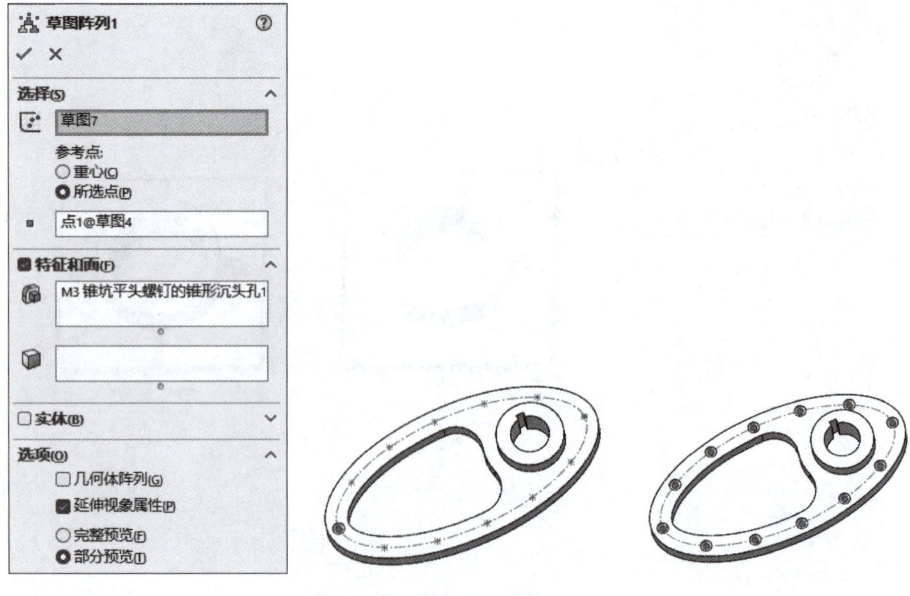

图 4.2.6　草图驱动阵列实体

③填充阵列：是将源特征填充到指定的位置（指定位置一般为一片草图区域），从而使源特征产生多个副本，填充阵列实体如图4.2.7所示。

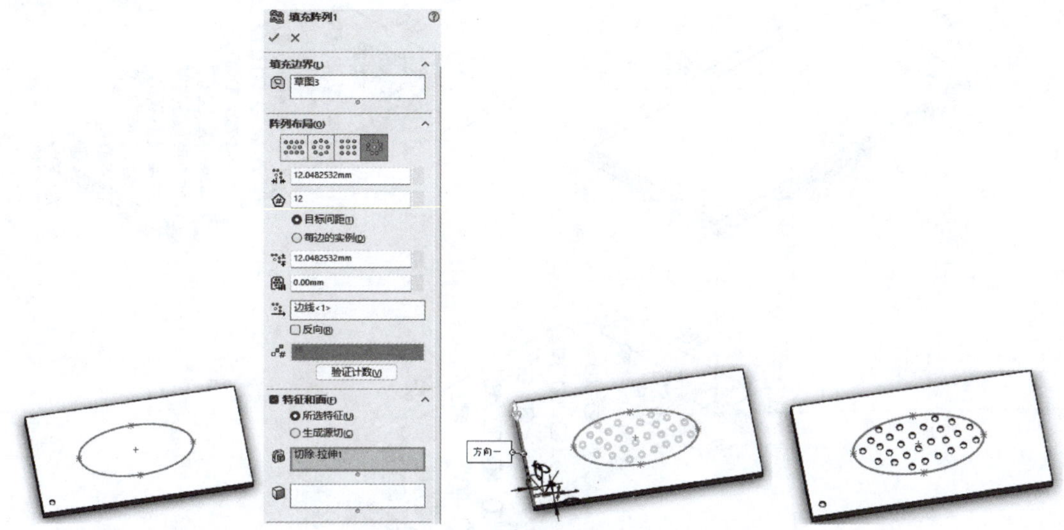

图 4.2.7　填充阵列实体

④曲线驱动的阵列：可以生成沿平面曲线的阵列。若想定义阵列，可使用任何草图线段，或沿平面的边线（实体或曲面）进行定义，曲线驱动阵列实体如图4.2.8所示。

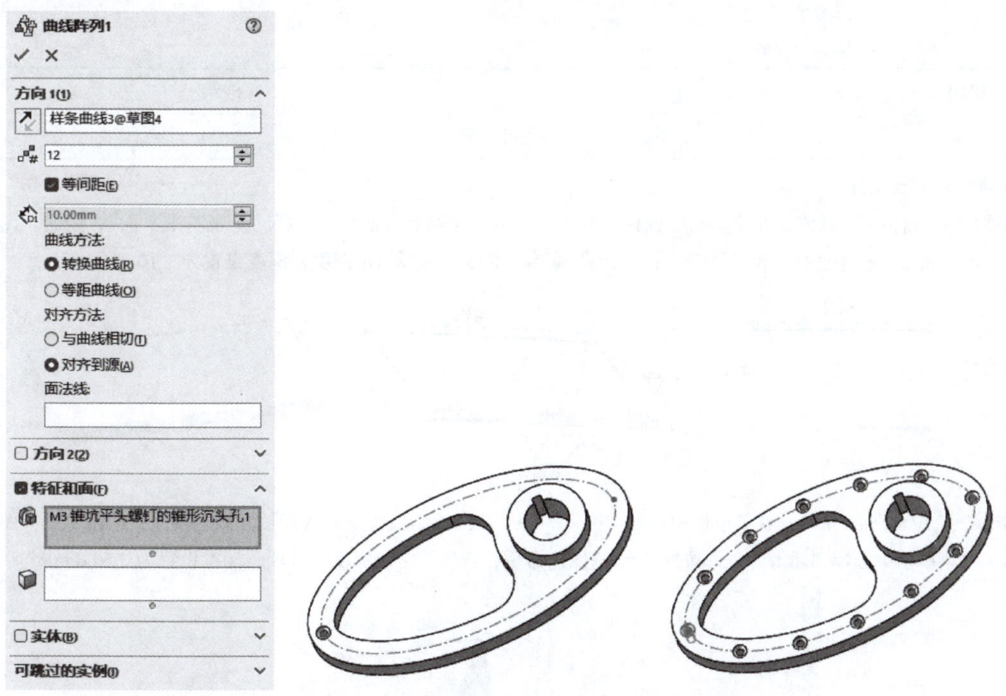

图 4.2.8　曲线驱动阵列实体

二、基本操作特征案例

1. 线性阵列案例

均匀线性阵列、跳选、变化：自定义尺寸练习在矩形板上创建线性阵列模型，要体现两个方向均匀阵列、可跳过的实例和变化的实例；文件命名为“XXZL1”即可，案例如图4.2.9所示。

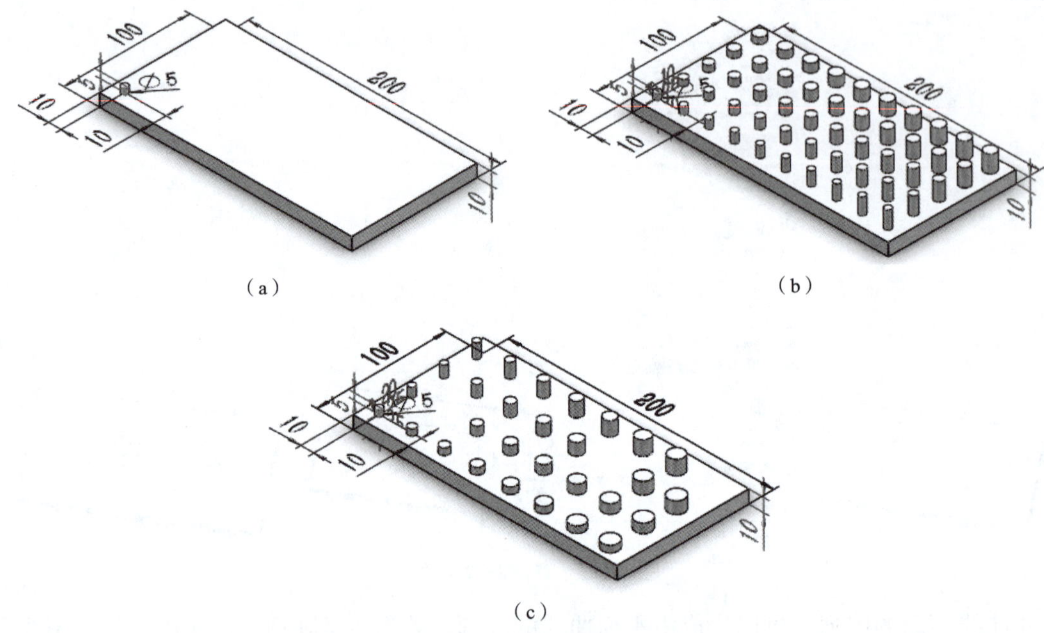

图 4.2.9　均匀线性阵列、跳选和变化案例

边学边练：

班级		姓名		成绩	
绘制步骤					

步骤一：新建文件。

步骤二：拉伸凸台/基体。在菜单栏中选择“插入”→“草图绘制”命令，选择“上视基准平面”，绘制草图如图（a）所示。在菜单栏中选择“插入”→“拉伸凸台/基体”命令，选择给定深度，深度设置为“10.00 mm”。

图（a）

步骤三：拉伸凸台/基体。在菜单栏中选择“插入”→“草图绘制”命令，选择长方体上表面，绘制草图如图（b）所示。在菜单栏中选择“插入”→“拉伸凸台/基体”命令，选择“给定深度”选项，深度设置为“5.00 mm”。

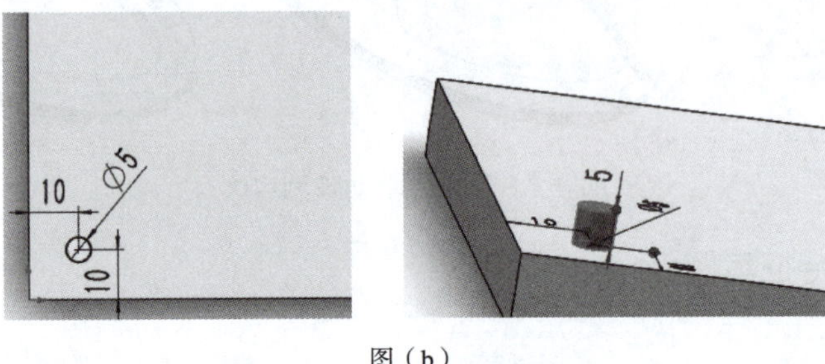

图（b）

续上表

步骤四：线性阵列。在菜单栏中选择“插入”→“线性阵列”命令，方向1和方向2分别选择长方体两个边，方向1间距设置为“20.00 mm”，实例为5；方向2间距也设置为“20.00 mm”，实例为10。选择要阵列的圆柱，阵列效果如图（c）所示。选择“可跳过实例”选项，空白处为选中，选中部分将不被复制特征，效果如图（d）所示。选择“变化的实例”选项，“方向1”选择圆柱，直径设置为“5 mm”，添加增量“1 mm”，“方向2”选择凸台，高度设置为“5 mm”，添加增量“1 mm”，效果如图（e）所示。

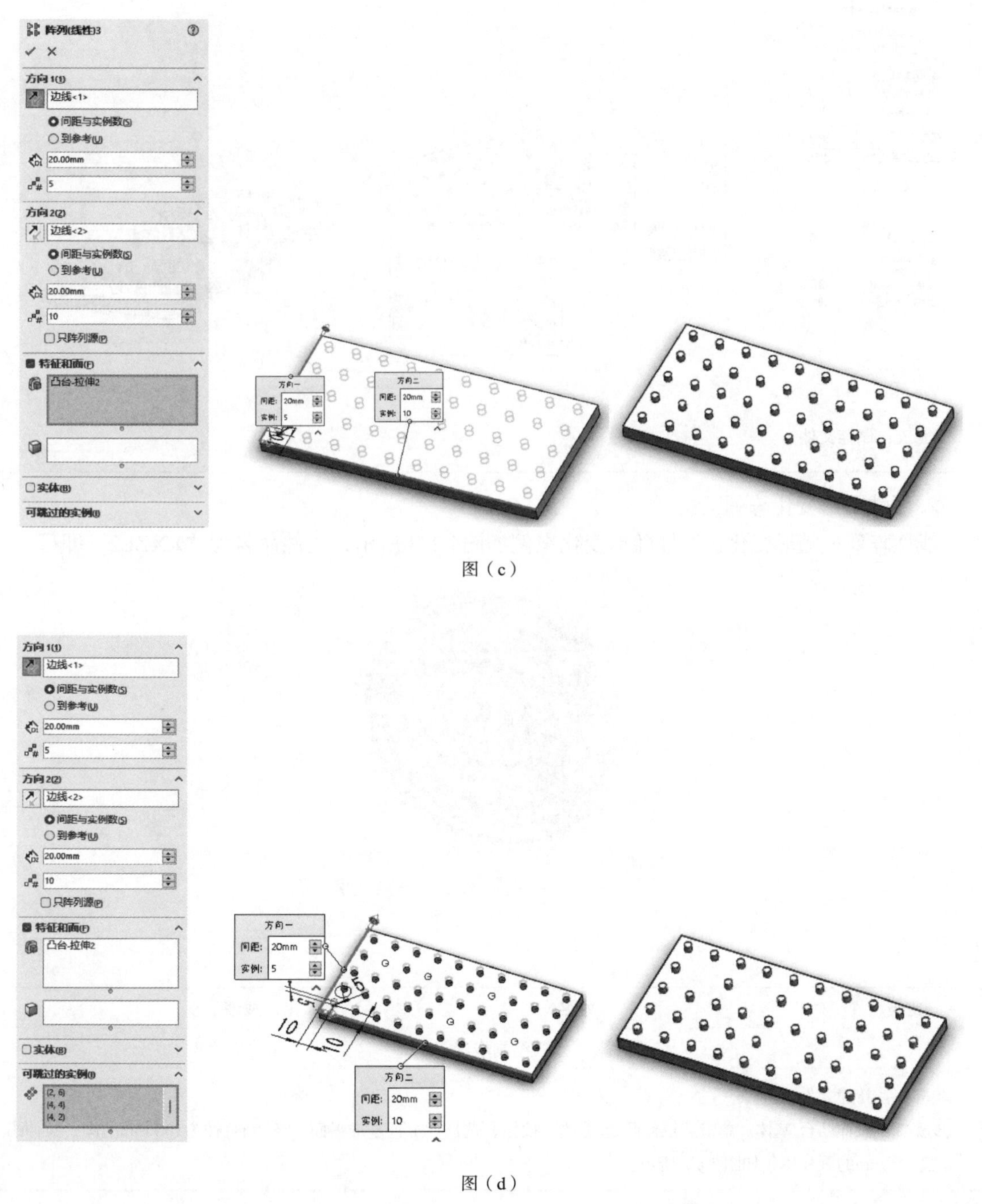

图（c）

图（d）

续上表

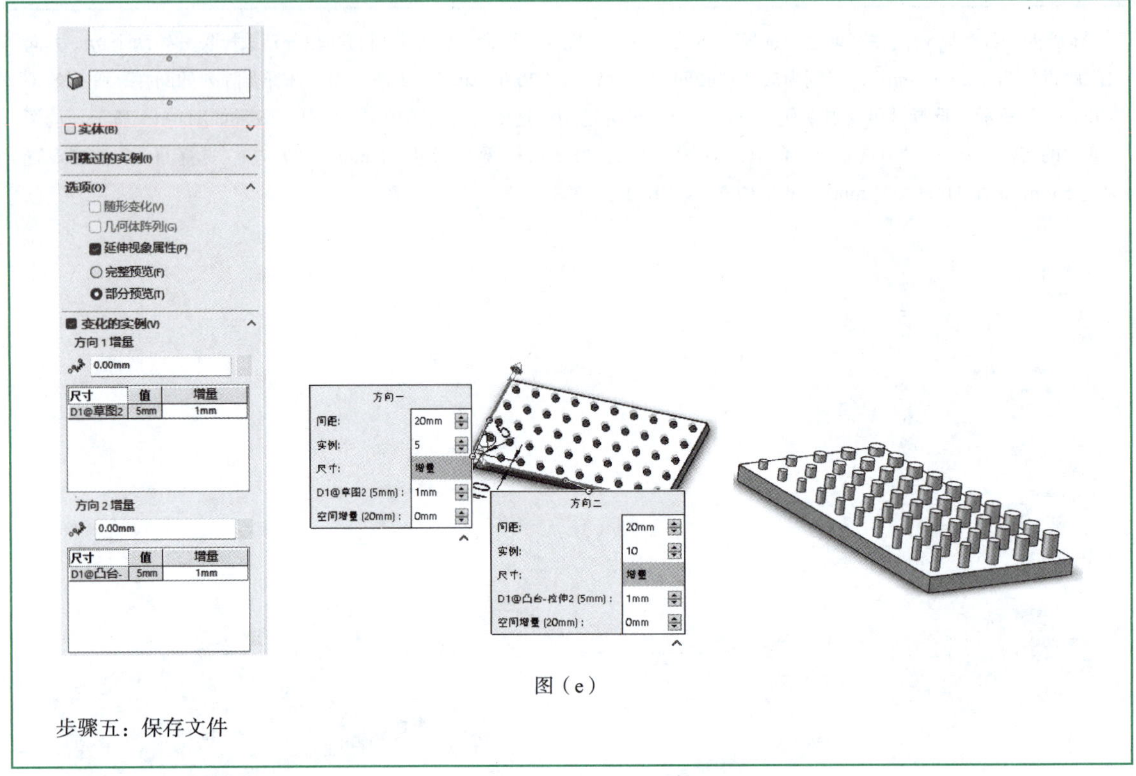

图（e）

步骤五：保存文件

2. 线性随形变化阵列案例

线性阵列—随形变化：线性随形变化案例如图4.2.10所示，文件命名为“XXZL2”即可。

图 4.2.10　线性随形变化阵列案例

边学边练：

班级		姓名		成绩	
绘制步骤					
步骤一：新建文件。 步骤二：拉伸凸台/基体。单击“拉伸凸台/基体”按钮，选择“上视基准平面”，绘制直径为100 mm的圆，拉伸出一个高为5 mm的圆柱体，如图（a）所示。					

续上表

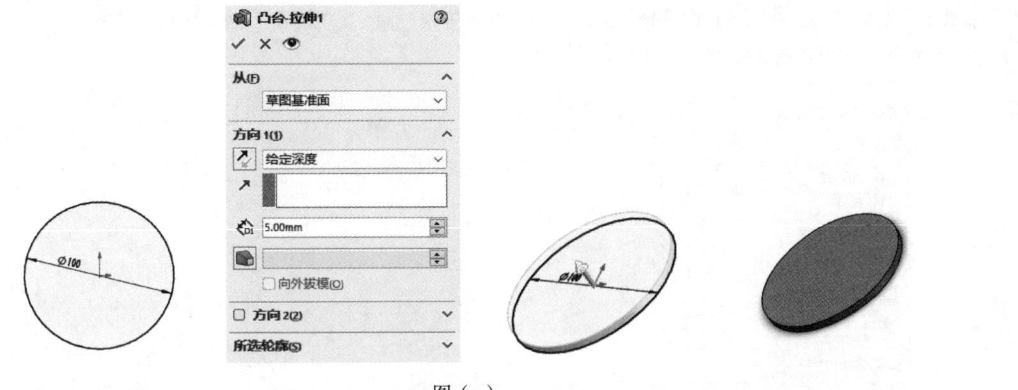

图（a）

步骤三：拉伸切除。单击“拉伸切除”按钮，选择圆柱上表面，绘制圆弧槽口，拉伸切除出一个完全贯穿的圆弧槽口，如图（b）所示。

图（b）

步骤四：线性阵列。在菜单栏中选择“插入”→“线性阵列”命令，“方向1”选择槽口草图，“特征和面”选择切除圆弧槽口特征，“选项”须勾选“随形变化”复选框，阵列效果如图（c）所示。

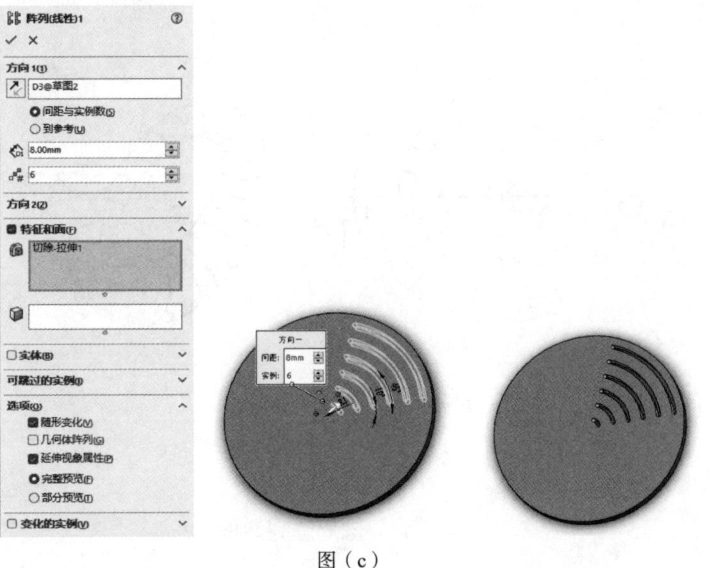

图（c）

续上表

步骤五：圆周阵列。在菜单栏中选择“插入”→“圆周阵列”命令，“方向1”选择面1，“特征和面”选择上一步随形阵列特征，圆周阵列效果如图（d）所示。

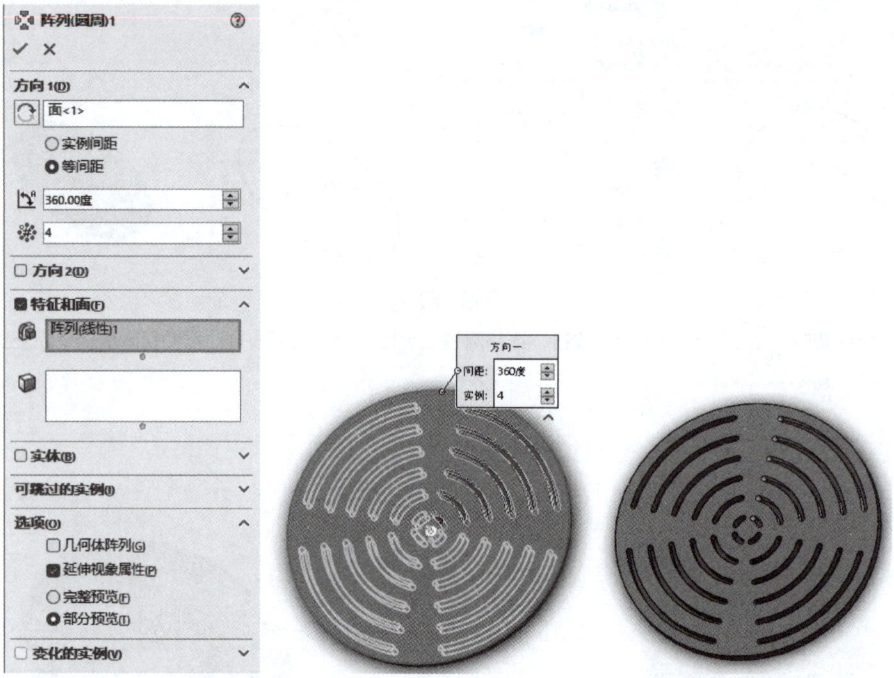

图（d）

步骤六：保存文件

3. 圆周阵列特征案例

用“圆周阵列”特征完成图4.2.11所示零件的建模，文件命名为“YZZL1”即可，圆周阵列案例图4.2.11所示。

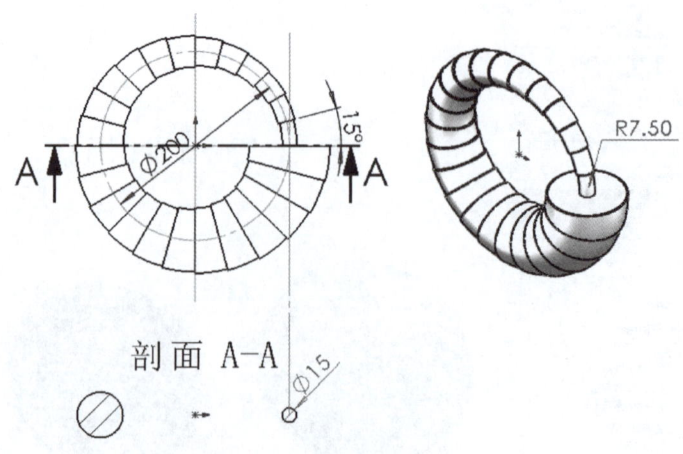

图 4.2.11　圆周阵列案例

边学边练：

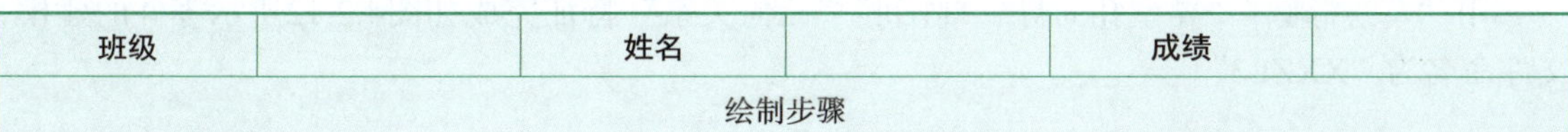

班级		姓名		成绩	
绘制步骤					

步骤一：新建文件。

步骤二：旋转凸台/基体。单击“旋转凸台/基体”按钮，选择“前视基准面”，绘制如图（a）所示草图。“旋转轴”选择“直线1”，在“旋转类型”下拉列表框内选择“单向”选项，在“角度”文本框内输入“15.00度”，单击“√”按钮完成旋转，效果如图（b）所示。

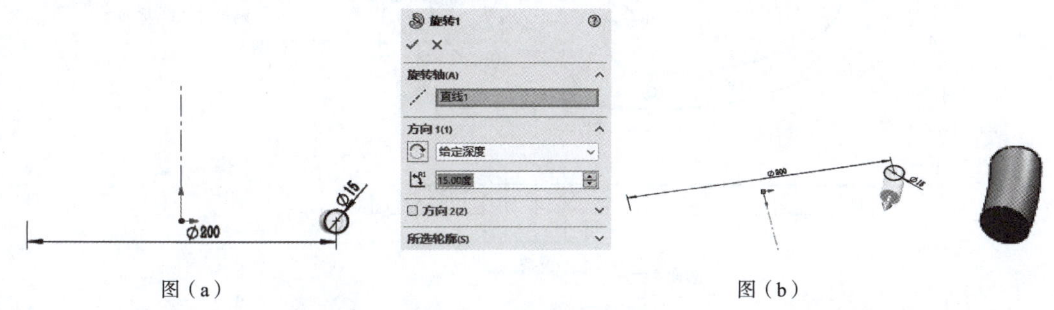

图（a）　　　　图（b）

步骤三：圆周阵列。在菜单栏中选择“插入”→“圆周阵列”命令，“方向1”选择“直线1”，“特征和面”选择上一步旋转生成的特征，角度设置为“15.00度”，个数设置为“24”，然后勾选“变化的实例”复选框，选择直径尺寸，增量设置为“3 mm”，圆周阵列效果如图（c）所示。

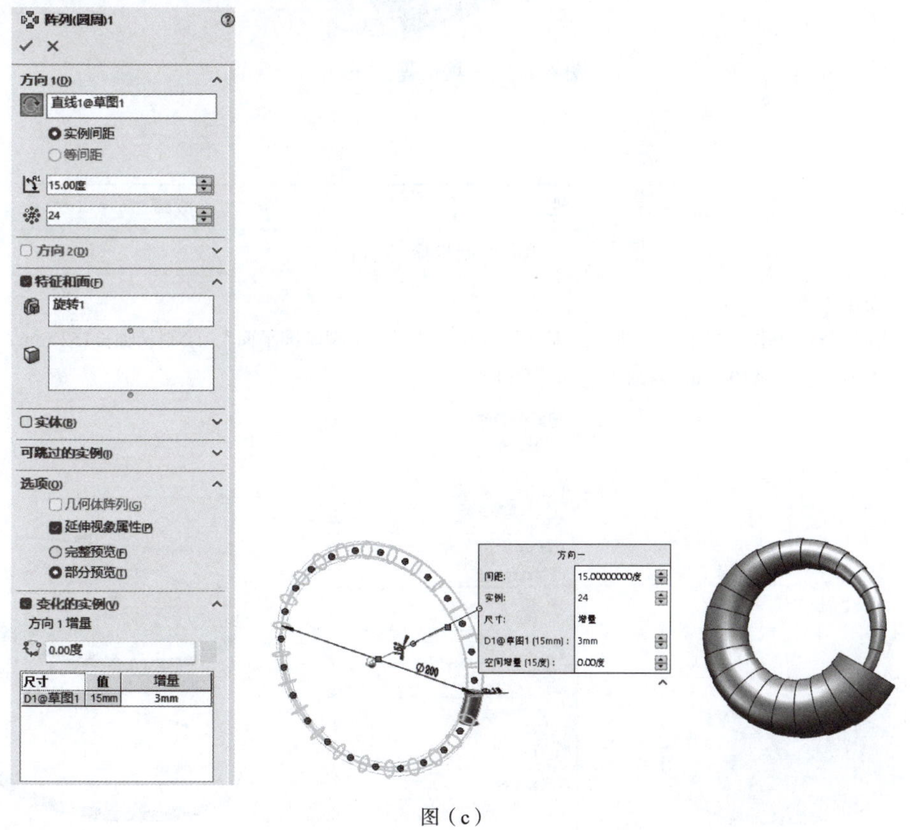

图（c）

步骤四：保存文件

4. 其他阵列案例

用“草绘椭圆”“异型孔向导”“阵列”“几何关系”特征完成如图4.2.12所示零件的建模，文件命名为“XXZL3”。

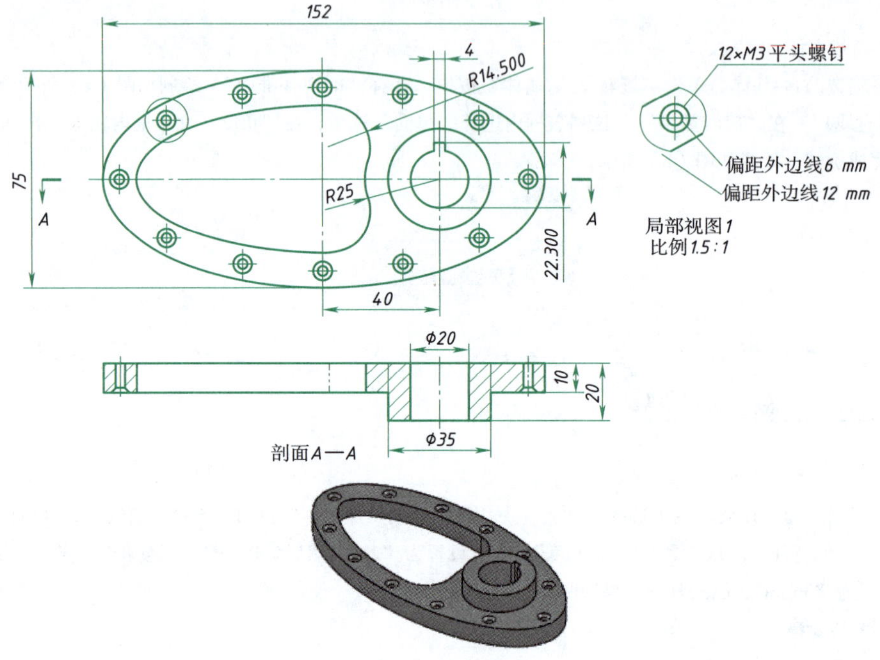

图 4.2.12　其他阵列案例

边学边练：

班级		姓名		成绩	
绘制步骤					

步骤一：新建文件。

步骤二：拉伸凸台/基体。单击“拉伸凸台/基体”按钮，选择“上视基准平面”，绘制长轴长152 mm，短轴长75 mm的椭圆，拉伸出一个高10 mm的椭圆体，如图（a）所示。

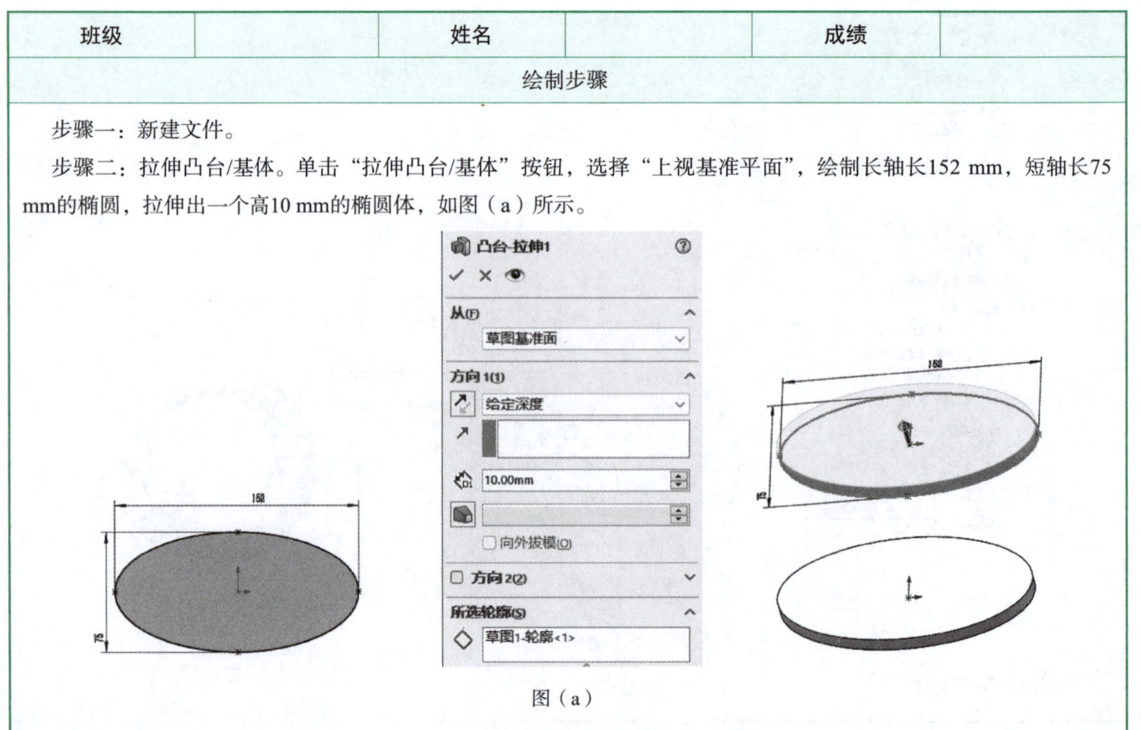

图（a）

续上表

步骤三：拉伸凸台/基体。单击“拉伸凸台/基体”按钮，选择椭圆柱上表面，绘制草图，然后选择所选轮廓拉伸出一个高为10 mm的圆柱体，如图（b）所示。

步骤四：拉伸切除。单击“拉伸切除”按钮，选择草图中所选轮廓，拉伸切除双侧各设置为“10.00 mm”，如图（c）所示。

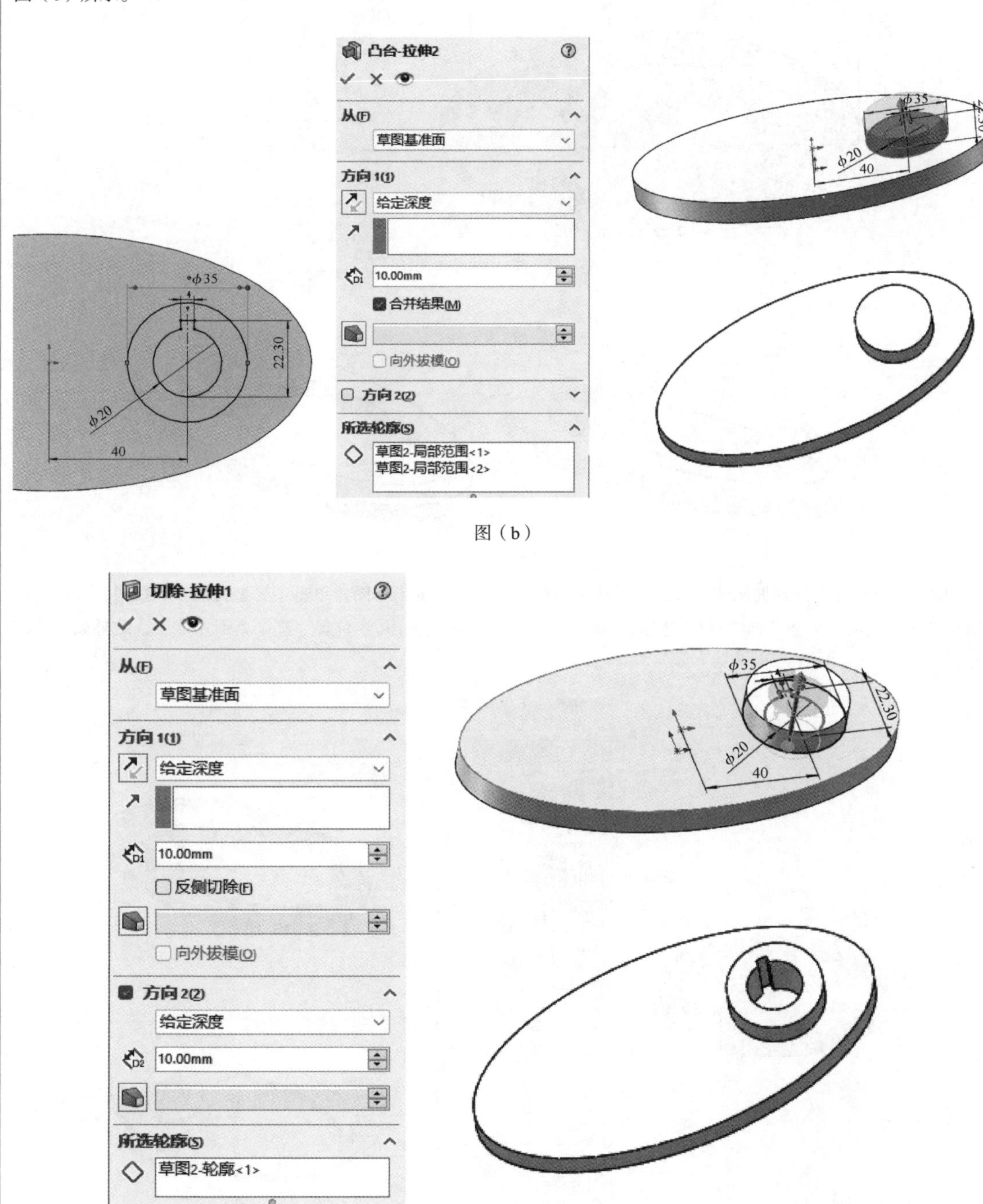

图（b）

图（c）

步骤五：拉伸切除。选择椭圆柱体上表面，创建草图，拉伸切除深度设置为“10.00 mm”，结果如图（d）所示。

续上表

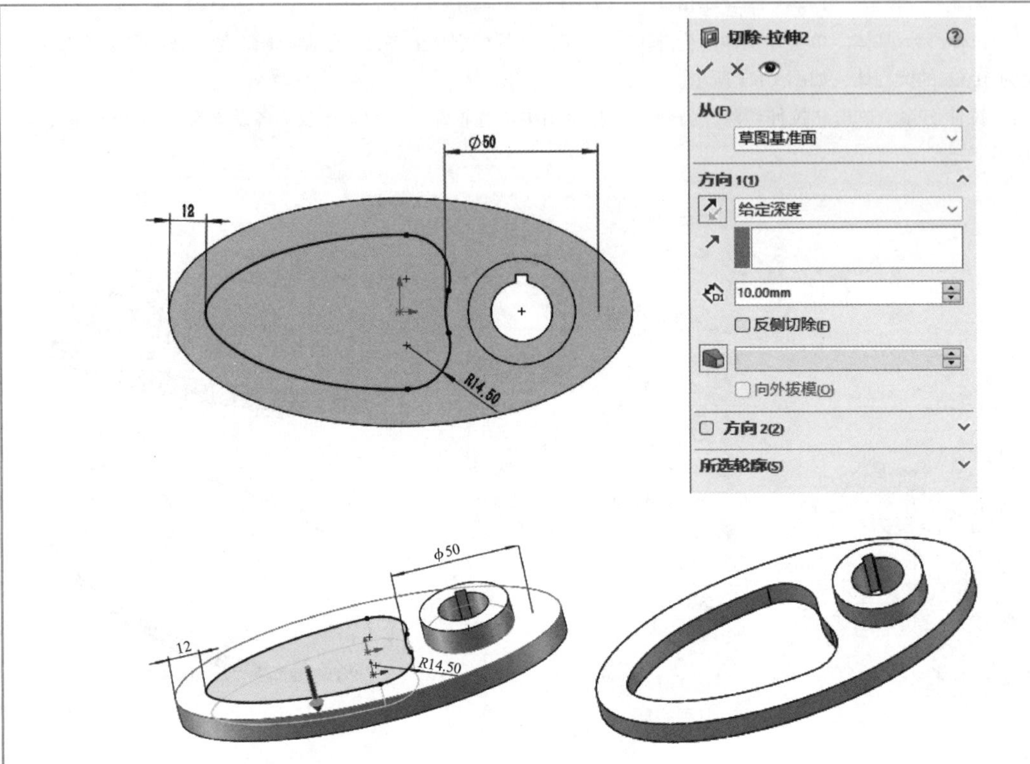

图（d）

步骤六：异型孔。选择椭圆体上表面，创建草图如下图所示，退出草图。单击“异型孔向导”按钮，类型选择“锥孔平头”选项，大小选择“M3”选项，“平面”选择椭圆体上表面，“位置”选中草图左端点，结果如图（e）所示。

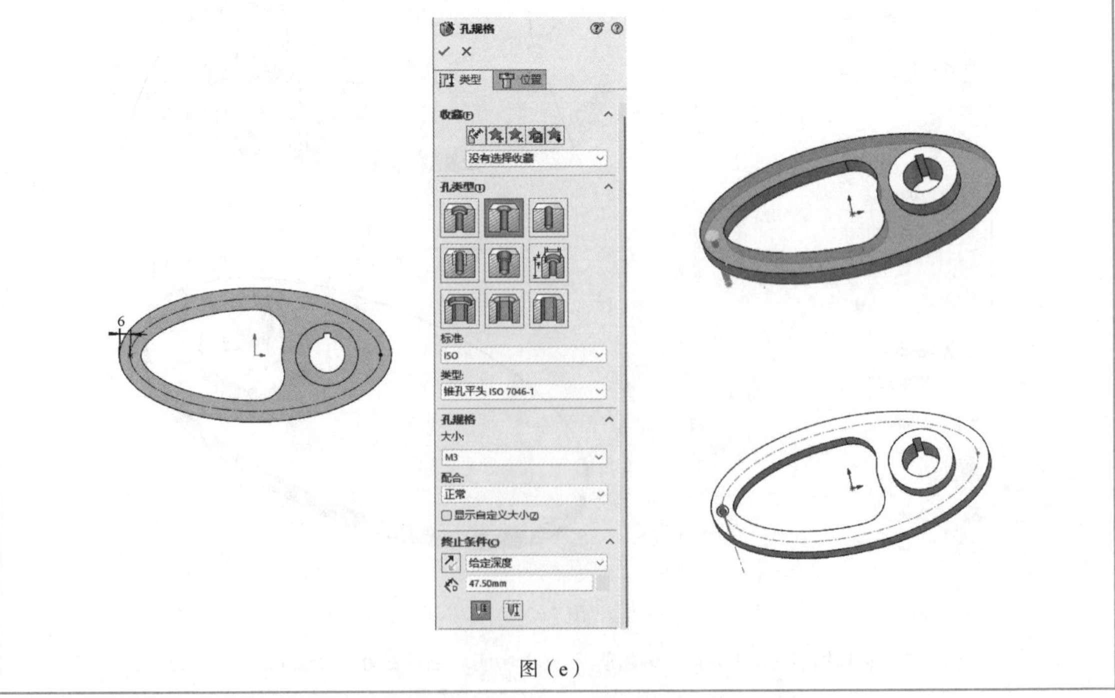

图（e）

续上表

步骤七：曲线阵列。在菜单栏中选择“插入”→“曲线阵列”命令，“方向1”选择步骤五绘制的草图曲线，“特征和面”选择异型孔特征，等间距设置为“10.00 mm”，实例设置为“12”，曲线阵列效果如图（f）所示。

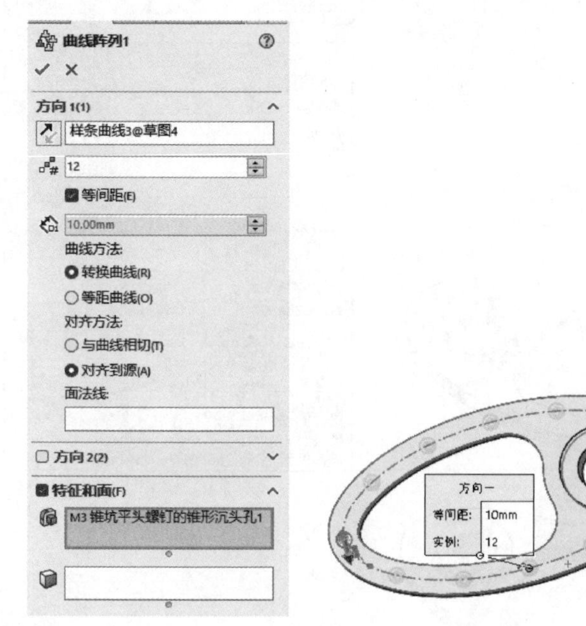

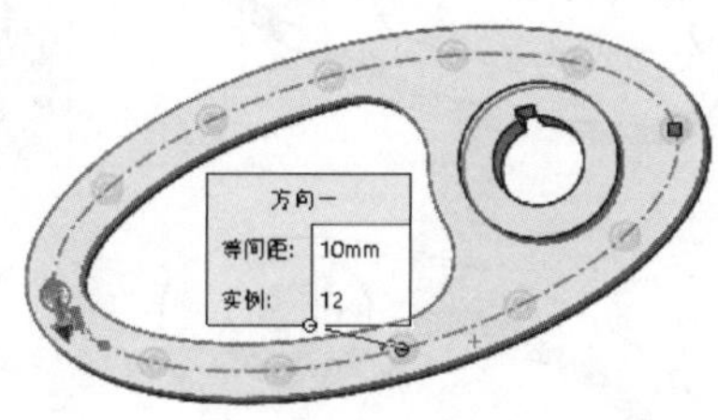

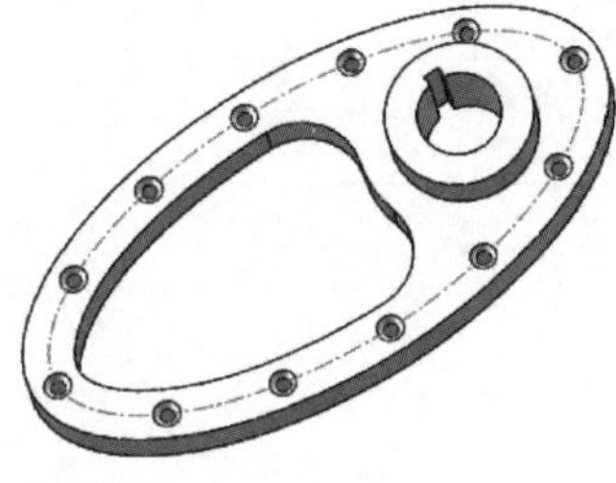

图（f）

或草图阵列。在菜单栏中选择“插入”→“草图阵列”命令，“方向1”选择下图所示草图，“特征和面”选择异型孔特征，草图阵列效果如图（g）所示。

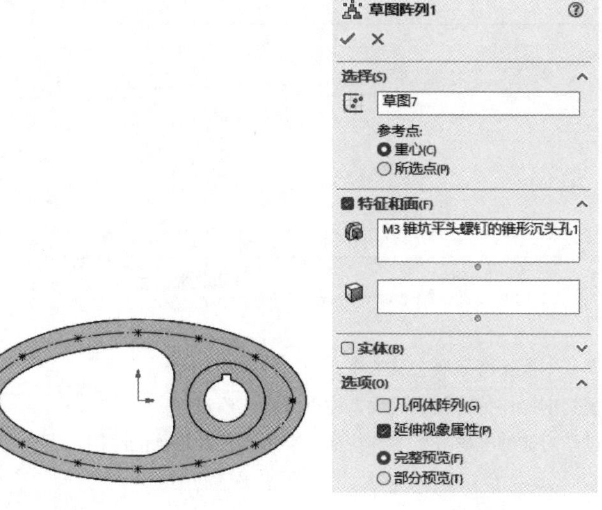

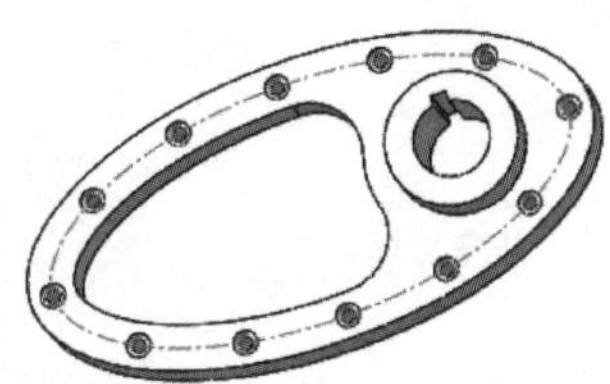

图（g）

或表格阵列。先创建一临时坐标系，在菜单栏中选择“插入”→“由表格驱动的阵列”命令，选择坐标系和要复制的特征，输入复制点位置坐标，由表格驱动的阵列效果如图（h）所示。（只给两点坐标示意）

续上表

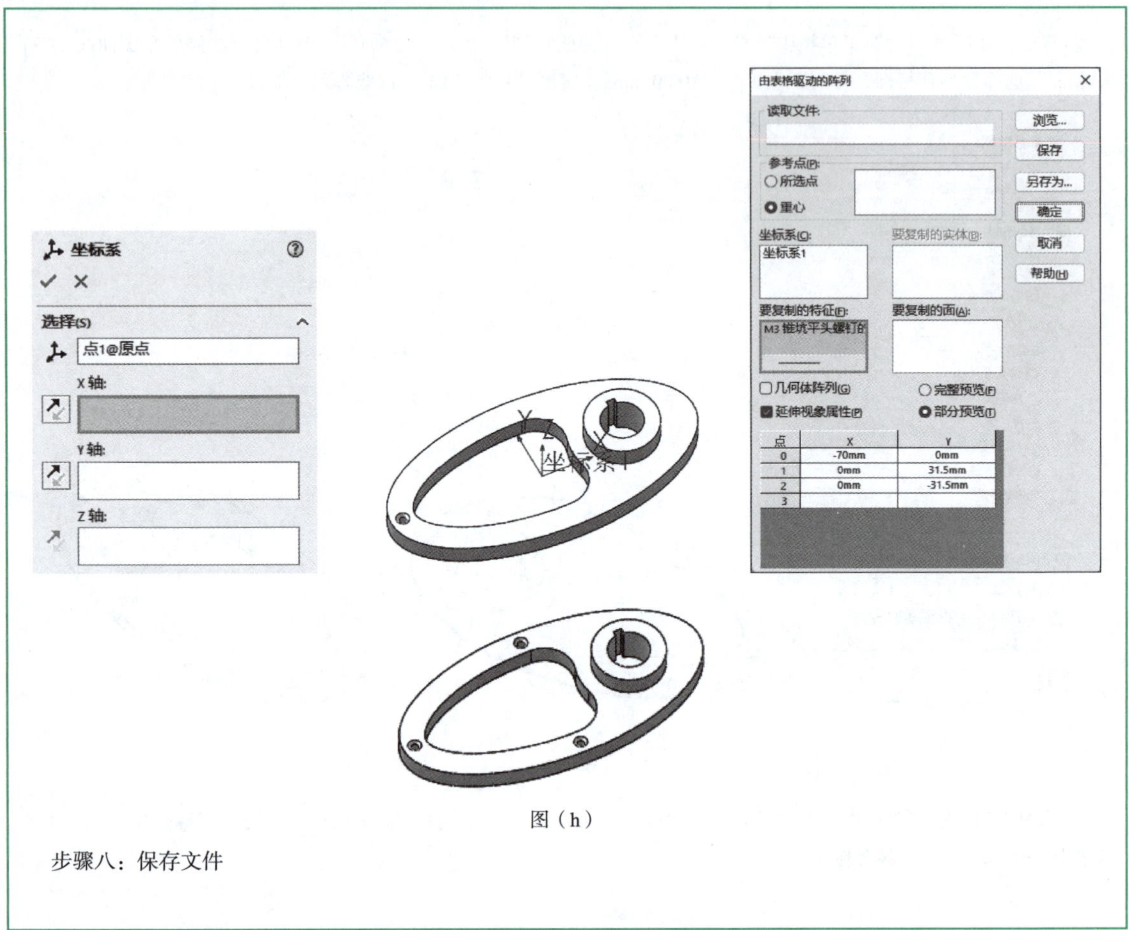

图（h）

步骤八：保存文件

任务实施

任务实施见表4.2.2和4.2.3。

表 4.2.2　子任务一

姓名		班级		成绩	
任务目标	（1）掌握基本操作特征概念及类型； （2）掌握基本操作特征创建过程，注重分析建模过程。 （3）通过学习能够准确分析零件特征，会进行任意特征的绘制				
操作要求	（1）绘制任务基本操作特征； （2）保存文件； （3）提交源文件				

续上表

<table>
<tr><td>子任务一</td><td>理解设计意图：绘制如图（a）所示模型，绘制特征如图（b）所示。
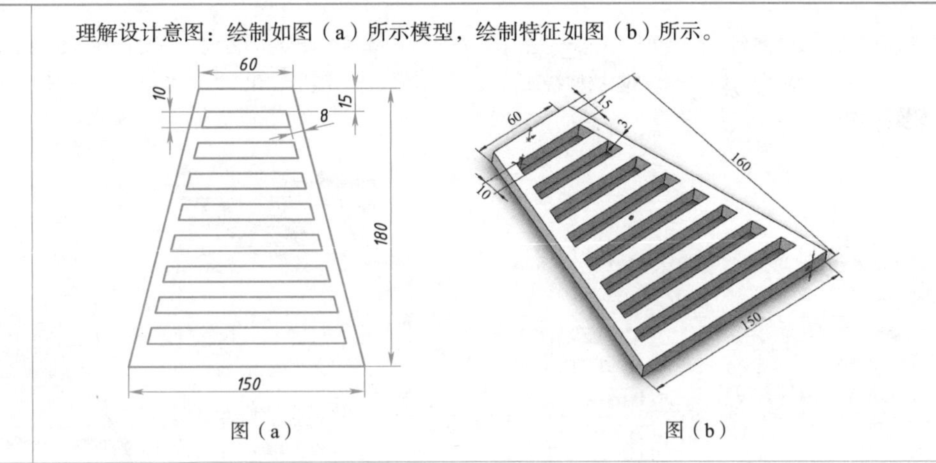

图（a）　　图（b）</td></tr>
<tr><td colspan="2">实施步骤</td></tr>
</table>

步骤一：新建文件。

步骤二：新建草图。在菜单栏中选择“插入”→“草图绘制”命令，选择“前视基准平面”，在原点处绘制如图（c）所示草图。

步骤三：单击“拉伸凸台/基体”按钮，创建一个拉伸特征，拉伸高度设置为“10.00 mm”。拉伸特征如图（d）所示。

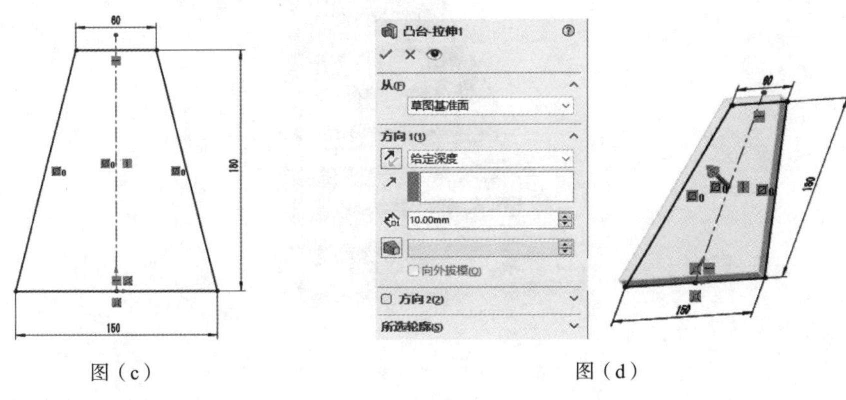

图（c）　　图（d）

步骤四：新建草图。单击凸台上表面，通过原点创建草图，如图（e）所示。

步骤五：单击“拉伸切除凸台/基体”按钮，创建一个拉伸切除特征，“方向1”选择“完全贯穿”选项。拉伸切除特征如图（f）所示。

图（e）　　图（f）

续上表

步骤六：线性阵列。在菜单栏中选择“插入”→“线性阵列”命令，“方向1”选择草图尺寸D2，“方向2”选择草图尺寸D3，“特征和面”选择切除拉伸特征，“选项”须勾选“随形变化”复选框，参数如图（g）所示，阵列最终效果如图（h）所示。

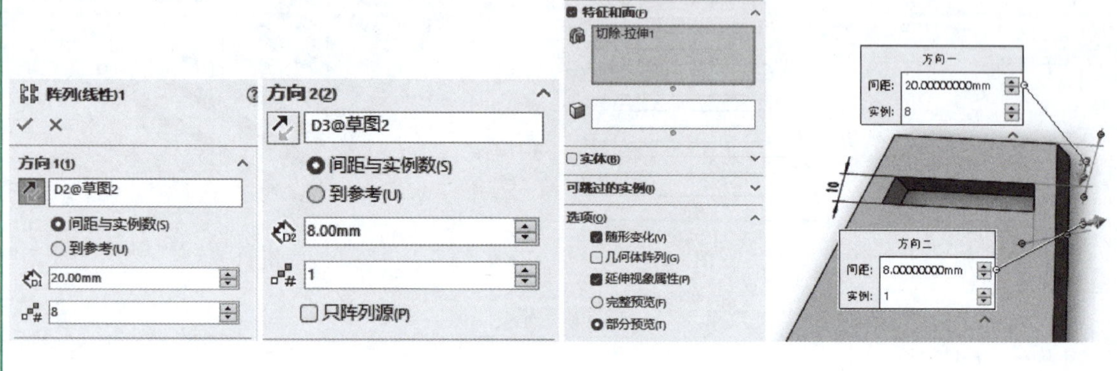

图（g）

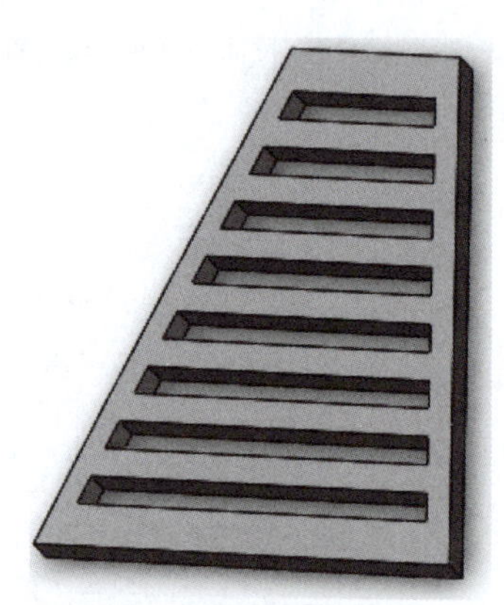

图（h）

步骤七：保存文件

表 4.2.3　子任务二

姓名		班级		成绩	
任务目标	（1）掌握基本操作特征概念及类型； （2）掌握基本操作特征创建过程，注重分析建模过程。 （3）通过学习能够准确分析零件特征，会进行任意特征的绘制				
操作要求	（1）绘制任务基本操作特征； （2）保存文件； （3）提交源文件				

续上表

<table>
<tr><td>子任务二</td><td>零件草图如图（a）所示，绘制特征如图（b）所示
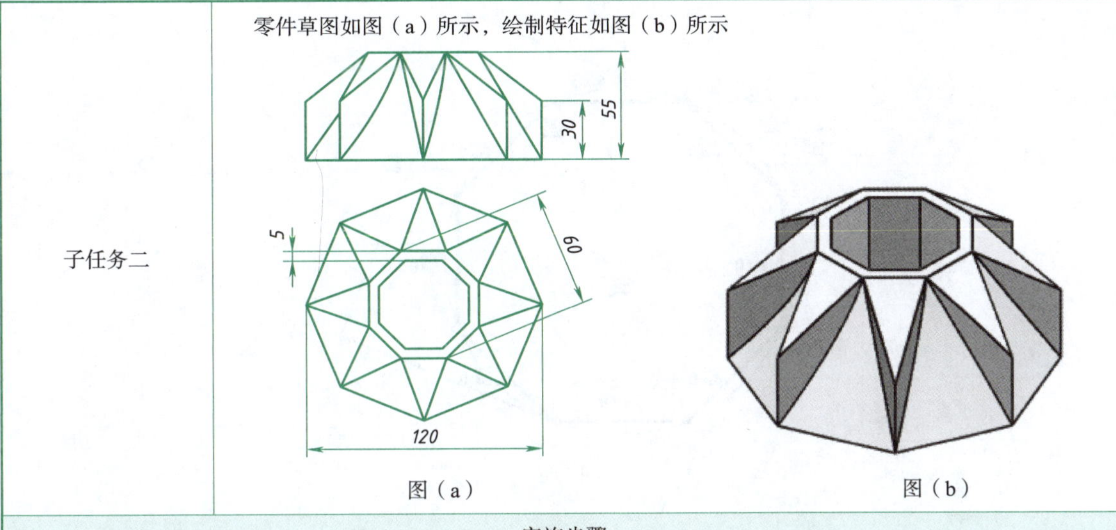

图（a）　　图（b）</td></tr>
<tr><td colspan="2">实施步骤</td></tr>
</table>

步骤一：新建文件。

步骤二：新建草图。在菜单栏中选择“插入”→“草图绘制”命令，选择“上视基准平面”，在原点处绘制如图（c）所示草图。

步骤三：创建基准面。在菜单栏中选择“插入”→“参考几何体”→“基准面”命令，第一参考选择上视基准面，偏移距离设置为“55.00 mm”，创建基准面1，如图（d）所示。

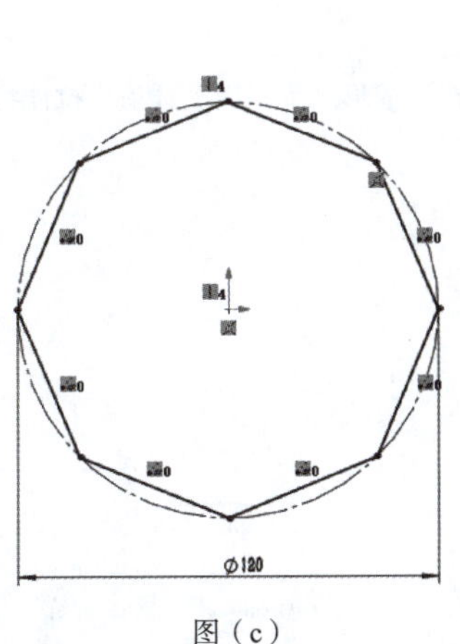

图（c）

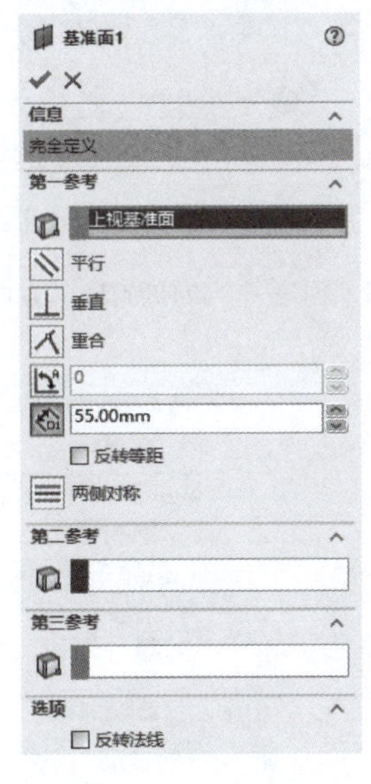

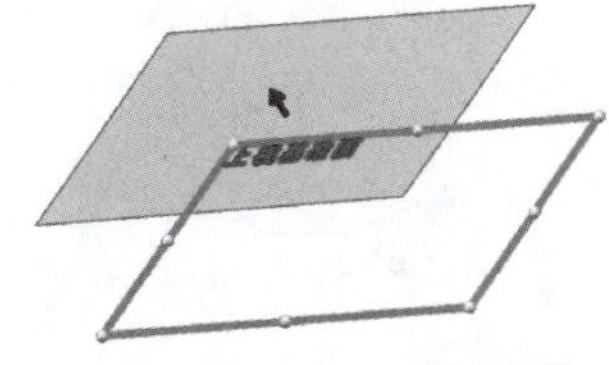

图（d）

步骤四：新建草图。在菜单栏中选择“插入”→“草图绘制”命令，选择基准面1，在原点处绘制草图如图（e）所示。

步骤五：放样凸台/基体。单击“放样凸台基体”按钮，选取截面轮廓。选择草图1、草图2作为截面轮廓，如图（f）所示。

步骤六：新建草图。在菜单栏中选择“插入”→“草图绘制”命令，选择“基准平面1”，在原点处绘制如图（g）所示草图。

续上表

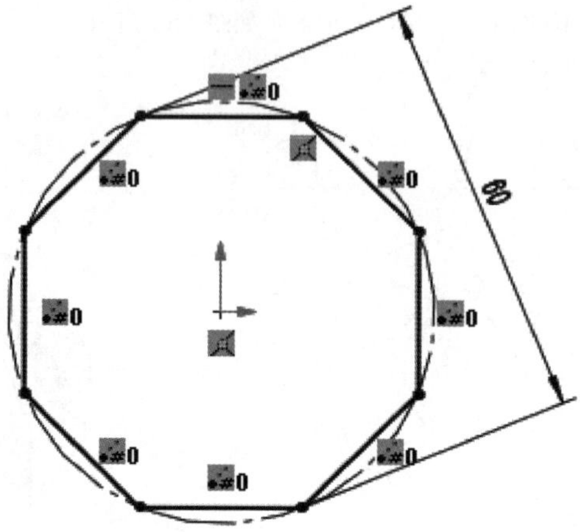

图（e）

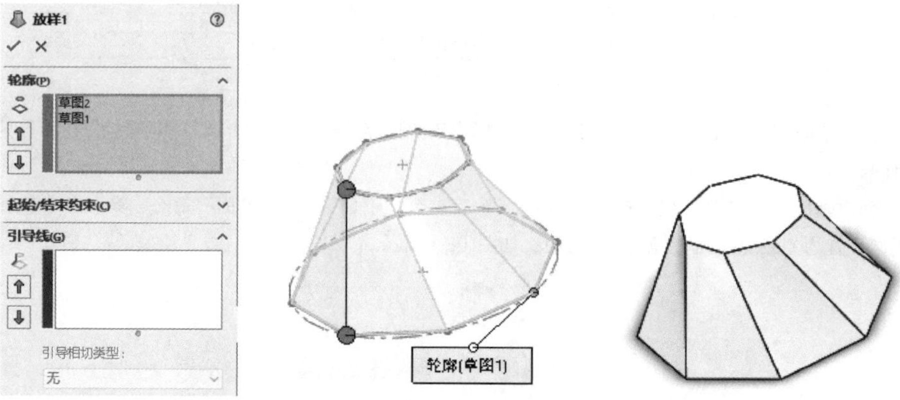

图（f）

步骤七：单击“拉伸凸台/基体”按钮，创建一个拉伸特征，“方向1”选择“成形到下一面”选项。拉伸特征如图（h）所示。

图（g）　　图（h）

步骤八：新建草图。在菜单栏中选择“插入”→“草图绘制”命令，选择“前视基准面”，在原点处绘制如图（i）所示草图。

续上表

步骤九：单击“拉伸切除凸台/基体”按钮，创建一个拉伸切除特征，方向1和方向2选择“成形到一顶点”选项。拉伸切除特征如图（j）所示。

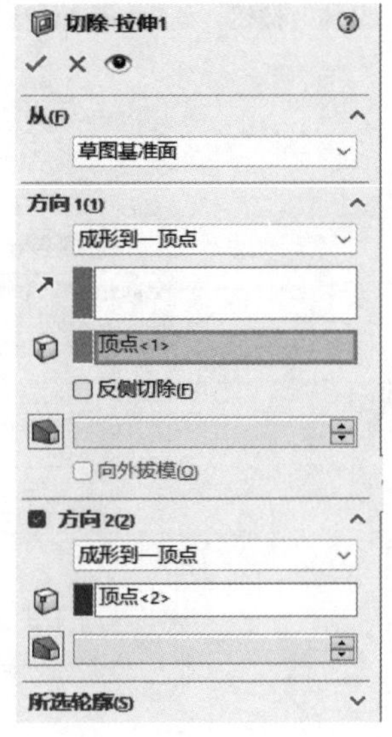

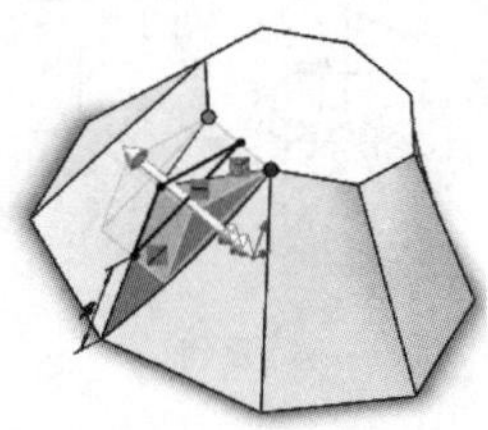

图（i）　　　　图（j）

步骤十：圆周阵列。在菜单栏中选择“插入”→“圆周阵列”命令，方向选择“基准轴1”，等间距设置为“360.00度”，阵列数设置为“8”，参数如图（k）所示，阵列最终效果如图（l）所示。

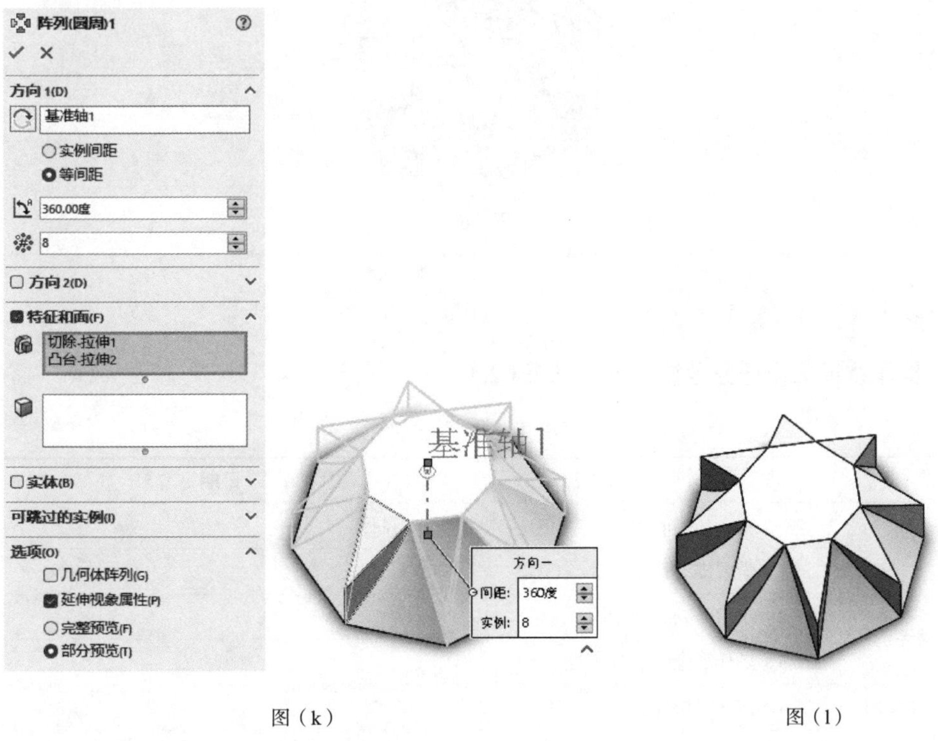

图（k）　　　　图（l）

续上表

步骤十一：新建草图。在菜单栏中选择“插入”→“草图绘制”命令，选择“基准面1”，在原点处绘制如图（m）所示草图。

步骤十二：单击“拉伸切除凸台/基体”按钮，创建一个拉伸切除特征，方向1选择“完全贯穿”选项。拉伸切除特征如图（n）所示。

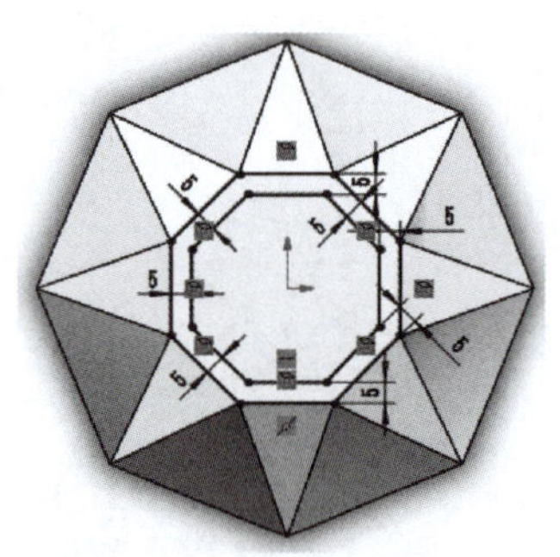

图（m）

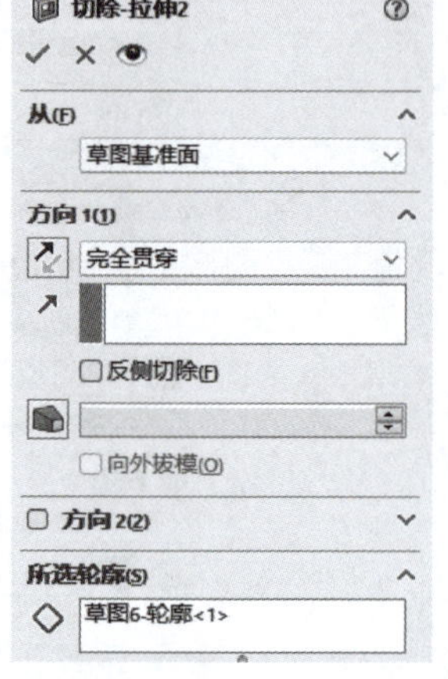

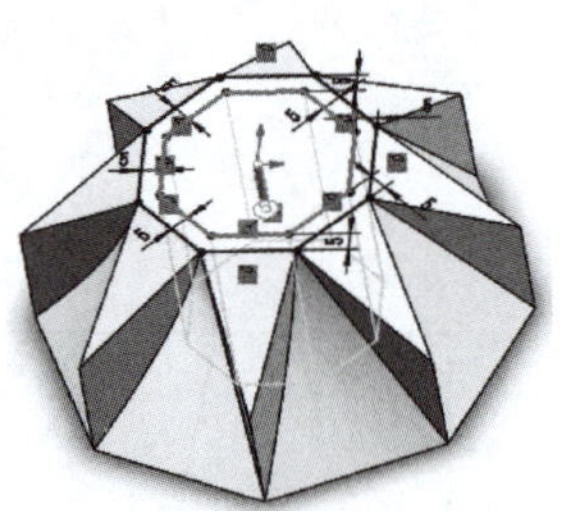

图（n）

步骤十三：保存文件，零件最终效果如图（o）所示

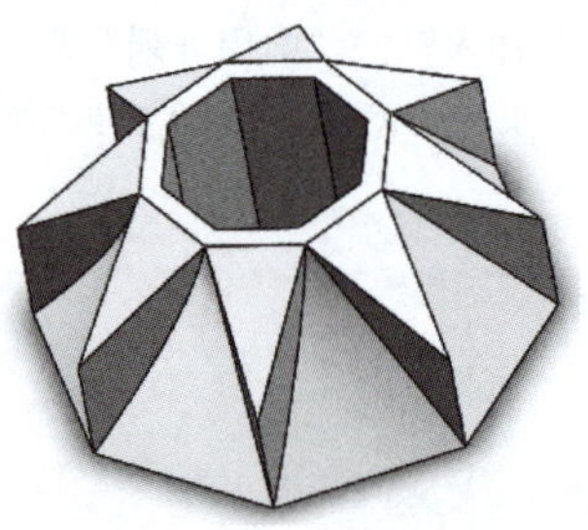

图（o）

考核与评价

基本操作特征工作任务考核与评价见表4.2.4。

表 4.2.4　考核与评价表

班级：		姓名：	日期：		
任务活动评价	评价内容		自评	互评	教师
	（1）学习准备情况				
	（2）小组计划完成情况				
	（3）操作安全性、规范性				
	（4）沟通、协作能力				
	（5）职业能力				

小　结

通过基本操作特征操作任务，能够准确分析零件的特征；掌握基本操作特征的概念与基本操作特征的创建方法；掌握基本操作特征的类型及参数；灵活运用基本操作特征建立三维模型，达到了基本职业技能和专业素养的要求。

思考与练习

一、绘制如下特征

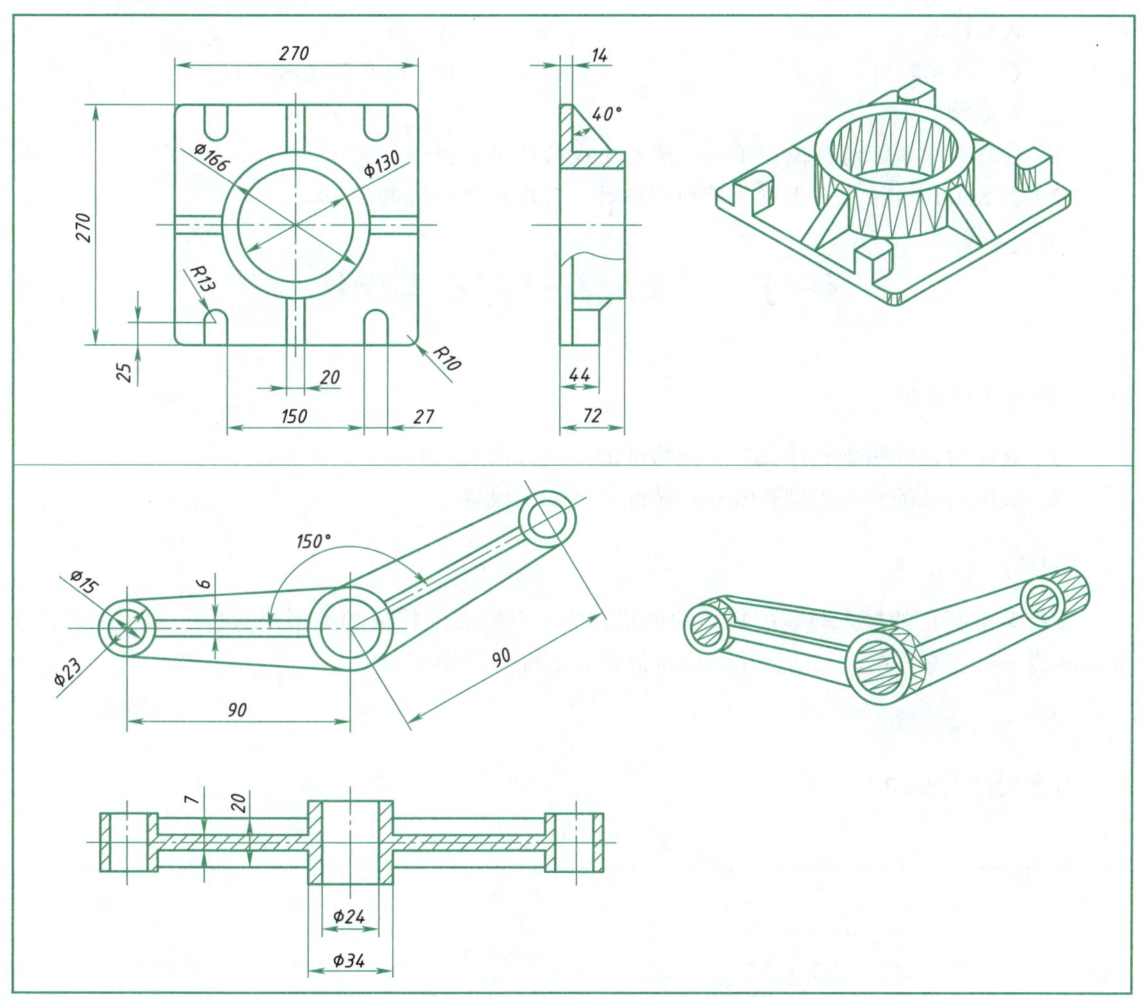

二、选择题

（1）对一个孔镜像线性阵列（只有一个方向），在实例数一栏中输入数值5，阵列完成之后一共生成几个孔？（　　）（假设基体足够大，阵列之后的特征能够完整呈现）。

A. 总共有5个孔　　B. 总共有6个孔　　C. 总共有7个孔

（2）Solidworks的拔模类型有（　　）种。

A. 2　　B. 3　　C. 4

（3）阵列时，若要在基体零件的边线与阵列特征之间保持特定的距离，应选择（　　）。

A. 保持间距　　B. 阵列随形　　C. 随形变化

（4）在阵列中，对源特征进行编辑，阵列生成的特征会不会随之变化？（　　）。

A. 会　　B. 不会　　C. 不知道

（5）完成下图所示的操作最有效的方法是（　　）。

A. 镜像　　B. 圆周阵列

C. 填充阵列　　D. 曲线驱动的阵列

三、判断题

（1）在阵列中对源特征进行编辑，阵列生成的特征不会一起变化。（　　）

（2）在 Solidworks 中，当创建阵列特征时，可以选择跳过的实例。（　　）

任务三　装配特征与基本操作

观察与思考

（1）装配特征的概念是什么？装配特征的建立方法有几种？

（2）装配特征的约束类型有哪些？装配特征如何设置？

任务要点

掌握装配特征的概念与装配特征的创建方法；掌握装配特征的类型及参数；通过本章学习能够准确分析装配关系，灵活运用装配特征建立三维装配模型。

任务安排

任务安排见表4.3.1。

表 4.3.1　任务安排

班级______ 第______组 姓名______	任务地点______ 任务日期______
任务具体安排	（1）查找相关资料，弄清楚装配特征概念，了解装配特征的创建方法。  （2）查找资料或教材，了解装配特征的参数。 （3）了解装配特征的案例及特点。 （4）全班分成四个小组，每个小组选一名组长，进行 5~10 分钟 PPT 介绍

相关知识

一、装配基本知识

1. 装配设计

①装配设计：是三维设计中的一个环节，不仅可以利用三维零件模型实现产品的装配，还可以使用装配体的工具实现干涉检查、动态模拟、装配流程、运动仿真等一系列产品的辅助设计。目前，建立装配体的方法主要有两种，即自下而上和自上而下的设计方法。

②“自下而上”设计法：先设计并创建零部件然后插入到装配图中，使用配合定位零部件。如果需要修改零部件，须单独编辑零部件，更改可以反映在装配图中。本任务采用自下而上的设计方法。

2. 装配体基本操作

①零部件插入

步骤一：在菜单栏中选择“文件”→“新建”命令，弹出“新建SOLIDWORKS文件”对话框，如图4.3.1所示。

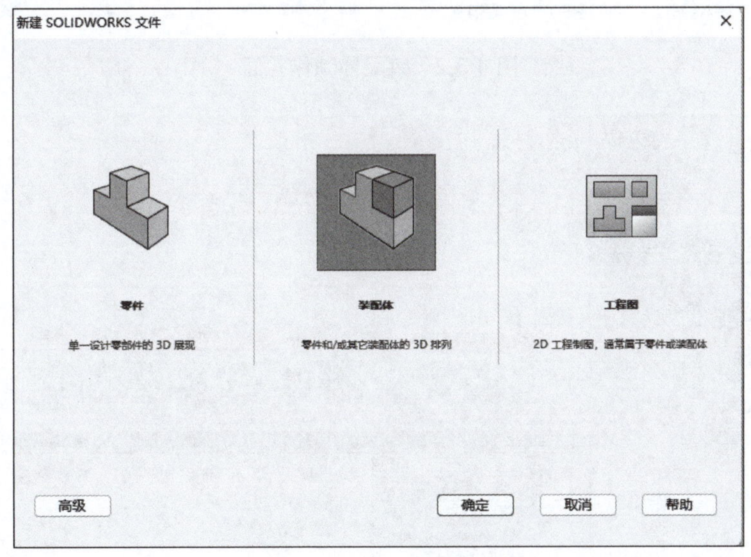

图 4.3.1　新建对话框

步骤二：选择“装配体”选项，单击“确定”按钮，进入装配体制作界面。

步骤三：在“开始装配体”属性管理器中，单击“插入零部件”选项组中的“浏览”按钮，弹出“打开”对话框，如图4.3.2所示。

步骤四：选择一个零件作为装配体的基准零件，单击“打开”按钮，在视图区合适位置单击放置零件，调整视图为“等轴侧”，即可得到导入零件后的界面（默认确定（√）则零件直接固定放在原点）如图4.3.3所示。

步骤五：放置第二个零件，将一个零部件（单个零件或子装配体）放入此装配体中，文件会与装配体链接，模型在装配体中，文件数据依然保存在原零部件文件中。第二个零件单击“插入零部件”按钮，选择零件单击要放置位置即可。特征树显示有两个零件，第一个是固定的（可以右键单击变为浮动），第二个零件是自由状态（-）（需添加配合关系），界面中出现两个零件，如图4.3.4所示。

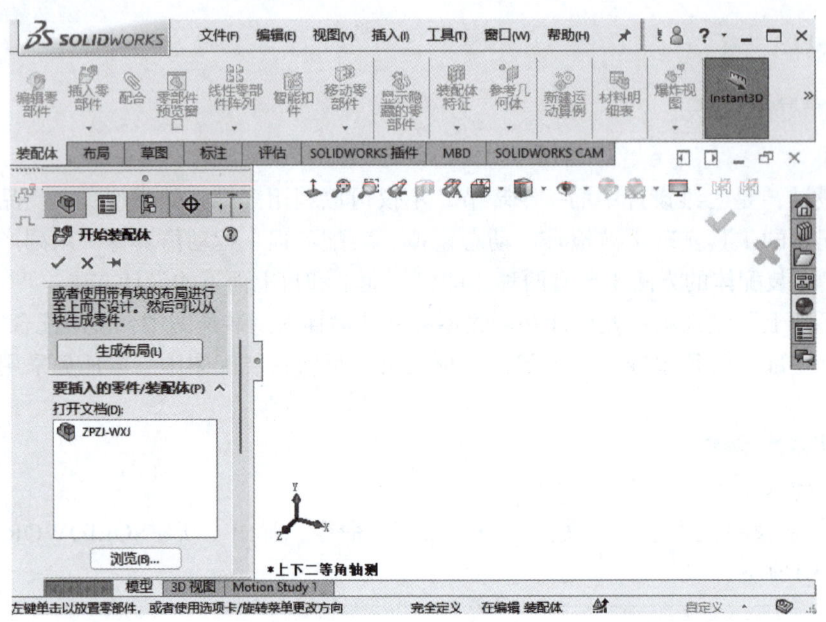

图 4.3.2　装配体制作界面

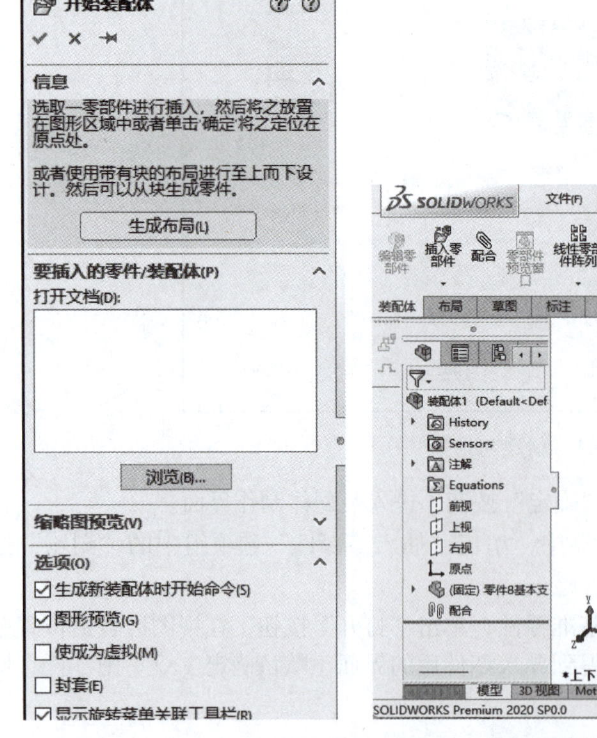
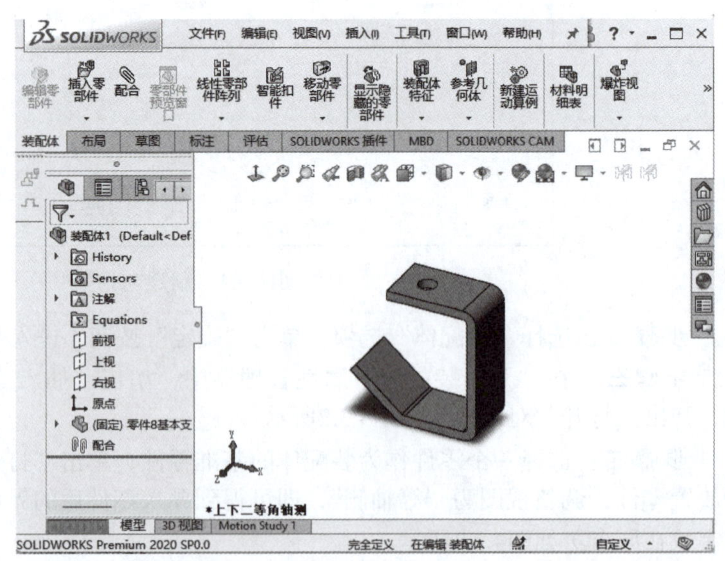

图 4.3.3　导入零部件后的界面

注意：插入到装配体中的零部件在配合或固定之前有6个自由度，即沿X、Y、Z轴的移动和沿这3个轴的转动。一个部件在装配体中如何运动是由它的自由度所决定的。使用“固定”和“插入配合”命令可以限制零件的自由度。

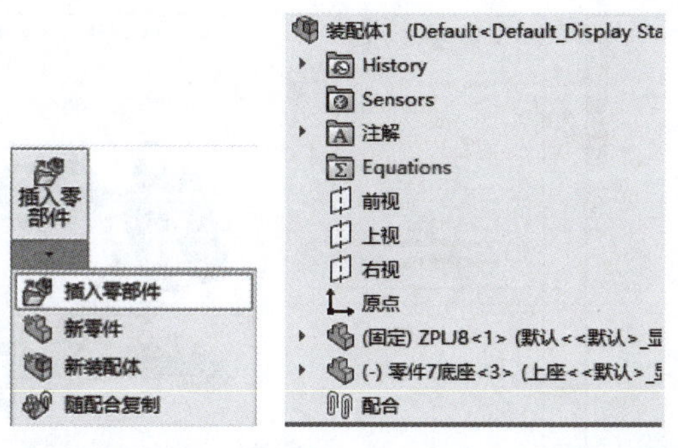

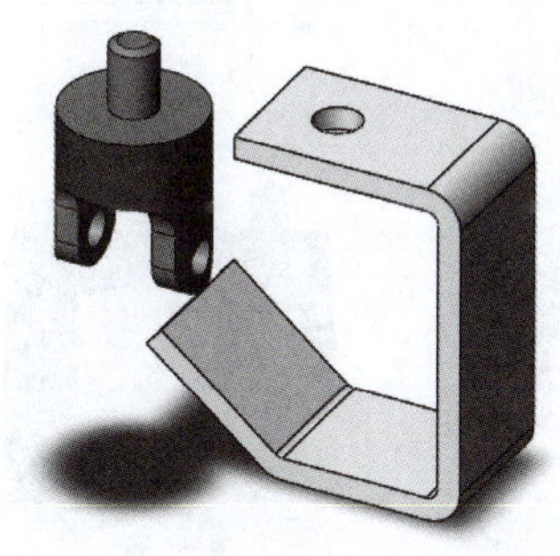

图 4.3.4　插入零部件

②移动和旋转零部件

在放置第二个零件时，可能会与第一个零件重合，或者其方向和方位不便于进行装配放置，解决方法如下：①单击“装配体”工具栏中的“移动零部件”按钮，系统弹出“移动零部件”对话框，如图4.3.5所示。②单击“装配体”工具条中的“旋转零部件”按钮，系统弹出“旋转零部件”对话框，如图4.3.6所示。③使用鼠标按住左键拖动进行移动，按住右键拖动进行旋转，如图4.3.7所示。

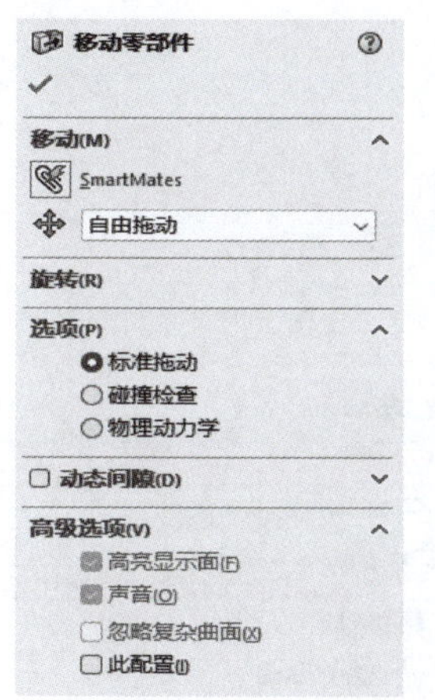

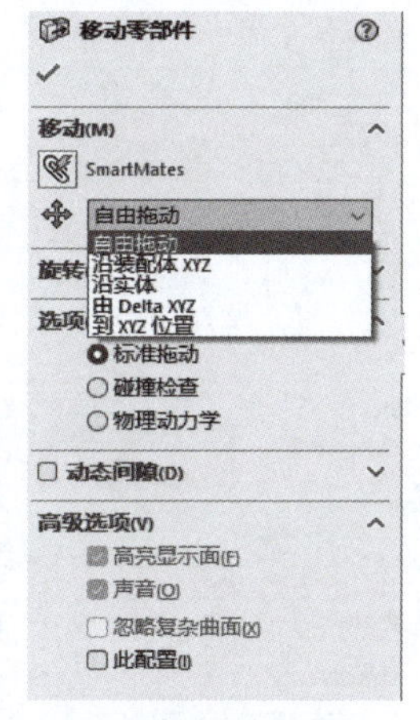

图 4.3.5　移动零部件菜单

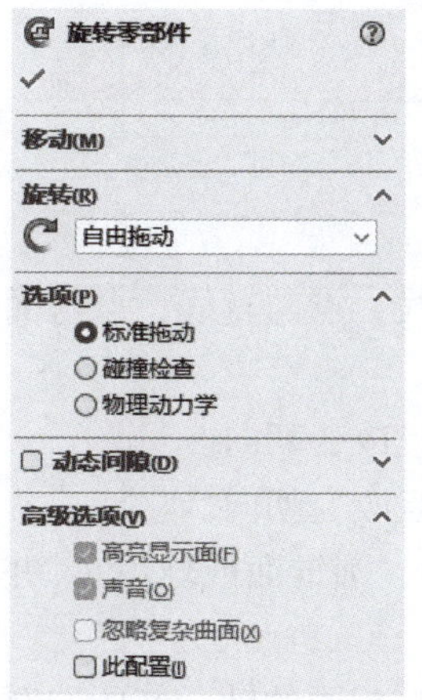

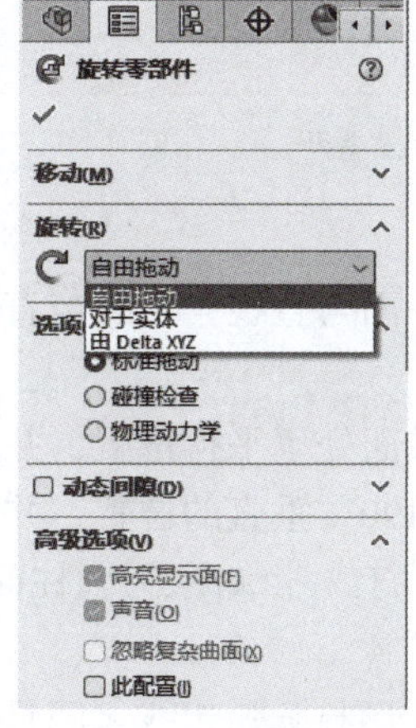

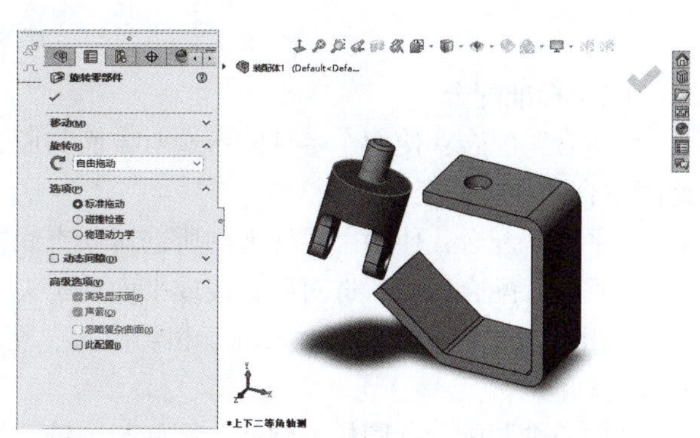

图 4.3.6　旋转零部件菜单

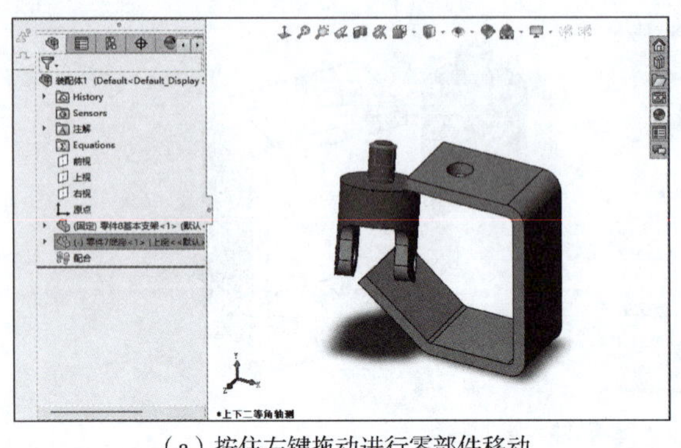
（a）按住左键拖动进行零部件移动

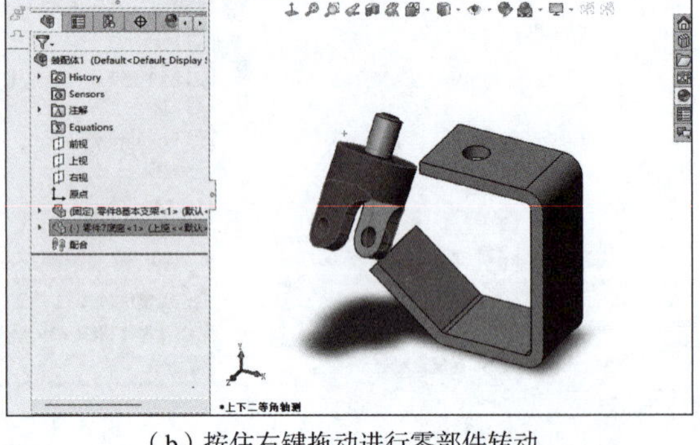
（b）按住右键拖动进行零部件转动

图 4.3.7　使用鼠标移动和旋转零部件

3. 配合方式

使用配合关系，可相对于其他零部件来精确定位零部件，还可定义零部件如何相对于其他的零部件移动和旋转。只有添加了完整的配合关系，才算完成了装配体模型。

单击“装配体”工具栏中的“配合”按钮，弹出配合方式菜单栏，配合包括标准配合、高级配合和机械配合三大类，菜单如图4.3.8所示。

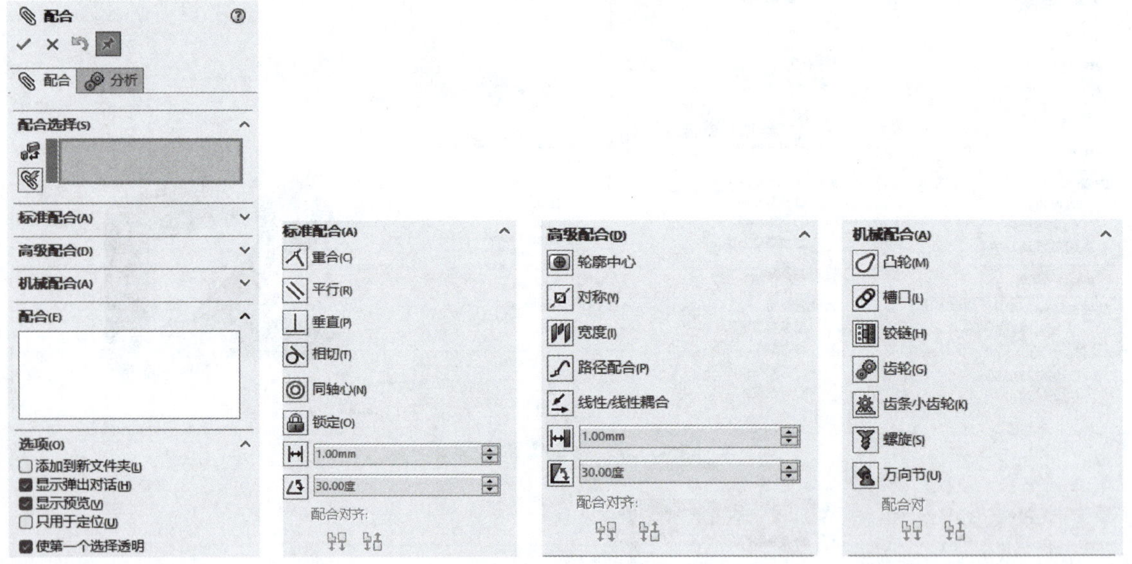

图 4.3.8　配合菜单栏

（1）标准配合

“重合”配合：使两个零件的所选对象面与面、面与直线，直线与直线，点与直线，点与面之间重合，并且改变朝向。

“平行”配合：使两个零件上的所选对象直线或面处于平行位置，并且改变朝向。

“垂直”配合：将所选对象直线或平面处于夹角90°垂直的位置，并且改变朝向。

“相切”配合：将所选对象处于相切位置（至少有一个对象为圆柱面、圆锥面或球面），并且改变朝向。

“同心轴”配合：圆柱与圆柱、圆柱与圆锥、圆形与圆弧边线之间具有相同的轴，使所选对象处于重合位置。

“锁定”配合：保持两个零部件之间的相对位置和方向。

“距离”配合：使所选配合实体以彼此间指定的距离而放置。

“角度”配合：使所选配合实体以彼此间指定的角度而放置。

“配合对齐”：设置配合对齐条件。配合对齐条件包括“同向对齐”和“反向对齐”。“同向对齐”是指与所选面正交的向量指向同一方向。“反向对齐”是指与所选面正交的向量指向相反方向。

（2）高级配合

“对称”配合：强制使两个零件的各自选中面相对于零部件的基准面或平面或者装配体的基准面距离对称，对称配合如图4.3.9（a）所示。

“宽度”配合：使零部件位于凹槽宽度内的中心，宽度配合如图4.3.9（b）所示。

“路径”配合：将零部件上所选的点约束到路径，路径配合如图4.3.9（c）所示。

“线性/线性耦合”配合：在一个零部件的平移和另一个零部件的平移之间建立几何关系，线性/线性耦合配合如图4.3.9（d）所示。

“距离”配合：允许零部件在距离配合一定数值范围内移动。

“角度”配合：允许零部件在角度配合一定数值范围内移动。

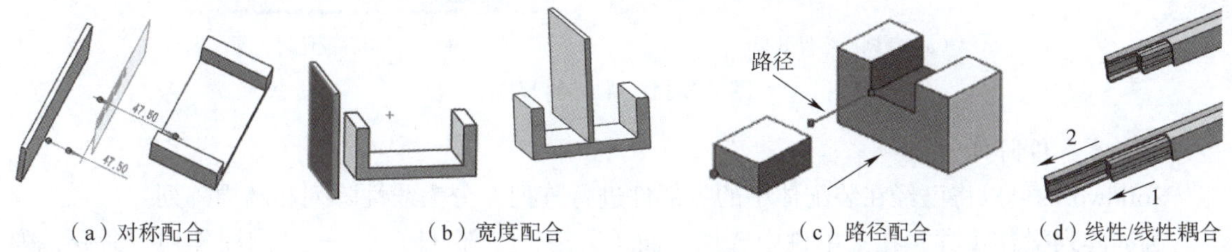

（a）对称配合　（b）宽度配合　（c）路径配合　（d）线性/线性耦合

图 4.3.9　高级配合

（3）机械配合

机械配合包括6种机械零部件装配的配合类型，凸轮配合如图4.3.10（a）所示，铰链配合如图4.3.10（b）所示，齿轮配合如图4.3.10（c）所示，齿条小齿轮配合如图4.3.10（d）所示，螺旋配合如图4.3.10（e）所示，万向节配合如图4.3.10（f）所示。

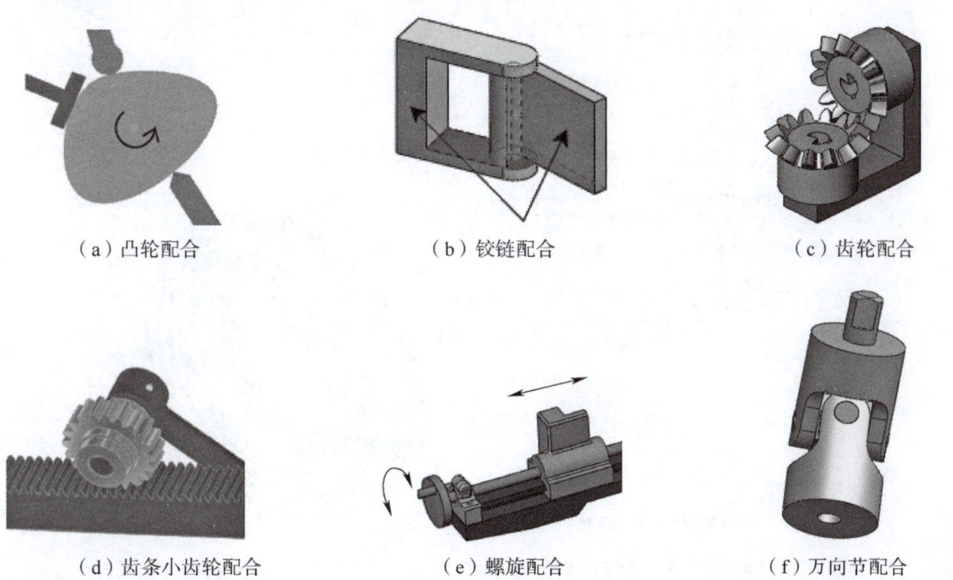
（a）凸轮配合　（b）铰链配合　（c）齿轮配合

（d）齿条小齿轮配合　（e）螺旋配合　（f）万向节配合

图 4.3.10　机械配合

4. 装配体中零件操作

（1）零部件复制

Solidworks可以将已经在装配体中的零部件进行复制。

操作步骤：按住【Ctrl】键，在设计树中选择要进行复制的对象零部件，然后将其拖动到图形显示区合适的位置，复制后如图4.3.11（a）所示。复制后的设计树如图4.3.11（b）所示。

（a）复制后零件效果

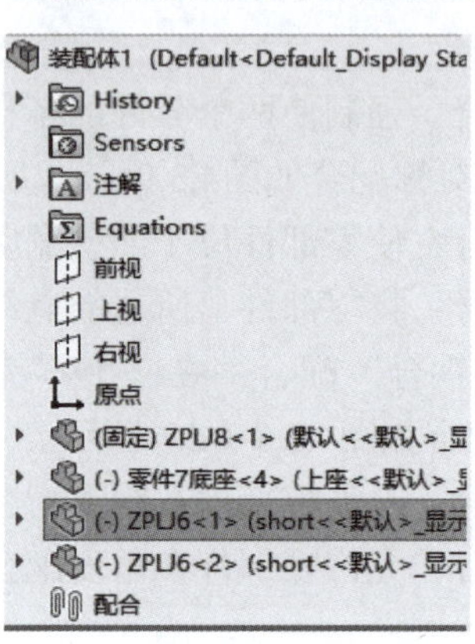

（b）复制后设计树

图 4.3.11　零部件复制

（2）零部件阵列

Solidworks可以将已经在装配体中的零部件进行阵列，分为线性阵列和圆周阵列。

圆周阵列操作步骤：在菜单栏中选择“插入”→“零部件阵列”→“圆周阵列”命令，弹出“圆周阵列”属性管理器，确定阵列方向，如图4.3.12（a）所示。在图形显示区选择基准轴为参考方向，阵列特征为球，确定“角度”和“实例数”分别为“30.00度”和“12”，单击“确定”按钮，完成圆周阵列操作，如图4.3.12（b）所示。

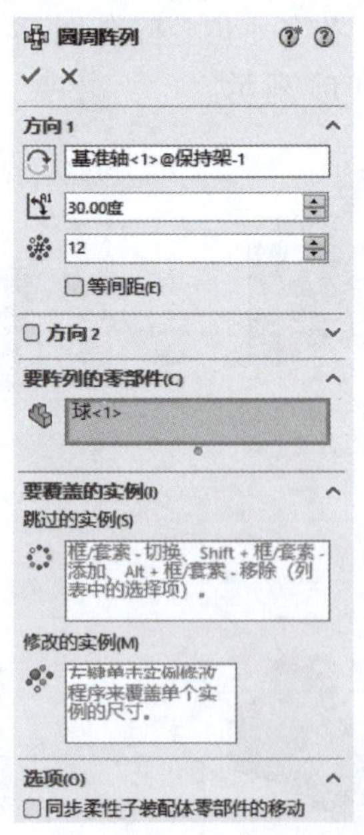

（a）圆周阵列属性管理器

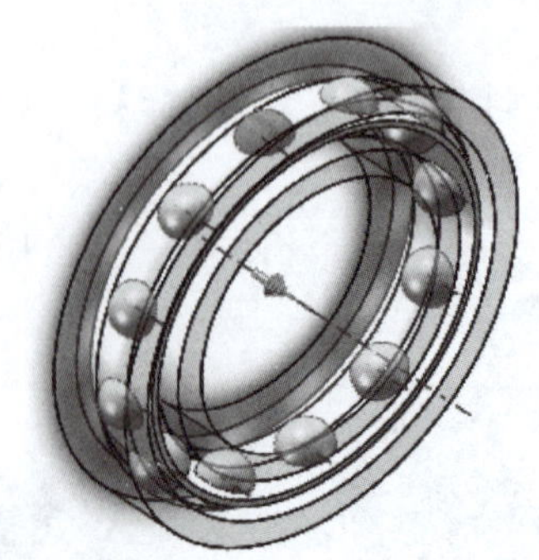

（b）阵列后滚动轴承

图 4.3.12　圆周阵列

（3）零部件镜像

Solidworks可以将已经在装配体中的零部件进行镜像复制。

操作步骤：在菜单栏中选择“插入”→“镜像零部件”命令，弹出“镜像零部件”属性管理器，如图4.3.13（a）所示；选择镜像基准面，在图形显示区或者设计树中选取要镜像的零部件，单击“确定”按钮，完成零部件镜像操作，镜像后的螺钉如图4.3.13（b）所示。

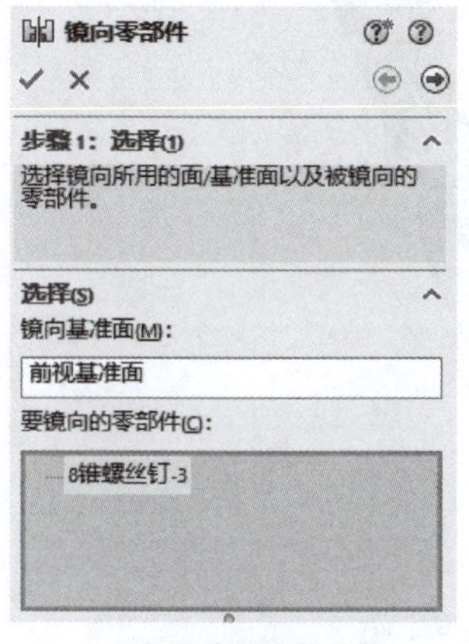

（a）镜像属性管理器

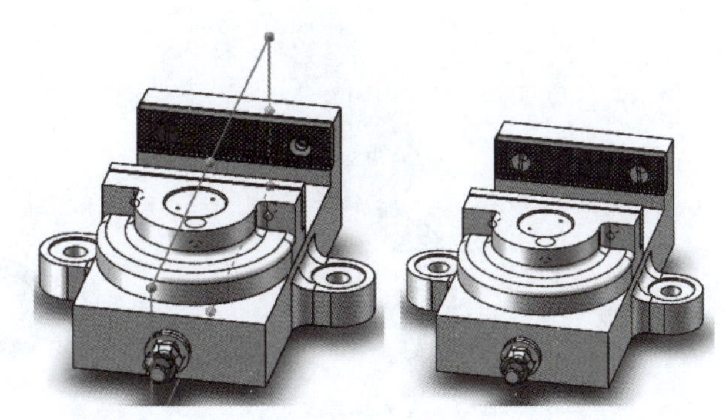

（b）镜像后螺钉

图 4.3.13 镜像复制

5. 装配体干涉检查

装配体干涉检查操作步骤：①在菜单栏中选择“工具”→“评估”→“干涉检查”命令，弹出“干涉检查”属性管理器，如图4.3.14（a）所示；②勾选“视重合为干涉”“显示忽略的干涉”“使干涉零件透明”复选框，单击“计算”按钮，如图4.3.14（b）所示；③干涉检查结果出现在“结果”选项组中，选项组中显示干涉类型、干涉数量、干涉零件等信息。如图4.3.14（c）所示。

（a）“干涉检查”属性管理器

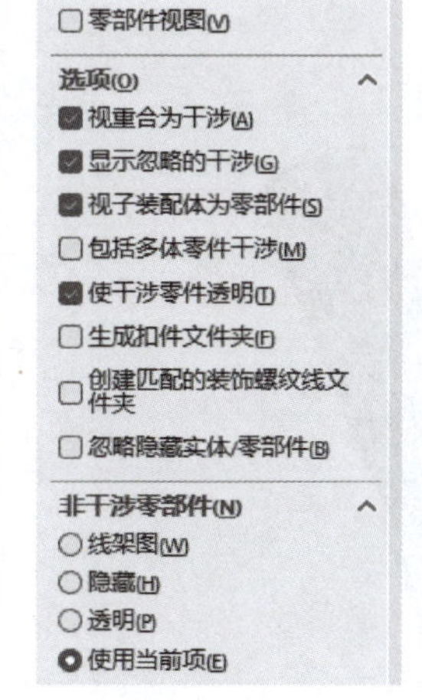

（b）装配体检查

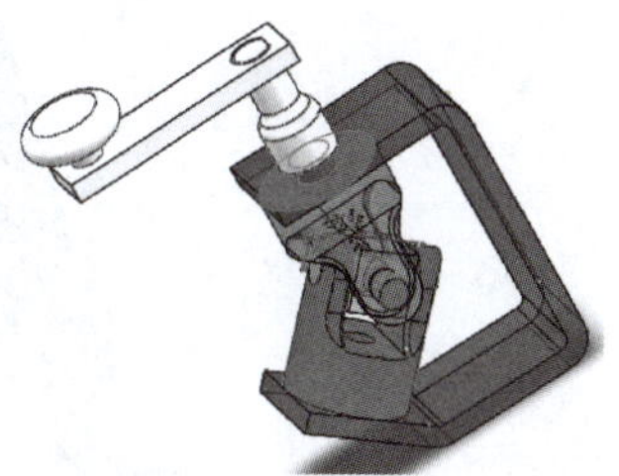

（c）干涉检查结果

图 4.3.14 装配体干涉检查

6. 爆炸视图

为了在制造、销售和维修中直观地检查分析各个零部件之间的关系，装配体中的爆炸视图将装配体中各零部件按照配合条件来产生爆炸视图，从而使各个零部件从装配体中分离出来。

（1）创建爆炸视图

爆炸前视图如图4.3.15（a）所示，爆炸后视图如图4.3.15（b）所示。

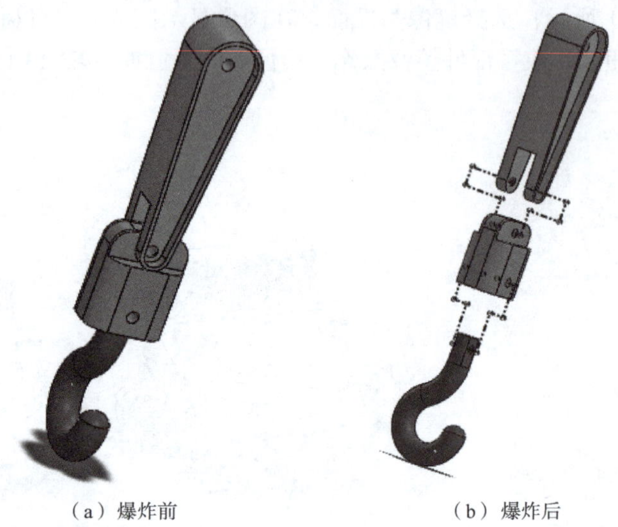

（a）爆炸前　　　　（b）爆炸后

图 4.3.15　爆炸视图

步骤一：打开配置文件“吊钩.SLDAM”，如图4.3.16（a）所示。

步骤二：在菜单栏中选择“插入”→“爆炸视图”命令，或在“装配体”工具栏中单击“爆炸视图”按钮，系统弹出“爆炸”属性管理器，如图4.3.16（b）所示。

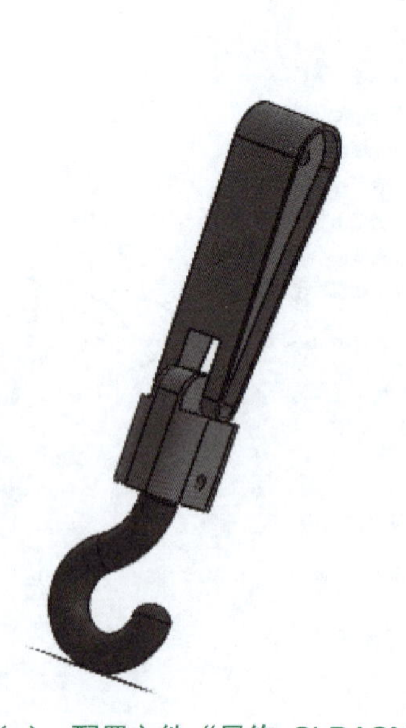

图 4.3.16（a）　配置文件“吊钩 .SLDASM”

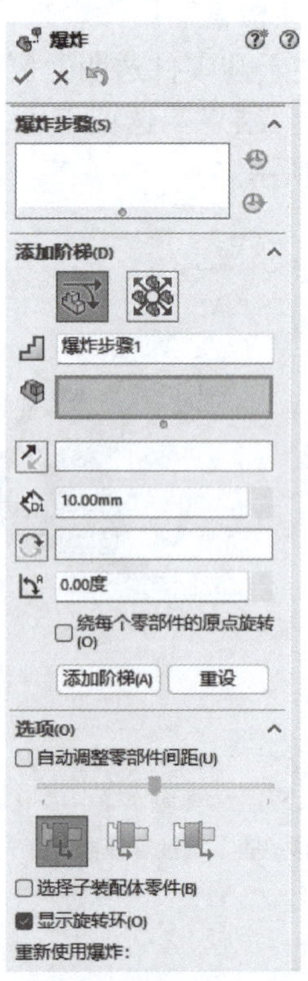

图 4.3.16（b）　“爆炸”属性管理器

步骤三：定义需要爆炸的零部件，确定爆炸步骤类型。在“设定”选项组的“爆炸步骤”列表框中，单击需要爆炸的零部件，此时所选零部件高亮显示，并出现一个移动坐标，如图4.3.17所示。

步骤四：确定爆炸方向。选择一个坐标轴确定爆炸方向，并且可以定义坐标轴的正反向。

步骤五：定义爆炸距离。在“设定”选项组中的“爆炸距离”文本框输入需要定义的值，或拖动至合适区域，如图4.3.18所示。

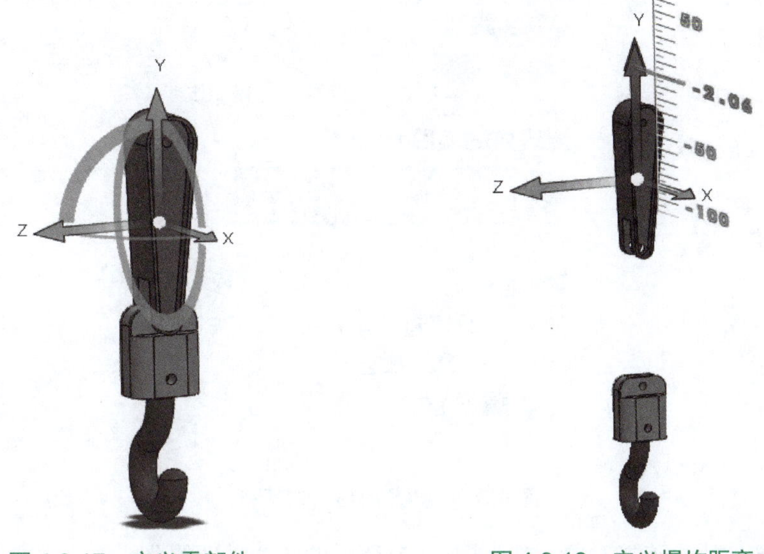

图 4.3.17　定义零部件　　　图 4.3.18　定义爆炸距离

步骤六：储存爆炸步骤1。在“设定”选项组中，单击“反向”按钮，调整爆炸视图，然后单击“应用”按钮预览第一个爆炸视图，单击“完成”按钮，第一个爆炸视图创建完成，并且“爆炸步骤”选项组中出现“爆炸步骤1”或“链1”，如图4.3.19所示。

步骤七：重复生成“爆炸视图1”步骤，将其他所需零部件爆炸，最终完成爆炸视图。

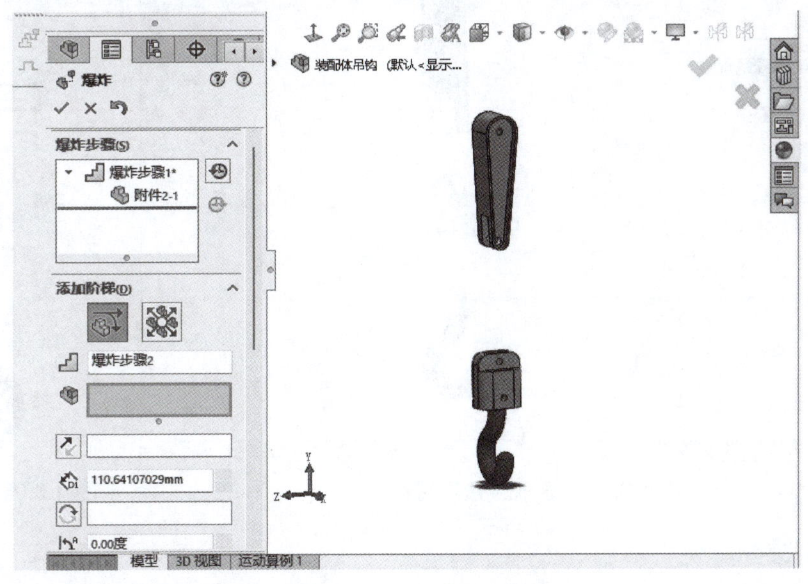

图 4.3.19　确定爆炸步骤

（2）创建步路线

为了更好地显示爆炸视图各部件之间的路径和配合关系，需要添加或编辑显示爆炸的零部件之间几何关系的3D草图。

步骤一：选择命令。在菜单栏中选择“插入”→“爆炸直线草图”命令，或单击“装配体”工具栏上的“爆炸视图”→“爆炸直线草图”按钮，系统弹出“步路线”对话框，如图4.3.20所示。

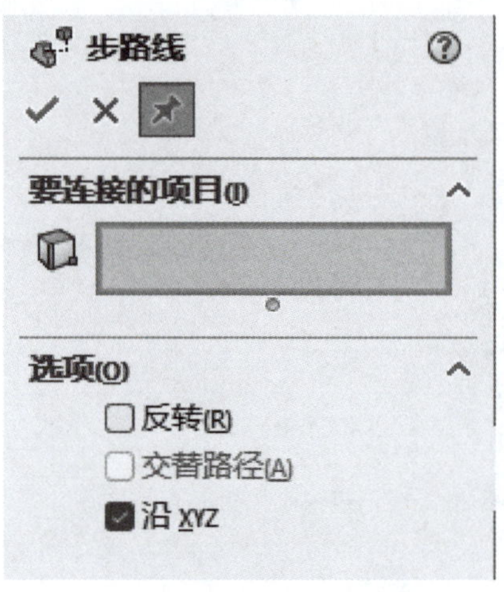

图 4.3.20 “步路线”对话框

步骤二：选取所需连接对象。选择图4.3.21所示的两个零件的孔。

步骤三：根据配合关系将所有零部件添加步路线，如图4.3.22所示。

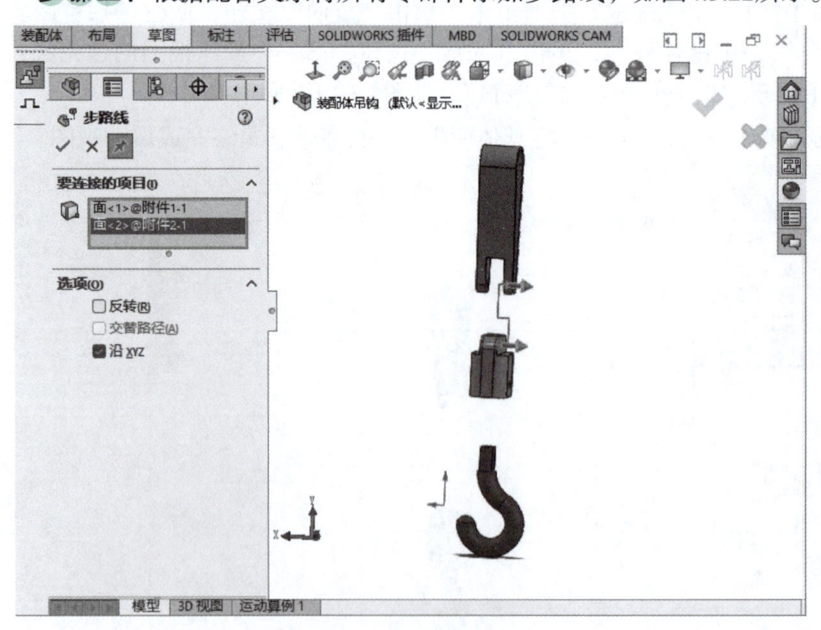

图 4.3.21 选取连接项目

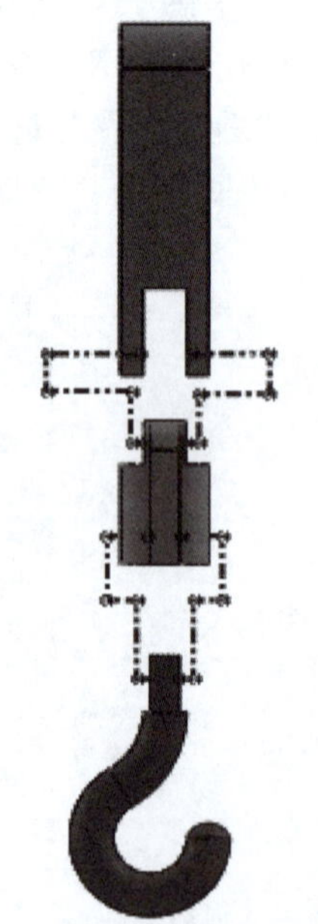

图 4.3.22 完成步路线

二、吊钩装配案例

吊钩装配图如图4.3.23所示，吊钩任务表见表4.3.2。

图 4.3.23　吊钩装配图

表 4.3.2　吊钩任务表

附页一
零件一：diaogou_1 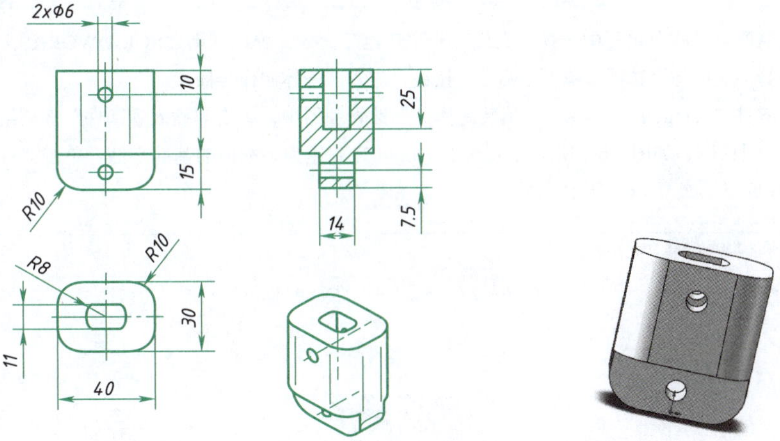
零件二：diaogou_2 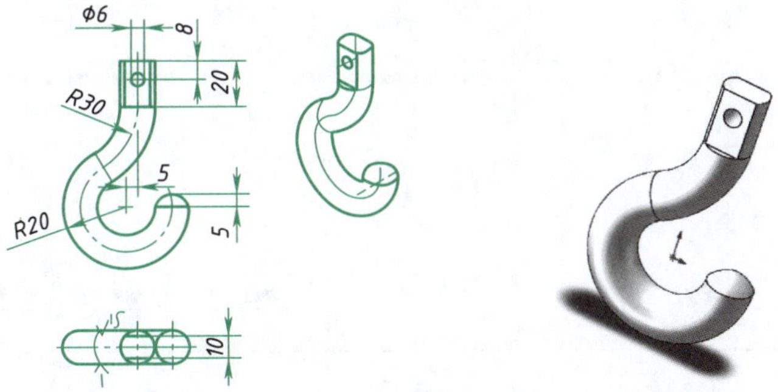

续上表

零件三：diaogou_3

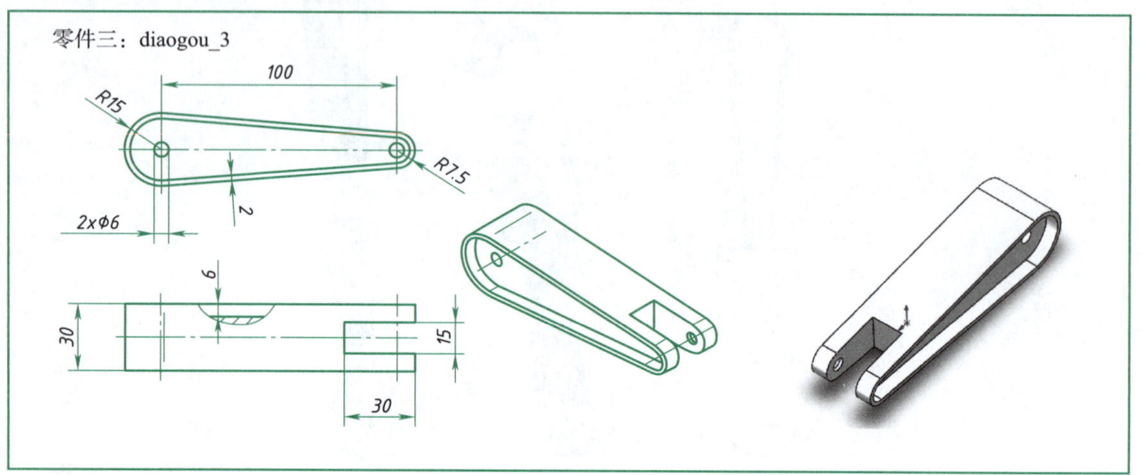

零件建模过程此处不作介绍，具体装配过程如下：

边学边练：

班级		姓名		成绩	
装配步骤					

步骤一：新建装配体。在菜单栏中选择“文件”→“新建”命令，弹出“新建SOLIDWORKS文件”对话框，如图（a）所示。选择“装配体”选项，单击“确定”按钮，进入装配体制作界面。

步骤二：插入零件“diaogou_1”。在“开始装配体”属性管理器中，单击“插入零部件”选项组中的“浏览”按钮，弹出“打开”对话框，如图（b）所示。选择“diaogou_1”作为装配体的基准零件，单击“打开”按钮，默认零件直接固定放在原点，如图（c）所示。

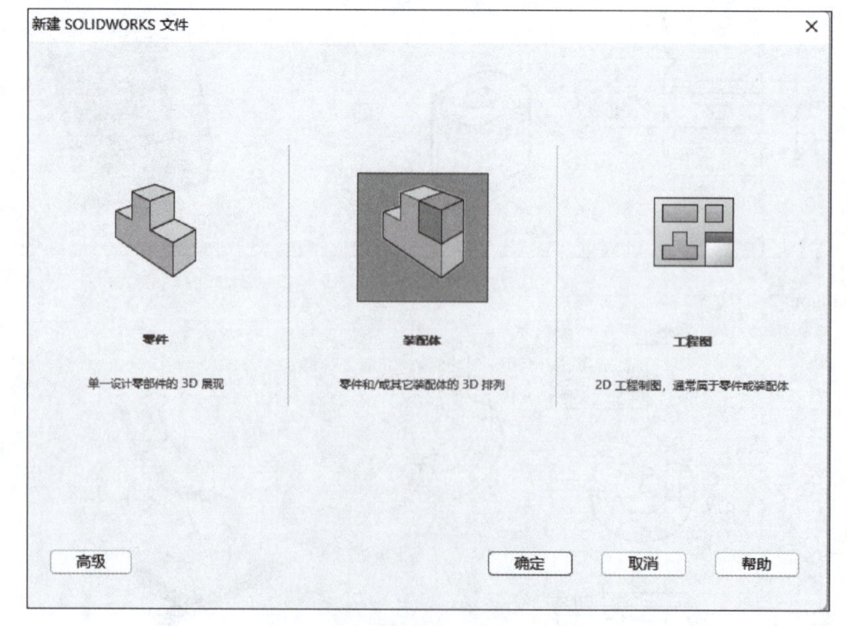

图（a）

续上表

图（b）

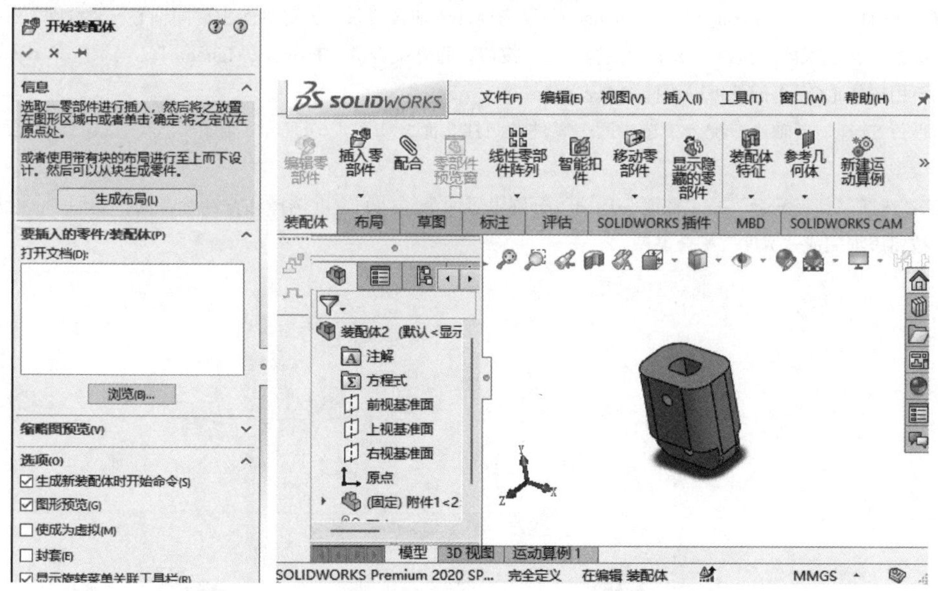

图（c）

步骤三：插入零件“diaogou_2”。单击“插入零部件”选项组中的“浏览”按钮，弹出“打开”对话框，选择零件“diaogou_2”，在绘图区单击要放置的位置即可，如图（d）所示，如果位置不合适，可以按住左键拖住进行移动，按住右键拖住进行旋转，也可以单击右键出现“三重轴移动”对其进行移动或转动，如图（e）所示。

步骤四：暂存装配体文件。文件保存到文件夹，并命名为“吊钩”，文件夹中包括已经建好的三个零件。装配图命名为“diaogou”，文件的扩展名为“*.sldasm”，装配体即“diaogou.sldasm”。

续上表

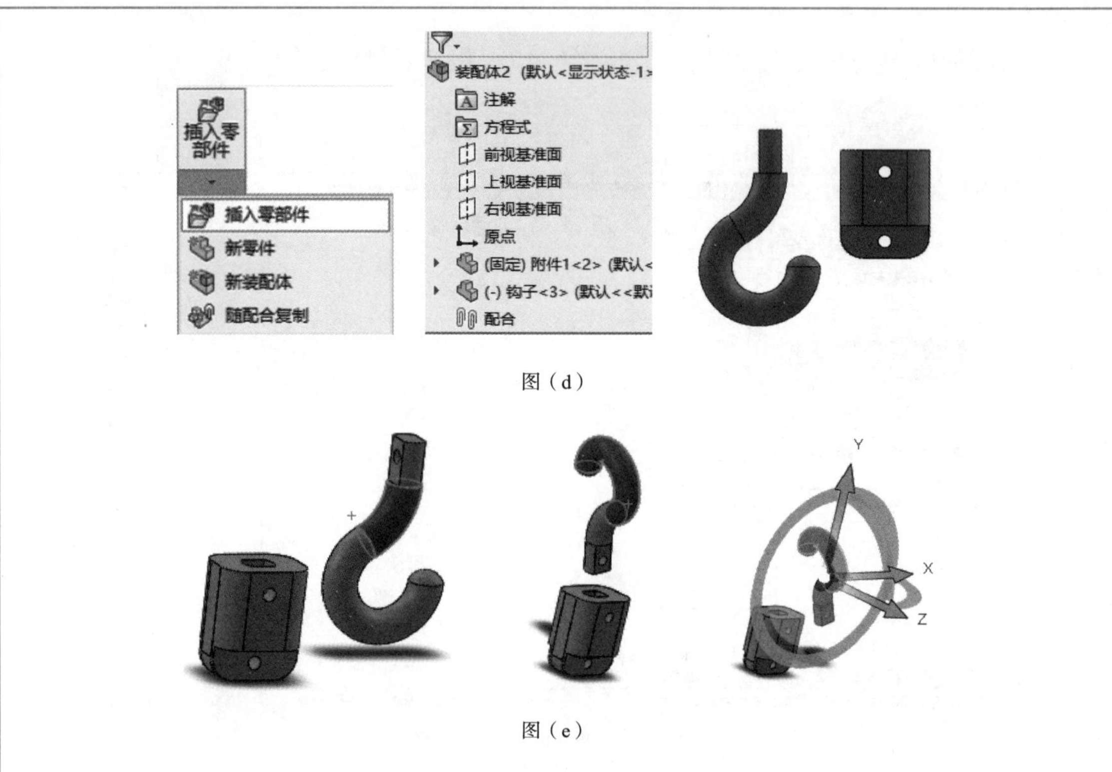

图（d）

图（e）

步骤五：添加配合。“diaogou_2”和“diaogou_1”需要加入配合关系，这里将使用“同轴心”、“宽度”和“角度”三个配合关系。在装配体工具栏中单击“配合”按钮，打开配合的“PropertyManager”。当“PropertyManager”打开时，不用按住【Ctrl】键就可以选择多个表面。

“同轴心”：选择“同轴心”配合，选择两个零件的圆柱孔面，如图（f）所示，单击“√”按钮添加完成“同轴心”配合类型。

“宽度”：选择“高级配合”→“宽度”选项，分别设置两个零件的宽度选择和宽度参考面，如图（g）所示，单击“√”按钮添加完成“宽度”配合类型。

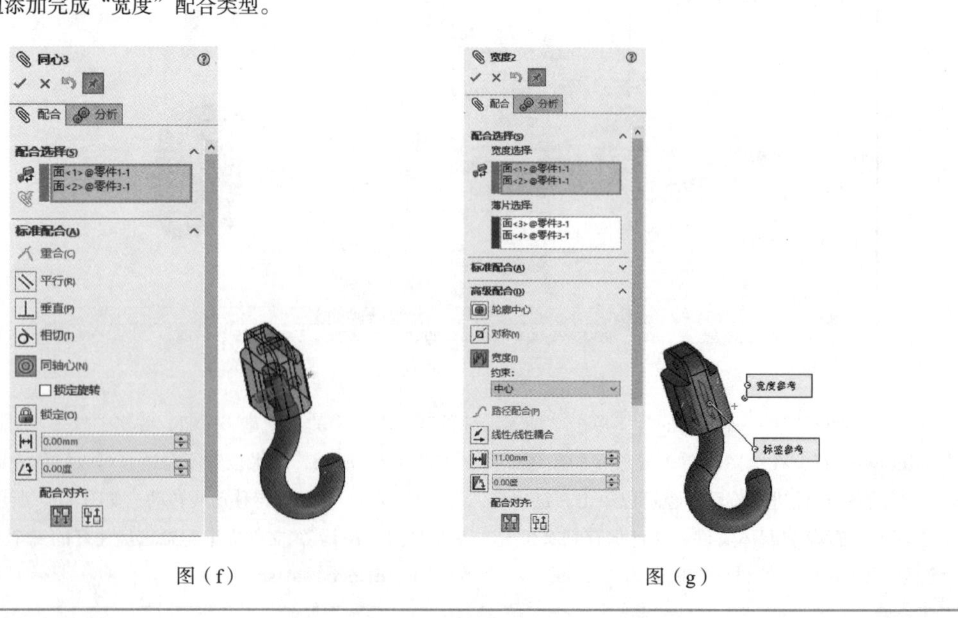

图（f）　　图（g）

续上表

“角度”：选择“高级配合”→“角度”选项，分别选择两个零件的圆弧面，添加角度范围“170.00度”和“190.00度”，如图（h）所示，单击“√”按钮添加完成“角度”配合类型。

单击配合文件下拉列表将显示三种配合关系，可以右键单击“编辑特征”重新编辑状态，也可以删除等。

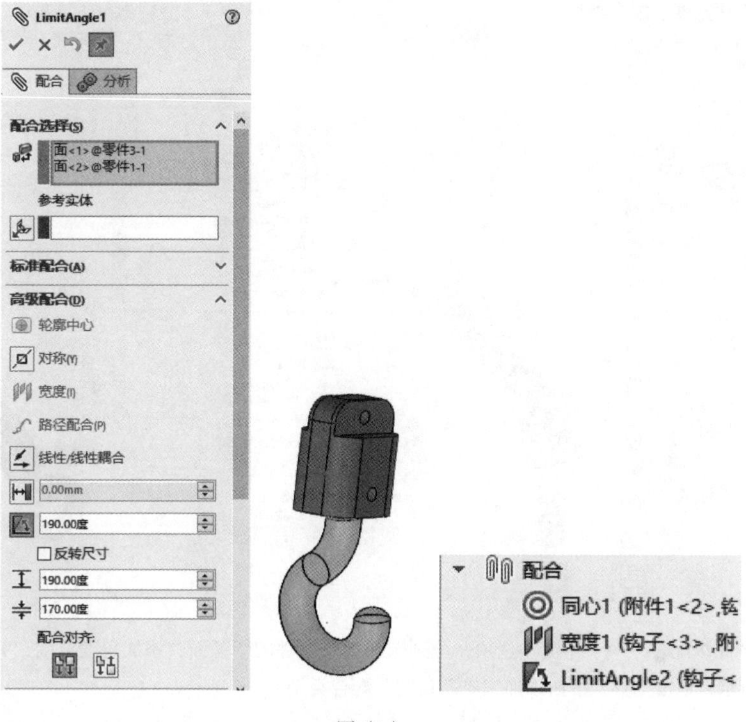

图（h）

步骤六：插入零件“diaogou_3”。单击“插入零部件”选项组中的“浏览”按钮，弹出“打开”对话框，选择零件“diaogou_3”，在绘图区单击要放置位置即可，如图（i）所示。

图（i）

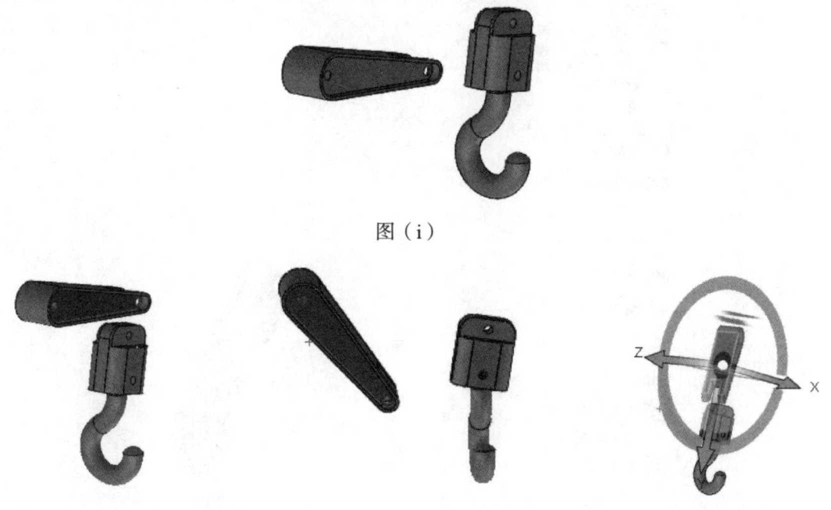

图（j）

步骤七：添加配合。“diaogou_3”和“diaogou_1”需要加入配合关系，这里将使用“同轴心”、“宽度”和“角度”三个配合关系。

续上表

“同轴心”：选择“同轴心”配合，选择两个零件的圆柱孔面，如图（k）所示，单击“√”按钮添加完成“同轴心”配合类型。

“宽度”：选择“高级配合”→“宽度”选项，分别设置两个零件的宽度选择和宽度参考面，如图（l）所示，单击“√”按钮添加完成“宽度”配合类型。

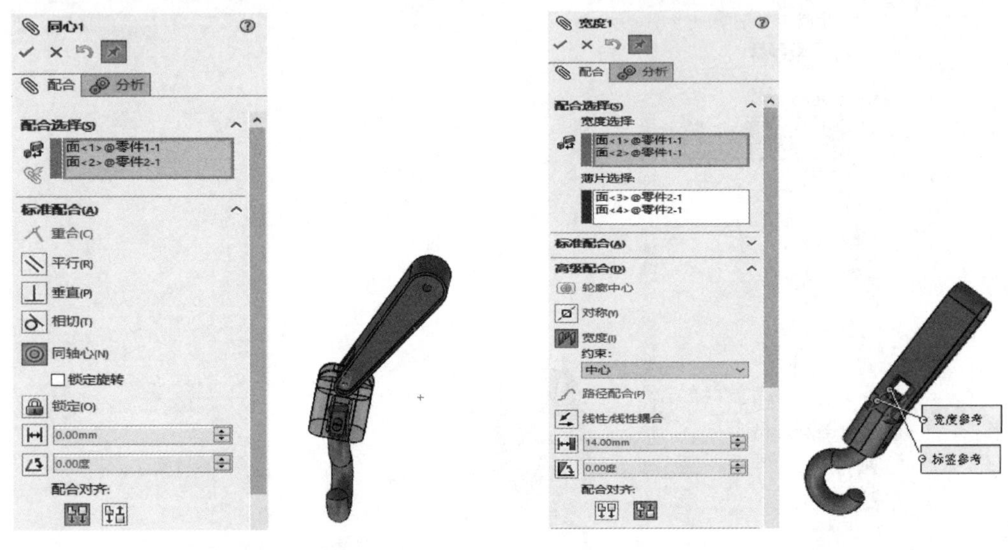

图（k） 图（l）

“角度”：选择“高级配合”→“角度”选项，分别选择两个零件的圆弧面，添加角度范围“0.00度”和“180.00度”，如图（m）所示，单击“√”按钮添加完成“角度”配合类型。

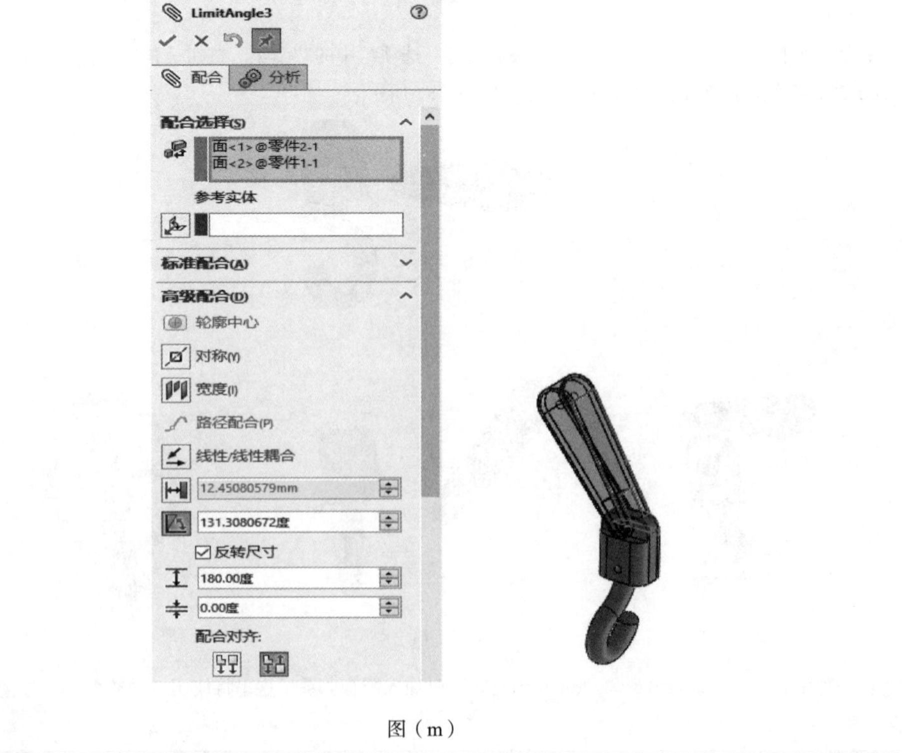

图（m）

续上表

<table>
<tr><td>步骤八：创建爆炸视图。单击“爆炸视图”按钮，添加爆炸步骤，编辑爆炸线，得到爆炸视图，爆炸前视图和爆炸后视图分别如图（n）和图（o）所示。
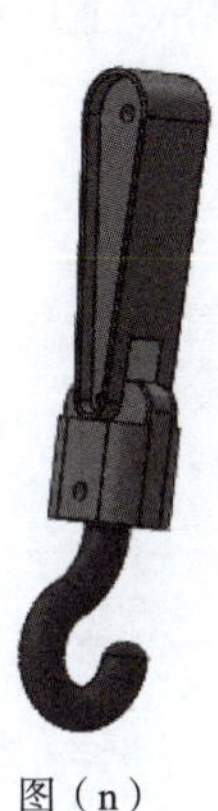
图（n）
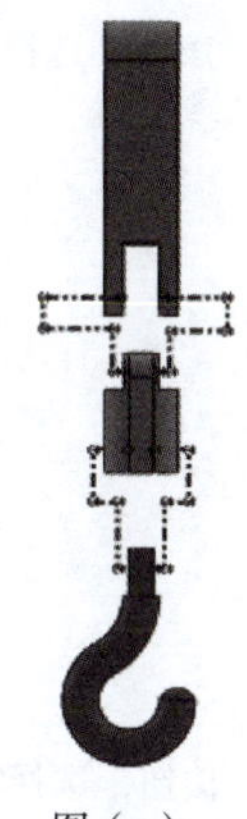
图（o）
步骤九：保存文件</td></tr>
</table>

 任务实施

任务实施见表4.3.3～表4.3.5。

表 4.3.3　子任务一

<table>
<tr><th>姓名</th><th></th><th>班级</th><th></th><th>成绩</th><th></th></tr>
<tr><td colspan="2">任务目标</td><td colspan="4">（1）掌握装配特征的概念与装配特征的创建方法；
（2）掌握装配特征的类型及参数；
（3）能够准确分析装配关系，灵活运用装配特征建立三维装配模型</td></tr>
<tr><td colspan="2">操作要求</td><td colspan="4">（1）绘制任务装配特征；
（2）保存文件；
（3）提交源文件</td></tr>
<tr><td colspan="2">子任务一</td><td colspan="4">装配体铰链如图（a）所示
图（a）</td></tr>
</table>

续上表

实施步骤
步骤一：创建装配体文件夹，文件名为“hinge”。 步骤二：单击“插入零部件”按钮，选择零件“hinge1”，如图（b）所示，直接单击“√”按钮，默认为装配约束。  图（b） 步骤三：单击“插入零部件”按钮，选择零件“hinge2”，添加“同心”、“重合”和“平行”约束关系，约束添加分别如图（c）～图（e）所示。 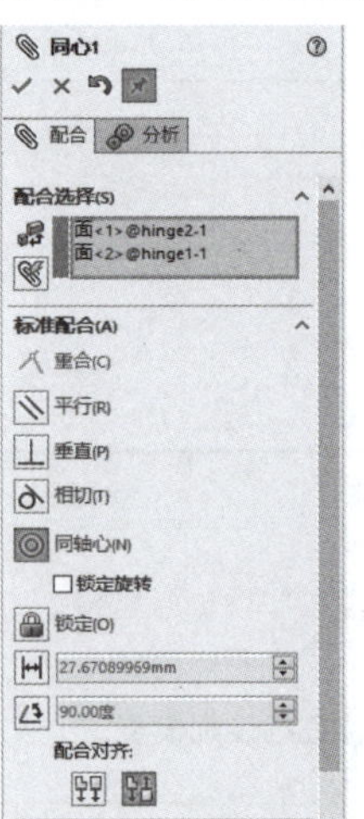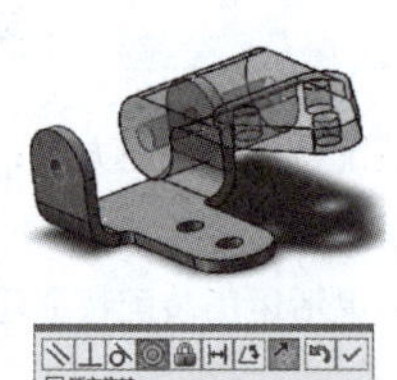 图（c） 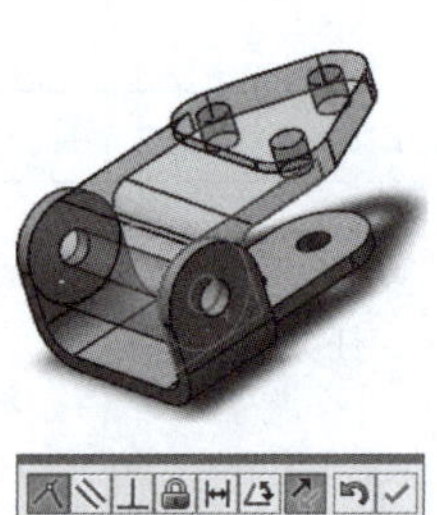 图（d） 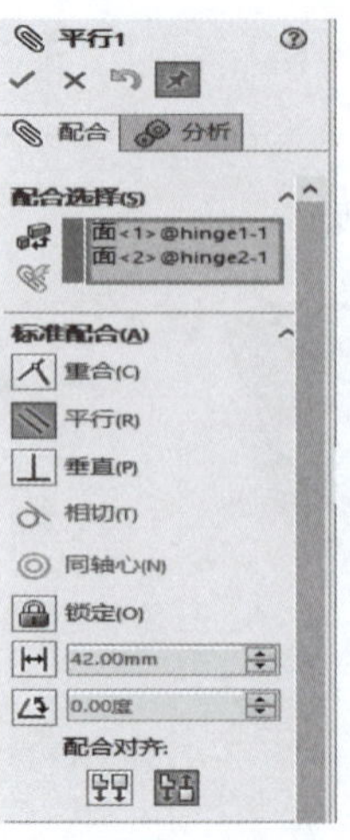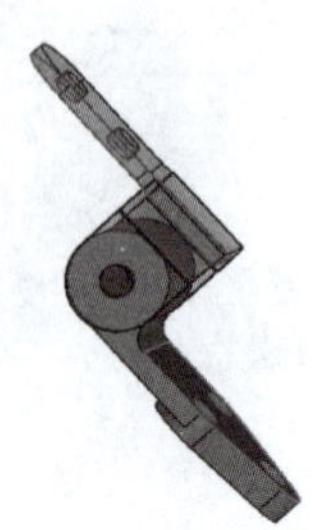 图（e）

续上表

步骤四：单击“插入零部件”按钮，选择零件“bolt”，添加“同心”、“重合”约束关系，约束添加分别如图（f）和（g）所示。

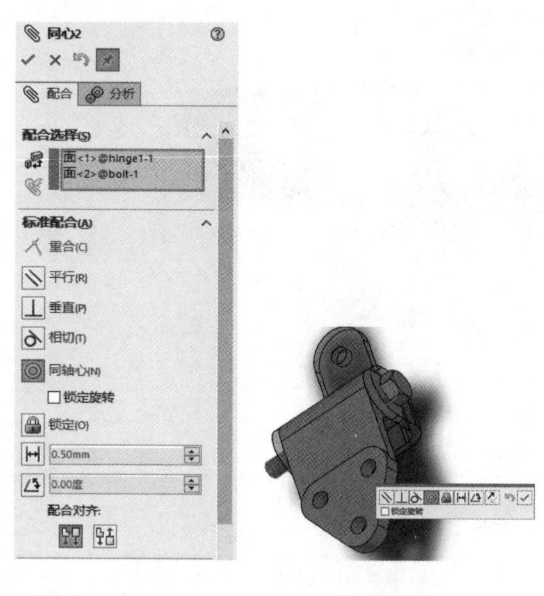

图（f）

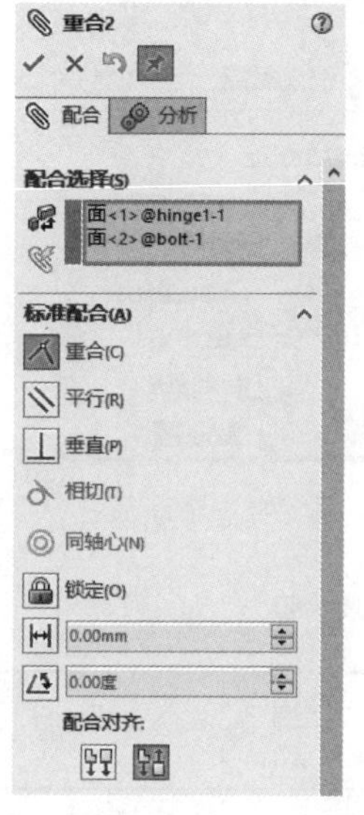

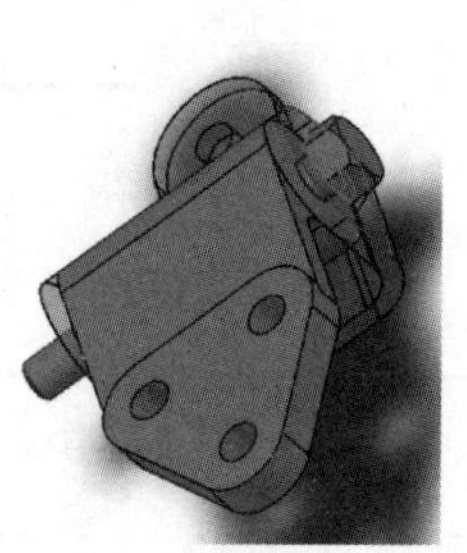

图（g）

步骤五：单击“插入零部件”按钮，选择零件“nut”，添加“同心”、“重合”约束关系，约束添加分别如图（h）和（i）所示。

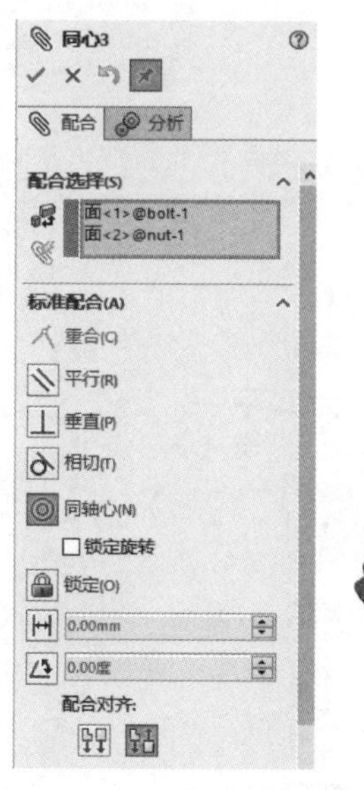

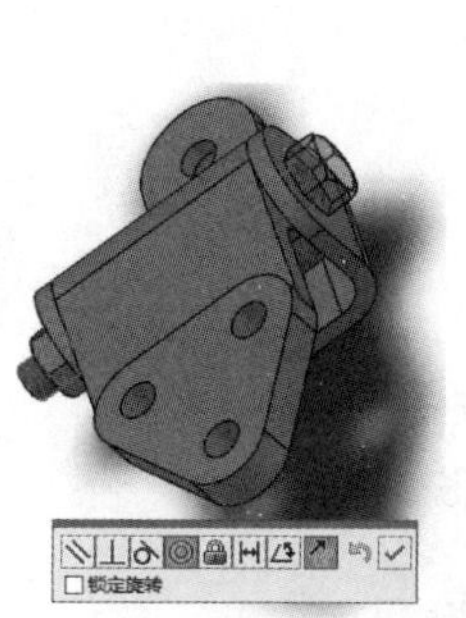

图（h）

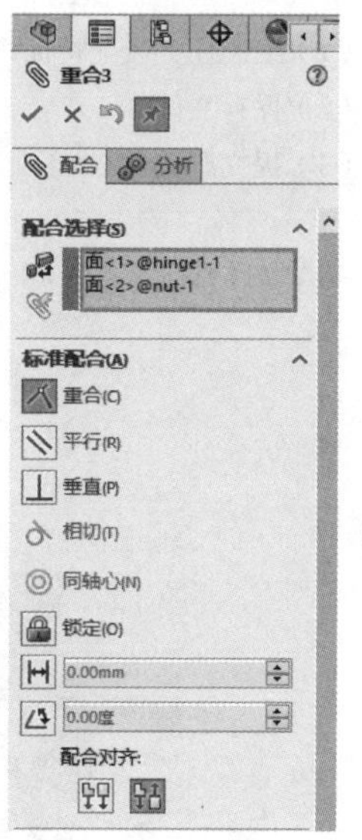

图（i）

步骤六：单击“爆炸视图”按钮，添加爆炸步骤，编辑爆炸线，得到爆炸视图，如图（j）所示。

续上表

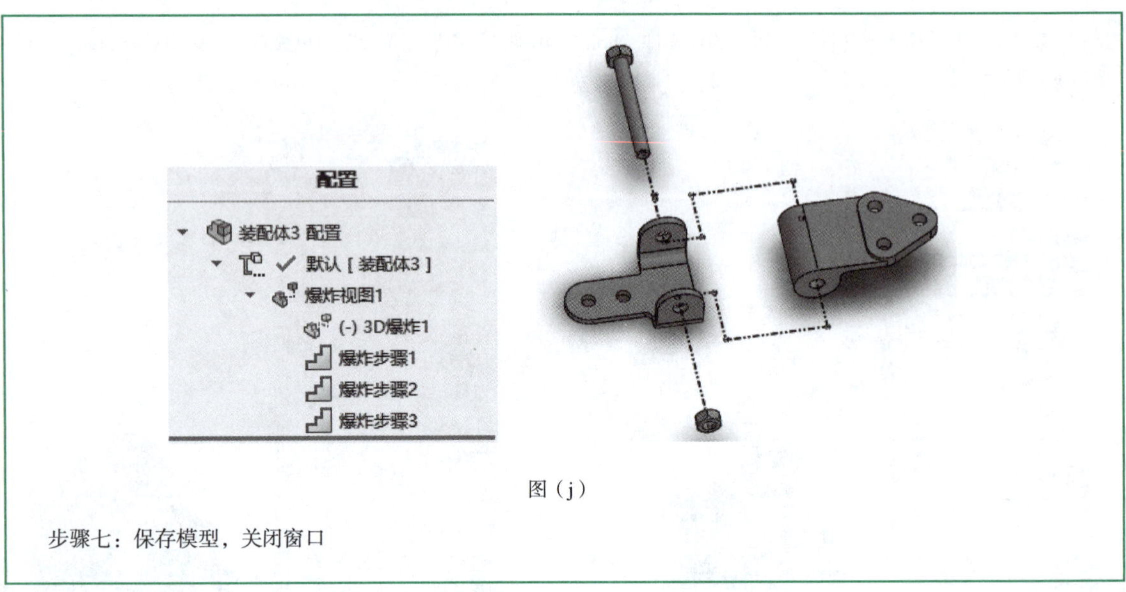

图（j）

步骤七：保存模型，关闭窗口

表 4.3.4　子任务二

<table>
<tr><th>姓名</th><th></th><th>班级</th><th></th><th>成绩</th><th></th></tr>
<tr><td colspan="2">任务目标</td><td colspan="4">（1）掌握装配特征的概念与装配特征的创建方法；
（2）掌握装配特征的类型及参数；
（3）能够准确分析装配关系，灵活运用装配特征建立三维装配模型</td></tr>
<tr><td colspan="2">操作要求</td><td colspan="4">（1）绘制任务装配特征；
（2）保存文件；
（3）提交源文件</td></tr>
<tr><td colspan="2">子任务二</td><td colspan="4">装配体千斤顶如图（a）所示
图（a）</td></tr>
</table>

续上表

实施步骤

步骤一：创建装配体文件夹，文件命名为“千斤顶”。

步骤二：单击“插入零部件”按钮，选择零件底座，直接单击“√”，默认为装配约束，如图（b）所示。

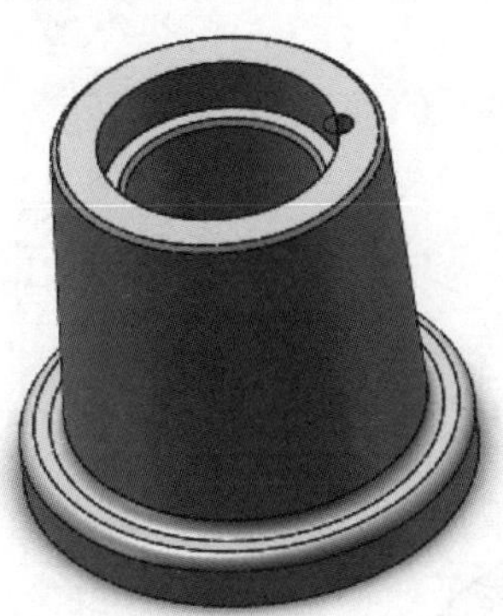

图（b）

步骤三：单击“插入零部件”按钮，选择零件螺套，添加“同心”和“重合”约束关系，如图（c）和图（d）所示。

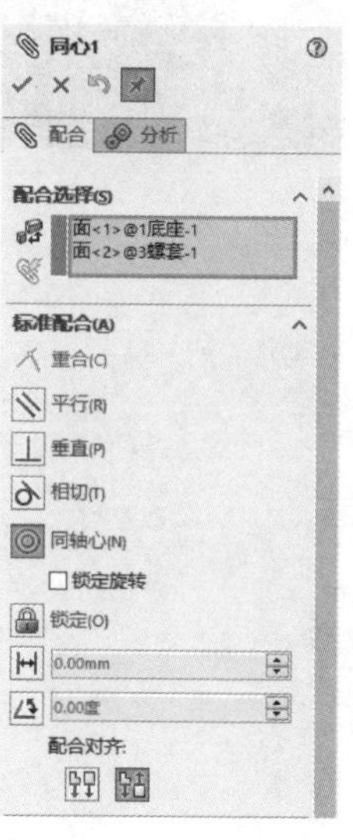

图（c）

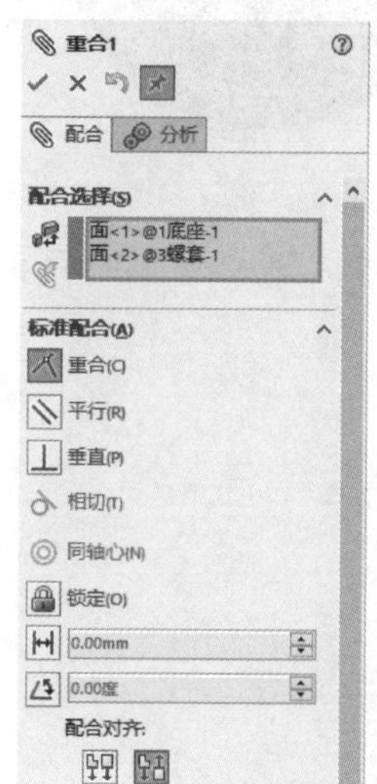

图（d）

步骤四：单击“异型孔向导”按钮，做配作孔，如图（e）所示。选择“同心”添加约束关系，如图（f）所示。

步骤五：单击“插入零部件”按钮，选择零件“螺钉M10×12”，添加“同心”和“重合”约束关系，如图（g）和（h）所示。

步骤六：单击“插入零部件”按钮，选择零件“螺杆”，添加“同心”和“距离”约束关系，如图（i）和（j）所示。

步骤七：单击“插入零部件”按钮，选择零件“顶垫”，添加“同心”和“相切”约束关系，如图（k）和（l）所示。

步骤八：单击“插入零部件”按钮，选择零件“M8×12”，添加“相切”和“同心”约束关系，如图（m）和（n）所示。

续上表

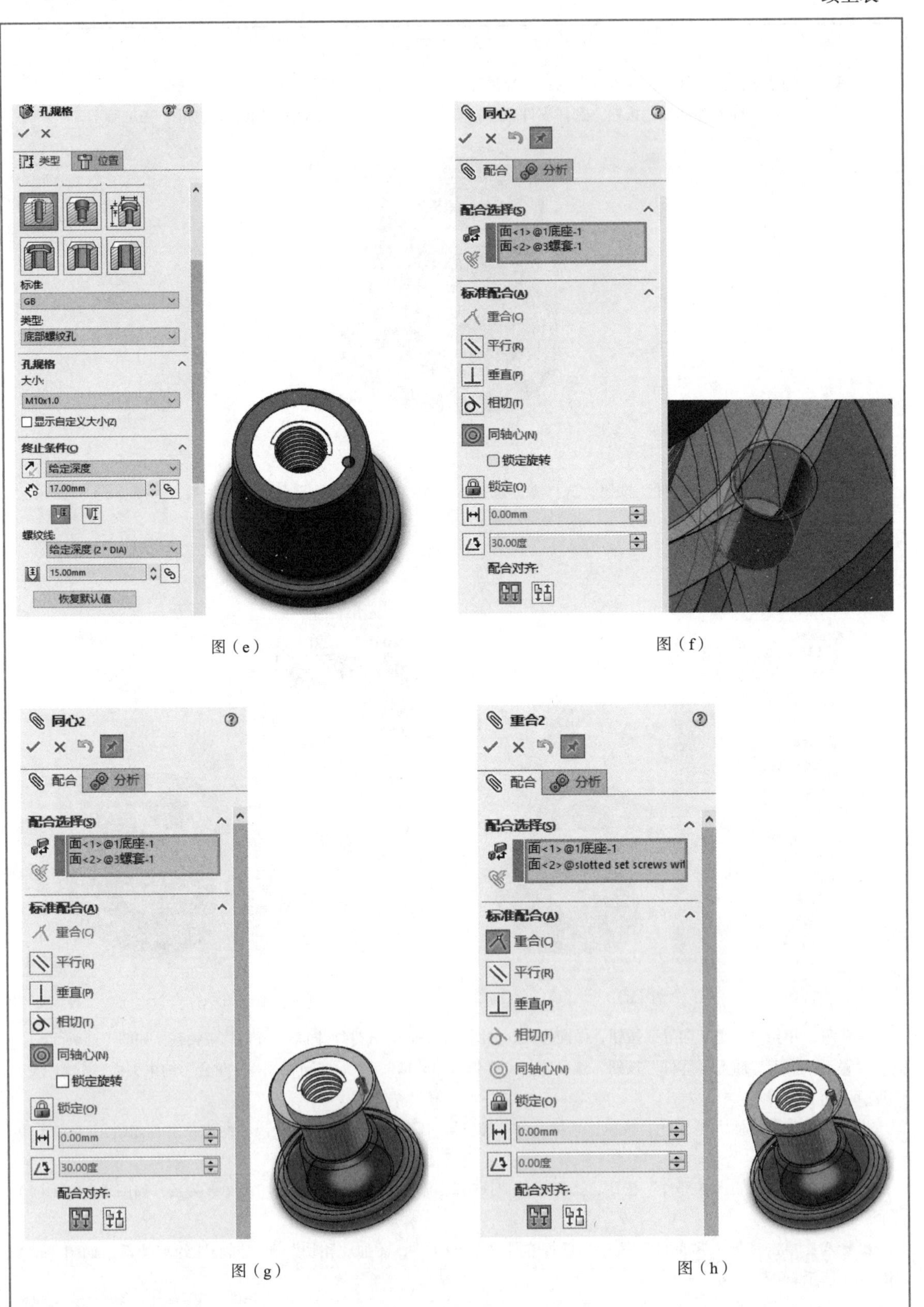

图（e）

图（f）

图（g）

图（h）

续上表

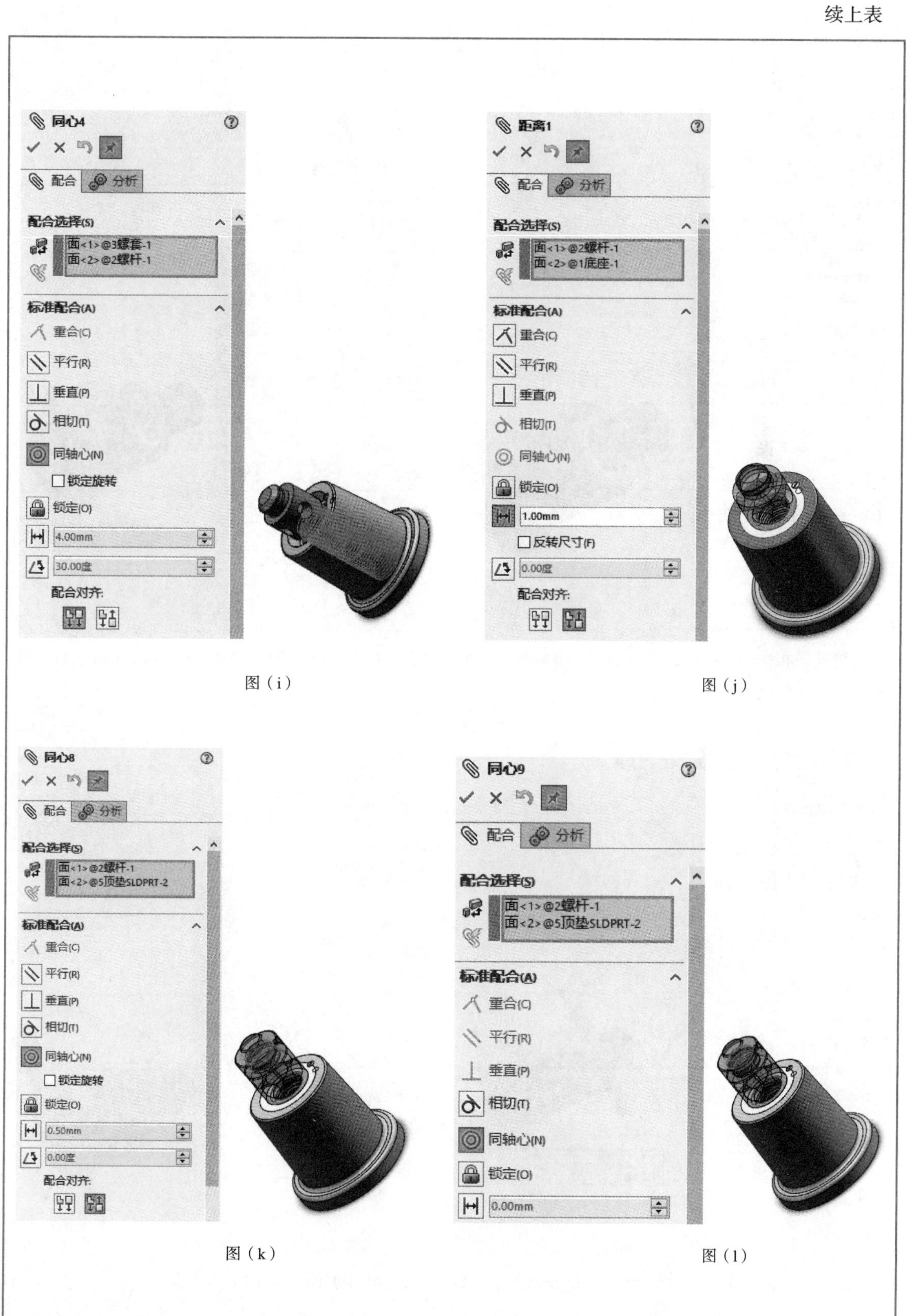

图（i）

图（j）

图（k）

图（l）

续上表

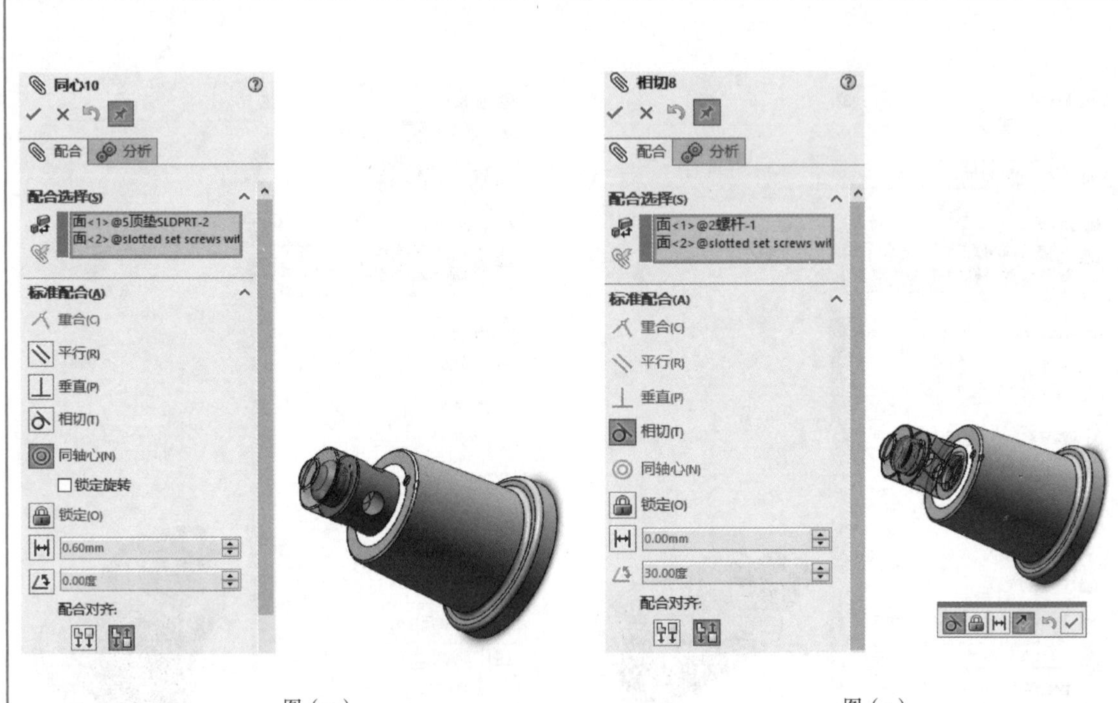

图（m）　　图（n）

步骤九：单击“插入零部件”按钮，选择零件“绞杠”，添加“同心”和“距离”约束关系，如图（o）和（p）所示。

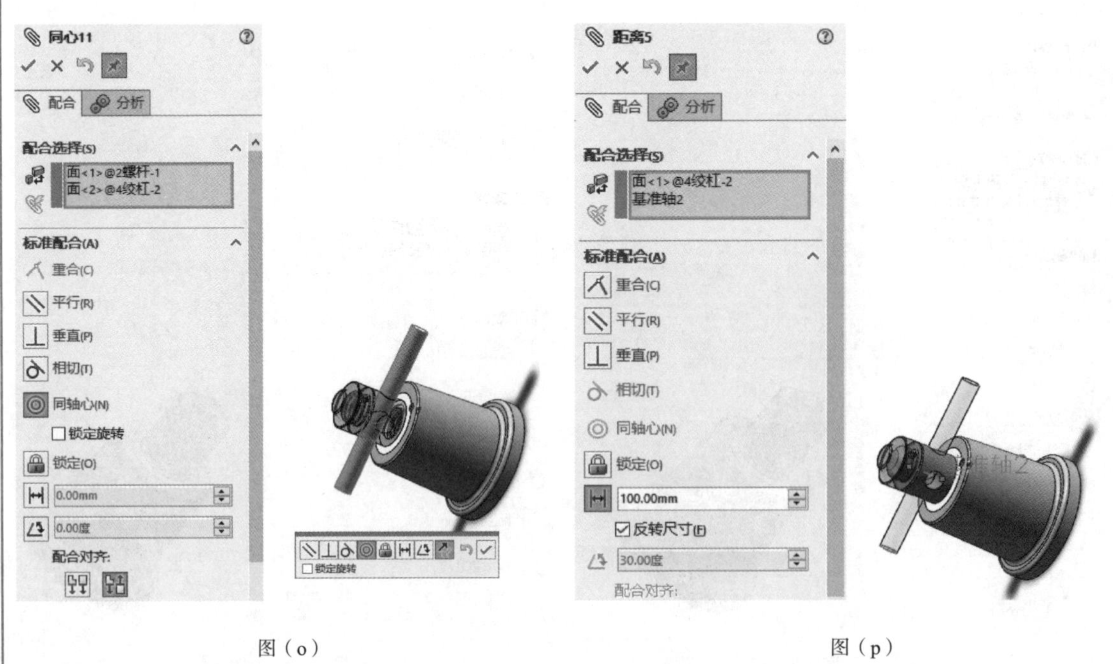

图（o）　　图（p）

步骤十：单击“爆炸视图”按钮，添加爆炸步骤，编辑爆炸线，得到爆炸视图如图（q）所示。

续上表

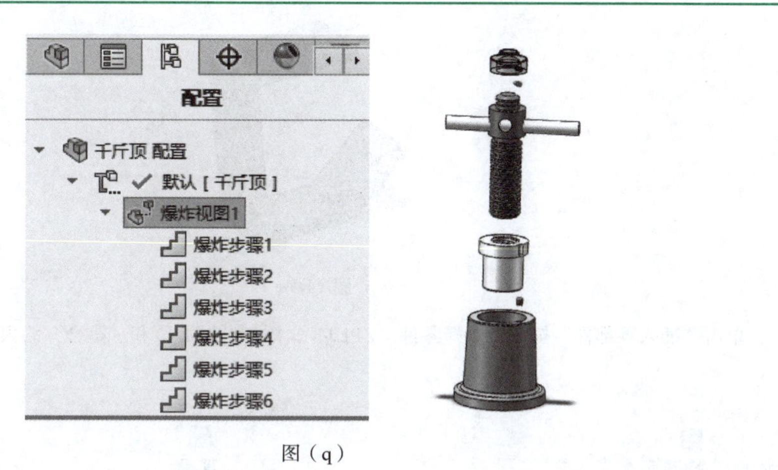

图（q）

步骤十一：保存模型，关闭窗口

表 4.3.5　子任务三

<table>
<tr><th>姓名</th><th></th><th>班级</th><th></th><th>成绩</th><th></th></tr>
<tr><td colspan="2">任务目标</td><td colspan="4">（1）掌握装配特征的概念与装配特征的创建方法；
（2）掌握装配特征的类型及参数；
（3）能够准确分析装配关系，灵活运用装配特征建立三维装配模型</td></tr>
<tr><td colspan="2">操作要求</td><td colspan="4">（1）绘制任务装配特征；
（2）保存文件；
（3）提交源文件</td></tr>
<tr><td colspan="2">子任务三</td><td colspan="4">装配体万向节如图（a）所示
图（a）</td></tr>
<tr><td colspan="6">实施步骤</td></tr>
<tr><td colspan="6">步骤一：创建装配体文件夹，文件命名为“ZPLJ-WXJ”。
步骤二：单击“插入零部件”按钮，选择零件“ZPLJ8”，直接单击“√”按钮，默认为装配约束，如图（b）所示。</td></tr>
</table>

续上表

图（b）

步骤三：单击“插入零部件”按钮，选择零件“ZPLJ4”，添加“同心”和“重合”约束关系，如图（c）和（d）所示。

图（c）

图（d）

步骤四：单击“插入零部件”按钮，选择零件“ZPLJ5”，添加“同心”、“宽度”约束关系，如图（e）和（f）所示。

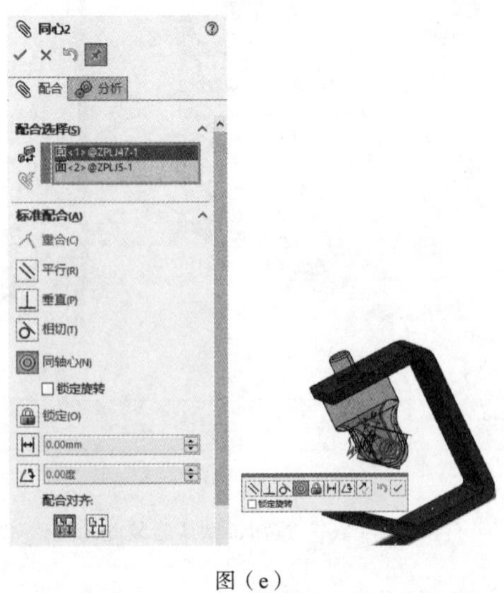

图（e）

图（f）

续上表

步骤五：单击“插入零部件”按钮，选择零件“ZPLJ7”，添加“同心”、“宽度”和“平行”约束关系，如图（g）~图（i）所示。

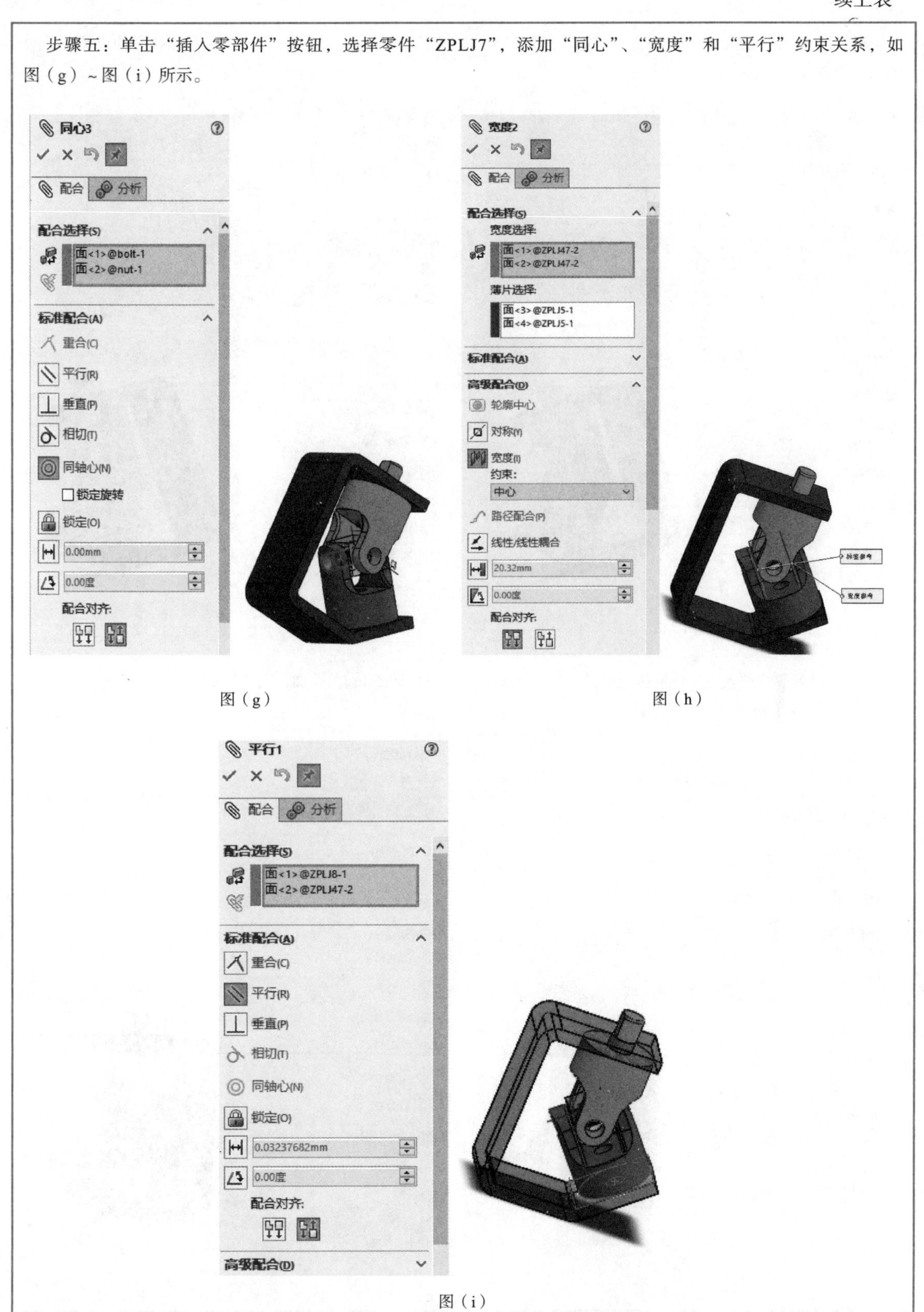

图（g）

图（h）

图（i）

续上表

步骤六：单击“插入零部件”按钮，选择零件“ZPLJ6”（长轴1.5 in），添加“同心”和“相切”约束关系，如图（j）和图（k）所示。

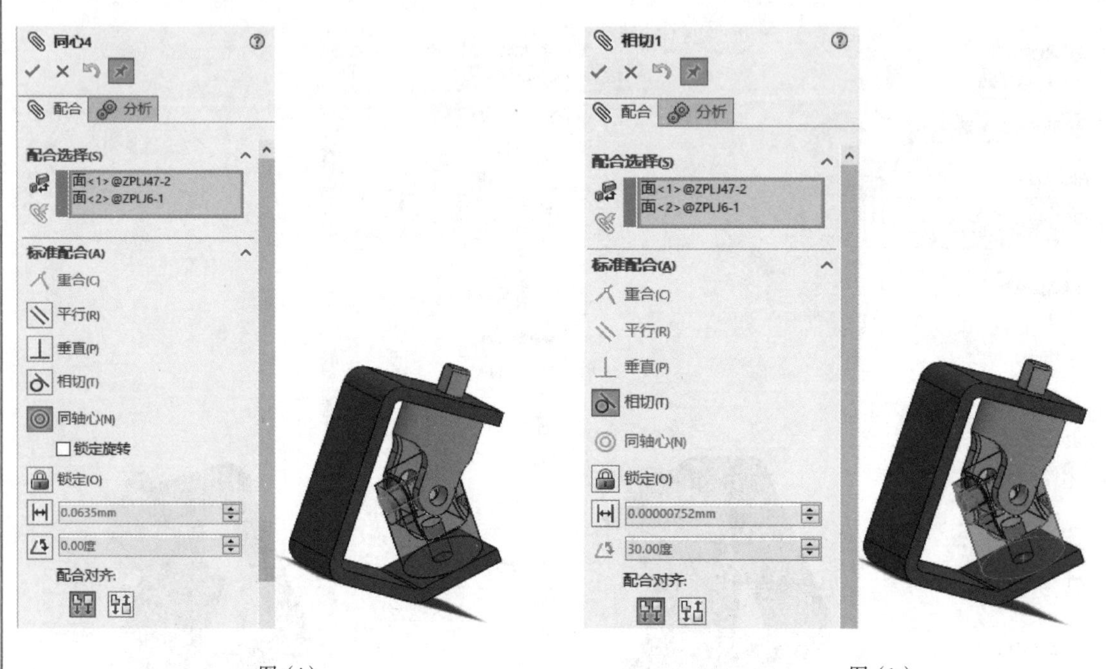

图（j）　　图（k）

步骤七：单击“插入零部件”按钮，选择零件“ZPLJ6”（短轴0.5 in），添加“同心”和“相切”约束关系，如图（l）～图（o）所示。

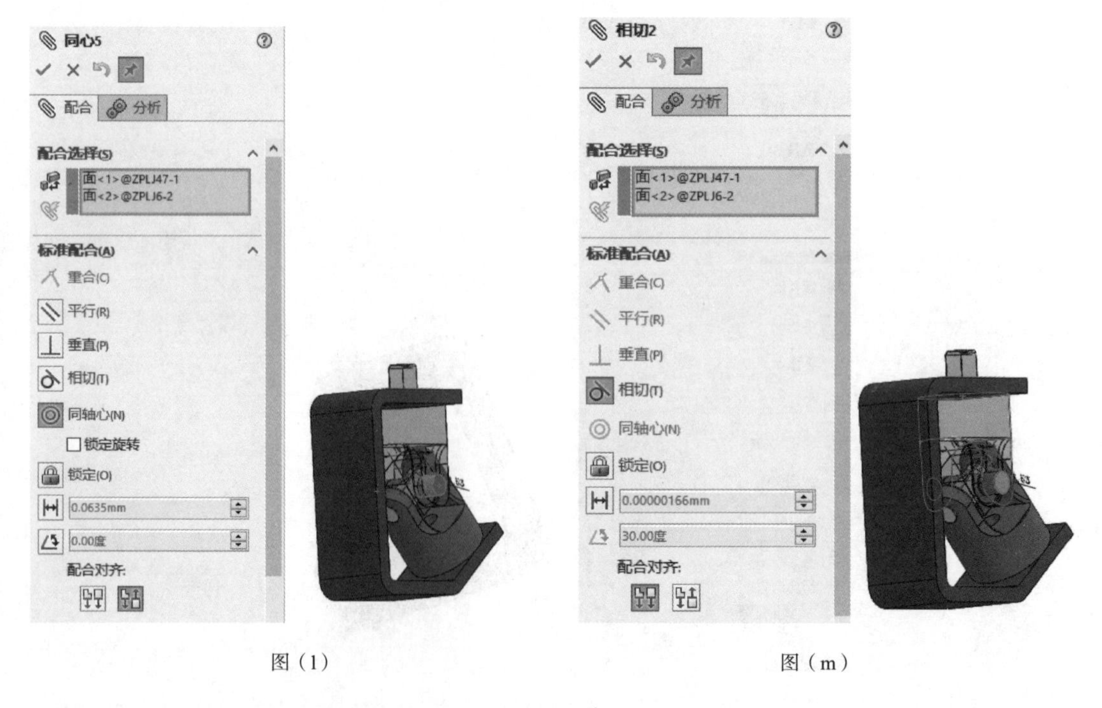

图（l）　　图（m）

续上表

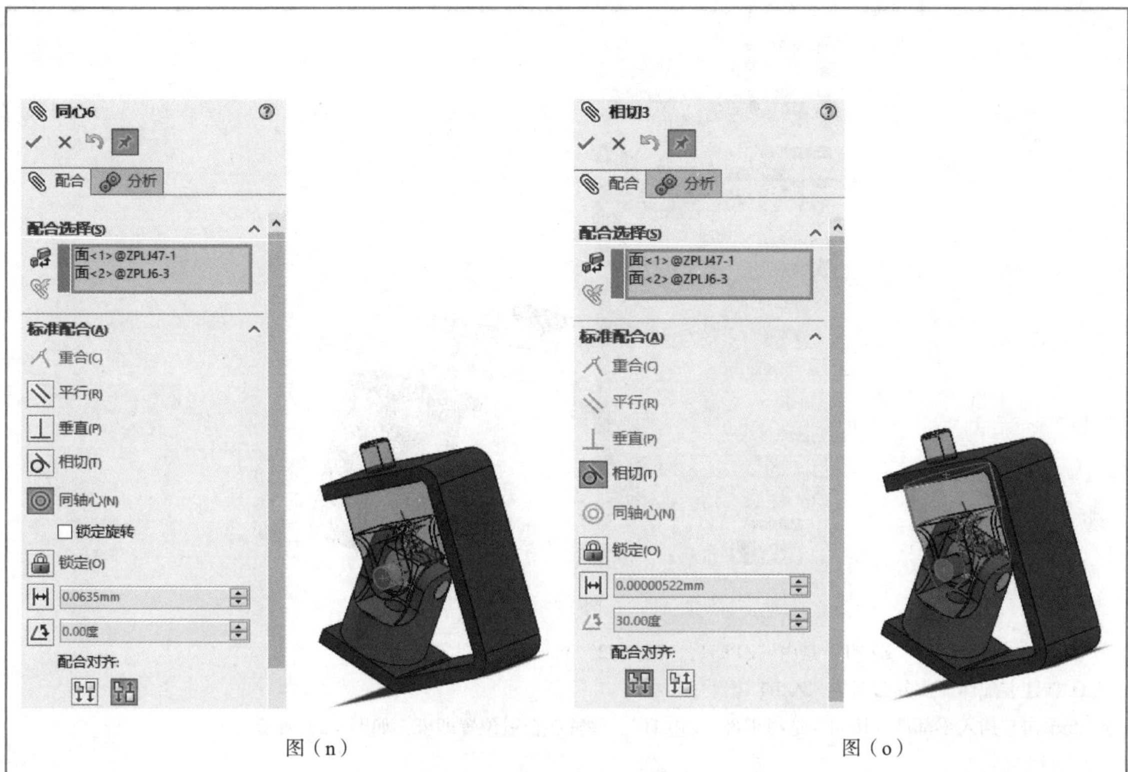

图（n）　　图（o）

步骤八：单击“插入子装配体”按钮，选择装配体“ZZPT”，添加“平行”、“同心”和“重合”约束关系，如图（p）~图（r）所示。

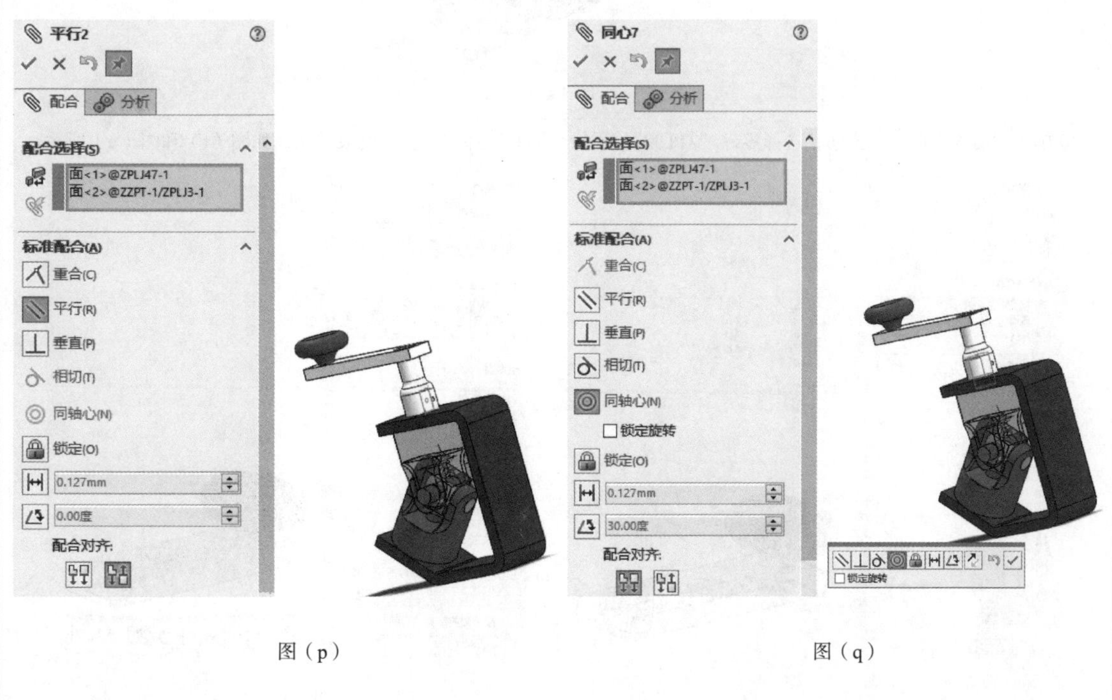

图（p）　　图（q）

续上表

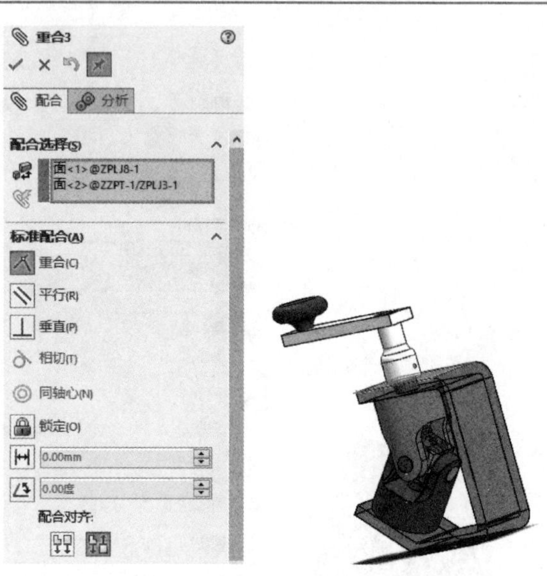

图（r）

步骤九：子装配体“ZZPT”是由“ZPLJ1”、“ZPLJ2”和“ZPLJ3”零件组成的。

①新建装配体，文件命名为“ZZPT”。

②单击“插入零部件”按钮，选择零件“ZPLJ1”，放置在合适位置即可，如图（s）所示。

图（s）

③单击“插入零部件”按钮，选择零件“ZPLJ2”，添加“同心”和“重合”约束关系，如图（t）和图（u）所示。

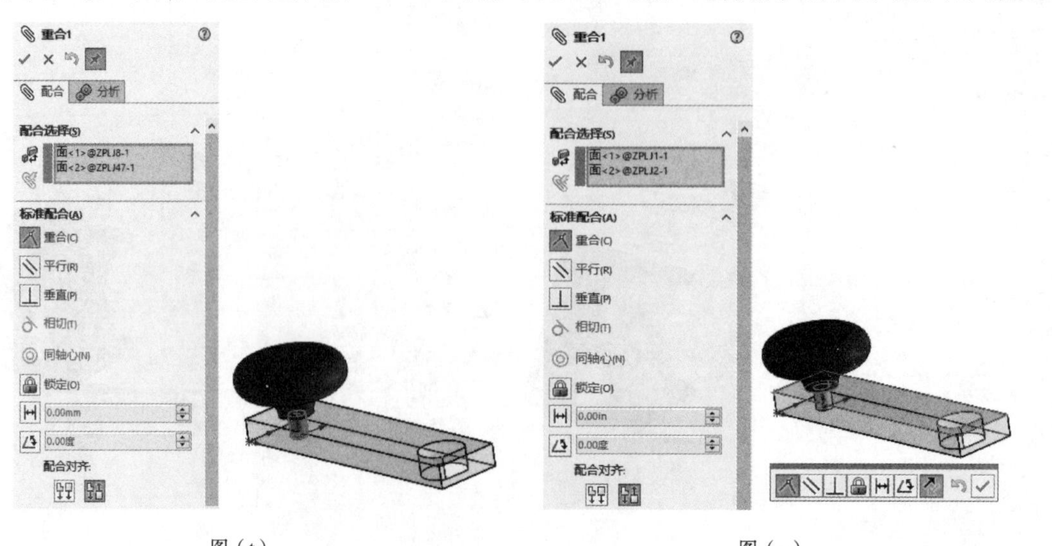

图（t）　　图（u）

续上表

④单击“插入零部件”按钮，选择零件“ZPL3”，添加“同心”、“平行”和“重合”约束关系，如图（v）~图（x）所示。

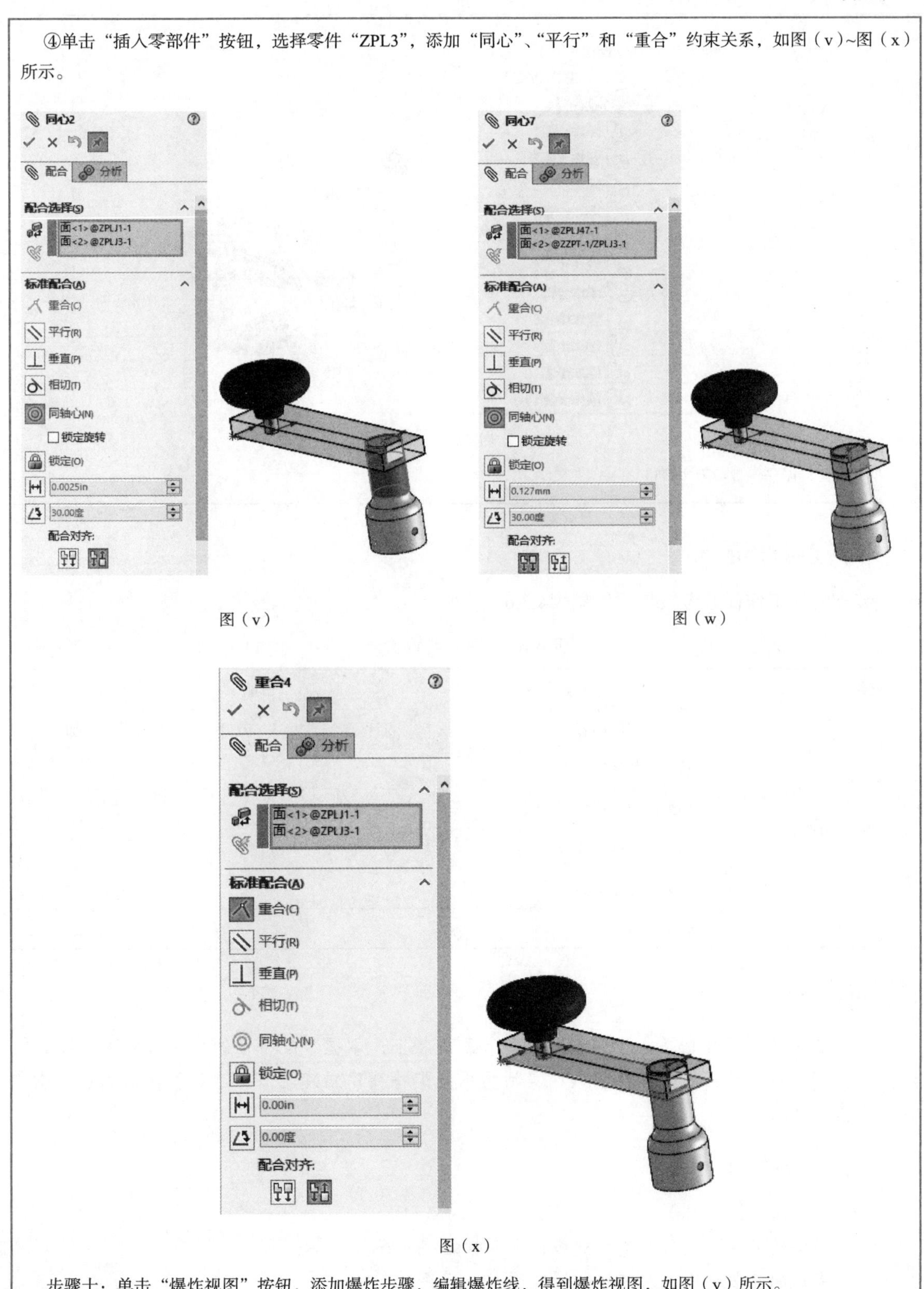

图（v）

图（w）

图（x）

步骤十：单击“爆炸视图”按钮，添加爆炸步骤，编辑爆炸线，得到爆炸视图，如图（y）所示。

续上表

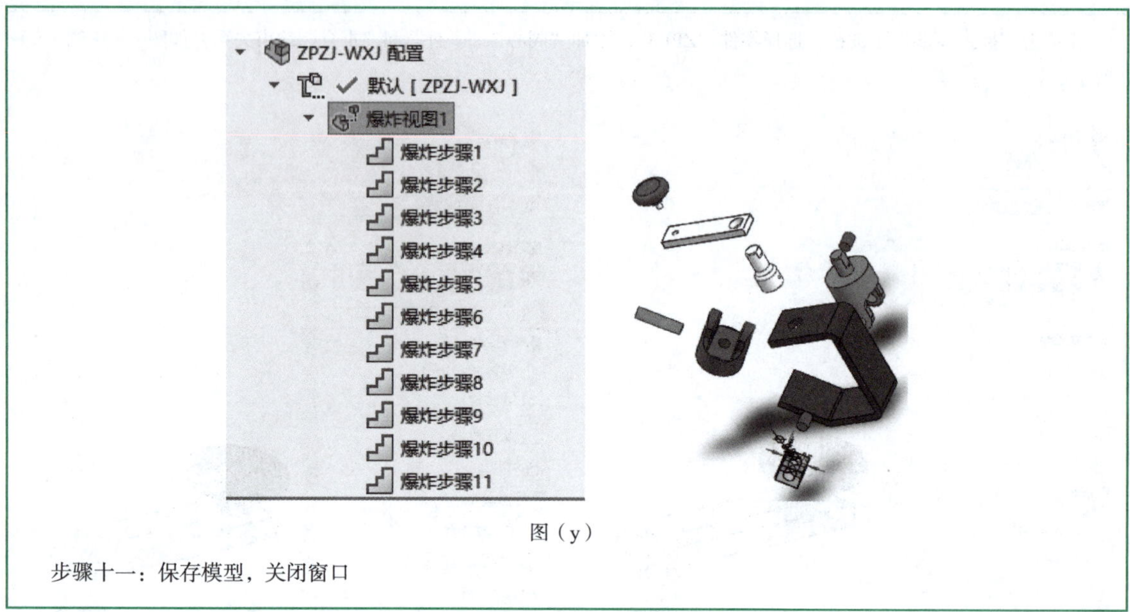

图（y）

步骤十一：保存模型，关闭窗口

考核与评价

装配特征工作任务考核与评价见表4.3.6。

表 4.3.6　考核与评价表

<table>
<tr><td colspan="2">班级：</td><td>姓名：</td><td colspan="2">日期：</td></tr>
<tr><td rowspan="6">任务活动评价</td><td>评价内容</td><td>自评</td><td>互评</td><td>教师</td></tr>
<tr><td>（1）学习准备情况</td><td></td><td></td><td></td></tr>
<tr><td>（2）小组计划完成情况</td><td></td><td></td><td></td></tr>
<tr><td>（3）操作安全性、规范性</td><td></td><td></td><td></td></tr>
<tr><td>（4）沟通、协作能力</td><td></td><td></td><td></td></tr>
<tr><td>（5）职业能力</td><td></td><td></td><td></td></tr>
</table>

小　结

通过装配特征操作任务，能够准确分析装配的特征；掌握装配特征的概念与装配特征的创建方法；掌握装配特征的类型及参数；灵活运用装配特征建立装配图，达到了基本职业技能和专业素养的要求。

思考与练习

一、绘制装配图

（1）将脚轮的零件进行装配体建模，分别按名字保存。

（2）完成脚轮装配图、装配体的爆炸图，并保存。

附页一

零件一：jiaolun_1
A—A
28
6
Φ70
Φ30
Φ14
R2
C1
A
Φ100
A
零件二：jiaolun_2
4
3
6
Φ14
Φ8
Φ14
Φ18
9
27
零件三：jiaolun_3
3
35
2
Φ6
Φ8
Φ16
C0.5
C0.5
零件四：jiaolun_4
剖面A—A
C1
Φ14
Φ8
28
A
A

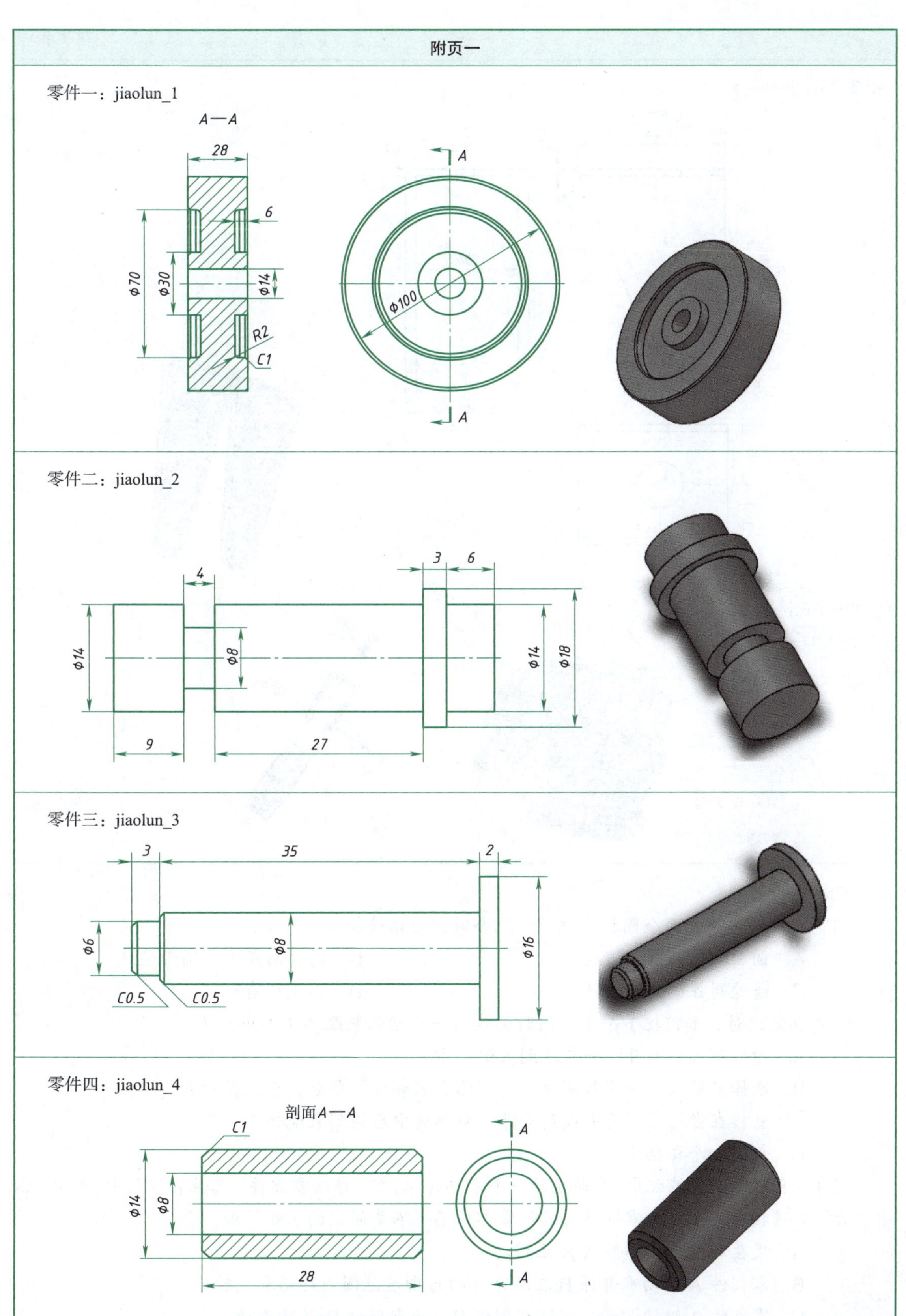

续上表

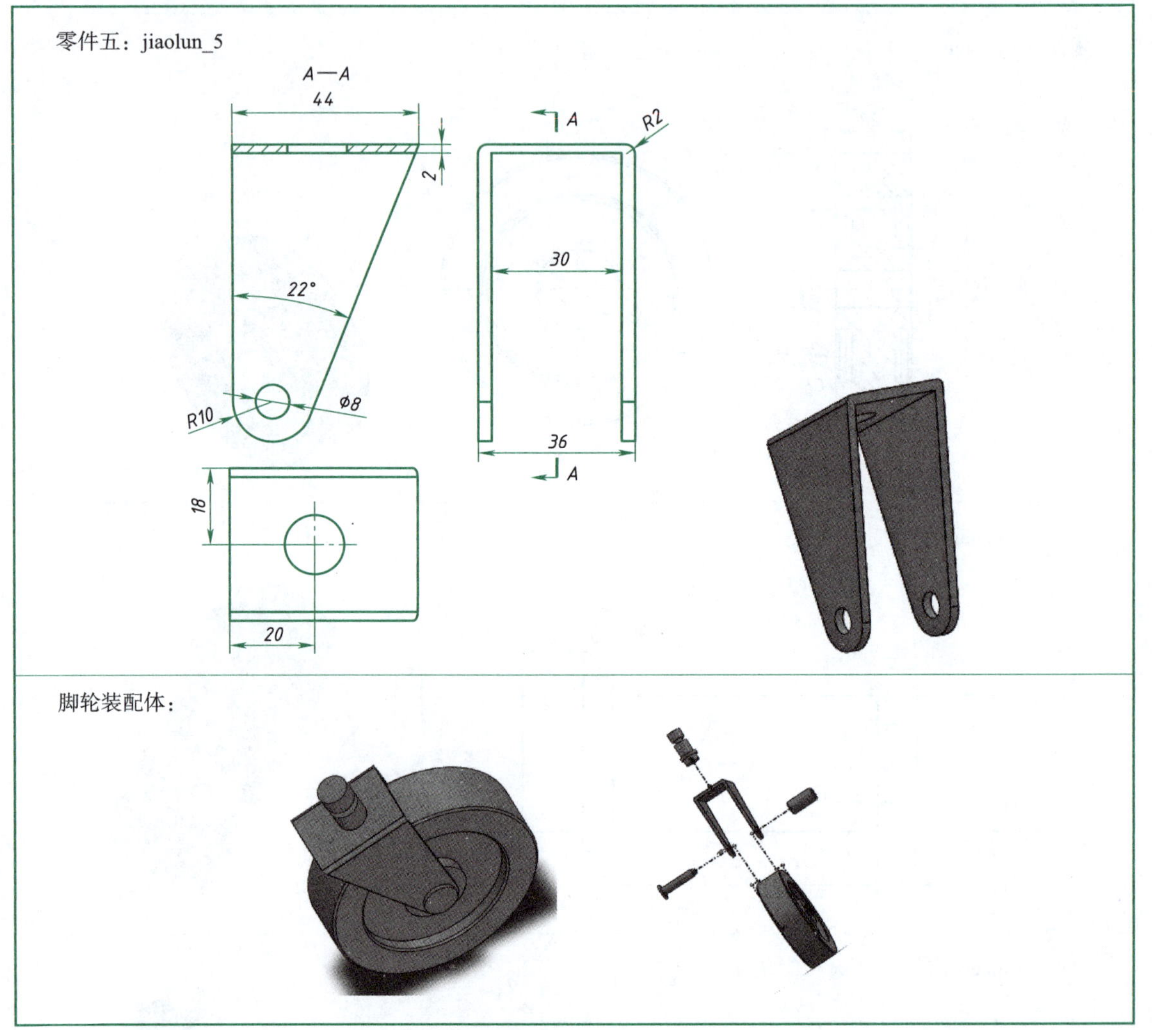

二、选择题

（1）在装配体中对两个圆柱面做同心配合时，应该选择（　　）。

A. 圆柱端面的圆形边线　　B. 圆柱面或者是圆形边线

C. 通过圆柱中心的临时轴　　D. 以上所有

（2）在装配时，如何把多个零件同时插入到一个空的装配体文件中？（　　）

A. 把所有文件打开，一起拖到装配体中

B. 选择“插入”→“零部件”→“已有零部件”命令，全选并打开

C. 直接在资源管理器中找到文件，全部选中后拖到装配体中

D. 新建一个文档导入

（3）在 Solidworks 装配中，手动拖动一个零部件 A，在“移动零部件”属性管理器中，选中“物质动力”单选按钮，当这个零部件与其他零部件 B（不是固定的）相接触，会（　　）。

A. 发生碰撞，零部件 A 停止移动

B. 零部件 A 驱动零部件 B 在所允许的自由度范围内移动和旋转

C. 零部件 A 继续运动，穿过零部件 B，而零部件 B 保持不动

（4）在装配体中对零件进行镜像旋转时，有时候要区分左右版本，应（　　）。

A. 在单独的选择框中选择添加要区分左右的零部件

B. 在选择框中要区分左右的零部件打“√”

C. 单独将需要区分左右的零件镜像

（5）在装配体中，压缩某个零部件，与其有关的装配关系（　　）。

A. 不会被压缩　　　　B. 压缩

C. 删除

（6）装配文件的 FeatureManager 设计树与零件 FeatureManager 设计树相比，多了以下哪些项目？（　　）

A. 右视面和配合　　　　B. 右视面

C. 配合

三、判断题

（1）在装配设计中管理设计树，能改变零部件的次序。（　　）

（2）第一个放入到装配体中的零件，默认为固定。（　　）

（3）在一个装配体中，子装配体可以以不同的配置来显示该子装配体的不同实例。（　　）

参考文献

[1] 天工在线. SOLIDWORKS2022从入门到精通实战案例版 [M].北京：中国水利水电出版社，2022.

[2] 胡其登. SOLIDWORKS零件与装配体教程（2018版）[M].北京：机械工业出版社，2018.

[3] CAD/CAM/CAE技术联盟. SolidWorks2016中文版机械设计从入门到精通 [M].北京：清华大学出版社，2017.

[4] 王琼，严海军，麻东升. SOLIDWORKSCSWA认证指导[M].北京：机械工业出版社，2020.

[5] 张晓红，景红，杨晖. SolidWorks项目式应用教程（职业院校通用教材）[M].北京：清华大学出版社，2010.

[6] 赵罘，杨晓晋，赵楠. SolidWorks 2020中文版机械设计从入门到精通[M].北京：人民邮电出版社，2020.

[7] 严海军，刘红政，严泽雅. SOLIDWORKS Visualize实例详解（微视频版) [M].北京：机械工业出版社，2018.

[8] 胡其登. SOLIDWORKS工程图教程（2018版）[M].北京：机械工业出版社，2018.

[9] 严海军，肖启敏，闵银星. SOLIDWORKS操作进阶技巧150例[M].北京：机械工业出版社，2020.